普通高等教育"十一五"国家级规划教材

"十四五"普通高等教育本科规划教材

供基础、临床、护理、预防、口腔、中医、药学、医学技术类等专业用

计算机应用基础

Computer Application Foundation

（第8版）

主　　编　齐惠颖　王欣萍

副主编　刘　燕　林加论　张建莉　王玉锋　李　燕

编　　委　（按姓名汉语拼音排序）

　　　　　樊　敏（山西医科大学汾阳学院卫生信息管理系）
　　　　　李晓玲（海南医学院生物医学信息与工程学院）
　　　　　李晓伟（天津中医药大学公共卫生与健康科学学院）
　　　　　李　燕（哈尔滨医科大学大庆校区医学信息学系）
　　　　　林加论（海南医学院生物医学信息与工程学院）
　　　　　刘　燕（新乡医学院医学工程学院）
　　　　　齐惠颖（北京大学医学人文学院）
　　　　　王　晨（北京大学医学人文学院）
　　　　　王　静（北京大学医学人文学院）
　　　　　王俊生（哈尔滨医科大学基础医学院）
　　　　　王路漫（北京大学医学人文学院）
　　　　　王欣萍（哈尔滨医科大学基础医学院）
　　　　　王玉锋（济宁医学院医学信息工程学院）
　　　　　张建莉（长治医学院计算机教学部）

北京大学医学出版社

JISUANJI YINGYONG JICHU

图书在版编目（CIP）数据

计算机应用基础 / 齐惠颖，王欣萍主编 . —8版 . —北京：北京大学医学出版社，2023.10（2024.12重印）
ISBN 978-7-5659-2903-8

Ⅰ．①计… Ⅱ．①齐…②王… Ⅲ．①电子计算机－高等学校－教材 Ⅳ．①TP3

中国国家版本馆CIP数据核字（2023）第079832号

计算机应用基础（第8版）

主　　编：齐惠颖　王欣萍
出版发行：北京大学医学出版社
地　　址：（100191）北京市海淀区学院路38号　北京大学医学部院内
电　　话：发行部 010-82802230；图书邮购 010-82802495
网　　址：http：//www.pumpress.com.cn
E-mail：booksale@bjmu.edu.cn
印　　刷：北京溢漾印刷有限公司
经　　销：新华书店
责任编辑：王　楠　　责任校对：靳新强　　责任印制：李　啸
开　　本：850 mm×1168 mm　1/16　　印张：20　　字数：578千字
版　　次：1994年6月第1版　2023年10月第8版　2024年12月第2次印刷
书　　号：ISBN 978-7-5659-2903-8
定　　价：48.00元
版权所有，违者必究
（凡属质量问题请与本社发行部联系退换）

第 5 轮修订说明

国务院办公厅印发的《国务院办公厅关于加快医学教育创新发展的指导意见》提出以新理念谋划医学发展、以新定位推进医学教育发展、以新内涵强化医学生培养、以新医科统领医学教育创新，要求全力提升院校医学人才培养质量，培养仁心仁术的医学人才，发挥课程思政作用，着力培养医学生救死扶伤精神。《教育部关于深化本科教育教学改革全面提高人才培养质量的意见》要求严格教学管理，把思想政治教育贯穿人才培养全过程，全面提高课程建设质量，推动高水平教材编写使用，推动教材体系向教学体系转化。《普通高等学校教材管理办法》要求全面加强党的领导，落实国家事权，加强普通高等学校教材管理，打造精品教材。以上这些重要文件都对医学人才培养及教材建设提出了更高的要求，因此新时代本科临床医学教材建设面临更大的挑战。

北京大学医学出版社出版的本科临床医学专业教材，从 2001 年第 1 轮建设起始，历经多轮修订，高比例入选了教育部"十五""十一五""十二五"普通高等教育国家级规划教材。本套教材因骨干建设院校覆盖广，编委队伍水平高，教材体系种类完备，教材内容实用、衔接合理，编写体例符合人才培养需求，实现了由纸质教材向"纸质+数字"的新形态教材转变，得到了广大院校师生的好评，为我国高等医学教育人才培养做出了积极贡献。

为深入贯彻党的二十大精神，落实立德树人根本任务，更好地支持新时代高等医学教育事业发展，服务于我国本科临床医学专业人才培养，北京大学医学出版社有选择性地组织各地院校申报，通过广泛调研、综合论证，启动了第 5 轮教材建设，共计 53 种教材。

第 5 轮教材建设延续研究型与教学型院校相结合的特点，注重不同地区的院校代表性，调整优化编写队伍，遴选教学经验丰富的学院教师与临床教师参编，为教材的实用性、权威性、院校普适性奠定了基础。第 5 轮教材主要做了如下修订：

1. 更新知识体系

继续以"符合人才培养需求、体现教育改革成果、教材形式新颖创新"为指导思想，坚持"三基、五性、三特定"原则，对照教育部本科临床医学类专业教学质量国家标准，密切结合国家执业医师资格考试、全国硕士研究生入学考试大纲，结合各地院校教学实际更新教材知识体系，更新已有定论的理论及临床实践知识，力求使教材既符合多数院校教学现状，又适度引领教学改革。

2. 创新编写特色

以深化岗位胜任力培养为导向，坚持引入案例，使教材贴近情境式学习、基于案例的学习、问题导向学习，促进学生的临床评判性思维能力培养；部分医学基础课教材设置"临床联系"模块，临床专业课教材设置"基础回顾"模块，探索知识整合，体现学科交叉；启发创新思维，促进"新医科"人才培养；适当加入"知识拓展"模块，引导学生自学，探索学习目标设计。

3. 融入课程思政

将思政元素、党的二十大精神潜移默化地融入教材中，着力培养学生"敬佑生命、救死扶伤、甘于奉献、大爱无疆"的医者精神，引导学生始终把人民群众生命安全和身体健康放在首位。

4. 优化数字内容

在第4轮教材与二维码技术结合，实现融媒体新形态教材建设的基础上，改进二维码技术，优化激活及使用形式，按章（或节）设置一个数字资源二维码，融知识拓展、案例解析、微课、视频等于一体。

为便于教师教学、学生自学，编写了与教材配套的PPT课件。PPT课件统一制作成压缩包，用微信"扫一扫"扫描教材封底激活码，即可激活教材正文二维码，导出PPT课件。

第5轮教材主要供本科临床医学类专业使用，也可供基础、护理、预防、口腔、中医、药学、医学技术类等开设相同课程的专业使用，临床专业课教材同时可作为住院医师规范化培训辅导教材使用。希望广大师生多提宝贵意见，反馈使用信息，以便我们逐步完善教材内容，提高教材质量。

序

医学关乎人类生命的存在与繁衍，医学卫生事业的发展涉及国家安全、经济发展、社会文明和人民福祉。医者德为先，能为重，技为精。医学教育应既科学、严谨、规范，又充满温情与关怀。健康中国的美好愿景与目标，激励着医务工作者为之奋斗。医学教育要坚守为国育才、立德树人的根本任务，落实《关于深化新时代学校思想政治理论课改革创新的若干意见》《高等学校课程思政建设指导纲要》《教育部关于深化本科教育教学改革全面提高人才培养质量的意见》《国务院办公厅关于深化医教协同进一步推进医学教育改革与发展的意见》《国务院办公厅关于加快医学教育创新发展的指导意见》等文件精神，以适应我国"大医学、大卫生、大健康"的发展需求，为健康中国筑牢人才基础。

近年来，高等院校探索新医科建设，推进现代医学教育教学新模式，坚持以人和健康为中心，建立健全覆盖生命全周期和健康全过程、"促防诊控治康"一体化的人才培养体系，高度重视身心、社会、环境等要素，融通医工理文学科，提升新时代医学生的整体素养；运用现代数字信息技术，增强情境化教学，加强临床实践教学，有效地提高了学生专业胜任力。同时，高等院校深化落实党和国家关于加强大学生思想政治教育的指示精神，将思想政治教育贯穿于人才培养体系和课程教学，使习近平新时代中国特色社会主义思想进课堂、入头脑，培养人民群众满意的、医术精湛的社会主义卫生健康事业接班人。

北京大学是经历过百年洗礼的老校，为我国建设和发展做出了杰出贡献，与全国医学教育界的同道们共同努力，在医学教育教学研究、教师培养、教材建设、实践教学规范等多方面不断改革创新。北京大学医学出版社秉承医学教育宗旨，落实党和国家对教材建设的要求和任务，立足北大医学，服务全国高等医学教育，与各院校教师一起不懈努力，打造精品教材，以高质量完成课程教学活动的"最后一公里"。本套本科临床医学专业教材是在教育及卫生健康部门领导的关心指导下，由医学教育专家顶层设计，北京大学医学部携手全国各兄弟院校群策群力、共同建设的成果。本套教材多年来与高等医学教育改革相伴而行，与时俱进，历经多轮修订，体系日趋完善，符合专业要求，编写队伍与院校构成合理，编写体例不断优化创新，实现了纸质教材与数字教学资源结合的精品新形态教材建设。实践证明，这套教材满足本科医学教育的专业标准要求，在适应多数院校的教学能力与资源的情况下，能很好地引导、深化专业教学，已成为本科医学人才培养的精品教材，为我国高等医学教育事业发展做出了突出贡献。

第5轮教材建设坚持以习近平新时代中国特色社会主义思想为指引，积极探索思政元素融入教材，落实立德树人根本任务，坚持现代医学教育理念，体现生命全周期、健康全覆盖的整体要求，与相关学科恰当融合，全面更新了医学知识和能力体系，体现了"中国本科医学教育标准—临床医学专业（2022）"的要求，配合教学模式与方法的改革，吸收"金课程"建设经验，优化教材体例，融入医学文化，重视中华医学文明，强调适用、实用，行稳致远，开创新局，锤炼精品。

在第 5 轮教材出版之际，欣为之序。相信第 5 轮教材的高质量建设一定会为我国新时代高等医学教育人才培养和健康中国事业发展做出更大贡献。

前　言

人工智能、云计算、大数据等技术的迅猛发展，不仅催生了一批颠覆性技术，也引发了医疗健康领域一系列革命性突破，使医疗服务开始走向智能化。为把握时代脉搏，将最新技术发展融入基础课程教材中，《计算机应用基础》进行了第 8 版修订工作。

国无德不兴，人无德不立。本教材围绕立德树人的根本任务，将知识能力培养和社会主义核心价值观的价值引领相融合。具体来说，作为通识教育课程的教材，在传授计算机相关知识和技术，培养学生使用计算思维分析问题、解决问题的能力同时，还深度挖掘专业知识教育与价值教育的融合点，从政治认同、家国情怀、制度自信、文化自信等方面引导学生建立正确的核心价值观；作为面向医学生的教材，旨在传授如何利用先进技术促进国家医药卫生领域的发展，注重跨学科思维培养，职业认同的价值教育，帮助学生利用跨学科思维发现问题并解决问题，培养综合能力，引导其建立严谨负责的职业操守和勇于创新的科学精神，提升学生利用前沿技术促进国家医药卫生领域发展的热情。

本教材既注重价值观的塑造与思维培养，又兼顾应用需求，在通俗易懂的前提下，追求知识体系的系统性，本版教材具有以下特点：

1．将思政教育元素融入教材，引领学生树立正确的核心价值观，实现价值引领与知识能力培养相融合。

2．增加了计算机相关前沿技术和观念、知识的最新进展等内容。

3．参与本教材编写的教师都具有多年教学经验，精心引入一系列医学领域实际问题作为案例，易于理解，内容的讲解由问题驱动，培养学生发现问题、分析问题、解决问题的基本思路、方法和能力。

本书共分为六章。第一章计算机基础知识，内容涵盖计算机发展、计算机系统组成、信息的表示方法、计算机网络、医学信息安全等，每一部分都补充了最新技术发展的知识，并增加了新技术的医学应用，其中第一、第五节由王玉锋编写，第二节由王欣萍编写，第三节由李晓伟编写，第四节由齐惠颖编写；第二章软件系统，讲解了操作系统的种类和 Windows 10，介绍了几类典型的医疗信息系统软件，由李燕编写；第三章实用办公软件，以常用医学办公文档为例讲解办公软件的使用方法，其中第一节由樊敏编写，第二节由王晨编写，第三节由王俊生编写；第四章数据库的医学应用，采用桌面数据库管理系统 Access 2019，以建立"药房收费"数据库为例讲解完整数据管理系统构建流程，由刘燕编写；第五章程序设计与算法，采用 Python 编程环境并以常见医学应用为例讲解程序设计与算法的知识，其中第一节由王晨编写，第二节由张建莉编写，第三、第四、第七节由林加论、李晓玲编写，第五、第六节由王路漫编写；第六章智能医学应用，从数据的准备、预处理，到模型构建及训练、乃至预测，用浅显易懂的方式诠释了大数据分析的方法和原理，由王静编写。全书各章后配有思考题，以便于读者自测练习和有目的地上机操作练习。全书由齐惠颖、王欣萍统稿，齐惠颖、王欣萍、刘燕、李燕、王俊生、樊敏、林加论、李晓玲共同审稿。

最后，特别感谢北京大学医学部及北京大学医学出版社为计算机基础教学的教材建设提供的大力支持。

在整体编写过程中，各位编者将多年积累的教学经验融入教材中呈现给读者，但由于编者水平和精力有限，书中难免有错误之处，敬请广大读者提出宝贵建议，批评指正！

编 者

目 录

第一章	计算机基础知识 1
第一节	计算机系统 1
	一、电子计算机发展概述 2
	二、计算机系统的组成 5
第二节	信息的表示方法 9
	一、计算机常用数制及二进制编码 10
	二、字符信息编码 12
	三、医学信息编码 17
	四、医学图像表示 21
第三节	计算机网络 23
	一、网络基本知识 23
	二、Internet 基础 28
	三、网络安全 31
第四节	新技术的医学应用 33
	一、物联网和云计算 33
	二、大数据 35
	三、人工智能 36
	四、区块链 38
	五、虚拟现实、增强现实、元宇宙 39
第五节	医学信息安全 40
	一、国外相关法规标准 40
	二、我国相关法规标准 41

第二章	软件系统 43
第一节	操作系统 43
	一、操作系统的种类 43
	二、Windows 操作系统 45
第二节	医疗信息系统 57
	一、医院信息系统 58
	二、医学影像存储与传输系统 59
	三、实验室信息系统 62

第三章	实用办公软件 65
第一节	文档编辑与排版 65
	一、文档基本编辑之医教宣传手册制作 66
	二、高级应用之毕业论文排版 79
	三、表格之门诊排班表 87
	四、邮件合并之医务文档制作 93
第二节	演示文稿设计 99
	一、基本操作之健康宣教 99
	二、动画设计之心脏讲解 114
	三、其他功能 118
第三节	数据处理与分析 124
	一、电子表格基本操作 124
	二、公式与函数的使用 135
	三、工作表的格式与管理 142
	四、数据管理 149
	五、图表的使用 153

第四章	数据库的医学应用 161
第一节	数据库理论基础 161

一、数据库技术的产生与
　　　　发展 …………………… 162
　　二、数据库系统的基本概念
　　　　………………………… 165
　　三、数据模型 ………………… 165
　　四、关系数据库的设计 ……… 168
第二节　数据库与表的基本操作 …… 170
　　一、创建数据库 ……………… 170
　　二、创建数据表 ……………… 172
　　三、修改表 …………………… 177
　　四、其他操作 ………………… 178
　　五、数据库中的表间关系 …… 178
第三节　查询数据 …………………… 181
　　一、查询表数据 ……………… 181
　　二、创建交叉表查询 ………… 187
　　三、创建参数查询 …………… 187
　　四、创建操作查询 …………… 188
　　五、SQL 查询 ………………… 190
　　六、在 Access 中查看和使用
　　　　SQL 语句 ……………… 192
第四节　窗体 ………………………… 193
　　一、窗体的视图 ……………… 194
　　二、窗体的类型 ……………… 194
　　三、创建窗体 ………………… 194
　　四、使用窗体控件 …………… 196
第五节　报表 ………………………… 203
　　一、创建"处方记录"报表
　　　　………………………… 204
　　二、美化"处方记录"报表
　　　　………………………… 205
　　三、创建主/次报表 ………… 206

第五章　程序设计与算法 ………… 208
第一节　从问题到程序 ……………… 208
　　一、算法和程序 ……………… 208
　　二、算法带来的影响 ………… 209
第二节　Python 编程环境 …………… 210

　　一、Python 语言及其版本
　　　　简介 …………………… 210
　　二、Python 解释器的下载与
　　　　安装 …………………… 210
　　三、运行 Python 程序 ……… 212
　　四、Python 集成开发环境 … 215
第三节　Python 编程基础知识 ……… 223
　　一、初识 Python …………… 223
　　二、数据类型 ………………… 226
　　三、运算符和表达式 ………… 228
　　四、输入输出语句 …………… 229
第四节　程序控制结构 ……………… 233
　　一、顺序结构 ………………… 234
　　二、分支结构 ………………… 234
　　三、循环结构 ………………… 238
　　四、异常处理 ………………… 242
第五节　字符串 ……………………… 244
　　一、字符串的使用 …………… 244
　　二、字符串的索引和切片 … 246
　　三、字符串的操作 …………… 247
第六节　常用组合数据类型 ………… 250
　　一、列表 ……………………… 250
　　二、元组 ……………………… 257
　　三、字典 ……………………… 259
　　四、集合 ……………………… 262
　　五、组合数据类型的比较
　　　　………………………… 264
第七节　函数 ………………………… 265
　　一、内置函数 ………………… 265
　　二、模块函数 ………………… 267
　　三、自定义函数 ……………… 271

第六章　智能医学应用 …………… 277
第一节　人工智能医学应用基础 …… 277
　　一、医学数据的存储 ………… 277
　　二、数据可视化工具 ………… 285
　　三、人工智能工具 …………… 290

第二节 乳腺疾病智能辅助诊断案例 …………………………………… 292
一、乳腺数据导入 ………… 293
二、乳腺数据可视化 ……… 293
三、乳腺数据辅助诊断模型构建 …………………… 297
四、模型的训练和预测 …… 300

附录 ………………………… 303

主要参考文献 ……………… 305

中英文专业词汇索引 ……… 307

第一章 计算机基础知识

第一章数字资源

电子计算机（electronic computer）是一种用电能进行各种信息加工的机器，它可以按照预先编制好的程序自动执行各种操作，完成信息的输入、存取、加工处理及输出。在当今信息化时代，计算机是信息自动化处理的最基本、最有效的工具。特别是自20世纪40年代以来，以电子、通信、计算机和网络技术为标志的第三次技术革命，极大地推动着人类社会发展的进程。如今，云计算、大数据、人工智能、区块链、移动互联网、物联网、虚拟现实（virtual reality，VR）、增强现实（augmented reality，AR）、5G、元宇宙等新一代信息技术的不断深入，也持续引起了社会生活各个领域的深刻变革，人们的生活行为方式、思维方式甚至社会生活形态都发生了显著变化。这一切都缘于电子计算机的问世，它的出现给当今世界带来了巨大变化。可以确切地说，电子计算机的研制与开发，开启了信息时代的新篇章。

第一节 计算机系统

学习目标

1. 知识
（1）了解电子计算机的发展及计算机在中国的发展。
（2）掌握计算机系统的基本组成。

2. 能力
（1）培养学生发现、分析、解决问题的能力。
（2）培养创新意识和能力。

3. 素养
（1）通过了解计算机在中国的发展历程，培养学生的民族自豪感和文化自信。
（2）通过学习计算机系统的基本组成，培养学生精益求精的工匠精神。

回顾计算机发展历史，自1946年世界第一台电子计算机问世，经历了电子管、晶体管、集成电路、大规模及超大规模集成电路等几代的发展，其性能以指数形式不断提高。随着科学技术的不断进步，超级计算机、光计算机、生物计算机、量子计算机等的研发也取得了显著成果。计算机技术的发展，使人类利用编码技术，来实现对文字、声音、图像、视频等数据的编码和解码，使各类信息的采集、处理、储存和传输实现了标准化和高速处理。

一、电子计算机发展概述

（一）电子计算机的起源

1936年，英国科学家图灵（Alan Mathison Turing）（图1-1-1）发表传世论文《论可计算数及其在判定问题上的应用》（*On Computable Numbers, with an Application to the Entscheidungsproblem*），首次提出逻辑机的通用模型（即"图灵机"），建立了算法理论，为计算机的出现提供了重要的理论依据，他也因此被称为"计算机之父"。1966年，美国计算机协会（Association for Computing Machinery，ACM）设立了"图灵奖"（ACM A.M.图灵奖），专门奖励在计算机科学研究中做出创造性贡献、推动计算机技术发展的杰出科学家，其设立的目的之一就是纪念这位现代计算机奠基者。图灵奖是计算机界最负盛名的奖项，有"计算机界诺贝尔奖"之称。2000年，中国科学院院士姚期智先生（图1-1-2）因在计算机复杂性理论领域所做出的巨大贡献，成为首位获得"图灵奖"的华人学者。

图 1-1-1　图灵（Alan Mathison Turing）

图 1-1-2　姚期智

1938年，美国数学家克劳德·香农（Claude Shannon）发表了著名论文《继电器与开关电路的符号分析》（*A symbolic analysis relay and switching circuits*），首次用布尔代数进行开关电路分析，并证明布尔代数的逻辑运算可以通过继电器电路来实现。这篇论文成为开关电路理论的开端。香农的理论还为计算机具有逻辑功能奠定了基础，从而使电子计算机既能用于数值计算，又可进行各种非数值计算，使得以后的计算机在几乎任何领域中都得到了广泛应用。

1946年2月，具有现代意义的电子计算机在美国宾夕法尼亚大学诞生，被命名为"电子数字积分计算器"（electronic numerical integrator and calculator，ENIAC）（图1-1-3）。它共使用了18 000支电子管，重约30 000 kg，功率150 kW，占地约170 m²，

图 1-1-3　ENIAC

每秒能进行 5000 次加法运算。ENIAC 的问世表明了电子计算机时代的到来，它的出现具有划时代的意义。然而这台计算机使用起来"很不方便"，比如给它发出指令需要通过手工插接线的方式，工作量巨大。每次更改程序，都需要重新进行连线，并且要验证连线的准确与否，否则会导致计算错误。

鉴于 ENIAC 的缺点，美籍匈牙利数学家约翰·冯·诺依曼（John von Neumann）（图 1-1-4）于 1946 年 6 月发表论文《电子计算机装置逻辑结构初探》，并提出三个要点：①计算机所有数据和程序都采用二进制；②将程序和指令顺序存放在内存储器，且能自动依次执行指令；③计算机由输入设备、输出设备、存储器、运算器和控制器五大部分组成。采用以上结构的计算机，被称为冯·诺依曼架构计算机。至今人们常用的仍是冯·诺依曼架构计算机。

1946 年，英国剑桥大学威尔克斯（M. V. Wilkes）教授依据冯·诺依曼提出的计算机架构原理，在剑桥大学设计了电子延迟存储自动计算机（electronic delay storage automatic computer，EDSAC），后于 1949 年 5 月研制成功并投入运行。它是世界上首台"存储程序"电子计算机。

图 1-1-4　约翰·冯·诺依曼
（John von Neumann）

1951 年 6 月 14 日，第一台商用计算机问市，从此计算机从实验室走向社会，标志着人类进入计算机时代。

（二）电子计算机的发展阶段

以计算机物理器件的变革作为标志，人们把计算机的发展划分为电子管、晶体管、集成电路、大规模及超大规模集成电路四个阶段。

1．第一代计算机（1946—1958 年）　该时期的计算机主要采用电子管作为基本元件。主存储器采用汞延迟线、磁鼓、磁芯，外存储器使用磁带。软件方面采用机器语言和汇编语言编写程序。该时期的计算机体积庞大、运算速度低（一般每秒几千次到几万次）、成本高、可靠性差、内存容量小，主要用于军事和科学领域的科学计算。

2．第二代计算机（1959—1964 年）　该时期的计算机主要采用晶体管作为基本元件。主存储器采用磁芯，外存储器使用磁带和磁盘。软件方面开始使用管理程序，后期使用操作系统并出现了 FORTRAN、COBOL、ALGOL 等高级程序设计语言。许多新技术相继出现，例如变址寄存器、浮点数据表示、间接寻址、中断、输入输出处理机（I/O 处理机）等。该时期的计算机应用扩展到数据处理、自动控制等方面。计算机的运行速度已提高到每秒几十万次，体积已大大减小，可靠性和内存容量也有较大提升。

3．第三代计算机（1965—1970 年）　该时期的计算机采用中小规模集成电路代替了分立元件，用半导体存储器代替了磁芯存储器，外存储器使用磁盘。软件方面，操作系统进一步完善，高级语言数量增多，出现了并行处理、多处理机、虚拟存储系统以及面向用户的应用软件。计算机的运行速度也提高到每秒几十万次到几百万次，可靠性和存储容量进一步提升，外部设备种类繁多，计算机与通信密切结合，广泛地应用到科学计算、数据处理、事务管理、工业控制等领域。

4．第四代计算机（1971 年后）　该时期计算机的主要逻辑元件是大规模和超大规模集成电路。存储器采用半导体存储器，外存储器采用大容量的软、硬磁盘，并开始引入光盘。软件方面，操作系统不断发展和完善，同时发展了数据库管理系统、通信软件等。计算机的发展进入了以计算机网络为特征的时代。计算机的运行速度可达到每秒几千万次到几万亿次，计算机的存储容量和可靠性又有了很大提升，功能更加完备。这个时期计算机的类型除小型、中型、大型机外，开始向巨型机和微型机两个方向发展。计算机也开始进入办公室和家庭。

当前，随着社会的发展和科技的进步，尤其是硅芯片技术的高速发展，硅技术越来越接近其自身的物理发展极限，这也迫切要求计算机从架构到器件等一系列技术都要产生一次革命性的飞跃。因此自20世纪80年代以来，人们就提出了研制第五代计算机的设想，主要目标是打破以往计算机的体系结构，把信息采集、存储处理、通信和人工智能结合在一起的计算机系统。基于此，量子计算机、DNA计算机、光计算机、纳米计算机等新型计算机也接续不断地应运而生。第五代计算机由处理数据信息为主，转向处理知识信息为主，如获取、表达、存储及应用知识等，并有推理、联想和学习（如理解能力、适应能力、思维能力等）等人工智能方面的能力，能帮助人类开拓未知的领域和获取新的知识，从而使计算机能够具有像人一样的思维、推理和判断能力，实现接近人的思维方式。第五代计算机是为适应未来社会信息化的要求而提出的，还处在研制开发阶段，所以目前的计算机仍然处于第四代。

（三）我国计算机发展史

我国的计算机发展起步较晚，但发展极为迅速。1952年，世界数学大师华罗庚教授提出要在中国研制电子计算机。1956年，周恩来总理亲自主持制定了《1956年至1967年科学技术发展远景规划》（即"十二年科学规划"），把发展计算机、半导体等技术定为重点方向。1957年，华罗庚教授主持筹建了中国第一个计算技术研究所，并开展相关方向的攻关研究。1958年，我国第一台电子管计算机（103机）组装调试成功。1959年，我国成功研制大型通用电子管计算机（104机），其运算速度为10 000次/秒。1964年，我国推出了第一批晶体管计算机，其运算速度为10万～20万次/秒。1971年，我国成功研制第三代集成电路计算机。1982年，我国采用大、中规模集成电路成功研制16位计算机DJS-150。1983年，国防科学技术大学推出向量运算速度达每秒1亿次的"银河-Ⅰ"巨型计算机。目前世界上只有少数几个国家有能力研发生产巨型机，我国是其中之一。

2009年10月29日，随着我国第一台千万亿次超级计算机——"天河一号"的亮相，中国拥有了历史上计算速度最快的工具，使中国成为继美国之后世界上第二个能够自主研制千万亿次超级计算机的国家。超级计算机属于国家的重要战略资源，是国之重器，对国家的安全、经济和社会发展具有举足轻重的意义，主要为国家安全、空间技术、天气预报、石油勘探、生命科学等领域完成高强度的计算服务。超级计算机的研发水平和生产能力也已成为衡量一个国家科技水平与综合国力的重要标志。

2013年6月17日，我国成功研制的"天河二号"成为2013年全球最快超级计算机。这也是国家高技术研究发展计划（863计划）在"十二五"高效能计算机重大项目的阶段性成果。"天河二号"的双精度浮点运算峰值速度已达到5.49×10^{16}次/秒。

2017年7月15日，位于国家超级计算无锡中心的"神威·太湖之光"超级计算机（图1-1-5），在德国法兰克福国际超算大会

图1-1-5 "神威·太湖之光"超级计算机

（International Supercomputing Conference，ISC）公布的新一期全球超级计算机500强榜单中以3倍于第二名的运算速度名列第一，成为当时世界上"运算速度最快的计算机"。

2020年12月4日，中国科学技术大学团队成功构建了76个光子的量子计算原型机"九章"。这一突破使我国成为全球第二个实现"量子优越性"的国家。

2021年5月，中国科学技术大学团队研发成功的我国首个可操纵的超导量子计算原型机"祖冲之号"，打破了量子计算机最大量子比特数的世界纪录。它以一个62比特的超导量子计算原型机，实现了可编程的二维量子行走。

我国在超级计算机领域从破冰到走向世界巅峰，继而迈向新领域的历程，可以看做中国高端技术发展史的一个缩影，也见证了如今的东方大国踔厉奋发、笃行不怠的崛起之路！

二、计算机系统的组成

一个完整的计算机系统由硬件（hardware）系统和软件（software）系统两大部分组成。所谓硬件就是构成计算机实体的所有器件，是系统赖以工作的实体。软件则是指那些看不到、摸不着却又真实存在的计算机中存储的数据、程序等。软件系统是计算机的灵魂，它以硬件系统为依托，对硬件设备进行控制和管理。只有硬件、软件系统相互结合，才能发挥计算机系统的强大功能。

（一）计算机硬件

1. 硬件的逻辑结构 在冯·诺依曼体系架构中，计算机硬件系统由运算器、控制器、存储器、输入设备和输出设备五大部分组成（图1-1-6），下面简单介绍各部分的功能。

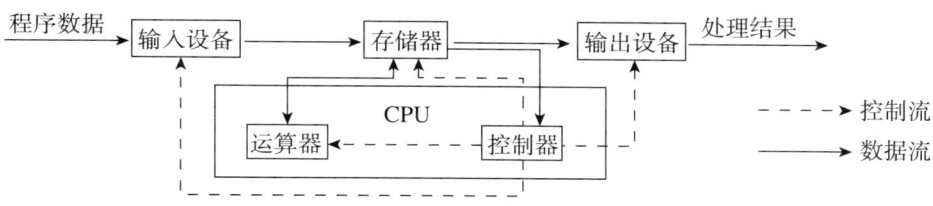

图1-1-6　计算机硬件系统的基本组成

（1）运算器（calculator）：运算器也称为算术逻辑部件（arithmetic and logic unit，ALU），计算机中所有的算术运算、逻辑运算和信息传送都在这里进行，由加法器、移位电路、逻辑部件、信息传送部件以及寄存器等电路组成。由于任何数学运算最终可以用加法和移位这两种基本操作来完成，因而加法器是ALU的核心部件。寄存器则用来暂时存放参与运算的操作数和运算结果。

（2）控制器（controller）：控制器也称为控制电路（control circuit），是整个计算机系统的控制中心，其任务是按预定的顺序不断取出指令进行分析，然后根据指令的要求向运算器、存储器等各部分发出控制信号让其完成指令所规定的操作。指令是一条命令，就是让计算机做什么，它由一串二进制代码组成，不同的代码表示不同的命令。

通常把运算器和控制器合称为中央处理器（central processing unit，CPU）。

（3）存储器（memory）：存储器的主要功能是存储程序和各种数据信息，并在计算机运行过程中高速、自动地完成程序或数据存取。

存储器是具有"记忆"功能的设备，由具有两种稳定状态的物理器件（也称为记忆元件）来存储信息。记忆元件的两种稳定状态分别用"0"和"1"来表示。存储器由一片片连续的存储单元组成，每个单元都赋有编号，称为地址。计算机采用按地址访问的方式到存储器中存（写入）数据和取（读出）数据，计算机中的程序在执行过程中，每当需要访问数据时，就向存储器送去指定位置的地址，同时发出一个"存"命令或者"取"命令（伴以待存放的数据）。计算机在运算之前，程序和数据通过输入设备送入存储器，计算机开始工作后，存储器还要为其他部件提供信息，也要保存中间结果和最终结果。因此，存储器存入和取出信息的速度是计算机系统的一个非常重要的性能指标。

存储器分内存储器和外存储器，内存储器可以由 CPU 直接访问，其读写速度快但其存储空间较小，外存储器作为内存储器的扩展存储，存储容量大但读写速度相对较慢。存储器的计量单位是字节（byte），常用大写字母 B 表示。位（bit）代表存放一位二进制数，即 0 或 1，是最小的信息单位。一个字节等于 8 位，即 1 B = 8 bit。各种信息在计算机中存储至少需要一个字节，例如，一个 ASCII 码用一个字节表示，一个汉字用两个字节表示，因此字节是信息存储的最小单位。一般常用千字节（KB）、兆字节（MB）、吉字节（GB）、太字节（TB）等单位来表示，目前个人用的微型机存储容量通常在 TB 这个级别，其换算规则如下：

1 KB = 2^{10} B = 1024 B

1 MB = 2^{20} B = 1024 KB

1 GB = 2^{30} B = 1024 MB

1 TB = 2^{40} B = 1024 GB

（4）输入设备（input device）：输入设备是用来向计算机输入各种原始数据和程序的设备。输入设备把各种形式的信息（如数字、文字、声音、图像、视频等）转换为数字形式的"编码"，即计算机能够识别的二进制代码，并把它们输入到计算机。常用的输入设备还有键盘、鼠标、扫描仪、数码摄像机、磁卡读入机、条形码阅读器等。

（5）输出设备（output device）：输出设备是指从计算机中输出信息的设备，其功能是将计算机处理的数据、计算结果等内部信息转换成人们习惯接受的信息形式（如字符、图形、声音等），然后将其输出。常用的输出设备有显示器、打印机、音箱、绘图仪等。

2．中央处理器　中央处理器（CPU）也称为"微处理器"，是把运算器、控制器和高速缓存集成在一起的超大规模集成电路芯片，是计算机系统的核心部件，用来执行程序指令，完成各种运算和控制功能，是速度最快的硬件设备。

计算机的发展过程主要就是 CPU 从低级向高级、由简单向复杂发展的过程。由于设计、制造和处理技术的不断更新换代以及处理能力的不断增强，微型计算机系统的应用领域越来越广泛。CPU 发展到今天，已使微机在整体性能、处理速度、3D 图形图像处理、多媒体信息处理及通信等诸多方面达到甚至超过了传统的小型机，而且正加速向功能更强大、计算速度更快的方向发展。

CPU 是信息产业的基础部件，是电子设备的核心器件，是涉及国家命运的战略产业之一，其发展直接关系到国家科技创新能力，关系到国家安全，是国家的核心利益所在。面对困难，我国从未放弃自主 CPU 的研制。经过 20 多年的奋力追赶，龙芯（图 1-1-7）、飞腾、鲲鹏、兆芯、海光、申威等一系列微处理器已强势发出"中国声音"。

3．内存储器　内存储器又称主存、内存。在计算机中，内存储器按其功能特征可分为两种：只读存储器和随机存取存储器。

图 1-1-7　龙芯处理器

（1）只读存储器（read only memory，ROM）：CPU 对 ROM 的数据只能读取，不允许擦写，它里面存放的信息一般由计算机制造商写入并经固化处理，一般用户是无法修改的。即使关机，ROM 中的数据也不会丢失。例如，主板上的基本输入输出系统（basic input/output system，BIOS）芯片就是 ROM，它存储着计算机最重要的输入输出设备的驱动程序、开机后自检程序和系统自启动程序等。

（2）随机存取存储器（random access memory，RAM）：RAM 主要用来存放各种设备的输入输出数据、指令和中间计算结果，它的存储单元根据具体需要可以读出，也可以写入或刷新。一般把用于存储的元件都焊接在一小条电路板上，称为内存条。内存条插在计算机主板的内存插槽上。

RAM 分为静态和动态两种。静态 RAM（static random access memory，SRAM）速度快，成本高，主要用于高速缓存（cache）。动态 RAM（dynamic random access memory，DRAM）速度比静态 RAM 低，其特点是功耗低，集成度高，成本低。但是为了保持存储器的数据不丢失，必须对 RAM 进行周期性的刷新。微机中的主存就是动态 RAM，也就是常说的内存。

另外，RAM 是一个临时的存储单元，机器断电后，里面存储的数据将全部丢失，如果要进行长期保存，数据必须保存在外存储器（移动存储卡、硬盘等）。

4．外存储器　外存储器简称外存，也称辅存，通常以磁介质、光介质、磁光介质等形式来保存数据，不受断电的限制，可以长期保存数据，如磁带、软盘、硬盘、光盘、U 盘等。目前，硬盘仍是微型计算机最重要的外存储器。硬盘的特点是容量大、存取速度快、可靠性高。随着磁盘存储技术的发展，硬盘在存储介质和读写技术上出现了多种形式，按介质分为以下几类。

（1）机械硬盘（hard disk drive，HDD）：机械硬盘是传统的计算机硬盘，诞生于 20 世纪中期，又称 HD（hard disk）、温氏盘（Winchester 盘）。硬盘制造技术成熟，性价比高。它由磁盘组、读写磁头、定位机构和传动系统等部分组成，被固定在密封的无尘盒内。硬盘上的程序、数据等信息，以"0""1"形式保存在磁盘上。对于机械硬盘来说，有如下几种主要技术指标。

1）转速（rotational speed）：硬盘内电机主轴的旋转速度。硬盘的转速越快，硬盘寻找文件的速度也就越快。常见的转速有 7200 转/分（revolutions per minute，RPM）、10 000 RPM、15 000 RPM。

2）缓存（cache memory）：硬盘控制器上的一块内存芯片，具有极快的存取速度，它是硬盘内部存储和外界接口之间的缓冲器。由于硬盘的内部数据传输速度和外界介质表面传输速度不同，缓存在其中起到一个缓冲的作用。

3）传输速率（transmission rate）：它标称的是系统总线与硬盘缓冲区之间的数据传输率，外部数据传输率与硬盘接口类型和硬盘缓存大小有关。硬盘接口是硬盘与主机系统间的连接部件，分为 IDE、SATA、SCSI、光纤通道和 SAS 五种，其中 IDE 与 SATA 接口常用于个人计算机中。SATA 接口又称串行接口，具有结构简单、支持热插拔的优点，相比 IDE 接口，前者电缆数目少、效率高，还能降低系统能耗，减小系统复杂性，现在已经基本取代了 IDE 接口，成为微型计算机硬盘的主流。其余形式的硬盘接口常用于高端服务器、专业级存储设备中以存储海量的重要数据。

（2）固态硬盘（solid state disk，SSD）：固态硬盘由控制单元和存储单元（FLASH 芯片）组成，简单地说，就是采用固态电子存储芯片阵列制成的硬盘。SSD 采用闪存作为存储介质，读取速度相对机械硬盘更快，由于内部没有类似机械硬盘的马达等机械装置，还具有体积小、低噪声、节能、防震等优点，缺点是制造成本较高、容量小。

SSD 的接口规范和定义、功能及使用方法与普通硬盘完全相同，由于 SSD 没有普通硬盘

的旋转介质，因而抗震性极佳，同时工作温度很宽，扩展温度的电子硬盘可在 -45～85℃的温度下工作，被广泛应用于军事、车载、工业控制、视频监控、网络监控、网络终端、电力、医疗、航空、导航设备等领域。

(3) 混合式硬盘（hybrid hard disk，HHD）：混合式硬盘是把机械硬盘和闪存集成到一起的一种硬盘，是处于机械硬盘和固态硬盘中间的一种解决方案。可将系统软件与应用软件等不同类型的文件按需存放在固态部分或机械硬盘部分，以提升系统程序的启动速度。

混合式硬盘与传统机械硬盘相比，前者大幅提高了读写性能及数据安全性，同时又能够以较低成本存储较大量的数据。

(4) 可移动外存储器：除以上各种外存设备外，还有 U 盘、SD 卡（secure digital memory card）、CF 卡（compact flash）、记忆棒（memory stick）、MO 磁光盘（magneto optical disk）等，它们是近年来迅速发展起来的性能很好又具有可移动性的存储产品。

例如，U 盘又称闪存（flash memory），是采用 USB 接口和非易失随机访问存储器技术结合的方便携带的移动存储器。特点是断电后数据不丢失，因此可作为外存储器使用。固态硬盘就借鉴了 U 盘的设计思路。

光盘（optical disk）是利用激光原理进行信息读写的装置。根据光盘结构，光盘主要分为 CD、DVD、蓝光光盘等几种类型。这几种类型的光盘在结构上有所区别，但主要结构原理是一致的。根据可写性又可分为只读光盘（如 CD-ROM、DVD-ROM）、追记型光盘（如 CD-R、DVD-R，只能在空白区域刻录，无法修改已有信息）和可改写型光盘（如 CD-RW、DVD-RW，可以像硬盘一样改写数据）。只读 CD 光盘和可记录 CD 光盘在结构上没有区别，它们的主要区别在于材料应用和某些制造工序的不同，DVD 光盘与此类似。光盘存储介质具有价格低、保存时间长、存储量大等特点。

（二）计算机软件

计算机软件是指在硬件设备上运行的各种程序和有关资料。程序（program）是计算机完成指定任务指令（instruction）的集合。用户使用程序时不仅需要程序，还需要关于它的说明和其他资料，这些资料通常称为文档（document）。因此，软件包括程序和文档。软件分为系统软件和应用软件两大类。

1. 系统软件 用于管理、监控和维护计算机硬件和软件资源，并为用户使用计算机提供服务的软件称为系统软件。系统软件包括操作系统、语言处理系统和数据库管理系统。

操作系统（operating system，OS）是计算机系统的灵魂。它负责协调和控制计算机软、硬件资源，使整个系统和谐工作，并为用户使用计算机提供接口和帮助。常用的操作系统有 Windows、Linux、Mac OS 等。我国在操作系统领域也是坚持逆行而上，相继开发了深度 Linux（deepin）、优麒麟（Ubuntu Kylin）、红旗 Linux、飞天操作系统等。

语言处理系统（language processing system）负责将用户编写的程序（源程序、源代码）"翻译"成计算机所能识别的二进制机器语言。一般包括预处理器、编译（解释）器、链接器、调试器等。目前应用较多的编程语言有 Python、C 语言、Java 等。

数据库管理系统（database management system，DBMS）是一种操纵和管理数据库的大型软件，用于建立、使用和维护数据库。它对数据库进行统一的管理和控制，以保证数据库的安全性和完整性。用户通过 DBMS 访问数据库中的数据，数据库管理员也通过 DBMS 进行数据库的维护工作。目前应用较多的 DBMS 除了 MYSQL、Oracle 等，还有我国开发的 OceanBase、达梦数据库管理系统等。

2. 应用软件 应用软件（application，app）是针对某一个具体应用问题而开发的专门软件，如文字处理软件、电子表格处理软件、图形处理软件、财务管理系统、教学辅助软件、游戏软件、网络服务软件、杀毒软件、各种科学计算的软件包以及智能移动通信设备相应的应用软件等。

目前广泛使用的应用软件有：国产办公软件 WPS、文字处理软件 Word、电子表格软件 Excel、图形处理软件 Photoshop、计算机辅助设计软件 AutoCAD、动画处理软件 Maya、Animate、3DS MAX、万彩动画大师等，统计分析软件包 SAS 和 SPSS 等。

3. 计算机软件知识产权 计算机软件是现代科学技术发展的产物，软件产业已经成为整个信息产业中非常重要的领域。我国的软件市场规模巨大，但软件行业的发展相对滞后，相应的生态环境还不够完善。计算机软件的开发需要投入大量的人力、物力、财力，只有有效保护软件的知识产权，才能保证软件开发者的利益，进而进行软件的后续研发。

对于计算机软件这一特殊的知识产权客体，需要用到著作权法、专利法、商标法、商业秘密法等几种重要的知识产权法对计算机软件进行保护。著作权法是世界各国保护计算机软件所用的最普遍的法律，主要针对软件的"作品性"进行保护；专利法保护软件专利人在一定的时间、地域内拥有对某一软件发明的专有权；商标法从商业标记和商业信誉等角度来保护软件这一特殊商品；商业秘密法保护计算机软件中保密的源程序、文档、目标程序等，是对软件开发思想的一种保护。由于计算机软件知识产权的自身特点，现有的法律体系对软件的保护尚有不尽如人意之处，相信随着相关法律的不断完善，对软件知识产权可以进行更为有效地保护。

（王玉锋）

第二节　信息的表示方法

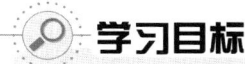

1. 知识
（1）了解计算机的常用数制、二进制编码的特点；熟悉二进制与其他进制之间的关系。
（2）掌握 ASCII 编码和 Unicode 编码的方式和汉字编码的模式。
（3）了解 ICD-10 编码，掌握 ICD-10 疾病诊断命名原则和查找方法。
（4）了解 DICOM 图像表示，熟悉 DICOM 标准的组成及应用。

2. 能力
（1）培养学生的信息获取、分析和加工能力，并内化为自身的思维方式和行为习惯。
（2）培养医学生快速获取 ICD-10 中相关疾病信息、在不同医疗领域应用 DICOM 的能力。

3. 素养
（1）给学生传递家国情怀、民族自豪感和自信心、敬业精神。
（2）培养学生树立科教兴国的思想，加强医德医风建设。

计算机中处理的信息，如数字、字符、图像和声音等，需要转换为二进制数据的形式才能被存储和处理。本节将介绍信息在计算机中的表示方法。

一、计算机常用数制及二进制编码

（一）计算机常用数制

在日常生活中人们习惯使用十进制，对于十进制可以用0、1、2……9这十个数码表示，把这些数码的个数称为基数，即十进制的基数为十。采用逢基数进一的规则，则称为进位计数制。

除了十进制，人们也使用其他进制，如二进制、八进制等，有时还采用十六进制、六十进制，例如，我国在很早以前使用过十六两为一斤的秤，就是采用十六进制。现在对这些计数制做简单介绍。

1．十进制（decimal system） 十进制使用 0～9 十个数码表示，其基数是十，计数规律为逢十进一。

十进制数的书写规则是将该数后面加 D 或在括号外加数字下标 10，例如，237.68D 或 $(237.68)_{10}$ 都是表示十进制的 237.68。一般 D 和下标 10 通常都省略。

在十进制中，数值大小不仅与其所用代码有关，还与其所在位置有关，例如，262.84 这个数中出现了两个 2，但它的大小是不一样的，小数点左边的 2 代表 2，最左位上的 2 代表 200，同样是数码 2，但它在不同位置具有不同的值，称之为位权，也称权重（weight）。为便于观察，可以把该数展开，即：$262.84 = 2 \times 10^2 + 6 \times 10^1 + 2 \times 10^0 + 8 \times 10^{-1} + 4 \times 10^{-2}$。

10^{n-1}、10^{n-2}……10^0……10^{-m+1}、10^{-m}（n 指整数位数，m 指小数位数）即所说的位权。可见，位权是数码在该位置所具有的值。

2．二进制（binary system） 二进制使用 0、1 两个数码，基数为 2，计数规则为逢二进一。

二进制数的书写规则是将该数后面加 B 或在括号外加数字下标 2，例如，1011.101B 或 $(1011.101)_2$ 都表示该数为二进制数。

与十进制相仿，它的位权为 2 的整数幂。所以一个二进制数也可以将它展开，展开后各项值的和是十进制表示的值。例如：

$101101.11B = 1 \times 2^5 + 0 \times 2^4 + 1 \times 2^3 + 1 \times 2^2 + 0 \times 2^1 + 1 \times 2^0 + 1 \times 2^{-1} + 1 \times 2^{-2}$

3．十六进制（hexadecimal system） 二进制数书写长，不好读，不好记。计算机中常用十六进制来对二进制进行"缩写"。

十六进制数基数为十六，使用 0、1、2、3……9、A、B、C、D、E、F 这十六个数码，其规则为逢十六进一。

十六进制的书写规则是将该数后面加 H 或在括号外加数字下标 16，例如，13D2H 或 $(13D2)_{16}$ 都表示该数为十六进制。

与十进制相仿，它的位权为 16 的整数幂。一个十六进制数也可以将它展开，展开后各项值之和是十进制表示的值。例如：$(13D8)_{16} = 1 \times 16^3 + 3 \times 16^2 + 13 \times 16^1 + 8 \times 16^0$。

（二）二进制编码特点

计算机中采用二进制数是因为二进制数有以下 5 个特点：

（1）实现简单：计算机内部使用的是数字电路，即用电脉冲表示信号，而脉冲信号只有两种状态，如电压的高低（即高电平和低电平）、灯光的亮灭（灯泡是否加电），两种状态可以用数码 0、1 来表示。

（2）运算规则简单：二进制加法运算时"逢二进一"，即 $0 + 0 = 0$；$1 + 0 = 1$；$0 + 1 = 1$；$1 + 1 = 10$。如：1011B + 101B = 10000B。二进制减法运算时"借一当二"，即 $0 - 0 = 0$；$0 - 1 = 1$

（有借位）；1－0＝0；1－1＝0。运算规则简单，有利于简化计算机内部结构，提高运算速度。

（3）适合逻辑运算：逻辑代数是逻辑运算的理论依据，二进制只有两个数码，正好与逻辑代数中的"真"和"假"相吻合，易于实现逻辑运算。

（4）可以进行数制之间的转换：例如，二进制与十进制数、二进制与十六进制之间互相转换。

（5）抗干扰能力强，可靠性高：因为每位数据只有高低两个状态，当受到一定程度的干扰时，仍能可靠地分辨出它的高低。

（三）二进制与其他进制之间的关系

非十进制数转换为十进制数的方法是"按权展开，各项相加"。十进制数转换为非十进制数，要将该数的整数部分与小数部分分别转换；其中整数部分采用"除基数取余数"法，小数部分采用"乘基数取整数"法。十进制、二进制和十六进制的关系见表1-2-1。

表 1-2-1　十进制、二进制和十六进制关系对照表

十进制	二进制	十六进制
0	0000	0
1	0001	1
2	0010	2
3	0011	3
4	0100	4
5	0101	5
6	0110	6
7	0111	7
8	1000	8
9	1001	9
10	1010	A
11	1011	B
12	1100	C
13	1101	D
14	1110	E
15	1111	F

1．二进制数转换为十进制数　将二进制数按权值展开，然后用十进制运算规则计算每一项的值再相加，即可转换为十进制数。

例 1-2-1：将 $(1011.101)_2$ 转换为十进制数。

$$(1011.101)_2 = 1 \times 2^3 + 0 \times 2^2 + 1 \times 2^1 + 1 \times 2^0 + 1 \times 2^{-1} + 0 \times 2^{-2} + 1 \times 2^{-3}$$
$$= 8 + 0 + 2 + 1 + 0.5 + 0 + 0.125 = (11.625)_{10}$$

2．十进制数转换为二进制数　将整数部分和小数部分分开，整数部分采用除2取余逆排法，小数部分采用乘2取整顺排法。

例 1-2-2：将 $(13.375)_{10}$ 转换为二进制数。

(1) 整数部分转换方法如下：

```
2 | 13
2 |  6    … 余 1    低位
2 |  3    … 余 0
2 |  1    … 余 1
   0      … 余 1    高位
```

$(13)_{10} = (1101)_2$

(2) 小数部分转换方法如下：

```
        0.375
    ×     2
        0.75    整数：0    高位
小数： 0.75
    ×     2
        1.5     整数：1
小数： 0.5
    ×     2
        1.0     整数：1    低位
小数： 0
```

$(0.375)_{10} = (0.011)_2$

因此，$(13.375)_{10} = (1101.011)_2$。

3. 二进制数转换为十六进制数 一个二进制数转换为十六进制数的方法是从小数点起向左每四位二进制数（不足四位在左侧用 0 补齐）表示一位十六进制数的整数，小数点起向右每四位二进制数（不足四位在右侧用 0 补齐）表示一位十六进制数的小数。

例 1-2-3：将 $(1011011.101)_2$ 转换为十六进制数。

转换方法如下：

<u>0101</u> <u>1011.</u> <u>1010</u>
  5   B.   A

因此，$(1011011.101)_2 = (5B.A)_{16}$。

4. 十六进制数转换为二进制数 一个十六进制数转换成二进制数的方法是每一位十六进制数用四位二进制数表示。

例 1-2-4：将 $(7D3.F2)_{16}$ 转换为二进制数。

转换方法如下：

<u>7</u>   <u>D</u>   <u>3.</u>   <u>F</u>   <u>2</u>
0111 1101 0011. 1111 0010

因此，$(7D3.F2)_{16} = (011111010011.11110010)_2$

二、字符信息编码

（一）ASCII 码

众所周知，计算机不仅可以处理数值数据，还可以处理非数值数据，如字符、汉字、图形图像、音频、视频等,那么计算机是如何识别、存储和处理这些数据的呢?在计算机中,所有数据都有自己的编码,是用二进制代码表示。以美国信息交换标准码(American Standard Code for Information Interchange,ASCII)为例,使用7位或8位二进制数来表示,如英文字母"A"的代码为01000001,"B"的代码为01000010,就像每个学生有唯一的学号一样。标准ASCII码是一种用于信息交换的美国标准代码,使用7位二进制数来表示所有的大写和小写字母、数字0到9、标点符号以及在美式英语中使用的特殊控制字符,一共有128种(0~127)组合,见表1-2-2。

计算机存储通常用8位二进制代码作为一个存储单位,即8个二进制位称为一个字节,用byte表示。8位二进制代码其中的某一位,不管它是0或是1,我们把它记作1个信息单位,称为1个比特,用英文bit表示。

在计算机的存储单元中,一个ASCII值占一个字节。存放一个ASCII编码仅需要用7位,最高位为空,即$b_7b_6b_5b_4b_3b_2b_1b_0$,其中$b_7=0$。将空的最高位(b_7)设置用作校验位,后7位用于字符编码(图1-2-1)。

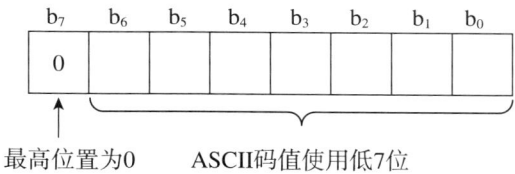

图1-2-1 ASCII 结构示意图

在表1-2-2中,上横栏为ASCII码的高4位,由于b_7为校验位,所以未标出,左面纵栏为低4位,ASCII码可以用十进制或十六进制表示。例如:数字0,从表中可以得到其$b_6b_5b_4$为011,而$b_3b_2b_1b_0$为0000,所以它的ASCII码为0110000,它的机内码是在ASCII码最高位前加校验位0构成一个字节,即为00110000,其用十进制表示为48。

表1-2-2 英文字符 ASCII 码表

b_3 b_2 b_1 b_0	b_6 b_5 b_4							
	000	001	010	011	100	101	110	111
0000	NUL	DLE	SP	0	@	P	`	p
0001	SOH	DC1	!	1	A	Q	a	q
0010	STX	DC2	"	2	B	R	b	r
0011	ETX	DC3	#	3	C	S	c	s
0100	EOT	DC4	$	4	D	T	d	t
0101	ENQ	NAK	%	5	E	U	e	u
0110	ACK	SYN	&	6	F	V	f	v
0111	BEL	ETB	'	7	G	W	g	w
1000	BS	CAN	(	8	H	X	h	x
1001	HT	EM	)	9	I	Y	i	y
1010	LF	SUB	*	:	J	Z	j	z
1011	VT	ESC	+	;	K	[	k	{
1100	FF	FS	,	<	L	\	l	|
1101	CR	GS	-	=	M	]	m	}
1110	SO	RS	.	>	N	^	n	~
1111	SI	US	/	?	O	_	o	DEL

(二)Unicode 编码

统一码(Unicode)是一种在计算机上使用的字符编码。Unicode 是为解决传统字符编码方案的局限而产生。它为每种语言中的每个字符设定了统一并且唯一的二进制编码,以满足跨语言、跨平台进行文本转换、处理的要求。Unicode 编码标准可表示目前全世界所有语言的所有字符,同时兼容 ASCII 编码。

Unicode 的前 128 个字符编码和 ASCII 是一致的,即向后兼容 ASCII,对于使用 ASCII 编码的程序可以直接使用 Unicode 规范。在 Unicode 中,对于每一个字符编码的值,叫做码位(code point)。例如,小写字母 a 的码位为 97,对应十六进制为 \x61。

Unicode 用数字 \x0 ~ \x10FFFF 来映射这些字符,最多可以容纳 1 114 112 个字符,或者说有 1 114 112 个码位。其中,2048 个码位用于编码代理(UTF-16),66 个为非字符码位(例如 BOM),137 468 个预留给私人使用,最终剩余 974 530 个用于普通字符分配。码位的最大值为 \x10FFFF,对应二进制有 21 位,我们将 2^{16} 个值分为一组,则 Unicode 总共可以分为 17 份,每一份称之为平面(plane),每一个平面有 65 536(2^{16})个码位。BMP(基础多语言平面)为基础平面,目前收录了全球范围内大部分的字符。剩余的 16 个平面均为补充平面,用于进行新的字符的补充,平面详情如表 1-2-3 所示。

表 1-2-3 Unicode 码平面详情

平面编号	码位范围(十六进制)	名称简写	名称
Plane 0	0000 ~ FFFF	BMP	基础多语言平面(basic multilingual plane)
Plane 1	10000 ~ 1FFFF	SMP	补充多语言平面(supplementary multilingual plane)
Plane 2	20000 ~ 2FFFF	SIP	补充表意语言平面(supplementary ideographic plane)
Plane 3	30000 ~ 3FFFF	TIP	第三表意语言平面(tertiary ideographic plane)
Planes 4 ~ 13	40000 ~ DFFFF	-(未分配)	-(未分配)
Plane 14	E0000 ~ EFFFF	SSP	补充特殊用途平面(supplementary special-purpose plane)
Planes 15 ~ 16	F0000 ~ 10FFFF	SPUAP	补充私有使用区平面(supplementary private use area plane)

Unicode 中还有一个概念,对于逻辑上属于一类的字符,称之为块(block)。例如:

(1)C0 Controls and Basic Latin,码位在 \x0000 ~ \x007F,就是从 ASCII 继承来的前 128 个字符。

(2)CJK Unified Ideographs,码位在 \x4E00 ~ \x9FFC,包含大部分的中日韩文字。

(3)Halfwidth and Fullwidth Forms,码位在 \xFF00 ~ \xFFEF,用于英文字母、数字、日文、个别符号等一些字符的全角与半角相互转换。

(4)Miscellaneous Symbols and Pictographs,码位在 \x1F300 ~ \x1F5FF,Supplemental Symbols and Pictographs,码位在 \x1F900 ~ \x1F9FF,包含大部分 emoji 表情。

(5)General Punctuation,码位在 \x2000 ~ \x206F,包含一些符号以及一些特殊的分隔符、连接符、空格符等,这些符号不一定是可显字符,而是告诉解释器该如何操作当前字符。

Unicode 标准支持 3 种编码格式:UTF-32、UTF-16 和 UTF-8。其中,UTF-8 是 UTF(Unicode Transformation Format)中最常用的转换格式。

UTF-8 是针对 Unicode 的一种可变长度字符编码,其特点是对不同范围的字符使用不同长度的编码。它可以用来表示 Unicode 标准中的任何字符,而且其编码中的第一个字节仍与 ASCII 相容,使得原来处理 ASCII 字符的软件无须或只进行少部分修改后,便可继续使用。因此,它逐渐成为电子邮件、网页及其他存储或传送文字的应用中优先采用的编码。

UTF-8 把一个 Unicode 字符根据不同的数字大小编码为 1～6 个字节。前 0x7F 的字符，如常用的英文字母被编码为 1 个字节。如果一个字符在 000800～00FFFF 之间，如汉字，则通常被编码为 3 个字节，只有很生僻的字符才会被编码为 4～6 个字节。如果要传输的文本包含大量英文字符，用 UTF-8 编码就能节省空间。三种编码的对照如表 1-2-4 所示。

表 1-2-4　三种编码对照表

字符	ASCII	Unicode	UTF-8
C	01000011	00000000 01000011	01000011
中	—	01001110 00101101	11100100 10111000 10101101

当前计算机系统通用的字符编码工作方式为：在计算机内存中，统一使用 Unicode 编码，当需要保存到硬盘或者需要传输时，就转换为 UTF-8 编码。例如，用记事本编辑时，从文件读取的 UTF-8 字符被转换为 Unicode 字符到内存里，编辑完成后，在保存时再把 Unicode 转换为 UTF-8 保存到文件。

（三）汉字编码

英文字符数量相对较少，且它们本身有序，所以对它们进行数字化编码是较为容易的。而对汉字字符进行数字化编码难度要大得多，因为汉字既多又复杂，几千个汉字要对应几千个编码，除了这些，汉字的字形比起其他国家的文字要复杂得多，不同的汉字有不同的形状，即便是同一汉字，又有宋体、楷体等多种字体，每个汉字之间缺乏关联性，所以对汉字进行编码要考虑很多因素，比如汉字的排列顺序、汉字如何输入以及汉字字形如何在计算机中表示等。一般来讲，计算机内汉字编码中包括机内码、输入码和汉字输出码。

1．常用的汉字信息编码标准　在汉字信息编码标准中，常用的是简体中文 GB 2312、GB 18030、繁体中文 Big5 码等。GB 2312 码是中华人民共和国国家汉字信息交换用编码，全称《信息交换用汉字编码字符集　基本集》，简称国标码，由中国国家标准总局于 1980 年发布，1981 年 5 月 1 日实施，通行于中国大陆，新加坡等地也使用此编码。GB 2312 收录简化汉字及符号、字母、日文假名等共 7445 个图形字符，其中汉字占 6763 个。GB 2312 规定"对任意一个图形字符都采用 2 个字节表示，每个字节均采用 7 位编码表示"，习惯上称第一个字节为"高字节"，第二个字节为"低字节"。该字符集是几乎所有中文系统和国际化软件都支持的中文字符集，也是最基本的中文字符集。

信息产业部和国家质量技术监督局于 2000 年 3 月 17 日联合发布了两项新的国家标准：GB 18030-2000 和 GB 18031-2000。GB 18030-2000《信息技术　信息交换用汉字编码字符集　基本集的扩充》（简称 GBK），共收录了 27 484 个汉字，具体规定了图形字符的单字节编码和双字节编码，并对四字节编码体系结构做出了规定。该标准是一个强制性标准，与现有的绝大多数操作系统、中文平台在计算机内码一级兼容，能够支持现有的应用系统。

2．机内码　由于汉字的国标码采用了与 ASCII 相同的编码方式，在计算机内，如果直接采用国标码，势必会造成与 ASCII 码混淆，例如：汉字"大"的国标码为 0011010001110011，而数字"4"和"s"的 ASCII 码分别为 00110100、01110011，如果不加以指定，计算机会把 0011010001110011 当成两个英文字符"4s"来处理。鉴于以上情况，为了在计算机内部存储时与 ASCII 码有所区别，在其最高位设置为 1。只要每个字节的最高位为 1，即为汉字，这样就构成了汉字机内码。无论是国标码还是机内码，书写时都可用十六进制。以汉字"大"为例，它的国标码、机内码和 ASCII 码的对应关系如表 1-2-5 所示。

表 1-2-5　汉字"大"编码对照表

字符	名称	编码（十六进制）	编码（二进制）
大	国标码	3473	00110100 01110011
大	机内码	B4F3	10110100 11110011
4s	ASCII 码	3473	00110100 01110011

由此可见，如果用十六进制表示，将国标码转为机内码只需将国标码加 8080，即：

```
  3473    国际码
+ 8080
─────────────
  B4F3    机内码
```

3．输入码　由于汉字的独立性，使汉字的输入变得较为复杂，常用的汉字输入法基本分为两大类。

（1）编码汉字输入：编码汉字输入现基本分为三类，即以音为主的拼音输入、以形为主的笔形输入以及音形结合的输入方法，三者各有特色。拼音易学好记，但同音的汉字太多，重码率高，如今智能拼音输入法的发展使拼音输入的速度有了大幅提高。典型的拼音输入法有全拼输入法和微软拼音输入法。由于相同形状的汉字很少，所以笔形输入重码率低，但该方法掌握困难，典型的笔形输入是五笔输入法。无论采用哪一种，它们都称为输入码，也称外码。当向计算机输入外码时，一般都要转换成机内码后才能进行存储和处理，当然这是各种汉字操作系统所要解决的问题，使用者只需输入汉字的外码，剩下就交由计算机处理。

（2）非编码汉字输入：近年人们发明了不少用于汉字输入的设备，如手写板输入和语音输入。计算机自动将手写体识别成可编辑的文本，这种方法只要会写汉字就可以向计算机输入汉字，如果所写汉字不是很潦草，就能有较高的识别率。语音输入是指用麦克风按正常的说话速度朗读，计算机通过声卡和识别软件，将语音自动识别成可编辑的文本，但这种方法存在个体差异，即由于每个人的声调、发音不同，会造成识别错误，因此要对计算机进行训练，让计算机逐渐能够适应使用者的发音，才能有较高的识别率。除上述两种非编码输入外，用扫描仪将书报上的文稿以图像的形式扫描到计算机中，再通过光学字符识别（optical character recognition，OCR）技术进行识别，还原成可编辑的文本，如果原稿比较清楚，其识别率可达 90% 以上。

4．汉字输出码　汉字输出码是地址码、字形存储码和字形码的统称。

（1）地址码：地址码是指汉字字形信息在汉字字模库中存放的首地址。每个汉字在字库中占有一个固定大小的连续区域，其中首地址即是该汉字的地址码。

（2）字形存储码：字形存储码是指存放在字库中的汉字字形点阵码。不同的字体有不同的字库，如黑体、仿宋体等，点阵的点数越多，字形的质量越高，越美观。

由于汉字是方块字，每个汉字可以看做是一个由 M 行 N 列点组成的矩阵，称为汉字的点阵字模，简称点阵。如果用二进制数 1 代表点阵中的黑点，用 0 表示无黑点。一个汉字若用 16×16 点阵表示，则共有 256 个点。

由图 1-2-2 可以看出，一个汉字可以用 16 行二进制代码表示，一行为 16 位，正好为 2 个字节，所以一个 16×16 点阵字库要占 16×2=32 个字节。对于 16×16 点阵字库，若要用于打印，其质量可想而知，所以 16×16 点阵字库主要用于显示，若想打印则应采用 24×24 点阵以上的字库，而 24×24 点阵字库每个汉字要占 24×3=72 个字节。

汉字字形库直接存储点阵码时占用的存储空间大，为了减少字库所占的容量，采用了数据压缩技术。使用较多的字库压缩方法有哈夫曼树法、矢量法和字根压缩法。近年来开发的新的

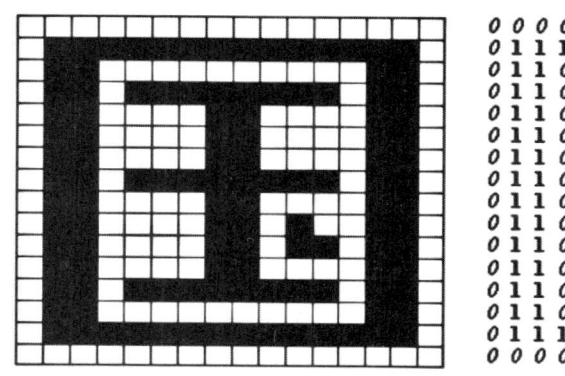

图 1-2-2　汉字字形码示意图

汉字操作系统中常使用矢量汉字。所谓矢量汉字就是经过矢量法把基本点阵字模进行压缩后得到的汉字。这些汉字信息存在矢量字库中，显示和打印时要经过相应的转换程序进行还原和变换，得到不同的字体，也就是字形码。

（3）字形码：指在输出设备上输出汉字时所要送出的汉字字形点阵码。点阵数据的组织是按照输出设备的特性及输出字体的一些特点（如倾斜角度、放大倍数）进行的，是对基本字库中数据进行变换得到的。

上述各种汉字编码之间的关系如图 1-2-3 所示。

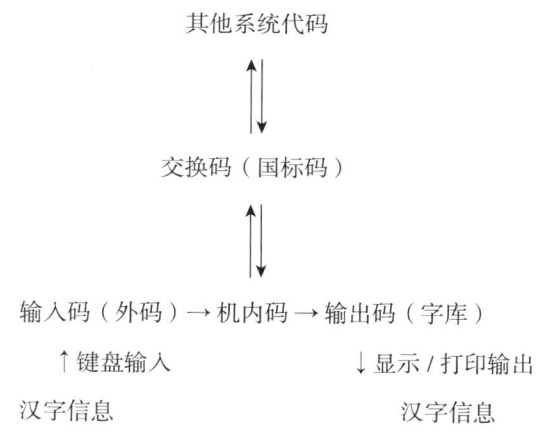

图 1-2-3　各种汉字编码之间的关系

三、医学信息编码

（一）ICD-10 简介

国际疾病分类（international classification of diseases，ICD），是依据疾病的某些特征，按照规则将疾病分门别类，并用编码的方法来表示的系统。目前全世界通用的是《疾病和有关健康问题的国际统计分类》（第 10 次修订本），仍保留了 ICD 的简称，并被统称为 ICD-10。

ICD 已有一百多年的发展历史，早在 1891 年，为了对死亡进行统一登记，国际统计研究所组织了一个对死亡原因分类的委员会。1893 年，该委员会主席 Jacques Bertillon 提出了一个分类方法《国际死亡原因编目》，此即为第一版。以后基本上为 10 年修订一次。1940 年，第

6次修订工作由世界卫生组织（WHO）承担，此版首次引入了疾病分类，并强调继续保持用病因分类的思想。1994年，第10次修订本在世界得到了广泛的应用，这就是目前全球通用的ICD-10。2010年，WHO发布了ICD-10更新版本。

国际疾病分类标准编码ICD-10查询系统收录的疾病记录有26 000多条，内容全面准确，涵盖医院所有科别的各种疾病，是国内目前最完备、最新的ICD-10专用编码查询数据库系统，主要包括ICD-10编码、手术码、疾病名称、拼音码。系统支持疾病、类别的双向查询，拼音与汉字模糊查询等，2.0版新增中英文对照查询，查询功能更方便。同时系统支持将数据库导出为Excel电子表格，Access可以直接调用，可以挂接或者转换成其他各种数据库。

（二）ICD-10疾病诊断命名原则

1. ICD-10的分类依据 ICD分类依据疾病的四个主要特征，即病因、部位、病理及临床表现（包括：症状、体征、分期、分型、性别、年龄、急/慢性、发病时间等）。每一特征构成了一个分类标准，形成一个分类轴心，因此ICD是一个多轴心的分类系统（图1-2-4）。

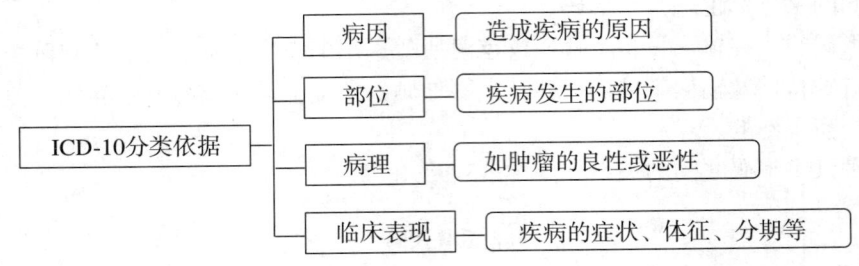

图1-2-4 ICD-10分类依据

ICD分类的基础是对疾病的命名，没有名称就无法分类。但疾病又是根据它的内在本质或外部表现来命名的，因此疾病的本质和表现正是分类的依据，分类与命名之间存在一种对应关系。当对一个特指的疾病名称赋予一个编码时，这个编码就是唯一的，且表示了特指疾病的本质和特征及其在分类里的上下左右联系。

例如，在ICD-10编码中，第一章某些传染病和寄生虫病（A00-B99），其分类依据为病因；第二章肿瘤（C00-D48），其分类依据为病理。

2. ICD-10编码的编排方法 ICD-10编码按照"字母数字编码"形式，有三位编码（例如：I85）、四位编码（例如：K86.1）、五位编码（例如：S02.01）和六位编码（例如：K29.303）。第一位是字母（A～U），后五位是阿拉伯数字，但肿瘤的形态学编码除外。每位编码代表的含义如图1-2-5所示。

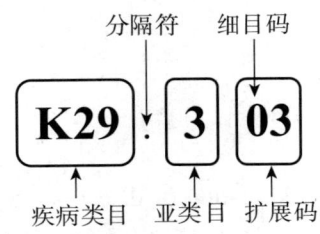

图1-2-5 ICD-10编码

3. ICD-10中的专用术语

（1）类目：指三位编码，包括一个字母和两位数字。如：A01为伤寒和副伤寒。

（2）亚目：指四位编码，包括一个字母、三位数字和一个小数点。如：A01.0为伤寒。

（3）细目：指五位编码。包括一个字母、四位数字和一个小数点。如：S02.01 为顶骨开放性骨折。

4．ICD-10 的结构 ICD-10 共包括三卷，第一卷为类目表，第二卷为指导手册，第三卷是字母顺序索引。

第一卷类目表的内容分为五个部分：前言；三位和四位的类（亚）目；肿瘤的形态学编码（M800～M998）；死亡和疾病的特殊类目表；与死因统计有关的定义。

第二卷指导手册包括对记录和编码的指导，分类使用问题的新材料以及分类历史背景的概括介绍；还提供了对 ICD 的基本描述，对死亡和疾病编码人员的实际指导以及对数据报告书及解释的指南。

第三卷字母顺序索引包括疾病和损伤性质的字母顺序索引、损伤的外部原因的字母顺序索引及药物和化学制剂表的字母顺序索引。

ICD-10 中三卷联合使用，由第三卷确定主导词，查找编码；第一卷核对并最终完成编码；第二卷参考有关文字说明。三卷互为补充，缺一不可。

ICD-10 包括对于不明原因的新发疾病或紧急使用的临时指定编码（U00-U49）。2020 年 2 月，世界卫生组织增加了针对新型冠状病毒肺炎（COVID-19）疾病暴发的紧急使用 ICD 代码，包括 COVID-19 确诊及 COVID-19 的临床或流行病学诊断（疑似或可能）。ICD-10 中还激活了一组附加类别，以便能够记录或标记在 COVID-19 背景下发生的情况，如 COVID-19 个人史、COVID-19 后状况、与 COVID-19 相关的多系统炎症综合征、预防 COVID-19 的免疫接种和对 COVID-19 疫苗的不良反应等，如图 1-2-6 所示。

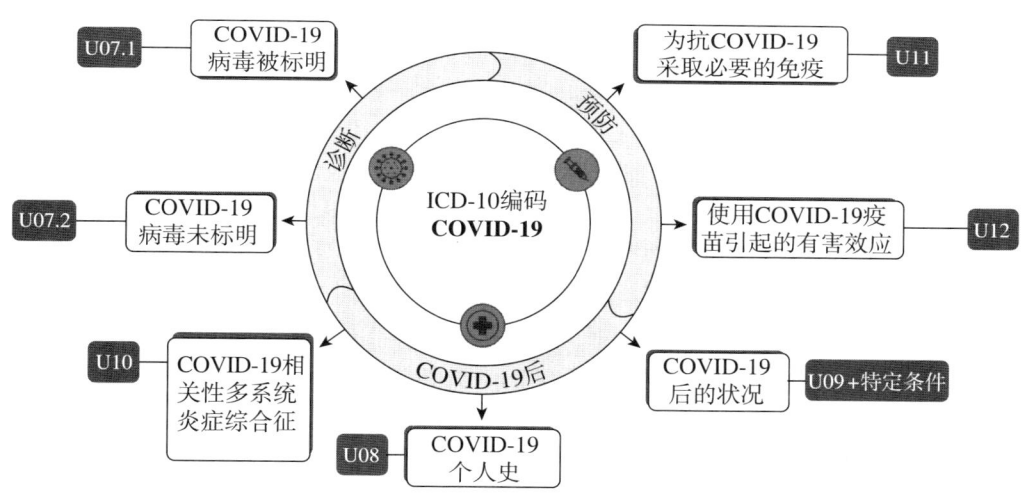

图 1-2-6　COVID-19 在 ICD-10 中的编码

（三）ICD-10 编码查找方法

疾病分类编码的操作方法，基本上可分为以下四个步骤：
（1）首先要确定主导词，相当于在图书馆中检索时所用的主导词；
（2）确定主导词后，在字母顺序索引中（第三卷）查找编码；
（3）把查到的编码在类目表中（第一卷）进行核对，看编码是否正确；
（4）对于肿瘤的编码操作，由于要求有两个编码，所以要再次操作。

例 1-2-5：查找子宫腺肌瘤的疾病分类编码。

子宫腺肌瘤是一种由良性上皮（通常为子宫内膜样腺体）及间叶成分（纤维肌成分）组成的病变，属于子宫混合性上皮-间叶肿瘤。

编码查找方法为：选择主导词"腺肌瘤"，查 ICD-10 卷三，可查到形态学编码为 M9832/0，在肿瘤表可查到子宫体良性肿瘤的部位编码为 D26.1。

例 1-2-6：查找 CIN Ⅲ（宫颈上皮内瘤变Ⅲ级）伴早期浸润的疾病分类编码。

CIN Ⅲ 伴早期浸润属于宫颈微小浸润性鳞状细胞癌。

编码查找方法为：选择主导词"癌"，查 ICD-10 卷三，索引→"鳞状（细胞）"→"微小侵袭性（M8076/3）"→"未特指部位"编码为 C53.9。

例 1-2-7：查找慢性阻塞性肺疾病急性加重的疾病分类编码。

慢性阻塞性肺疾病（chronic obstructive pulmonary disease，COPD）简称慢阻肺，是一种具有气流阻塞特征的慢性支气管炎和（或）肺气肿，可进一步发展为肺心病和呼吸衰竭。

编码查找方法为：选择主导词"病"，索引→"肺"→"阻塞性（慢性）"→"伴有"→"急性"→"加重"编码为 J44.1。

在查找卷三时，首先我们应确定慢阻肺的主导词为"病"，一级修饰词为"肺"，二级修饰词为"阻塞性"，三级修饰词为"伴有"，四级修饰词为"急性"，最后在"急性"的下面还有"加重"以及"下呼吸道感染（除外流感）J44.0"。肺炎是下呼吸道感染的一种类型，因此该情况下应将慢阻肺 J44.9 编码至 J44.0 慢性阻塞性肺病伴有急性下呼吸道感染。慢性阻塞性肺病急性加重、慢性支气管炎、阻塞性肺气肿三个诊断同时出现时，不能将三个疾病分别编码为 J44.1、J42、J43.9，正确编码为 J44.1。

（四）ICD-10 的应用

ICD-10 编码是依据疾病的病因、部位、病理和临床表现等特征将同一类疾病归纳为一个有序的组合，是原始临床资料成为医疗卫生信息的重要方法。ICD-10 在临床工作中的应用包括以下几个方面。

1. ICD-10 编码原则在病案中的应用 我国已将 ICD-10 列为国家标准，要求所有医院在病案首页中统一使用 ICD-10 编码。住院患者病案按 ICD-10 编码原则分类，并上报统计信息。随着医院管理的量化、细化，ICD-10 编码应用对规范病案信息填报工作，提高病案管理水平，促进医疗、科研和教学工作，配合医疗付费制度改革等发挥了重要作用。

2. ICD-10 在临床诊断中的应用 根据我国卫生行政部门的要求，目前在临床工作中要求统一使用 ICD-10 进行门诊及入院疾病的诊断和编码。ICD-10 使疾病信息得到最大范围的共享，可以反映国家卫生状况，还是医学科研和教学的工具和资料。

3. ICD-10 在医疗信息系统中的应用 ICD-10 使得疾病名称标准化、格式化。这是医学信息化、医院信息管理等临床信息系统的应用基础。通过公共信息服务网的卫生信息平台，ICD-10 的疾病分类与诊断及其编码应用于我国精神卫生领域的各种疾病上报系统，如国家卫生健康委员会、中国疾病预防控制中心、中国残疾人联合会的精神疾病统计系统。在精神卫生领域，复合性国际诊断交谈检查量表（Composite International Diagnostic Interview，CIDI）和神经精神医学临床评定量表（Schedule for Clinical Assessment in Neuropsychiatry，SCAN）等临床诊断量表，都可以通过计算机软件得到 ICD-10 的诊断分类。目前 ICD-10 在医疗信息系统中被广泛应用。

4. ICD-10 促进国内与国际间的交流 ICD-10 的推广使用，可提高医务工作者对国际疾病分类的认识，有利于国内与国际间的交流。通过对疾病编码举例，阐述正确应用 ICD-10 的重要性，有助于临床医师掌握国际疾病分类编码规则，正确书写疾病诊断，促进国际疾病分类的使用和推广。

四、医学图像表示

(一) DICOM 简介

医学数字成像和通信（Digital Imaging and Communications in Medicine，DICOM）标准是医学图像和相关信息的国际标准（ISO 12052）。它定义了质量能满足临床需要的可用于数据交换的医学图像格式。

DICOM 标准被广泛应用于放射医疗、心血管成像以及放射诊疗诊断设备（X 线、CT、磁共振成像、超声等），并且在眼科和牙科等其他医学领域得到越来越广泛地应用。在医学成像设备中，DICOM 标准是应用最为广泛的医疗信息标准之一。当前大约有百亿级符合 DICOM 标准的医学图像用于临床。

自从 1985 年 DICOM 标准第一版发布以来，DICOM 给放射学实践带来了革命性的改变，X 线胶片被全数字化的工作流程所代替。正如互联网（internet）成为信息传播应用的全新平台，DICOM 使"改变临床医学面貌"的高级医学图像应用成为可能。

(二) DICOM 文件

目前广泛采用的标准是 DICOM3.0，每一张图像中都携带着大量的信息，这些信息具体可以分为 Patient、Study、Series、Image 四类。每一个 DICOM tag（标签）都是由两个十六进制数的组合来确定的，分别为 Group 和 Element。如（0010，0010）这个 tag 表示的是 Patient's Name，它存储着这张 DICOM 图像的患者姓名。

例如 CT、磁共振成像（MRI）、超声等利用精确准直的 X 线束、γ 射线、超声波等，与灵敏度极高的探测器一同围绕人体某一部位进行连续断面扫描，扫描后得到的图像是多层图像，而一层层的图像在 z 轴上堆叠起来就可以形成三维图像，此时，每一层的图像都可以储存在 DICOM 文件中。DICOM 文件是指按照 DICOM 标准而存储的医学文件，一般由一个 DICOM 文件头和一个 DICOM 数据集合组成，文件结构如图 1-2-7 所示。

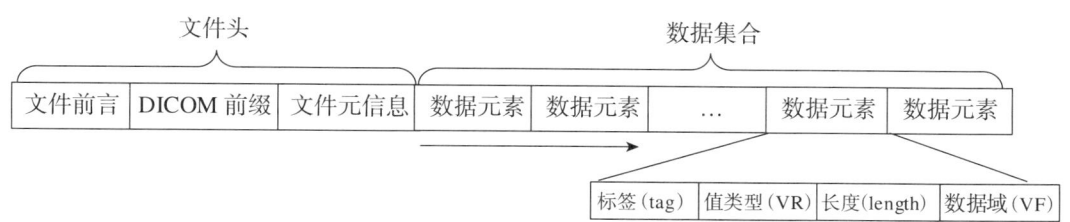

图 1-2-7 DICOM 文件结构

每个 DICOM 文件都必须包括一个文件头，DICOM 文件头包含标识数据集合的相关信息：

（1）文件前言由 128 个字节组成；

（2）DICOM 前缀，可根据这长为 4 个字节的字符串是否等于"DICM"来判断该文件是不是 DICOM 文件；

（3）文件信息元素。

DICOM 文件在十六进制编辑器下显示如图 1-2-8 所示：

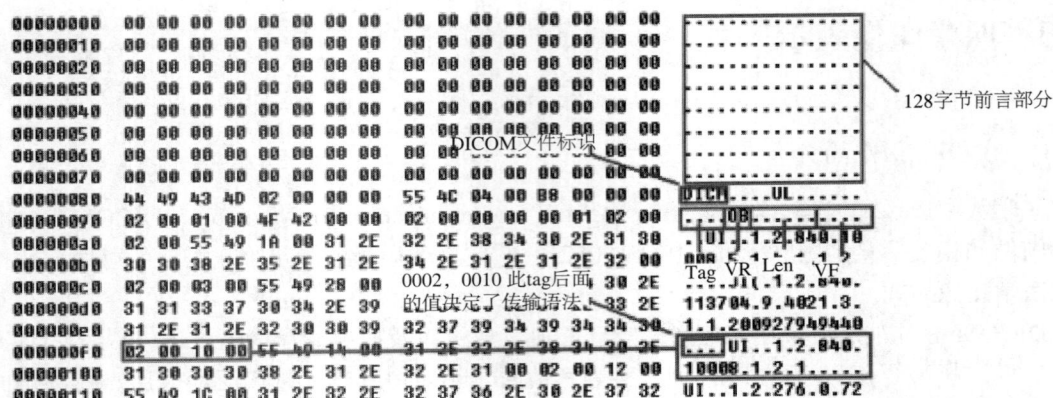

图 1-2-8 DICOM 文件编辑器显示

（三）DICOM 的应用

DICOM 作为医学图像信息系统领域中的核心，可直接应用在各种医疗信息系统中。

在医疗仪器朝着自动化、智能化发展的同时，DICOM 也在向具有通信能力的遥控遥测和信息远程获取的网络功能方向不断发展。另外，DICOM 在实现医疗信息资源共享中发挥了重要作用。

DICOM 标准定义在网络通信协议的最上层，不涉及具体的硬件实现而直接应用网络协议，因此与网络技术的发展保持相对独立，随着网络性能的提高，DICOM 系统的性能可以立即得到改善，如图 1-2-9 所示是一个典型的医院放射科网络，正是 DICOM 协议将所有设备联系起来组成一个网络。CT、MRI 等设备扫描之后的数据能够上传到存储服务器，医生可以在工作站上随时阅片。例如，临床医生可以在办公室查看 B 超设备的图像和结果，可以在 CT 机上调用 MRI 图像进行图像的叠加融合，也可以通过网络调用存储在其他医院的图像结果。无论是本院、本地还是相距很远的外地，DICOM 设备都可以通过网络相互联系，交换信息。

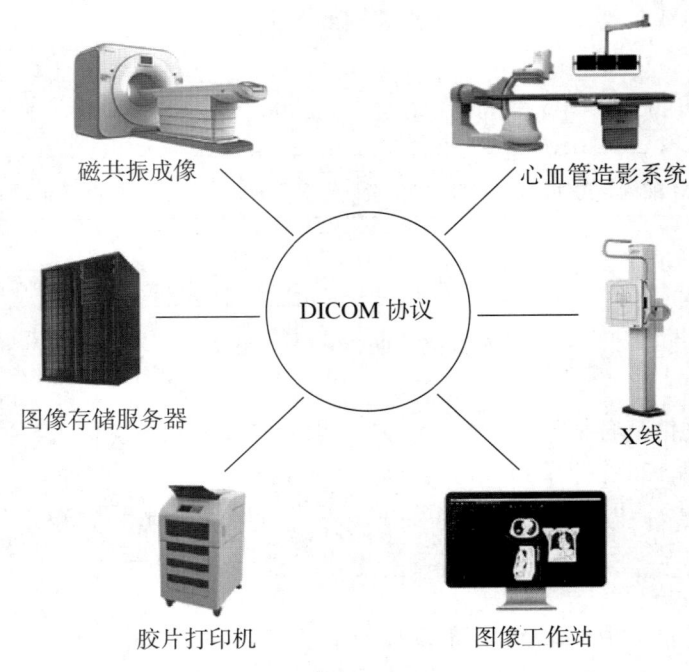

图 1-2-9　基于 DICOM 协议的放射科网络

由于提供了统一的存储格式和通信方式，普及 DICOM 标准可以简化医疗信息系统设计，避免许多重复性的工作，加快信息系统的开发速度，对于实现无纸化、无胶片化的医院和远程医疗系统的实施将会起到极其重要的作用。

（王欣萍）

第三节　计算机网络

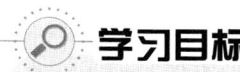

1. 知识
（1）掌握网络的定义、功能、分类和组成的基础知识。
（2）熟悉 Internet 基础知识、起源与发展以及 IP 地址与域名系统（DNS）。
（3）了解网络安全的概念和内容。

2. 能力
（1）拓宽网络基础知识，培养信息安全思维。
（2）面向网络应用，培养学生发现问题、分析问题、解决问题的能力和创新能力。

3. 素养
（1）向学生传递正确的网络安全观。
（2）培养学生树立合理利用网络的思想，做现实与虚拟世界里的守法公民。

一、网络基本知识

（一）网络的定义

计算机网络的发展速度非常快，它的内涵和定义也在不断演变。现在公认的定义为：计算机网络是指将地理位置不同的具有独立功能的多台计算机及其外部设备，通过通信设备和线路相互连接起来，在网络通信协议和软件的支持下进行数据通信，实现资源共享的计算机系统的集合。从逻辑功能看可以分为通信子网和资源子网两个部分，如图 1-3-1 所示。

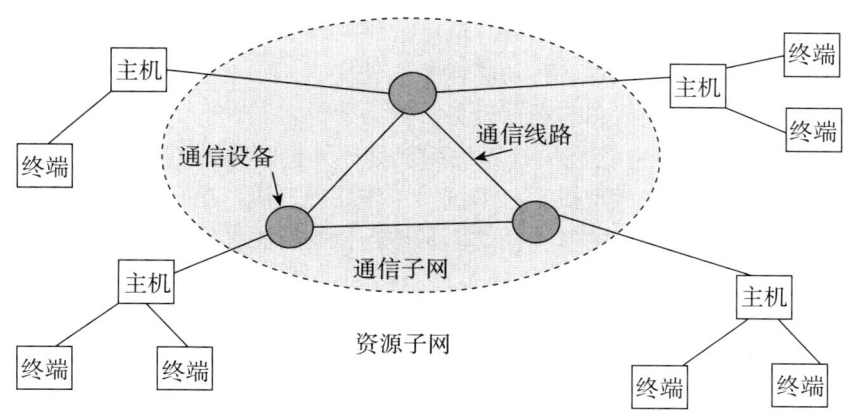

图 1-3-1　计算机网络示意图

（二）网络的功能

网络可提供各种信息和服务，具体来说，主要有以下几方面功能。

1．数据通信　这是计算机网络的最基本功能。数据通信功能为网络中各计算机之间的数据传输提供了强有力的支持。

2．资源共享　计算机网络的主要目的是资源共享。计算机网络中的资源有数据资源、软件资源、硬件资源三类，网络中的用户可以在许可的权限内使用其中的资源。如使用大型数据库信息、共享网络中的打印机和大容量存储器等。资源共享可以最大限度地利用网络中的各种资源。

3．分布与协同处理　对于复杂的大型问题可采用合适的算法，将任务分散到网络中不同的计算机上，进行分布式处理。这样可以用几台普通的计算机连成高性能的分布式计算机系统。分布式处理还可以利用网络中暂时空闲的计算机，避免网络中出现忙闲不均的现象。

4．提高系统的可靠性和可用性　在一个系统内，单个部件或计算机的暂时失效必须通过替换资源的办法来维持系统继续运行。但在计算机网络中，相同的资源可分布在不同地方的计算机上，网络可通过不同的路径来访问这些资源。当网络中的某一台计算机发生故障时，可由其他路径传送信息或选择其他系统代为处理，以保证用户的正常操作不会因为局部故障而导致系统瘫痪。

（三）网络的分类

按照网络覆盖范围，计算机网络可分为局域网、城域网和广域网。

局域网（local area network，LAN）可用于较小地理范围内的计算机、终端设备与外部设备用高速通信线路连接成网，一般覆盖地理范围从几米到几千米，例如一个实验室、一幢大楼或一个校园等。局域网技术应用广泛，技术发展迅速，是目前应用最活跃的网络技术领域。

城域网（metropolitan area network，MAN）的覆盖范围介于局域网与广域网之间，主要是满足一个城市范围内的局域网或计算机之间的数据、语音、视频等资源的共享。目前宽带城域网是接入互联网的一个重要途径。

广域网（wide area network，WAN）覆盖的地理范围为几十千米到几千千米，可将一个国家、一个地区或横跨几个洲的计算机设备或网络互相连接起来，实现资源共享。广域网的出现大大提升了信息的共享范围，互联网就是最典型的广域网之一。

（四）网络的组成

根据应用范围、目的、规模、结构以及采用的技术不同，组成计算机网络的部件可能不同，但总的来说分为硬件和软件两大部分。网络硬件实现数据处理、数据传输和通信信道的建立；网络软件控制数据通信。软件各种功能依赖硬件完成，二者缺一不可。计算机网络的基本组成主要有计算机系统、通信线路与通信设备、网络软件。

1．计算机系统　具有独立功能的计算机系统是计算机网络的重要组成部分，计算机网络连接的计算机可以是巨型机、大型机、小型机、工作站或微机，也可以是笔记本电脑或其他数据终端设备。计算机系统是网络的基本模块，是被连接的对象。它的主要作用是负责数据信息的收集、处理、存储、传播和提供共享资源，包括硬件资源（如巨型计算机、高性能外围设备、大容量磁盘等）、软件资源（如各种软件系统、应用程序、数据库系统等）和信息资源。

2．通信线路与通信设备　计算机网络的硬件部分除了计算机本身以外，还要有用于连接这些计算机的通信线路和通信设备，即数据通信系统。通信线路分为有线通信线路和无线通信线路。有线通信线路指的是传输介质及其介质连接部件，包括光纤、同轴电缆、双绞线等（图

1-3-2）；无线通信线路是指无线电、微波、红外线和卫星等。

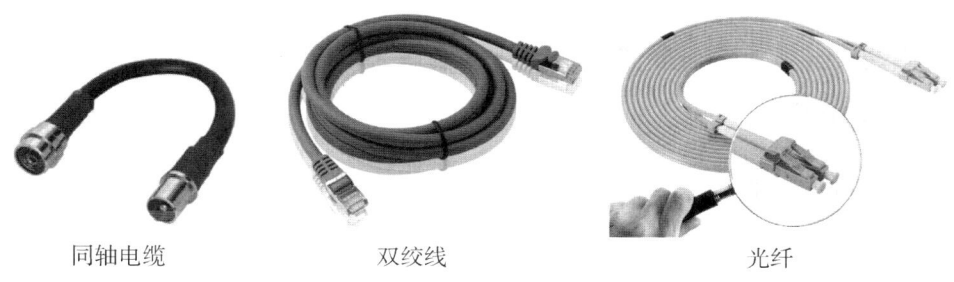

| 同轴电缆 | 双绞线 | 光纤 |

图 1-3-2　同轴电缆、双绞线、光纤

通信设备指网络连接设备、网络互联设备，包括网卡、中继器、集线器、交换机、网桥、路由器和网关等通信设备。

（1）网卡：又称为网络适配器（network adapter）或网络接口卡，是计算机与网络传输介质的物理接口，主要作用是接收和发送数据。网卡可以将计算机连接到网络中，实现网络中各计算机相互通信和资源共享的目的（图 1-3-3）。

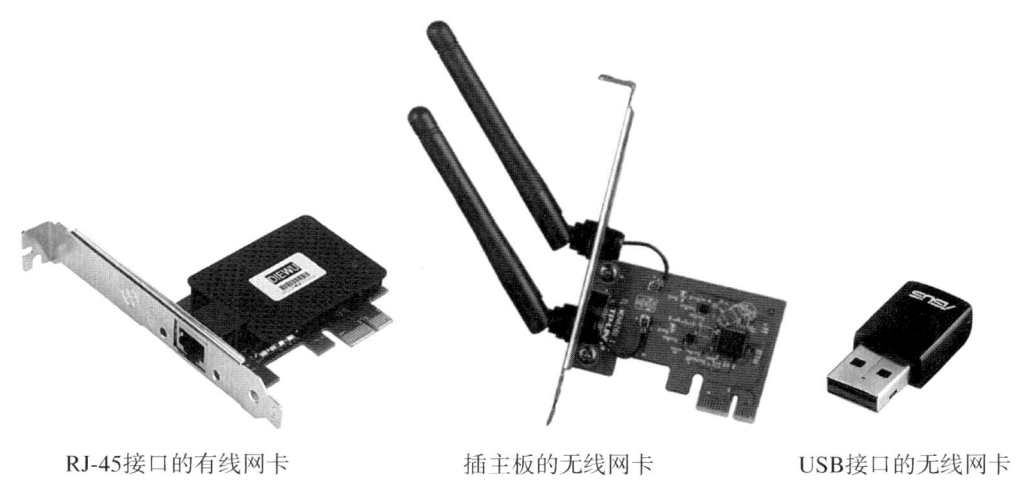

RJ-45接口的有线网卡　　插主板的无线网卡　　USB接口的无线网卡

图 1-3-3　网卡

（2）中继器（repeater）：是局域网环境下用来延长网络距离的最简单、最廉价的互联设备，工作在物理层，作用是将传输介质上传输的信号接收后，经过放大和整形，再送到其传输介质上，经过中继器连接的两端电缆上的工作站就像在一条加长的电缆上工作一样（图 1-3-4）。

（3）集线器（hub）：可以说是一种特殊的中继器，二者区别在于集线器能够提供多端口服务，每个端口连接一条传输介质，也称为多端口中继器（图 1-3-5）。集线器属于纯硬件网络底层设备，它发送数据时是采用广播方式发送。集线器上的端口彼此相互独立，不会因某一端口的故障影响其他用户。用户可以用双绞线通过 RJ-45 接头连接集线器。

（4）交换机（switch）：是一种新型的网络互联

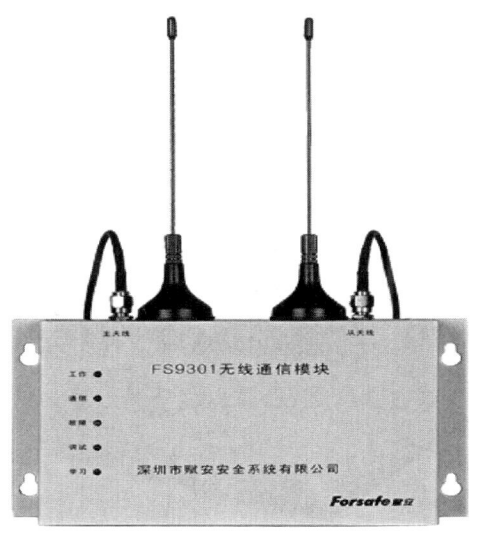

图 1-3-4　中继器

图 1-3-5　集线器

图 1-3-6　交换机

设备，它将传统的网络"共享"传输介质技术改变为交换式的"独占"传输介质技术，提高了网络的带宽。交换机是由集线器升级换代而来，在外观上看和集线器没有很大区别，但交换机的数据带宽具有独享性，在同一个时间段内，交换机就可以将数据传输到多个节点之间，并且每个节点都可以做独立的网段而独享固定的部分带宽（图 1-3-6）。

（5）网桥（bridge）：类似于中继器，但网桥多了隔离网络、过滤和转发功能。它可以有效地连接两个 LAN，使本地通信限制在本网段内，并将不同网段的信号转发至另一网段。网桥通常用于连接数量不多的、同一类型的网段（图 1-3-7）。

（6）路由器（router）：是在网络层提供多个独立的子网间连接服务的一种存储（转发）设备，工作在物理层，路由器转发的策略称为路由选择，可根据传输费用、转接时延、网络拥塞或终点间的距离来选择最佳路径。如果要对遵守不同协议的网络进行互联，就要使用路由器。可见路由器作为不同网络之间互相连接的枢纽，构成了基于 TCP/IP 协议（传输控制协议/互联网协议）的因特网主体脉络，或者说，路由器构成了因特网的骨架（图 1-3-8）。

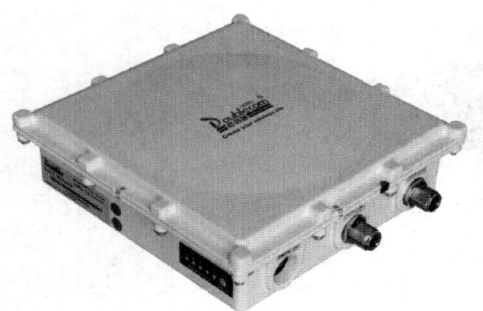
图 1-3-7　网桥

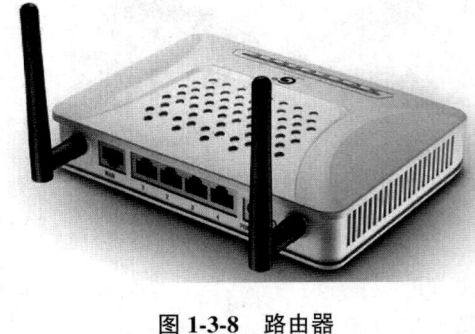
图 1-3-8　路由器

（7）网关（gateway）：是高层上的一种互联设备，具有协议转换、数据重新分组的作用。换句话说，如果两个网络不仅网络协议不一样，而且硬件和数据结构也大相径庭，那么就要用网关来转换（图 1-3-9）。

通信线路和通信设备可将计算机互联起来，在计算机之间建立一条物理通道以传输数据，是连接计算机系统的桥梁，是数据传输的通道，负责控制数据的发出、传送、接收或转发。

3．网络软件　网络软件是一种在网络环境下使用和运行或者控制和管理网络工作的计算机软件。网络软件系统包括网络操作系统、网络通信协议软件和网络应用软件等。

（1）网络操作系统是网络软件的核心，它向网络

图 1-3-9　网关

用户提供与计算机网络的交互界面。其除了具有操作系统的基本功能外，还具有与硬件独立、网桥/路由连接、支持多用户、网络管理、安全和存取控制等特征。网络操作系统为网上用户提供了便利的操作和管理平台。

（2）网络通信协议软件，协议是指通信双方必须共同遵守的约定和通信规则，如TCP/IP协议。通信的双方必须遵守相同的协议，才能正确地交换信息，就像人们谈话要用同一种语言一样。可见协议在计算机网络通信中至关重要。协议的实现是由软件和硬件分别或配合完成的。

（3）网络应用软件是建构在网络操作系统之上的应用程序，它扩展了网络操作系统的功能。不同的网络应用软件可满足用户在不同情况下的需求。例如，网络数据库系统提供大容量数据的检索和管理，网络函件系统让用户在网络内相互发送电子函件等。每一种扩展的网络服务都需要相应的网络应用程序。

（五）网络协议与网络体系结构

1．网络协议　网络协议是计算机网络中，通信各方事先约定的通信规则的集合。协议作为联网的计算机之间或网络之间相互通信和理解的一组规则和标准，也是网络必不可少的组成部分。网络协议主要由语法、语义和时序三个要素组成。

（1）语法是指数据与控制信息的结构和格式。

（2）语义表明需要发出何种控制信息，以完成相应的响应。

（3）时序是对事件实现顺序的详细说明。

2．网络体系结构　任何一台计算机如果想和其他计算机交换数据或通信，必须遵循一定的网络协议。由于不同网络的组成、拓扑结构和操作系统等都不尽相同，所以网络协议也有很多种，但它们基本都遵循一些国际通用的网络协议基本框架，称之为网络体系结构。下面简单介绍一些有关网络体系结构的基本知识。

（1）OSI参考模型：国际标准化组织（ISO）于1984年提出一个试图使各种计算机在世界范围内互联成网的标准框架，即著名的开放系统互连参考模型（open systems interconnection reference model，OSI-RM，简称OSI）。OSI将整个网络的通信功能划分成七个层次，每个层次完成不同的功能。这七层由低至高分别是物理层、数据链路层、网络层、传输层、会话层、表示层和应用层。OSI并不是一般的工业标准，而是一个用于制定标准的概念性框架，不涉及具体计算机网络应用，便于各网络设备厂商遵照共同的标准来开发网络产品，给开发者提供一个必需的、通用的概念以便对产品进行开发和完善。

（2）TCP/IP参考模型：计算机网络的事实标准为TCP/IP参考模型，使用范围广，是目前异种网络通信使用的唯一协议体系，适用于连接多种机型，既可用于局域网，也可以用于广域网，许多厂商的计算机操作系统和网络操作系统产品都采用和含有TCP/IP。TCP/IP已成为目前事实上的国际标准和工业标准。TCP/IP也是一个分层的网络协议，不同的协议应用到不同的层次。TCP/IP从底层至顶层分为网络接口层、网络层、传输层、应用层四个层次，与OSI参考模型的对应见表1-3-1。

表1-3-1　TCP/IP参考模型与OSI参考模型的对应

OSI参考模型	TCP/IP参考模型	TCP/IP协议	作用
应用层 表示层 会话层	应用层	HTTP协议 FTP协议 SMTP/POP3协议 DNS协议 DHCP协议	超文本（网页）传送 文件传输 收发电子邮件 域名服务 动态主机配置

续表

OSI 参考模型	TCP/IP 参考模型	TCP/IP 协议	作用
传输层	传输层	TCP、UDP 协议等	提供可靠数据传输
网络层	网络层	IP、ICMP 协议等	网际数据传输
数据链路层	网络接口层	PPP、ARP 协议等	地址解析
物理层			

注：TCP/IP，传输控制协议 / 互联网协议（transmission control protocol/internet protocol）；HTTP，超文本传输协议（hyper text transfer protocol）；FTP，文件传输协议（file transfer protocol）；SMTP，简单邮件传送协议（simple mail transfer protocol）；POP3，邮局协议第 3 版（post office protocol version 3）；DNS，域名系统（domain name system）；DHCP，动态主机配置协议（dynamic host configuration protocol）；UDP，用户数据报协议（user datagram protocol）；ICMP，互联网控制报文协议（internet control message protocol）；PPP，点到点协议（point-to-point protocol）；ARP，地址解析协议（address resolution protocol）。

TCP/IP 应用层是定义整个通信属于何种服务，应用层协议非常多，HTTP、FTP、DHCP 等都是我们常见的应用层协议，HTTP 是超文本传输协议，是联系两个客户端之间的桥梁，例如我们访问百度时用来沟通的协议就是 HTTP 协议。FTP 是文件传输协议，用于服务器和客户端之间，提供文件上传和下载的功能。DHCP 是动态主机配置协议，用来给主机自动分配 IP 地址，使之能够正常上网，通常用在企业网和校园网中进行管理大量 IP。

二、Internet 基础

（一）Internet 概述

Internet 即因特网，又称为国际互联网，本意指相互连接而形成的网络，现在多指全球范围内的计算机互联网。互联网是基于一定的通信协议（TCP/IP 协议）建立的国际信息网络，是"万网之网"，即"计算机网络的网络"。接入 Internet 的主机必须用唯一的 IP 地址标识，为了便于记忆，还可以通过域名系统用字符为主机命名，又称为域名。

从本质上讲，Internet 是一个使世界上不同类型的计算机能够交换各类数据的媒介；从广义讲，Internet 是遍布全球的联络各个计算机平台的总网络，是成千上万信息资源的总称，是一个全球性的巨大资源库。Internet 就像在计算机之间架起的一条条高速公路，各种信息在上面快速地传递，这种高速公路网遍及世界各地，形成了蜘蛛网一样的网状结构，使得人们在全球范围内交换各种信息，它的应用和普及极大地改变了人们的工作和生活方式。

（二）Internet 的起源与发展

Internet 最早起源于美国的 ARPAnet（阿帕网）。1969 年，美国国防部高级研究计划署（Advanced Research Projects Agency，ARPA）计划建立一个名为 ARPAnet 的计算机网络，以实现异地不同计算机之间的军事通信服务。随着接入计算机数量的逐渐增多和应用的需要，1983 年，ARPAnet 分裂为新的民用网络 ARPAnet 和专为军事服务的 MILnet。ARPAnet 实际上是一个网际网络（Internetwork），当时被研究人员简称为 Internet，同时，研究人员用 Internet 特指为研究而建立的网络原型，这一称呼被沿袭至今。1986 年，美国国家科学基金会（National Science Foundation，NSF）建立了 NSFnet，取代 ARPAnet 成为 Internet 的主干网，并将 Internet 向全世界开放，为 Internet 的推广做出了巨大贡献。

第一代互联网最初出现在 20 世纪 90 年代，它的主要特点是网络平台单向地向用户提供内容，人们发现 Internet 蕴藏着巨大商业价值。从此，Internet 不仅用于教育和科研，也开始进入商业领域,为大众提供各种方便、快捷的信息服务。Internet 的商业化带来了其发展史上一个新的飞跃。

当 Internet 成为现代商业运营中一个极其重要的工具后,也为其自身的发展、壮大注入了更大活力。人们可以方便地使用 Internet 所提供的一系列服务,如收发电子邮件、检索信息资料、下载软件、发布产品信息、网上购物等。正是由于 Internet 所提供的服务丰富多彩,吸引了越来越多的人走进 Internet 世界。1987 年,中国科学院高能物理研究所通过国际网络线路接入 Internet,揭开了国人使用 Internet 的序幕,1987—1993 年,我国一些科研部门通过 Internet 建立电子邮件系统,并在小范围内为国内少数重点高校和科研机构提供电子邮件服务。1994 年,我国正式向 NSF 注册,作为第 81 个成员正式联入 Internet,建立了代表中国的最高层域名(CN)服务器。自此,我国互联网建设全面展开。1997 年底,我国建成了中国科技网(CSTNET)、中国教育和科研计算机网(CERNET)、中国公用计算机互联网(CHINANET)和中国金桥信息网(CHINAGBN)四大骨干网联入国际互联网,从而开通了 Internet 的全功能服务。

第二代互联网出现在 21 世纪初期,随着信息技术的发展与设备的普及,互联网的特点是可交互,用户不再只是内容接收方,也可以在线阅读、点评、制造内容,成为内容的提供方,还可以与其他用户进行交流沟通,同时提供服务的网络平台成为中心和主导,聚集起海量网络数据。我国在实施国家基础设施建设计划的同时,积极参与第二代互联网的研究与建设,2003 年,中国下一代互联网示范工程(CNGI 项目),由工信部、科技部、发改委、教育部、国务院信息化工作办公室、中国科学院、中国工程院和国家自然科学基金委员会八个部委联合发起并经国务院批准启动,主要目的是以 IPv6 为核心搭建下一代互联网平台,该平台的主要特征是速度更快、更安全,具有非常巨大的地址空间。我国以现有网络设施为依托,建设并开通了基于 IPv6 的第一个下一代互联网示范工程核心网之一的 CERNET2 主干网,并于 2004 年 3 月正式向用户提供 IPv6 下一代互联网服务,2019 年 6 月,我国 IPv6 地址数量已跃居全球第一位。

近年来随着区块链技术、人工智能(artificial intelligence,AI)等新技术的发展,互联网发展即将进入第三代,它可以模拟现实世界感受,打破虚拟与现实边界,将以完全开源的架构为基础,不受单一或组织的控制,并将通过区块链架构完全去中心化,任何人都可以不受任何限制地使用、修改和扩展互联网数据。AI 及 3D 技术可以帮助用户在虚拟空间中表达自己,区块链技术可以使用户通过私钥把数据写在链上,相当于让用户拥有"数据钱包",有了这层保护,别人看不见也不能随便拿走,从而让用户对自己的数字身份、数据、资产有更多的控制权。

(三)IP 地址与域名系统

为了实现 Internet 上计算机之间的通信,每台计算机都必须有一个地址,就像每部电话要有一个电话号码一样,每个地址必须是唯一的。Internet 中有两种主要的地址识别系统,即 IP 地址和域名系统。

1. IPv4 地址　IPv4(第 4 版互联网协议)规定了 IP 地址长度为 32 位。IP 地址是一个 32 位二进制数地址。为了便于理解,通常用 4 组十进制数来表示,即将每个字节用其等效的十进制数字表示,各组之间用"."分隔。由于每组十进制数对应 8 位二进制数,十进制数的取值范围是 0~255,全 0 和全 1 系统另用,因此每段取值 1~254。这种表示 IP 地址的方法称为"点分十进制法"。

例如:

IP 地址(二进制)　　11010010　　　　00100110　　　　01100001　　　　00000011

IP 地址(十进制)　　　210.　　　　　　38.　　　　　　　97.　　　　　　　3

IP 地址是层次性的地址,由网络 ID 和主机 ID 两部分组成。处于同一网络内的各主机,

其网络地址部分是相同的，主机地址表示该网络中的工作站、服务器、路由器等具体节点。

国际互联网络信息中心（InterNIC）将 IP 地址分为 A、B、C、D、E 五类，可分配给用户使用的是前三类地址，A 类地址一般分配给具有大量主机的网络使用，B 类地址通常分配给规模中等的网络使用，C 类地址常分配给小型局域网使用，D 类地址称为多播地址，而 E 类地址尚未使用，保留给将来的特殊用途（图 1-3-10）。

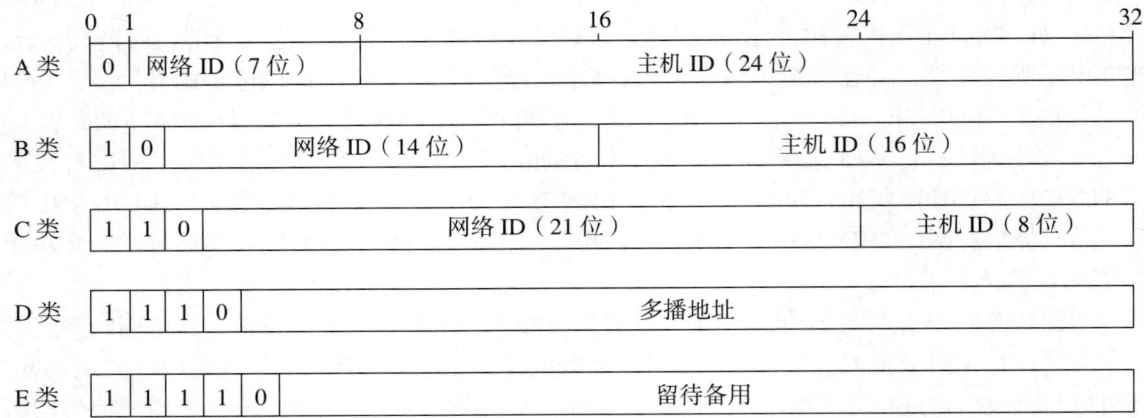

图 1-3-10　IP 地址分类

子网掩码是一个应用于 TCP/IP 网络的 32 位二进制数，与 IP 地址一样，也是用点分十进制数表示，如 255.255.255.0，它的作用是识别子网和判别主机属于哪一个网络。当主机之间通信时，通过子网掩码与主机的 IP 地址进行逻辑与运算，可分离出网络地址。子网掩码设置的规律是，对应网络地址的部分，子网掩码设置成 1，对应主机地址的部分，子网掩码设置为 0。表 1-3-2 列出了各类地址中缺省的子网掩码。

表 1-3-2　缺省子网掩码

地址分类	缺省子网掩码（二进制）	缺省子网掩码（十进制）
A	11111111.00000000.00000000.00000000	255.0.0.0
B	11111111.11111111.00000000.00000000	255.255.0.0
C	11111111.11111111.11111111.00000000	255.255.255.0

2. 域名系统　IP 地址用 4 组十进制数字来表示，不便于人们记忆和使用，Internet 引入了一种字符型的主机命名机制——域名系统（domain name system，DNS），用来表示主机的地址。当用户访问网络中的某个主机时，只需按名访问，不需要关心其 IP 地址。域名系统可以用英文字母给 Internet 上的主机取名字。例如访问百度，我们只需在浏览器的地址栏中输入其域名"www.baidu.com"便可链接，而非输入其抽象的 IP 地址。一个完整的域名由"主机名"和"域名"组成，要把计算机接入互联网，必须获得唯一的 IP 地址和对应的域名。为方便书写及记忆，域名由小数点分隔的几组字符组成。每个字符串被称为一个子域，子域个数不定。域名常用 3～4 个子域，位于最右边的子域级别最高，称为顶级域；越往左，子域级别越低，表示范围越具体，位于最左边的子域就是 Internet 上主机的名字。每一级的域名都由英文字母和数字组成，完整的域名不超过 255 个字符。典型的域名格式为"计算机主机名.机构名.网络名.顶级域名"。

例如，有一台主机的域名为 www.pku.edu.cn，其中，"www"表示这台主机名；"pku"表示机构名,指北京大学;"edu"表示网络名,指教育机构;"cn"表示中国。

3. IPv6 地址 IPv6(第6版互联网协议)地址采用128位地址长度,用":"分成8段,用十六进制表示。可见,IPv6地址空间相对于IPv4地址有了极大的扩充。

一个完整的 IPv6 地址的表示法为 xxxx:xxxx:xxxx:xxxx:xxxx:xxxx:xxxx。

例如,2001:0001:1F1F:0000:0000:0100:11A0:ADDF,为了简化其表示法,每段中前面的0可以省略,连续的0可省略为"::",但只能出现一次,可简写为 2001:1:1F1F::100:11A0:ADDF。

类似于IPv4,IPv6用前缀来表示网络地址空间,例如,2001:251:e000::/48表示前缀为48位的地址空间,其后的80位可分配给网络中的主机,共有 2^{80} 个地址。

(四)4G 和 5G

第四代移动通信技术(4th generation mobile communication technology,4G)是一种超高速无线网络,是不需要电缆的信息超级高速公路。4G能最大限度提高通话质量和数据通信速度,可以支持 100 Mbps 的数据传输速率,通信费用较低,终端产品更加丰富。

第五代移动通信技术(5th generation mobile communication technology,5G)是具有高速率、低时延和大连接特点的新一代宽带移动通信技术,5G通信设施是实现人机物互联的网络基础设施。国际电信联盟定义了5G的三大类应用场景,即增强移动宽带、超高可靠低时延通信和海量机器类通信。增强移动宽带主要面向移动互联网流量爆炸式增长,为移动互联网用户提供更加极致的应用体验;超高可靠低时延通信主要面向工业控制、远程医疗、自动驾驶等对时延和可靠性具有极高要求的垂直行业应用需求;海量机器类通信主要面向智慧城市、智能家居、环境监测等以传感和数据采集为目标的应用需求。用户体验速率达 1 Gbps,时延低至 1 ms,用户连接能力达100万个连接/平方公里。

(五)移动互联网

移动互联网是指将互联网技术、平台、商业模式和应用与移动通信技术结合,并进行实践活动的总称。移动互联网和实体经济融合发展,以数字化转型整体驱动生产方式、生活方式和治理方式变革,助力我国数字经济、数字社会、数字政府建设,成为当前移动互联领域的重大内容。

《中国移动互联网发展报告(2022)》中指出,2021年,中国移动互联网发展具有五大特点:工业互联网等应用步入快车道,移动互联网打造经济发展新引擎,移动应用进一步赋能社会民生,移动网络政策法规保障迈入新阶段,移动舆论场正能量充沛、主旋律高昂。同时提出中国移动互联网发展五大趋势:5G行业应用创新赋能产业体系升级,元宇宙产业应用融合进一步深化,反垄断推动市场环境健康有序,移动互联网红利进一步全民普及,数字乡村与数字政府建设进程提速。

三、网络安全

网络安全是指通过各种计算机技术、网络技术、密码技术和信息安全技术,保护在公用通信网络中传输、交换和存储的信息的机密性、完整性和真实性,并对信息的传播及内容具有控制能力。网络安全的结构层次包括物理安全、安全控制和安全服务。网络安全从本质上来讲就是网络上的信息安全,它涉及的领域相当广泛,这是因为在目前的公用通信网络中存在各种各样的安全漏洞和威胁。从广义上说,凡是涉及网络上信息的保密性、完整性、可用性、真实性

和可控性的相关技术和理论，都是网络安全所要研究的领域。

网络安全的内容大致包括：网络实体安全、软件安全、网络中的数据安全和网络安全管理 4 个方面。网络实体安全是指诸如计算机机房的物理条件、物理环境及设施的安全，计算机硬件、附属设备及网络传输线路的安装及配置等。软件安全是指诸如保护网络系统不被非法侵入，系统软件与应用软件不被非法复制、不受病毒侵害等。网络中的数据安全是指诸如保护网络信息数据的安全、数据库系统的安全，保护其不被非法存取，保证其完整、一致等。网络安全管理是指诸如运行突发事件的安全处理等，包括采取计算机安全技术、建立安全管理制度、开展安全审计、进行风险分析等内容。

在通信网络安全领域中，保护计算机网络安全的基本措施主要有：

（1）改进、完善网络运行环境，系统要尽量与公网隔离，要有相应的安全链接措施。

（2）不同工作范围的网络既要采用安全路由器、保密网关等相互隔离，又要在正常循序时保证互通。

（3）为了提供网络安全服务，各相应环节应根据需要配置可单独评价的加密、数字签名、访问控制、数据完整性、业务流填充、路由控制、公证、鉴别审计等安全机制，并有相应的安全管理措施。

（4）远程客户访问中的应用服务要由鉴别服务器严格执行鉴别过程和访问控制。

（5）网络和网络安全部件要进行相应的安全测试。

（6）在相应的网络层次和级别上设立密钥管理中心、访问控制中心、安全鉴别服务器、授权服务器等，负责访问控制以及密钥、证书等安全材料的产生、更换、配置和销毁等相应的安全管理活动。

（7）信息传递系统要具有抗侦听、抗截获能力，能对抗传输信息的篡改、删除、插入、重放、选取明文密码破译等主动攻击和被动攻击，保护信息的紧密性，保证信息和系统的完整性。

（8）涉及保密的信息在传输过程中，在保密装置以外不以明文形式出现。

（9）堵塞网络系统和用户应用系统的技术设计漏洞，及时安装各种安全补丁程序，不给入侵者可乘之机。

（10）定期检查病毒并对引入的软盘或下载软件和文档加以安全控制。应制定和实施一系列安全管理制度，加强安全意识培训和安全性训练。

网络安全的常用技术已不再局限于防火墙、入侵检测、反病毒等技术范畴，而是扩展到计算机操作系统整体安全、网络信息系统安全、计算环境安全（人工智能安全、区块链）、硬件系统安全（如可信执行环境和密码芯片安全等）以及应用软件安全等。

党的二十大报告指出："推进国家安全体系和能力现代化，坚决维护国家安全和社会稳定。"网络安全作为网络强国、数字中国的根基，没有网络安全就没有国家安全。随着大数据、云计算、人工智能的迅速发展，网络入侵、信息恶意窃取、数据篡改以及伪造攻击等严重影响国家安全，也损害公民、法人及其他组织的合法权益。党的十八大以来，我国网络安全法律体系逐渐完善，相继出台《中华人民共和国网络安全法》《中华人民共和国密码法》《中华人民共和国数据安全法》《中华人民共和国个人信息保护法》等多部法律。随着数字经济快速发展，政府、企业与个人用户在数据安全特别是隐私保护方面的安全需求呈现多样化，《数据安全法》和《个人信息保护法》将为数字经济稳健发展提供强有力的法律保障，也为网络安全提供法律支持。

（李晓伟）

第四节 新技术的医学应用

1. 知识
了解物联网、云计算、大数据、人工智能、区块链、VR/AR 与元宇宙的概念和医学应用。
2. 能力
面向医学应用，培养学生创新思维能力。
3. 素养
增强学生的信息化意识，给学生传递科学精神。

近年来，云计算、物联网、人工智能、大数据等新技术的快速发展正在加快与医疗行业的整合，给医疗健康行业带来了巨大变化，促进更高质量、更高效的医疗卫生服务。党的二十大报告提出，构建新一代信息技术、人工智能……一批新的增长引擎，这不仅为我国新一代信息技术产业发展指明了方向，而且也可以看出新技术必将成为各行各业发展的新动能。

一、物联网和云计算

（一）基础知识

1. 物联网（internet of things，IoT） 物联网的概念最早由美国麻省理工学院的凯文·阿什顿（Kevin Ashton）教授在 1999 年提出。物联网主要以实现"万物互联"为目的，即不受时间和地点的限制，实现人、机、物之间的互联互通。物联网是现代新兴信息技术的重要组成部分，它仍然以互联网为核心和基础，并通过使用各种信息传感器、扫描器、定位系统、射频技术、红外感应技术等，将万物连接成为具有智能化定位、监控、跟踪、管理等功能的网络。物联网拥有将现实世界中的物体数位化集中处理的特质，使其在运输物流、工业制造、医疗保健、智慧环境等领域有着广泛的应用。

通过对物联网架构的解析，可以将物联网的应用模式归纳为三层关键结构，由底层至顶层分别为感知层、网络层和应用层（图 1-4-1）。

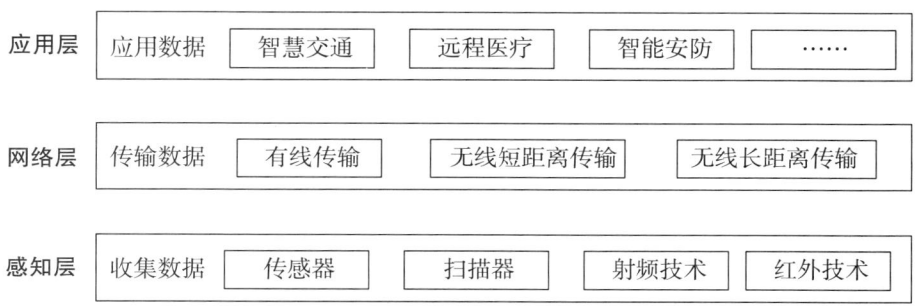

图 1-4-1 物联网三层体系结构

位于底层的感知层通过传感器、扫描器、射频技术、红外技术等收集物件的信息，并赋予其唯一的识别码，完成对物件的感知与感测。根据传输方式和传输距离的不同，又可以将位于中层的网络层分为有线传输、无线短距离传输和无线长距离传输。有线传输通过电缆等方式传输；无线短距离传输通过蓝牙、WiFi（无线保真）网路传输；无线长距离传输则通过广域网实现远程通信。位于最上层的应用层集成了大量的应用服务终端，其中包括云计算、大数据、区块链、人工智能等。作为人机交互的主要途径，应用层针对不同目标的需求，直接呈现收集到的原始资料，或是经过应用程序的处理加工，呈现想要的信息。总体来说，从底层到顶层，物联网实现了从物体经过传输网络到应用终端的信息通路。

2. 云计算（cloud computing） 云计算是一种基于互联网的分布式计算方式，又称为云端运算、网络计算、网格计算。随着互联网规模的扩大，互联网上的信息资源不断增加，如何高效利用和管理这些信息资源，为用户提供个性化服务成为信息多元化时代亟待解决的问题。依赖于资源共享，云计算服务通过多台服务器组成的系统可以整合大量资源，将巨大的数据计算和处理程序拆解成无数子程序，并将对子程序的处理结果精准对点发送给对应需求的用户。因此，用户可以轻易地获取所需数据，随时调整数据的使用量，并将不需要的数据与服务返回云计算架构，实现了数据在服务者和用户之间的循环。类似于自然界中的云储存水汽并定点释放的云水循环，这种计算方式以"云"命名，是一种很贴切的比喻。对于大量共享数据，云计算主要解决了任务的分发与计算结果整合问题。

云计算位于物联网架构中的应用层。大多数物联网系统均是建立在云计算之上，云计算是物联网连接大量数据与个人的主要通信途径。因此，云计算也是物联网的重要组成部分。

（二）医学应用

医学是物联网和云计算的一个主要应用领域，其应用也为现代医学带来一系列信息化变革，典型应用包括医联体、可穿戴设备和医疗 APP 等多个方面。

1. 医联体 医联体就是利用物联网和云计算技术共享医疗资源，医联体是我国一项重大民生改革举措，目的是解决百姓看病难的问题。国务院办公厅在 2017 年发布《关于推进医疗联合体建设和发展的指导意见》，将医联体定义为由不同级别、类别的医疗机构之间，通过纵向或横向医疗资源整合所形成的医疗机构联合组织。医联体实现了医学信息的最大化利用，拓宽了居民的就医方式，远程医疗平台因此应运而生。利用物联网和云计算，相关医学资源的传输距离和信息分配问题得以解决，用户寻求医学信息打破了时间和空间的限制，所获得的信息也更加精确和个性化。通过医联体可以优化医疗资源结构布局，让优质的医疗资源上下贯通，促进医疗卫生工作重心下移和资源下沉，从而实现基层医疗服务能力和医疗服务体系整体效能提升。

2. 可穿戴设备 可穿戴设备是可穿着或佩戴于身体、整合于衣物及配件中的便携式设备，其核心理念是实现持续性人机交互的同时，尽量不使人感受到它的存在。自 20 世纪 60 年代可穿戴设备的概念被提出以来，经过长时间发展，它不再仅限于随身携带的硬件设备，而是演变为物联网人机交互的应用终端，通过软件支持和云计算实现强大的功能。它位于物联网架构的感知层和应用服务层。最经典的应用是各大厂商推出的智能手表和智能手环，它通过传感器采集人体的基本生命体征，如体温、心率、血氧饱和度等，再将数据通过互联网上传至云端，并在应用终端给予用户反馈。可穿戴设备广泛应用于运动管理、慢性病管理、用药管理等，有效促进了用户的健康。

3. 医疗 APP 医疗 APP 为广大居民提供了接触医学的移动平台，是医疗机构和卫生信息在软件上的延伸。医疗 APP 的种类和数量繁多，包括各级医疗机构的在线服务与管理平台、在线问诊社区平台和专科疾病管理平台等。医疗 APP 的适用对象涵盖了医生用户与患者用户。

对于医生而言，医疗 APP 提供了管理患者信息的平台，打破了线上与线下诊疗的界限；对于患者而言，医疗 APP 提供了管理病历和学习相关医学知识的平台，方便了对不同疾病的管理，打破了传统的就医模式。医疗 APP 通过物联网信息的存储与共享促进 APP 用户相关医学行为，实现在医疗方面物质、信息和个人的统一。

二、大数据

（一）基础知识

大数据是指规模巨大、具有多样性和复杂性等特征的数据，需要新的架构、技术、算法来管理并从中提取有价值的、隐藏的知识。与传统数据相比，大数据通常包含"5V"特性，即数据规模大（volume）、数据类型多（variety）、数据产生速度快（velocity）、数据内容具有真实性（veracity）和数据价值高（value）。

与统计学不同的是，大数据不以传统的抽样调查和统计作为数据处理的主要手段，而是强调对所有数据的加工，注重挖掘数据中的有效信息，从而实现数据的"增值"。大数据技术可以转变人们对传统数据分析的思维，从以往通过对小样本因果关系的分析转为对全样本相关性的分析。正是由于大数据的这种特点，使它被逐渐应用于多个领域，并推动多个行业的转型升级。

医学大数据是大数据在医学领域的一个分支，泛指所有与生命健康和医疗相关的数字化的数据。医学数据的来源多种多样，例如医疗保险、临床数据、电子健康记录、生物特征数据、患者报告数据、互联网医疗数据、医学影像、生物标志物数据、前瞻性队列研究和大型临床试验等。这些数据来源不同，规模大小（数秒至数年）不一致，数据具有不完整性和复杂性的专业特点。

（二）医学应用

我们每个人都会不可避免地接触医学体系并接受医疗服务，因此医学领域的数据量十分庞大。大数据在公共卫生、医疗服务、应急管理、运营管理和科学研究等各个方面均有广泛的应用。

谷歌流感趋势（Google Flu Trends，GFT）预测是大数据在公共卫生领域的首次尝试。谷歌公司的数据分析师通过用户在谷歌搜索引擎上搜索与流感相关的关键词与频率，构建了一套预测流感发生趋势和风险的算法，通过搜索发生地点将预测范围缩小并精确化，以此预测未来一段时间流感的发展。这套算法的逻辑在于当人们察觉到流感距离自身不远时，或自身已经患有流感时，在互联网上对流感相关搜索的频率便会增加；若流感距离自身较远，则相关搜索频率较低。正是这样的模型成功预测了美国 2009 年甲型 H1N1 流感的发展，并具体到州和地区，比流行病学相关统计数据提早了 2 周左右。基于这样的思路，数据分析的范围可以扩大到除流感以外的其他很多疾病，如过敏与季节的相关性、肺癌与地区的相关性等。

2019 年暴发的新型冠状病毒肺炎（COVID-19）疫情极大促进了大数据与医学的深度融合，使医疗大数据走进了人们的日常生活。利用大数据技术预测疫情的发展趋势，在接受大量与新冠感染人群和地区分布的数据后，研究人员通过构建一系列大数据分析算法对新冠感染进行预测。随着疫情的发展和感染人数的增多，基于大数据的相关预测算法的准确度也越来越高。通过世界卫生组织实时更新的 COVID-19 疫情数据，能够对每个国家的每日新增新冠感染病例和季节性新增新冠感染发病数进行预报。

随着医学技术的不断进步和医疗水平的不断提高,更多有分析价值的数据如个人基因、生活环境、生活习惯等被加入到大数据中。通过对个人健康信息的收集,大数据技术对海量数据的挖掘与应用,使大数据分析成为临床医师的良好辅助,并建立起有效的临床决策支持系统以提高工作效率和诊疗质量,节约宝贵的医疗资源。大数据与移动应用终端的结合能为个人提供更好的医疗服务,个性化精准医疗由此兴起。个性化精准医疗可以根据患者的健康信息与病历信息,借助大数据技术迅速对其做出疾病判断,获得对该患者疗效最佳、成本效益最佳、副作用相对较小的治疗途径。在体量庞大的医疗系统中,大数据能够充分发挥其全样本处理的优势,在疾病的预防、诊断、治疗和管理上实现真正的精准和个性化。

三、人工智能

(一)基础知识

美国科学家马文·明斯基(Marvin Minsky)将人工智能(artificial intelligence,AI)定义为让机器做本需要人的智能才能够做到的事情的一门科学。它通过研究与人类智能类似的理论和方法,开发能够模拟或延伸人类智能的技术,目前人工智能的研究领域仍在不断扩展。

人工智能发展的重要目标是通过程序模拟和计算,使计算机或机器能尽可能模仿人类处理问题,完成指定的复杂任务。人工智能对人类智能的模仿包括但不限于逻辑推理能力、语言应用能力、声音辨识能力、感知能力和学习能力等。与计算机编译程序语言并执行相关指令不同,人工智能还具有执行未明确编程任务的能力,这种由已知信息解决未知任务的能力通常通过机器学习算法实现。

人工智能具有利用已有知识灵活解决特定任务的特点,广泛应用于物流、医疗、交通、零售、教育、家居、安防等各个行业。它的应用逐步替代了行业中的一些对创造性要求不高的岗位,为社会生产生活自动化、智能化做出了重要贡献。

2022年11月30日,美国人工智能研究实验室OpenAI推出了一种人工智能技术驱动的聊天机器人ChatGPT。其强大的功能令人惊叹,它上知天文下知地理,能根据聊天的上下文进行互动,像人类一样聊天交流,给人一种仿佛在与真人对话的错觉。ChatGPT的出现是人工智能里程碑式的事件,它使得人类距离通用人工智能、强人工智能更近了一步,未来ChatGPT还将继续发展和改进,必将给社会带来前所未有的变化。

(二)医学应用

人工智能在医学领域的各个方面均有应用(图1-4-2),其中人工智能与医学影像结合的应用最为突出。

作为现代重要的医学辅助诊断技术,医学影像已成为疾病确诊的重要依据。医生作为一个专业技能门槛很高的职业,需要长时间汲取医学专业知识并经过长时间的专业技能训练。由于医生专业水平不同,使同一位患者在不同医生的诊断下不一定得出一致结论,人工智能的优势便凸显出来。基于对大量数据的学习,它或许具有比临床医师更加丰富的"读片经验",不论是对于超声、X线还是磁共振成像,它都能辅助提出可能的诊断,在一定程度上避免了个人主观预判,从而降低误诊率,使患者、放射科医师和临床医生均能从中受益。

在医疗保健行业,作为医疗保健的提供者,越来越多的公司将机器人流程自动化(robotic process automation,RPA)与人工智能结合,实现复杂流程自动化。将流程决策交给人工智能解决的优点在于减少人工、削减成本和提高质量,避免在复杂流程中出现人为错误导致返工。

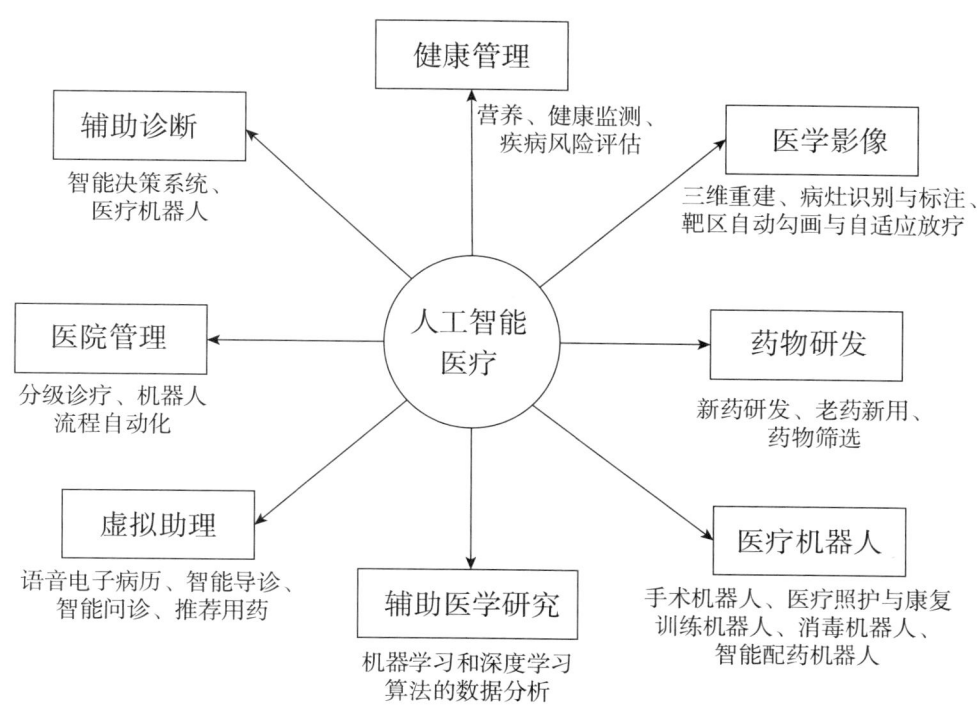

图 1-4-2　人工智能在医学领域的应用

RPA 在医疗保健行业的应用实例主要在于处理付款、处理保险索赔和自动化临床工作流程等方面。流程自动化可以帮助医疗保健提供者更快、更轻松地从保险公司获得报销，也能从处理索赔流程中节省大量员工劳动力成本。另外，智能流程自动化中的 RPA 组件将医生、护士和其他医务工作者从重复性的任务中解放出来，同时也方便了对患者的疾病管理。

在药物研发领域，人工智能与药物研发的各个环节紧密结合，发挥着越来越重要的作用。药物研发主要包括靶标的选择和验证、化合物筛选及先导优化、临床前研究、临床试验四个研发阶段。传统实验操作确定疾病相关的靶标，工作重复费时，同时带来了较高的研发成本。而人工智能能够在已有的组学大数据基础上，快速分析出潜在的候选靶标，缩小候选靶标的范围，降低实验难度和成本，加快药物临床转化的进程。在临床试验阶段，人工智能也可以发挥其数据分析处理的优势，通过以往临床患者数据找出匹配当前试验的患者，并预测药物剂量、制订治疗方案，最后跟踪患者的实时情况，预测患者预后等。

健康管理是健康中国建设的重要内容，在健康中国行动中具有重要的地位和作用，随着健康中国建设发展，我国健康管理也进入了一个新的发展阶段。智能健康管理技术将人工智能与健康管理结合，推动了健康体检与疾病风险评估智能化转型，连接了医院端和体检端，使居民的健康管理更加人性化和个性化。人工智能在医学影像领域获取的海量精准数据，能作为精准筛查疾病、制订健康管理方案的基础，推进"健康中国行动"所倡导的由疾病治疗向疾病预防的转变。

医疗机器人是一种智能型服务机器人，它是人工智能在医学领域的又一大应用。随着技术的突破，医疗机器人在临床中有着越来越多的应用场景，并扮演比以往更加重要的角色。手术机器人可以达到比没有辅助设备的主刀医生更高的精准度，或在外科医生不在场的情况下进行远程手术，如达芬奇外科手术系统。医疗照护与康复训练机器人能够辅助年老体弱或行动不便患者进行肢体活动，部分结合通信技术的机器人还可以实现远程监护功能。消毒机器人能够在短时间内为房间消毒，以对抗传染性疾病，降低医护人员感染的风险。智能配药机器人具有保障患者用药安全、缓解医院人力成本压力、提高医院智能化管理水平等优点，更重要的是真正解决了药物调配人员的职业暴露问题，因而具有很大的市场需求。

四、区块链

（一）基础知识

区块链（block chain）是利用加密技术来维护区块或记录的集合，使其难被修改，是一套基于密码学等技术创建的点对点信息储存系统。其概念最早于2008年由中本聪在《比特币：一种点对点的电子现金系统》中提出，这一策略最初用于比特币当中。区块链是信息注册领域的一项颠覆性创新，它利用了三种现有技术：私钥加密、点对点网络和区块链协议。利用区块链技术可以改善卫生保健中的网络安全，促进利益相关者之间的数据共享。

目前区块链处于不断发展之中，其架构也因技术的发展而不断演变。通过分析区块链的本质特征，可以将区块链分为四层：网络层、交易层、共识层、应用层。网络层的主要任务是控制信息的进入，通过特定的验证机制使每个节点都参与新区块的校验过程。校验通过后再将新节点加入的信息通过节点网络逐级扩散至相邻节点，完成新信息的进入过程。交易层主要实现两个区块链地址之间的数据传输，传输过程中的区块链地址由加密技术加密产生。共识层主要通过对区块链系统的多方维护，保证各个节点存储数据的一致性。应用层为用户提供了与区块链交互信息的接口，类似于应用软件的功能。

大数据时代，个人隐私安全成为备受社会关注的问题。相比于信息的数量，人们也更加追求信息的质量。区块链系统为这两个问题提供很好的解决方案。因此，除了目前在数字货币领域应用最广之外，区块链在其他领域的应用也逐渐增多。

（二）医学应用

由于医疗数据承载着数据主体的身份、健康状况、医疗处理等信息，具有特殊的敏感性和重要性，隐私性强。如果没有严格的信息加密和保险工作，会导致信息泄露风险增加，这关系到个人隐私的保护和数据所有权问题。通过区块链技术解决医疗信息安全问题能够充分发挥其不可篡改性、去中心化和匿名性，在信息传输过程中保护个人隐私安全。

由于区块链的不可篡改性，因而在医学上可实现对就医信息的监管和全程追溯。按照时间顺序排布的区块链很好地展示出就医信息的时间线，大大方便了个人就医信息的管理，也为监管提供了便利。区块链的应用有利于打破地域限制，使居民跨省就医、异地就医，使医保经办服务更加信息化、智能化、自助化和便利化。

区块链中的隐私分为身份隐私和交易隐私。由于在区块链中交易信息的透明性，直接应用区块链技术会出现一些缺陷，虽然交易双方的名字均由代号替代，但仍然可以通过数据分析技术生成交易图谱，推测交易双方的关系，预测接下来可能发生的交易，使区块链的加密技术失去一定的保护作用，威胁交易双方的交易隐私。因此，区块链技术应用于医疗体系需要监管方的介入，平衡匿名性与监管手段，达到真正的匿名性。事实上，我国《互联网医院管理办法（试行）》已经对省级卫生健康行政部门提出建立监管平台的要求。该办法提出为了保障医疗机构数据安全和患者就医安全，互联网医院必须与监管平台对接，以接受规范监管。区块链的特点决定了监管机构设置和监管实施的难度较大，这是未来区块链技术需要攻克的技术难点。

五、虚拟现实、增强现实、元宇宙

（一）基础知识

虚拟现实（virtual reality，VR）技术是一种虚拟与现实相结合的技术，通过计算机模拟一个三维虚拟世界，再辅以听觉、触觉等感官刺激，让使用者产生身临其境的感觉。作为一项新兴实用技术，它基于计算机仿真技术构建出逼真的三维模型，通过人机交互给予使用者真实的反馈，受到许多人的喜爱。

增强现实（augmented reality，AR）技术是利用三维建模等手段，借助光电显示技术、交互技术、传感器技术和多媒体技术等将计算机生成的虚拟信息通过信息模拟仿真后应用于现实世界，使两者有机结合、互为补充的一项技术。它主要通过现实世界中环境的变化来调节显示的内容，使虚拟世界能实时匹配现实世界。随着电子产品运算能力的提升，增强现实的精度也越来越高，用途更加广泛。

VR 和 AR 技术虽然都通过计算机生成 3D 虚拟信息，但是对于现实世界来说它们的应用方向是相反的。VR 技术致力于构建完全由计算机模拟的、能够和真实世界媲美的虚拟世界；AR 技术则是以现实世界为基础，通过分析现实世界的环境分布，将额外的虚拟信息添加到现实环境中，增强现实体验。

元宇宙（metaverse）是人类运用数字技术构建的，由现实世界映射或超越现实世界，可与现实世界交互的虚拟世界。元宇宙目前是一个不断发展的概念，但它的本质具有三大特征：将现实世界虚拟化、数字化；与现实世界平行、反作用于现实世界；多种高新技术融合。元宇宙和虚拟世界是以现实世界为基础的，它们之间的关系可以表述为：现实世界和虚拟世界融合构成元宇宙，现实世界决定虚拟世界和元宇宙，虚拟世界反映现实世界，元宇宙影响现实世界，虚拟世界和元宇宙相互影响。

从三者的概念中不难发现，VR 和 AR 是硬件设备的基础设施，元宇宙则是下一代技术融合的平台。VR 和 AR 最初应用于大型游戏中，通过逼真的动画效果带给玩家更好的游戏体验。元宇宙的概念最初诞生于 1992 年的科幻小说《雪崩》，书中描绘了一个超前庞大的虚拟现实世界。目前三者仍处于快速发展之中，并逐步扩大应用范围。

（二）医学应用

在医学教育活动中，VR 和 AR 技术可以为医学生提供更好的专业技能训练工具，利用 VR 和 AR 技术可以将人体解剖结构或操作技术立体化、具象化，其优点是能快速将书本知识付诸实践，使教学生动有趣，无须循环利用实验材料等，有助于师生教学与学习。VR 和 AR 具有不受对象、时间、地点限制的特点，并能够缩短学生的培养周期。例如基于 AR 技术的心肺复苏训练模型，在使用者佩戴上专用的 AR 眼镜后，便会出现患者突然昏倒需要紧急心肺复苏的实例。在操作过程中，可以根据计算机合成的虚拟信息和语音播报，熟悉整个操作流程。在实施胸外按压过程中，利用传感器实时反馈按压深度，更加贴近现实。

VR 和 AR 不仅在医学院校教育活动中有着重要应用，在医护人员对患者进行医学知识普及和宣教中也发挥着重要作用。通过计算机构建患者的虚拟三维模型，当医生和患者共同戴上全息 3D 眼镜后，患者能够看到自己的四肢和器官，医生能够精准地向患者解释病情成因。在外科手术中，AR 也可以为医生的操作提供辅助，如美国 Medivis 公司开发的 Surgical AR 平台，在常规手术过程中基于 AR 技术为医生提供全息导航，将手术方案可视化展现于眼前。这不仅能减少不必要的失误，也能简化手术流程，提高手术精度并减少检查次数。

虚拟现实技术在对健康人群的医学科普中也有一定的应用场景。通过 VR 虚拟实验室的构

建，可以将大量医学教育资源集成在虚拟现实场景中以共享形式传播，应用于急救医疗培训、发生意外自救等场景中，为不同受众提供分层次、全方位、多维度的医学教育培训服务，让更多人接近医学，关注自身健康和生命安全。

（齐惠颖）

第五节　医学信息安全

学习目标

1. 知识
（1）了解信息安全面临的相关伦理挑战。
（2）熟悉国内外在相关个人隐私、伦理方面的法律法规。

2. 能力
结合所学专业，培养学生发现、分析、解决问题的能力。

3. 素养
（1）通过了解信息安全面临的相关伦理挑战，培养学生的数据安全观。
（2）通过学习信息安全涉及的相关伦理知识，提高学生的法律意识和伦理素养。

人工智能、大数据等技术的崛起使人类社会从信息技术（information technology，IT）时代快速进入数据技术（data technology，DT）时代。"数据爆炸"已成为这个时代的鲜明特征，这些技术的应用与推广也越发体现其无可比拟的优势，医疗行业无疑是受其影响最大、最深远的领域之一。随着医学大数据的持续剧增，其数量已远超医生人工判读的范畴。人工智能则可通过海量医学数据训练模型，从而有效地处理这些数据。医学大数据与人工智能在临床决策、远程医疗、医疗产品的安全性检测、精准医疗、群体健康管理、公共卫生管理、医药研发等医疗健康领域有着极为重要的应用前景，在提高医疗技术、降低医疗成本、保障人民生命健康方面拥有巨大的潜能，也是世界各国争相发展的重点前沿领域。

诚然，人工智能、大数据等技术的广泛应用给医学领域带来了全新的视角，但同时也不可避免地提出了许多新的伦理问题。大数据在临床医学领域的应用与许多传统伦理规范产生了冲突，如信息与网络安全、知识产权的保护、患者隐私等，在健康信息交换的过程中如何保护个人隐私以及基因检测中的伦理问题等都是医学信息伦理所要考虑的。

从 20 世纪 70 年代开始，世界各国及国际组织就掀起了制定个人数据保护法的浪潮。其中最具影响力的是美国《健康保险携带和责任法案》（Health Insurance Portability and Accountability Act，HIPAA）和欧盟《通用数据保护条例》（General Data Protection Regulation，GDPR）。

一、国外相关法规标准

（一）美国

美国关于隐私安全的立法较早，1974 年即通过《隐私权法》（The Privacy Act），保护公民个人信息的隐私权。1991年，美国卫生与公众服务部（Health and Human Services，HHS）在研究电子数据交换问题时提出HIPAA，后于1996年通过该法案。2000年8月，HHS公布了HIPAA第一批标准和实施指南。2000年12月，HHS公布了个人健康信息的隐私保护标准和实施指南。2003年，HIPAA中的隐私规则和安全规则生效。

HIPAA的首要目的在于革新医疗领域，简化工作管理，降低成本费用，增强个人数据隐私保护。从实际意义来说，HIPAA建立了医疗领域的基本概念，明确了实体行为准则，规范了具体操作过程，标志着美国在医疗数据安全方面的法律达到较为领先的水平。

（二）欧盟

1995年10月，欧盟出台《个人数据保护指令》。2002年，欧盟第一次修正并发布《隐私与电子通信指令》。2009年，欧盟通过了《欧洲Cookie指令》，并于2011年5月正式实施。2012年1月，欧盟议会公布了GDPR，2018年5月25日，GDPR正式通过，以欧盟法规的形式确定了对个人数据的保护原则和监管方式。

GDPR的规则产生于隐私立法，目标是保护欧盟公民免受隐私和数据泄露的影响，管理理念相对美国更加严格。相关机构自由收集、分析和管理用户信息的权限将会被严格限定和监管，相应的成本也显著增加。

二、我国相关法规标准

我国的信息化建设，特别是医院管理系统已经初具规模，电子病历系统发展迅速，涉及健康信息隐私的相关法律法规也在不断发展和完善。

2014年5月，国家卫生计生委印发了《人口健康信息管理办法（试行）》，明确规定采集、利用、管理人口健康信息应当按照法律法规的规定，遵循医学伦理原则，保护信息安全和个人隐私。

2016年6月，国务院办公厅印发的《国务院办公厅关于促进和规范健康医疗大数据应用发展的指导意见》（国办发〔2016〕47号）明确了"安全为先，保护隐私"的原则和加强健康医疗数据安全保障的重点任务。

2017年6月，我国第一部全面规范网络空间安全管理方面问题的基础性法律《中华人民共和国网络安全法》实施，该法律系统阐述了个人信息保护和国家数据安全保护的相关责权权利。

2018年9月起实施的《关于印发国家健康医疗大数据标准、安全和服务管理办法（试行）的通知》（国卫规划发〔2018〕23号）明确了"标准是前提，安全是保障，服务是目的"，并系统阐述了健康医疗数据安全管理的要求。

2020年10月起实施的《信息安全技术 个人信息安全规范》（GB/T 35273—2020）明确了个人信息保护的基本原则。

2021年7月起实施的《信息安全技术 健康医疗数据安全指南》（GB/T 39725—2020）根据健康医疗数据的特点，明确了健康医疗数据使用披露的原则要求，也给出了健康数据安全管理指南和安全技术指南。

2021年9月《中华人民共和国数据安全法》开始施行，全面落实总体国家安全观，聚焦数据安全领域突出问题，构建了数据安全协同治理体系和基本法律框架，进一步提升了国家整体数据安全保障能力。

2021年11月起施行的《中华人民共和国个人信息保护法》确立了以个人"知情同意"为

核心的数据处理规则，对处理个人信息的活动提出了系统性的规范要求，为个人信息保护提供了法律保障。

2022年9月，国家互联网信息办公室公布的《数据出境安全评估办法》开始施行，明确了数据处理者向境外提供在中华人民共和国境内运营中收集和产生的重要数据和个人信息的安全评估，适用本办法。因业务需要，确需向境外提供的，应按照本办法进行安全评估。

2023年2月，国家卫生健康委等四部门联合印发的《涉及人的生命科学和医学研究伦理审查办法》明确了伦理审查应当遵守国家法律法规规定。

大数据、人工智能等技术为健康医疗产业带来了无限发展机遇和广阔前景，但同时也面临着诸多挑战，其"落地"除了大数据质量、数据加密保护与溯源等安全技术层面外，还要面对诸如隐私保护等伦理和法律问题。如何在充分挖掘健康医疗信息价值的同时，尽量保护个体的隐私安全，满足社会对相关数据使用的伦理安全要求，是健康医疗信息发展中亟待解决的重要问题，毕竟只有符合伦理要求的医学信息处理才具有生命力。

（王玉锋）

思 考 题

1. 查阅资料，了解中国计算机的发展史及当前进展。
2. 查阅资料，了解信息技术在自己所学专业中的应用。
3. 简述ICD-10编码的查找步骤。
4. 查找视神经萎缩的疾病分类编码，并简述查找过程。
5. 如果校园网是由多个局域网组成的，请问在这种情况下不同的局域网之间如何互联？
6. 什么是IP地址？IP地址与域名有何关系？
7. 举例介绍自己学习生活中物联网、云计算、大数据、人工智能、区块链、VR、AR及元宇宙的实际应用。
8. 查阅资料，了解健康医疗大数据使用中存在的伦理问题。
9. 结合所学专业，思考在当前形势下，自己在实际工作中面临的伦理安全挑战。

第二章 软件系统

第二章数字资源

计算机系统由硬件系统和软件系统两部分构成。软件系统又分为系统软件、应用软件。在系统软件当中，操作系统是计算机系统的灵魂，是计算机系统最基本、最不可或缺的系统软件。应用软件是使用各种程序设计语言编制的应用程序，各类医疗信息系统软件都属于应用软件。下面分别就典型的软件系统进行介绍。

第一节 操作系统

学习目标

1. 知识
(1) 了解操作系统的基础知识。
(2) 掌握 Windows 10 操作系统的基本操作、磁盘管理、环境设置与设备管理。

2. 能力
(1) 能够熟练管理文件系统与共享资源。
(2) 能够熟练配置与管理基本磁盘。
(3) 能够对系统运行环境进行设置。
(4) 能够对计算机设备进行管理。

3. 素养
(1) 了解拥有自主知识产权的专利对科技强国的重要性。
(2) 培养精益求精的工匠精神。

操作系统是计算机发展的历史性突破，它的诞生为计算机的发展普及奠定了基础，从此计算机变得容易掌握和使用。操作系统是位于硬件层之上、所有其他系统软件层之下的一个系统软件。通过操作系统可管理系统中的各种软件和硬件资源，使它们能被充分利用，方便用户使用计算机系统。

一、操作系统的种类

操作系统很难用单一标准统一分类，可以根据其应用领域、支持用户数目等进行划分。

根据应用领域，操作系统可分为个人计算机操作系统、服务器操作系统、嵌入式操作系统。

根据所支持的用户数目，操作系统可分为单用户操作系统（Mac OS、Windows）和多用户操作系统（UNIX、Linux）。

根据源码开放程度，操作系统可分为开源操作系统（Linux）和不开源操作系统（Windows、Mac OS）。

根据硬件结构，操作系统可分为网络操作系统（Windows、Linux、UNIX、Mac OS 等）、分布式操作系统（Laxcus）和多媒体操作系统（Amiga）等。

根据存储器寻址宽度，操作系统可分为 8 位、16 位、32 位、64 位和 128 位。早期的操作系统一般只支持 8 位和 16 位存储器寻址宽度，Windows 10 操作系统支持 32 位和 64 位。

上述仅限于宏观上的分类。因为操作系统具有很强的通用性，具体使用哪一种操作系统，要根据硬件环境及用户的需求而定。下面介绍几类常用的操作系统。

1．Windows 操作系统　Windows 操作系统在国内应用最普及，从 1985 年美国微软（Microsoft）公司推出 Windows 1.0 以来，Windows 系统经历了三十多年的发展变迁。从最初运行在 DOS 下的 Windows 3.X，直至现今流行在个人电脑上的 Windows 7、Windows 8、Windows 10 和在服务器上的 Windows Server 2016、Windows Server 2019、Windows Server 2022，无不影响着信息化社会的发展和我们个人的日常工作和生活。

2．UNIX 操作系统　1969 年，UNIX 系统在贝尔实验室诞生，是一个交互式分时操作系统。从用户角度来说，UNIX 系统是一个多用户、多任务的操作系统，可以在微型机、工作站、大型机及巨型机上安装运行。由于 UNIX 系统稳定可靠，因此在金融、保险等行业得到广泛应用。UNIX 操作系统有很多种类，比较知名的有 AIX、Solaris、HP-UX，它们都在大型服务器市场占有主要地位。

3．Linux 操作系统　Linux 系统是由芬兰赫尔辛基大学的一位大学生 Linus B. Torvalds 在 1991 年首次编写的，由于其源代码免费开放，许多人对这个系统进行改进、扩充、完善，一步一步地发展为完整的 Linux 操作系统。Linux 操作系统继承了 UNIX 的优点，并进一步改进，紧跟技术发展潮流。由于 Linux 操作系统廉价、灵活、功能强大，所以许多服务器都采用了 Linux 操作系统。以 Linux 加 Apache、MySQL、Perl/PHP/Python 等技术的组合，已经成为最常用的网站技术平台。

比较常用的 Linux 操作系统有 CentOS Linux、RedHat Linux、SUSE Linux、Debian GNU/Linux 和 Ubuntu Linux。

4．Mac OS 操作系统　Mac OS 是苹果电脑公司（Apple Computer Inc.，2007 年更名为苹果公司 Apple Inc.）为 Mac 系列产品开发的专属操作系统，基于 UNIX 系统开发而成。它具有 UNIX 系统的稳定性，设计简单直观，还提供超强性能图形界面并支持互联网标准，它是最早采用"面向对象"技术的操作系统。"面向对象"操作系统是由史蒂夫·乔布斯（Steve Jobs）于 1985 年离开苹果电脑公司后成立的 NeXT 公司所开发的。后来苹果电脑公司收购了 NeXT 公司。史蒂夫·乔布斯重新担任苹果电脑公司首席执行官后，Mac OS 系统得以整合到 NeXT 公司开发的 OPENSTEP 系统上而成为"面向对象"操作系统。Mac OS 采用 C、C++ 和 Objective-C 编程开发。

5．iOS 苹果手机操作系统　iOS（原名：iPhone OS）是苹果公司为移动设备开发的操作系统，支持的设备包括 iPhone、iPod touch、iPad、Apple TV。与 Android 及 Windows Phone 不同，iOS 不支持非苹果公司生产的硬件设备。iOS 属于类 UNIX 的商业操作系统。

6．安卓（Android）操作系统　Android 操作系统是谷歌（Google）公司于 2008 年 9 月正式发布的基于 Linux 平台的开源操作系统，主要支持手机和平板电脑，是目前全球智能手机市场占有率最高、增长最快的操作系统。各手机厂商可以无偿地生产搭载 Android 系统，它提供了和 iPhone 类似的功能，可以达到和 iPhone 类似的用户体验。

7．华为鸿蒙系统（HUAWEI Harmony OS） 鸿蒙的英文名是 Harmony，意为和谐。鸿蒙 OS 是华为公司耗时 10 年、由 4000 多名研发人员投入开发的一款基于微内核、面向 5G 物联网、面向全场景的分布式操作系统。它不是安卓系统的分支或经修改而来，是与安卓、iOS 不一样的操作系统。它在性能上不弱于安卓系统，华为还为基于安卓生态开发的应用能够平稳迁移到鸿蒙 OS 上做好了衔接——将相关系统及应用迁移到鸿蒙 OS 上，差不多两天就可以完成迁移及部署。这个新的操作系统将打通手机、电脑、平板、电视、工业自动化控制、无人驾驶、车机设备、智能穿戴设备等，将其统一成一个操作系统，并且该系统是面向下一代技术而设计的，能兼容全部安卓应用的所有 Web 应用。若安卓应用重新编译，在鸿蒙 OS 上，运行性能可提升超过 60%。鸿蒙 OS 架构中的内核会把之前的 Linux 内核、鸿蒙 OS 微内核与 LiteOS 合并为一个鸿蒙 OS 微内核。鸿蒙 OS 可创造一个超级虚拟终端互联的世界，将人、设备、场景有机联系在一起。同时由于鸿蒙系统微内核的代码量只有 Linux 宏内核的千分之一，其受攻击几率也大幅降低。

二、Windows 操作系统

美国 Microsoft 公司于 2015 年正式发布 Windows 10 操作系统，目前它还是微型计算机常用的桌面操作系统，下面将以 Windows 10 家庭中文版为例，简单扼要地介绍它的常用操作。

（一）Windows 的启动和退出

1．Windows 的启动 一般来说，只要安装了 Windows 操作系统，打开外部设备的电源开关和主机电源开关，计算机就会自动进入 Windows 的桌面。如果设置了用户名和密码，则需要输入正确的用户名和密码后，才能进入 Windows 10 系统工作界面。

2．Windows 退出并关闭计算机 Windows 是一个多任务、多线程的操作系统，在关闭或重新启动计算机之前，一定要先退出 Windows 正在运行的应用程序，否则可能会破坏一些没有保存的文件和正在运行的程序。单击"开始"→"关闭"→"关机"按钮（图 2-1-1），安全地退出系统，最后关闭外部设备的电源开关。

若选择"关闭"按钮弹出菜单中的"重启"命令，系统将自动关闭所有打开的程序和文件，安全退出 Windows，重新启动计算机。

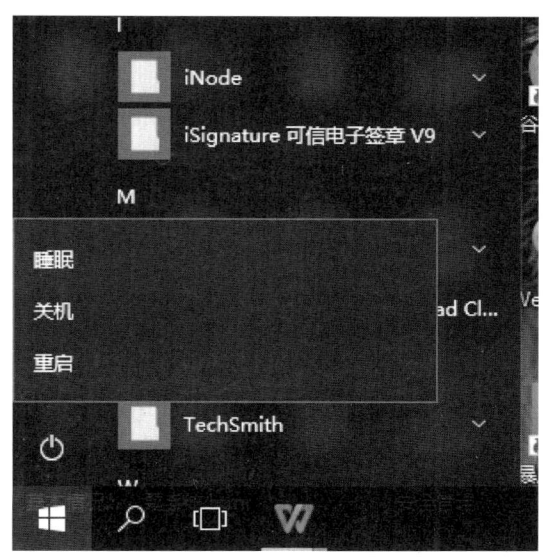

图 2-1-1 关闭计算机

Windows 10 系统安装有三种常用方法：完全安装、Ghost 安装和 U 盘安装，有兴趣的同学可以查阅相关资料。

（二）Windows 桌面及桌面操作

Windows 启动后的整个屏幕称为桌面，屏幕就像人们办公的桌面，上面整齐地摆放一些图标，这些图标在 Windows 中称为对象，用户可以根据自己的个性特点来组织和管理桌面。

图 2-1-2　桌面图标

1．桌面图标　它是指在桌面上排列的，代表程序、文件和计算机信息等的小图像，它包含图形及说明文字两部分。桌面上一般存放经常用到的应用程序和文件夹图标，用户可以根据自己的需要在桌面上添加各种快捷图标。

图标为用户提供在日常操作下执行程序或打开文档的简便方法，双击图标就可以快速启动相应的程序或文件。桌面上的图标包括"计算机""回收站""用户的文件""控制面板""网络"。

第一次进入 Windows 系统时，会发现桌面上只有一个回收站图标，此电脑、网络等用户熟悉的图标都没有显示在桌面上，若要在桌面添加这些图标，操作步骤为：右键单击桌面空白处→个性化→主题→桌面图标设置→勾选需要在桌面上显示的图标（图 2-1-2）。

快捷方式是为了快速启动程序、打开文件或文件夹而建立的指向对象的图标，其特征是左下角带一个斜向上的小箭头。快捷方式只是原始对象的一个链接，其作用是快速打开其指向的对象，如文件或应用程序等。删除快捷方式，并不会删除对象本身。用户可以在桌面上创建自己经常使用的应用程序或文件的快捷方式，方法是：右键单击要创建快捷方式的程序、文件和文件夹→弹出快捷菜单→发送到→桌面快捷方式。

用户不仅可以根据个人需要删除图标，也可以通过安装程序、创建快捷方式、复制等方法添加图标，还可以根据个人喜好对桌面图标进行整理，方法是：右键单击桌面空白处→排序方式，可选择对图标按名称、大小、项目类型、修改日期等自动排列，也可取消自动排列后手动拖曳桌面图标进行排列。

2．定制个性桌面　Windows 提供了丰富多彩的桌面，用户可以根据自己的需要，打造个性的桌面。下面介绍桌面常用的基本操作。

（1）设置 Windows 的桌面主题：桌面主题是背景加一组声音、图标，设置桌面主题的方法是：右键单击桌面空白处→个性化→主题→更改主题→选择一个主题。

（2）设置桌面背景：Windows 允许用户选择桌面背景图片来美化桌面。设置方法是：右键单击桌面空白处→个性化→背景→选择图片（或浏览→选择其他图片文件），此时桌面上就会出现用户选定的图片。

（3）设置屏幕保护程序：为了保护显示器屏幕，延长其使用寿命，当一定时间内用户没有操作计算机时，Windows 会自动启动屏幕保护程序。此时，工作屏幕内容被隐藏起来，而显示一些有趣的画面，当用户按下键盘上的任意键或移动一下鼠标时，如果没有设置密码，屏幕就会恢复到之前的状态，否则需要输入密码，屏幕才会恢复。设置方法是：右键单击桌面空白处→个性化→锁屏界面→屏幕保护程序设置→选择屏幕保护程序（可以修改等待时间）→确定。

（4）设置屏幕分辨率：分辨率越高，屏幕中的像素点就越多，可显示的内容就越多，所显示的对象就越小。设置方法是：右键单击桌面空白处→显示设置→屏幕→选择显示器分辨率→保留更改。

3．任务栏　任务栏是桌面底部的长条区域。当用户打开一个窗口或启动一个应用程序后，任务栏内就增加显示一个代表该窗口的按钮。通过鼠标单击任务栏上的不同按钮可以切换这些已经打开的不同窗口或应用程序。当关闭一个窗口后，任务栏上对应的按钮也会消失。

任务栏属性设置方法为：右键单击任务栏→任务栏设置，可设置"锁定任务栏""自动隐藏任务栏"以及任务栏在屏幕中的位置。

（三）Windows 的帮助系统

Windows 为方便用户使用，提供了多种帮助信息，用户可以通过如下方法打开帮助和支持。

1．Cortana Cortana 是 Windows 10 中自带的虚拟助理，它不仅可以帮助用户安排会议、搜索文件，回答用户问题也是其功能之一，因此，遇到问题找 Cortana 也是一个不错的选择。当我们需要获取一些帮助信息时，最快捷的办法就是去询问 Cortana，看它是否可以给出一些回答。

Cortana 的打开方法为：单击开始→设置→隐私→墨迹书写和键入个性化→开始了解你→打开。

2．使用入门应用 Windows 10 里面内置了一个"入门"的 App 应用，通过它我们也可以获取到新系统各方面的帮助和配置信息。

3．F1 F1 一直是 Windows 内置的获取帮助键。如果在打开的应用程序中按下 F1，而该应用提供了自己的帮助功能的话，则会将其打开。反之，Windows 10 会调用用户当前的默认浏览器打开 Bing 搜索页面，以获取 Windows 10 中的帮助信息。

（四）Windows 10 的文件系统

1．文件 文件是存储在存储介质上具有名字的一组相关信息的集合，任何程序和数据都是以文件的形式存储在磁盘上。为了便于管理和使用文件，每个文件都有一个名称，即文件名，文件名是存取文件的依据。

不同的文件系统对文件的命名方式有所不同，大体上都遵循"主文件名.扩展名"的规则，主文件名由字母、数字、下划线等组成，最长可达 255 个字符。扩展名则由一些特定的字符组成，用来标识文件的类型。文件名中不能够包含"\ / : * ? " < > |"等系统保留字符。

Windows 中常用的扩展名及其对应的文件类型如表 2-1-1 所示。

表 2-1-1　常用扩展名及文件类型

扩展名	含义	扩展名	含义
com	系统命令文件	exe	可执行文件
sys	系统文件	rtf	带格式的文本文件
doc/docx	Word 文档	app	应用程序
ppt/pptx	Powerpoint 文档	pdf	PDF 文档
xls/xlsx	Excel 文档	mp3	MP3 声音文件，高度压缩
txt	文本文件	bmp	位图文件
html	网页文件	jpg	JPEG 格式图片文件

2．文件夹 文件夹是按文件类别管理文件的技术手段，文件夹中可以包含文件及其子文件夹，文件夹的命名规则与文件名相同，只是文件夹没有扩展名。

3．文件属性 文件除文件名外，还有文件的大小、存放位置、占用空间、创建和修改时

间以及所有者信息等，这些信息合称为文件属性。"右键单击文件→属性"即可查看选中文件的属性，并且可以设置文件的属性为"只读"或"隐藏"。

只读：设置为只读属性的文件表明只允许读，不能改写文件内容。

隐藏：可设置文件在正常情况下是否可见。

4．文件系统的组织结构　文件夹是用来组织和管理磁盘文件的一种数据结构。在 Windows 中采用树形结构来管理磁盘文件。

5．路径　路径是计算机或网络中描述文件位置的一条通路，是用户在磁盘上寻找文件时所历经的路线（例如，C:\Windows\Notepad.exe）。

路径通常包含文档所在驱动器，如硬盘驱动器、U 盘驱动器或网络上共享文件夹，以及找到此文档应打开的所有文件夹名。

完整的路径是由下述两个部分依序组成的：

（1）驱动器代码（例如，A:、B:、C:、D: 等）

（2）反斜线加子文件夹名（例如，\Windows）

6．常见的文件系统　文件系统是指文件在硬盘上存储的格式。不同的操作系统采用的文件系统也不尽相同，它们各有特点。在运行 Windows 10 的计算机上，可以有 4 种磁盘分区文件系统供选择，分别是 FAT（FAT16）、FAT32、exFAT 和 NTFS。

（1）文件分配表（file allocation table，FAT）是 16 位的文件系统，又称为 FAT16。FAT 是比较简单的文件系统，它的特点是应用广泛，但单一分区最大容量只有 2 GB。

（2）FAT32 是从 FAT 改进而来的文件系统，可以兼容 FAT 格式。它更适合大容量硬盘的使用，突破了 FAT 文件系统单一分区 2 GB 的限制，单一分区最大支持 2 TB。此外，FAT32 采用更小的磁盘簇单位，即每个簇的扇区数比 FAT 少，磁盘空间使用率提高，减少了磁盘空间的浪费。

（3）exFAT 是 Windows 引入的一种适合于闪存的文件系统，主要是为了解决 FAT32 不支持 4 GB 或更大文件的问题而推出的。

（4）新技术文件系统（new technology file system，NTFS）增加了对文件的访问权限控制，磁盘使用率也很高，单一分区最大支持使用空间达 256 TB，但具体受分区表、操作系统等因素的限制。只有使用 NTFS 才能充分发挥 Windows 10 的功能，例如压缩硬盘分区、编制索引功能以及支持文件加密、设置专用文件夹等安全功能。

NTFS 也有缺点，由于 NTFS 分区采用"日志式"，要记录磁盘的详细读写操作，对闪存会造成较大的负担，导致闪存性能降低，因此对于闪存，exFAT 文件系统更为适用。

7．文件资源管理器　文件资源管理器是 Windows 10 管理计算机资源的场所，通过它可以查看计算机中的所有资源，特别是它提供的树形文件系统结构，使我们能更清楚、更直观地认识计算机中的文件和文件夹。另外，在文件资源管理器中还可以对文件进行各种操作，如：打开、复制、移动、删除等。

设置文件夹列表的显示方式：可以通过在"此电脑"或者"文件资源管理器"的窗口中的"查看"菜单改变文件夹列表的显示方式，单击"查看"菜单，用户可以在"布局"中选择的自己喜欢的查看方式。布局中包括：超大图标、大图标、中图标、小图标、列表、详细信息、平铺、内容。

文件夹选项设置：在"此电脑"或者"文件资源管理器"的窗口中，通过"查看→选项→查看"可打开"文件夹选项"对话框（图 2-1-3）。

在"高级设置"列表中选中"显示隐藏的文件、文件夹和驱动器"，可显示隐藏文件、文件夹和驱动器。也可以通过"隐藏已知文件类型的扩展名"选项，隐藏或显示文件的扩展名。

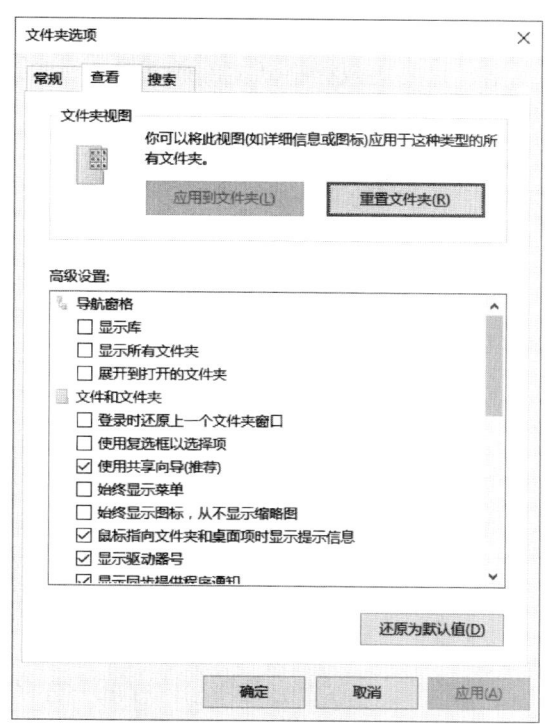

图 2-1-3　文件夹选项

（五）文件和文件夹操作

对于文件和文件夹的管理，可以点击要操作的文件或文件夹，通过右键快捷菜单选择常用操作，选择、复制、移动和删除等是日常工作中最经常进行的操作。

1．新建文件或文件夹

（1）新建文件夹：可在磁盘的任何位置（如桌面）新建文件夹，操作方式为：空白处单击右键→弹出快捷菜单→新建→文件夹→命名。也可利用"文件资源管理器"里"主页"菜单中的"新建文件夹"完成相应操作。

（2）新建文件：最常用的方法是启动应用程序后创建文件。如先打开 Word 文字处理软件，然后新建一个 Word 文档。也可以按建立文件夹的方法，在目标位置单击右键，从快捷菜单中选择一个文件类型，如文本文档，即可建立一个相应类型的文件。

2．选定文件或文件夹　在 Windows 中，先选定对象，再对该对象进行操作。下面介绍几种选定对象的操作。

（1）选定单个的文件、文件夹或磁盘：直接单击要选定的对象。

（2）选定连续的文件或文件夹：单击第一个文件或文件夹的图标，按住 Shift 键，单击最后一个文件或文件夹，这时，它们中间的文件和文件夹都会被选定。

（3）选定多个不连续的文件或文件夹：单击第一个文件或文件夹的图标，按住 Ctrl 键，再依次单击要选定的对象。

（4）选中所有文件或文件夹：按 Ctrl + A 组合键将全部选定当前窗口中的文件及文件夹。也可在"文件资源管理器"中的"主页"菜单点击"全部选择"，此时将选定"文件资源管理器"右窗格的全部内容。

3．复制或移动文件和文件夹

（1）使用鼠标拖动方式来复制或移动文件及文件夹：选定要复制的文件或文件夹，然后按住 Ctrl 键不放，用鼠标将选定的文件或文件夹拖动到目标盘或目标文件夹中，就完成了复制操作；如果按住 Shift 键拖动，则完成移动操作。

如果在不同驱动器上复制，只要用鼠标拖动文件或文件夹，可以不使用 Ctrl 键。如果在同一驱动器上，直接拖动对象则是移动操作。

注意：按住 Ctrl 键拖动是复制，按住 Shift 键拖动是移动。拖动方式使复制和移动更为灵活，但要注意鼠标指针必须指在被选中的文件或文件夹上，才可以开始拖动，当同时选中多个文件时，只要鼠标指针位于任何一个被选中文件上，即可开始拖动。

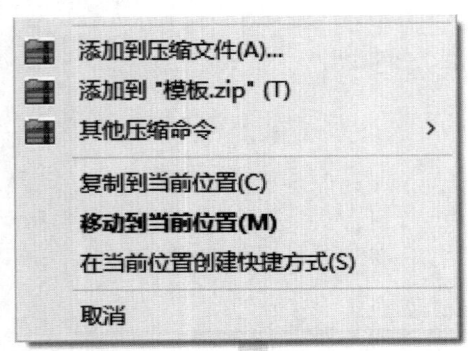

图 2-1-4　右键拖动快捷菜单

如果文件被复制在同一文件夹下，新复制的文件被自动改名为"源文件名 - 副本"。

另外还可以使用鼠标右键来复制或移动文件和文件夹，用鼠标右键拖动所选中的文件及文件夹到目标盘或目标文件夹中，松开鼠标右键，这时弹出菜单（图 2-1-4），可选择是复制还是移动。

（2）使用剪贴板来复制或移动文件及文件夹：剪贴板是一个特殊的共享内存结构，所有的 Windows 应用程序可以访问剪贴板以实现数据共享和交换，也可以说是 Windows 系统中信息交换的重要工具。实际上它是使用内存上一些存储空间，临时保存被复制或被剪切操作的对象内容，粘贴时直接从剪贴板取出内容。

以使用快捷菜单为例，用剪贴板复制文件及文件夹，选定要复制的文件或文件夹（可以是多个对象），右键单击，在弹出的快捷菜单中，选择"复制"命令，然后再选定目标盘或目标文件夹，右键单击，在弹出的快捷菜单中，选择"粘贴"命令，复制就完成了。

用剪贴板移动文件及文件夹的步骤同复制的步骤一样，只是在操作时用"剪切"取代"复制"。

应注意，使用剪贴板的时候，先"复制"后"粘贴"是复制操作；先"剪切"后"粘贴"是移动操作。

复制文件时，执行完粘贴操作后，剪贴板中的内容并没有清除，依然保留，下一次粘贴时，只需从剪贴板取数据就可以了，不必再执行复制过程。因此，如果需要复制多个副本时，只需按"复制"→"粘贴"→"粘贴"……即可。

移动文件时，在执行剪切命令时，剪贴板同样保留对象的内容，一旦执行"粘贴"命令后，立即清空剪贴板。因此，剪切后，"粘贴"命令只能执行一次。

另外，系统还为"剪切""复制""粘贴"功能设置了快捷键，"剪切"是 Ctrl + X，"复制"是 Ctrl + C，"粘贴"是 Ctrl + V，使用这些快捷键，操作时能更迅速。

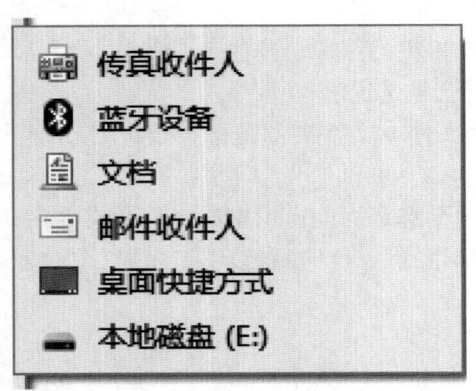

图 2-1-5　"发送到"快捷菜单

剪贴板不仅可以把所选中的信息复制到剪贴板，还可以捕捉屏幕或窗口到剪贴板。

复制整个屏幕：按下 Print Screen 键，整个屏幕被复制到剪贴板。

复制当前活动窗口：先将窗口选择为活动窗口，然后按 Alt + Print Screen 键。

（3）发送文件：Windows 可以使用"发送"命令，把文件或文件夹直接复制到移动硬盘、U 盘、"文档"或"邮件接收人"等。操作方法是选定要复制的文件或文件夹，右键单击，弹出快捷菜单，选择"发送到"命令，在如图 2-1-5 所示子菜单中选择发送目标。如选中发送目标为"本地磁盘（E:）"，此时，系统开始向 E 盘根目录复制文件或文件夹。

4．文件或文件夹的重命名　要更改文件或文件夹的名称，可先选定要更改的文件或文件夹，用右键快捷菜单上的"重命名"，也可对已选定的文件或文件夹，再直接单击该文件或文件夹的名字，该名字会突出显示并有框围起来，键入新名字，按回车键即可。

要注意的是，不要轻易修改文件的扩展名，否则系统可能无法打开改名后的文件。

5．删除文件或文件夹　当不再需要某些文件或文件夹时，可以将其从磁盘中删除。当删除某个文件夹时，其所包含的子文件夹和文件也一并删除。几种删除文件或文件夹的方法如下。

（1）选定文件或文件夹，按 Delete 键。

（2）选定文件或文件夹，并单击鼠标右键，在弹出的快捷菜单上选择删除命令。

（3）选定文件或文件夹，直接用鼠标将其拖到"回收站"而实现删除。

上述删除操作中被删除的文件会进入回收站。若想将文件或文件夹从计算机中彻底删除，而不保存到回收站中，可在上述操作的同时按下 Shift 键。

6．使用回收站　在 Windows 10 默认设置下，删除的文件被暂时存放在回收站中。用户以后如果要重新使用已删除的文件，可以从回收站中恢复。只有当文件在回收站中被删除或清空回收站时，这些文件才从硬盘中删除。

（1）恢复被删除的文件：在桌面上双击"回收站"图标，打开"回收站"窗口，选定想恢复的文件，单击工具栏上"还原此项目"命令，这些文件就会被恢复到原来的位置。

（2）清理回收站：删除回收站中的某个文件：在"回收站"窗口中选定要删除的文件，右键单击，在弹出的快捷菜单中选择"删除"命令，屏幕出现一个"确认文件删除"对话框，单击"是"按钮，即可删除所选定的文件。

清空回收站：在"回收站"窗口的"管理"菜单中，单击"清空回收站"命令，屏幕弹出一个确认删除多个文件的对话框，单击"是"按钮即可删除所有的文件。

7．搜索文件　当磁盘上有许多文件时，查找某个文件或某些文件就很有必要。与以往版本相比，Windows 10 操作系统采用索引模式进行搜索，因此搜索性能大幅提高。

Windows 10 操作系统的"开始"菜单和"文件资源管理器"窗口的工具栏都具有查找文件功能。"开始"菜单中的搜索是在计算机所有的索引文件中进行检索，因此无法搜索到未加入索引的文件。另外在第一次搜索时，需要建立索引文件，因此初次搜索时间较长。Windows 10 操作系统将搜索功能集成到"此电脑"和"文件资源管理器"窗口的工具栏上，可以及时查找文件，还可以对任意文件夹进行搜索。因此，如果知道要搜索文件所在的目录，通过"此电脑"和"文件资源管理器"窗口工具栏中的搜索可以缩小搜索范围，加快搜索速度。

在搜索框输入要查找的内容，在使用文件名查找时，可以使用通配符 ? 和 * 表示一批文件。其中"?"代表在问号的位置上所有可能的字符，一个"?"只能代表一个字符位置；"*"则代表它所在位置上可以是任意多个任何字符。

例如，输入"*.txt"后，开始搜索，可找出所有扩展名为"txt"的文件。

如果设定更多的搜索条件，如限定日期、文件大小，可以单击"搜索"文本框，先输入搜索条件，在弹出的"搜索"选项卡里选择"修改日期""大小"，可以分别对搜索文件或文件夹的日期或日期范围及文件大小进行设置，缩小搜索范围，加快搜索速度。

（六）磁盘管理

一台计算机可以连接多个磁盘驱动器，如硬盘、U 盘和光驱等。每一个硬盘又可分为多个分区，每一个分区代表一个逻辑磁盘。因此，双击桌面图标"此电脑"，在打开的窗口中，可以看到多个磁盘驱动器。

1．查看磁盘属性　每个磁盘都有它的属性，通过查看磁盘属性，可以了解磁盘的总容量、

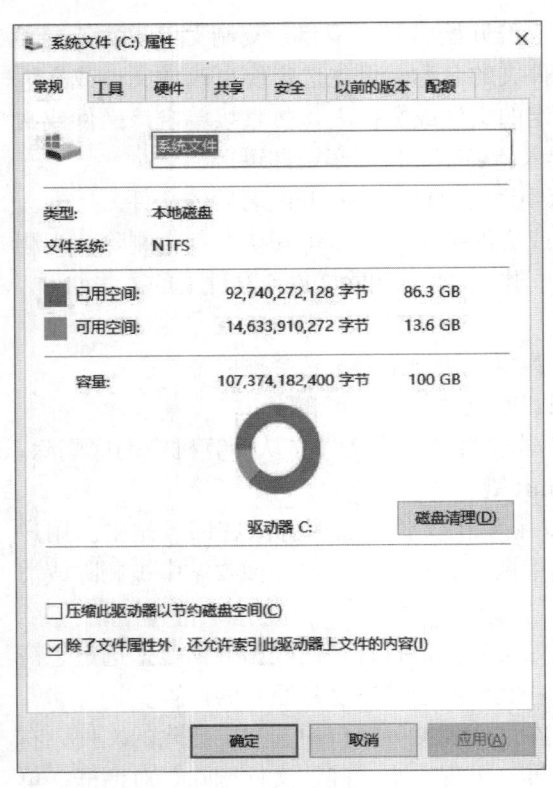

可用空间大小、已用空间大小以及磁盘的卷标等。另外，磁盘属性还有文件系统的信息。

查看磁盘的相关信息：右键单击要查看的磁盘，在弹出的快捷菜单中选择"属性"，在弹出的属性对话框的"常规"选项卡上，可以查看磁盘的总容量、可用空间、已用空间、磁盘的卷标和文件系统，对话框上部的输入框中，可以修改磁盘的卷标，它是磁盘的名字（图2-1-6）。

对话框下方的"压缩驱动器以节约磁盘空间"等选项，只在文件系统为 NTFS 时才会出现，也就是说当磁盘为 NTFS 格式时，才具有可压缩性。

2. 磁盘管理工具 磁盘管理工具可以对计算机上的所有磁盘进行综合管理，可以对磁盘进行打开、管理磁盘资源、更改驱动器名和路径、格式化或删除磁盘分区以及设置磁盘属性等操作。

右键单击"此电脑"图标，选择"管理"命令，打开"计算机管理"窗口，单击窗口左

图 2-1-6　磁盘属性对话框

侧窗格中的"磁盘管理"项，右侧窗格上方会列出所有磁盘的基本信息，包括类型、文件系统、容量、状态等信息。在右侧窗格下方会按照磁盘的物理位置给出简略的示意图。

（1）物理磁盘的管理：物理磁盘是计算机系统中物理存在的磁盘，在计算机系统中可以有多块物理磁盘。在 Windows 10 中分别以"磁盘 0""磁盘 1"等标注，右键单击需要进行管理的物理磁盘，在快捷菜单中选择"属性"命令，打开物理磁盘属性对话框（图 2-1-7）。

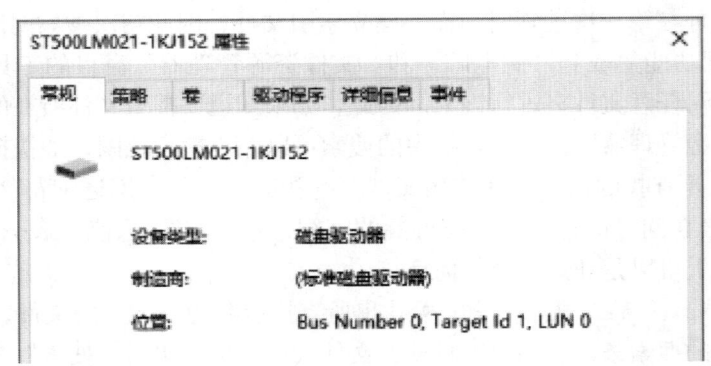

图 2-1-7　磁盘物理属性对话框

在"常规"标签中可看到该磁盘的一般信息，包括设备类型、制造商、安装位置和设备状态等信息。在"设备状态"列表中可以显示该设备是否处于正常工作状态，如果该设备出现异常，可以单击"疑难解答"按钮加以解决。在"策略"标签中选中"启用写入缓存"复选项，将允许磁盘写入高速缓存，这样可以提高写入的性能。在"卷"标签中列出了该磁盘的卷信息，在下面的"卷"列表框中选择卷，单击"属性"按钮，可以对卷进行设置。在"驱动程序"标签中，用户可以单击"驱动程序详细信息"按钮，查看驱动程序的文件信息。如果需要

更改驱动程序，单击"更新驱动程序"按钮，将打开升级驱动程序向导。当新的驱动程序出现异常时，可以单击"返回驱动程序"按钮，恢复原来的驱动程序。单击"卸载"按钮可以将设备从系统中删除。

（2）逻辑磁盘属性设置：逻辑磁盘往往是在安装系统时，对物理磁盘按存储容量大小进行逻辑分区，用 C:、D:、E: 等盘符来表示。安装后也可以通过 Windows 10 的磁盘管理工具，对扩展分区进行重新分区及设置单个逻辑磁盘的属性。

（3）更改驱动器和路径：以 D 盘驱动器为例，通过"此电脑→管理→计算机管理→磁盘管理→用鼠标右键单击逻辑驱动器"，在弹出的菜单中单击"更改驱动器名和路径"，打开"更改 D:（新加卷）的驱动器号和路径"对话框（图 2-1-8）。单击"更改"按钮，打开"更改驱动器和路径"对话框，单击"指派以下驱动器号"单选按钮后，选择一个驱动器号。

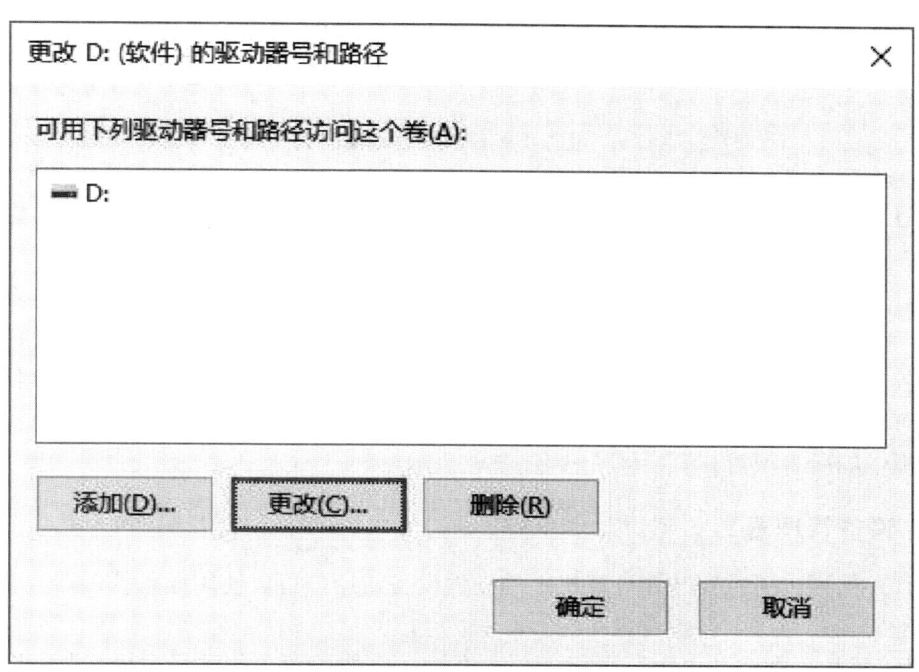

图 2-1-8　物理磁盘属性更改对话框

"磁盘管理"可以对硬盘分区进行一些基础的底层操作，例如划分磁盘分区、格式化驱动器等，由于操作不当会导致磁盘数据丢失或硬件损坏，所以只有系统管理员才有权限进行此操作，对于不精通计算机硬盘分区的用户请谨慎使用这些功能。

（七）控制面板

在 Windows 中，用户可以利用"控制面板"应用程序来进行系统设置，实现工作环境的个性化。通过"控制面板"可以查看或改变系统设置，包括调整与配置系统的全部工具，如显示属性设置、日期和时间设置、区域和语言设置选项、声音和音频设备管理、键盘和鼠标设置、添加或删除程序、用户帐户、添加硬件设置等。

启动控制面板的方法很多，常用的方法有：①双击桌面上的"控制面板"；②右键单击"开始"在快捷菜单中选择"运行"，然后在弹出的对话框中输入"Control"，点击"确定"；③点击开始菜单，然后下拉菜单找到"Windows 系统"选项，点击打开，然后选择"控制面板"。上述方式都可以打开"控制面板"窗口，如图 2-1-9 所示。

图 2-1-9　控制面板窗口

在默认情况下，Windows 的控制面板采用"类别"查看方式，在窗口中只提供了"系统和安全""用户帐户""网络和 Internet""外观和个性化""硬件和声音""时钟、语言和区域""程序"和"轻松使用"8 个类别，每个类别又根据实际情况提供了若干个子项目。在默认界面中进行系统管理维护时，可以用鼠标单击具体的小项目，这样即可激活相应的操作界面。

但是，这种默认查看方式没有提供控制面板的所有项目，这就对用户选择项目造成了不便，因此可以将右上角的"查看方式"更改为"大图标"或者"小图标"，这样就可以直接查看控制面板中的所有项目。

（八）设备管理器

设备管理器列出所有安装在计算机上的硬件设备，用户可以使用设备管理器查看计算机上的硬件设备列表并为每个设备设置属性。

1．系统属性　在"此电脑"图标上单击右键，在快捷菜单中选择"属性"命令，或者通过"控制面板→系统和安全→系统"打开"系统属性"窗口。用户可以看到当前计算机系统的 Windows 版本、注册信息、CPU 型号、内存容量以及计算机名称、域和工作组设置等信息。

2．设备管理器

（1）通过"控制面板→硬件和声音→设备管理器"，打开"设备管理器"窗口。

（2）在系统属性对话框中单击"设备管理器"即可。

打开设备管理器窗口后，单击设备列表中的箭头标志，可以展开所含设备。

3．设备属性设置　单击选中系统的硬件设备后，可以对其进行驱动更新、禁用、卸载和查看等设置，设置方法有以下两种：

（1）右键单击设备名称，从快捷菜单中选择相应设置选项；

（2）选中设备后，从"操作"菜单中选择相应设置选项。

如果设备图标前没有出现红色小叉、黄色问号或叹号，说明该设备工作正常。

（九）任务管理器

任务管理器能够为用户提供当前正在计算机上运行的应用程序和进程的相关信息。使用任务管理器可以监视计算机性能、快速查看正在运行的程序的状态或者终止已经停止响应的程序，也可使用多个参数评估正在运行进程的活动，以及采用图形和数据形式查看 CPU 和内存的使用情况。

1．任务管理器的打开

（1）右键单击任务栏，在快捷菜单中选择"任务管理器"。

（2）按下"Ctrl + Alt + Del"组合键，在选项中选择"任务管理器"。

2．任务管理器的使用 任务管理器的用户界面提供了"文件""选项""查看"3个菜单项和"进程""性能""应用历史记录""启动""用户""详细信息"和"服务"7个选项卡。

3．设置开机启动项 在计算机的启动过程中，自动运行的程序称为开机启动项。开机启动程序过多会浪费大量的内存空间，减慢系统的启动速度。因此，要想加快开机速度，就必须设置开机启动项，在 Windows 10 中可以通过"任务管理器"中的"启动"选项卡进行开机启动项的选择。在已经启动的项目中，选择不需要开机启动的，然后单击"禁用"按钮即可。

（十）网络管理

使用 Windows 很容易建立家庭网络或小型办公网络。添加在 Windows 中的一些功能使得 PC 成为用户网络访问 Internet 的网关。这些功能包括 Internet 连接共享、对以太网上的点对点协议（PPPOE）的支持以及 Internet 连接防火墙。

1．网络设置及网上计算机

（1）网络设置

网络连接：由于 Windows 拥有较强的网络功能，所以进行简单的连接设置即可完成 Internet 的连接，具体步骤如下：

1）通过"控制面板→网络和 Internet→网络和共享中心→更改适配器设置→右键单击本地连接→属性"打开"本地连接属性"窗口。

2）在"此连接使用下列项目"列表框中选择"Internet 协议版本 4（TCP/IPv4）"，单击"属性"按钮，打开属性对话框，如图 2-1-10 所示。

默认是"自动获得 IP 地址"，也可根据从网络管理员那里获得的"IP 地址和 DNS 服务器地址"，在对话框中正确输入 IP 地址和 DNS 之后，单击"确定"按钮，完成设置。

网络标识：Windows 可将每一台计算机规划到一个工作组中，指定一个域和一个计算机名称，便于网络管理和用户识别。

通过"右键单击此电脑→属性→重命名这台电脑"，进入"重命名你的电脑"对话框，进行相应更改后单击"下一页"，重启后生效。

其中"计算机名"用于在"网上计算机和设备"中显示和识别自己的计算机；"工作组"是在规划网络中的计算机时采用的组织方式，通常可以按所在的位置、部门、项目或资源类

图 2-1-10 本地属性对话框

型进行分组，相同类型规划到同一个组中，并赋予一个工作组名称；"域"一般由几个运行网络操作系统的计算机组成，每台计算机在域中扮演特定的角色，其中一台设置为主域控制器，用来为域中的其他计算机维护用户帐户和组。

防火墙的启用：由于 Windows 系统内置了"Internet 连接防火墙"，所以当系统安装好后，

防火墙组件就安装到用户的计算机上了。防火墙就是一个位于计算机和它所连接的网络之间的软件，主要作用是防止不安全的数据进入本地计算机，即流入流出该计算机的所有网络信息均要经过此防火墙，防火墙对这些信息进行扫描，过滤掉一些非法或未授权的信息、网页或网站等，保护用户的计算机免受攻击和破坏。

用户可以对网络中的计算机启用"Internet 连接到防火墙"，即"控制面板→系统和安全→Windows Defender 防火墙→启用或关闭 Windows Defender 防火墙"，完成防火墙启用或关闭。

（2）网上计算机：一个局域网是由许多台计算机连接组成的，在这个局域网中每台计算机与其他任何一台联网的计算机都可以称为"网上计算机"。当网络连接和设置完成后，用户就可以使用"网上计算机"访问共享资源了。具体步骤如下：

1）通过"控制面板→网络和 Internet→网络和共享中心→查看网络计算机和设备"或单击"此电脑"窗口左栏中的"网络"，打开"网络"窗口，从中可以看到与本机相连的网络中的所有当前在线计算机和设备。

2）在"网络"窗口中，双击包含所需资源的计算机及其盘符、文件夹等，找到所需文件或文件夹后，就可以进行复制、移动、删除、执行等操作。

2．网络资源共享与管理　网络资源可以是文件夹，也可以是磁盘驱动器，还可以是打印机或扫描仪等，要让别的计算机能够使用这些资源，就必须对它们进行共享设置。

（1）设置共享文件夹：用户可以在"文件夹"窗口中指定一个文件夹，通过"右键单击对象→授予访问权限→特定用户"，在弹出的对话框中选择要与其共享的用户，单击"共享"按钮，完成对此对象的共享设置。然后其他用户就可以通过网络使用本地计算机上的共享资源了。

上述共享设置完成后，其他计算机上的用户必须知道本地计算机的某一帐户（用户名和密码）才能登录访问本地计算机共享资源。

（2）设置共享打印机：如果想让与本地计算机连接的打印机被网络上其他计算机或用户使用，首先必须在本地计算机上安装好打印驱动程序，然后将其设置为共享。具体操作如下：

1）通过"控制面板→硬件和声音→设备和打印机"，打开"设备和打印机"窗口。

2）右键单击打印机图标→选择"打印机属性"→打开"属性"对话框。

3）在对话框的"共享"选项卡中，选择"共享这台打印机"，并在"共享名"文本框中输入需要共享的打印机名称。

4）单击"确定"完成设置。此时，打印机图标下附加了手形共享标志，表明打印机可供网络用户共享使用。

注意：其他用户可以在各自的计算机上通过"设备和打印机"窗口中添加网络打印机，并输入共享打印机的共享名。其他用户还可以将网络打印机设置为自己本地计算机默认的打印机。

3．远程桌面连接　远程桌面连接是一种通过远程登录的方式，用当前的计算机（有时称为"客户端"计算机）连接到其他位置的"远程计算机"（有时称为"主机"）的技术。例如，将家中用的计算机连接到工作处的计算机，并访问所有程序、文件和网络资源，就好像坐在工作计算机前一样，可以看到工作计算机的桌面以及那些正在运行的程序。操作步骤如下：

（1）设置"远程计算机"：在"远程计算机"上操作，通过"控制面板→系统和安全→系统→允许远程访问"，在弹出的"系统属性"对话框中选择"允许远程协助连接这台计算机"和"仅允许运行使用网络级身份验证的远程桌面的计算机连接"，如图 2-1-11 所示。

（2）在当前操作的计算机上，单击"开始"→"Windows 附件"→"远程桌面连接"，在如图 2-1-12 所示弹出的对话框中，键入"远程计算机"的 IP 地址和相应用户名及密码即可。

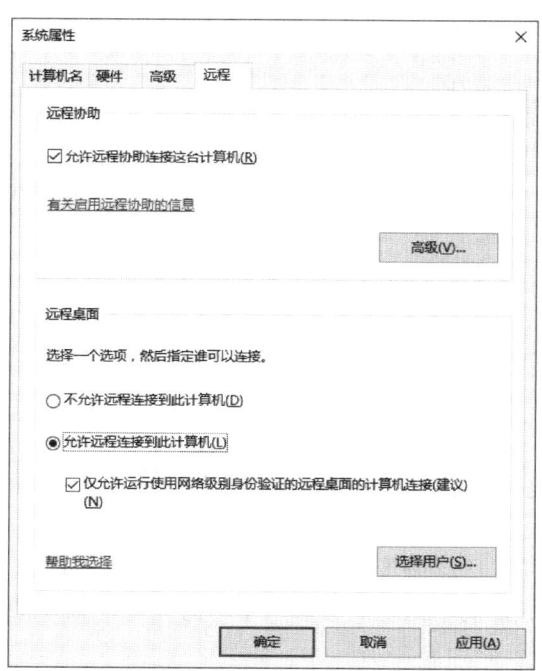

图 2-1-11　系统属性对话框

图 2-1-12　远程桌面连接对话框

> **知识拓展**
>
> 程序与进程
>
> 程序与进程是既有区别又有联系的两个概念。
>
> 1．进程与程序的联系
>
> 进程是程序的一次动态执行过程，程序运行后将转换为若干个进程，一个程序可有多个进程工作，一个进程在工作时对应一个程序。
>
> 2．进程与程序的区别
>
> （1）程序是一组有序的指令，是一个静态的概念；进程是程序的一次运行活动，是一个动态的概念。
>
> （2）程序可以写在纸上或用磁盘长期保存，进程具有生存周期。

第二节　医疗信息系统

 学习目标

1．知识

（1）了解医学影像存储与传输系统的定义及工作流程。

（2）熟悉实验室信息系统的定义及工作流程。

（3）掌握医院信息系统的定义及工作流程。

2. 能力
(1) 面向医学应用，培养学生发现问题、分析问题、解决问题的能力和创新能力。
(2) 熟知数据在医院信息系统软件中的流动过程，综合应用基本的信息技术手段为自己的专业服务。

3. 素养
(1) 培养学生的家国情怀、民族自豪感、自信心与敬业精神。
(2) 增强学生的信息化意识。
(3) 培养团结协作、合作共赢的品质。

随着信息技术的飞速发展，医院进入了信息化、数字化、智能化时代，我们不仅可以看到彩色多普勒超声检查、CT、MRI等大型数字化医疗设备在医院中广泛使用，还可以看到各种基于计算机网络的医院信息系统、实验室信息系统、医学图像存储和传输系统的普及。信息技术和医院需求的结合，提高了医疗的质量和效率，提高了医院的管理水平，为更好地服务患者、医护人员、行政办公人员提供了技术保障。

一、医院信息系统

医院信息系统是我国在医院信息化建设中应用最早、发展最快、普及程度最广的一个领域，目前，我国城市的大中型医院大多数都具有了规模不一、程度不同的医院信息系统。

（一）医院信息系统的概念

医院信息系统（hospital information system，HIS）是为医院效益而建立的信息管理系统。2002年，我国卫生部将医院信息系统定义为：医院信息系统是指利用计算机软硬件技术、网络通信技术等现代化手段，对医院及其所属各部门的人流、物流、财流进行综合管理，对在医疗活动各阶段产生的数据进行采集、存储、处理、提取、传输、汇总、加工生成各种信息，从而为医院整体运行提供全面的、自动化的管理及各种服务的信息系统。

（二）HIS的总体结构

HIS是一个庞大、复杂的信息管理系统，根据卫生部制定的HIS功能规范，其整体可以划分为五个部分：

(1) 临床诊疗部分：包括门诊及住院医生工作站、护士工作站、临床检验子系统、输血及血库管理子系统、医学影像子系统、手术麻醉管理子系统。

(2) 药品管理部分：包括数据准备及药品字典、药品库房管理子系统、门急诊药房管理子系统、住院药房管理子系统、药物知识库。

(3) 经济管理部分：包括门急诊挂号子系统、门急诊划价收费子系统，住院患者入、出、转管理子系统，住院收费管理子系统，医嘱处理子系统，财务、经济核算子系统，物资、设备管理子系统。

(4) 综合管理与统计分析部分：包括病案管理子系统、医疗统计查询子系统、院长综合查询和辅助决策子系统、患者咨询服务子系统。

(5) 外部接口部分：包括医疗保险接口、社区卫生服务接口、远程医疗咨询系统接口。

总之，HIS 可以划分为多个分系统，每个分系统又可分成若干个子系统，子系统还可划分成若干个功能模块。各个子系统间、模块间可随时进行频繁的数据传输和处理，共同支持 HIS 的功能实现。

（三）HIS 的业务流程

依据医院的工作流程，特别是患者信息在医院的流动传输过程，绘制 HIS 业务流程图（图 2-2-1）。

（四）医院信息系统的发展趋势

随着国家和国内各医疗机构对信息化建设的重视以及各种医疗保险制度的建立对医院信息化工作提出的更高要求，医疗信息系统在今后一段时间将会进入一个飞速发展的阶段，医院信息管理系统将朝着系统的标准化、集成化、区域化、规范化、智能化的方向发展。

1. 标准化 各类通信标准（如卫生信息交换标准，HL7）将进一步发展，满足更多工作流程集成的需要，医疗信息系统集成（integrating the healthcare enterprise，IHE）框架也会越来越被各类信息系统所支持。基于可扩展标记语言（extensible markup language，XML）的医疗数据标准会有很大发展，并广泛用于各类医疗信息系统间的数据交换。

2. 集成化 随着数字化程度的提高，各类医疗信息应用专业性越来越高，医疗信息系统的分类会越来越细，各类专业性医疗信息系统的集成将成为医院信息化建设的主要任务。

3. 区域化 随着医院信息系统标准化进程的加速以及医疗信息系统高集成化趋势的发展，各医疗卫生单位的信息共享将成为现实。医院的信息化建设范畴将逐渐从一个医院向外拓展至医院集团、整个区域，乃至全社会所有医院的信息系统网络。

4. 规范化 医院业务流程的规范与重组，可确保医院信息流采集的准确、高效，同时也可减少信息的流通环节，加速信息流的传输，提高信息系统功能。

5. 智能化 医院信息化建设的最终目的之一就是通过各类医疗信息的数字化整合，为医疗信息处理和智能决策提供一个开放性的应用平台，即医疗智能化应用平台。它通过提供一系列数据高速传输、数据检索、数据挖掘、计算机可视化等技术支撑，为各类相关医疗数据的有机融合、分析以及智能决策等智能化应用提供开放性的应用平台，从而为医疗机构各级各类人员提供有价值的决策支持信息。

二、医学影像存储与传输系统

医学图像存储与传输系统（picture archiving and communication system，PACS）是医院信息系统的重要组成部分，DICOM 是用于医学影像存储与传输的国际标准，也是卫生部规定的我国医院医学影像的通信标准。建设基于 DICOM 标准的医学影像存储与传输系统是医院信息化趋势下的必然选择，是信息技术在医院影像科室的具体应用，是医院数字化、信息化的重要环节。

（一）PACS 的定义

PACS 是应用数字成像技术、计算机技术和网络技术，对医学影像进行存储、传输、检索、显示、打印而设计的综合信息系统，其目的是有效地管理和利用医学影像资源。

（二）PACS 的类型

1. 小型 PACS（mini PACS） 小型 PACS 局限于医院影像科室内，在医学影像科室实现

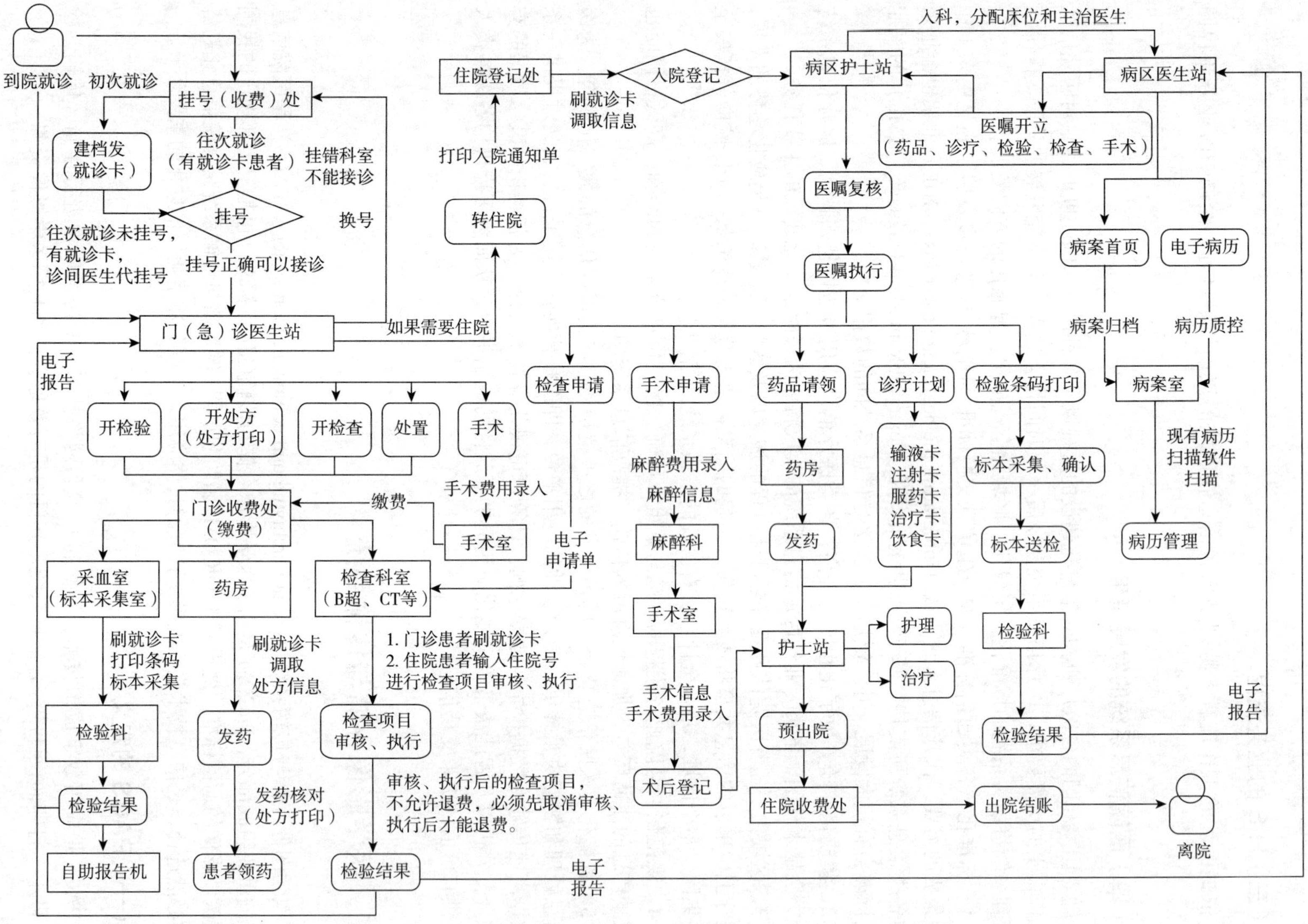

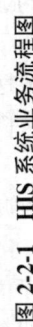

图 2-2-1 HIS 系统业务流程图

影像的数字化传输、存储和图像显示功能。完全遵从医学数字影像传输标准，是全院 PACS 不可或缺的基础。

2. 数字化 PACS（digital PACS） 数字化 PACS 包括常规 X 线影像以外的所有数字影像设备（如 CT、MRI、DSA 等）产生的图像。常规 X 线影像可经胶片数字化仪进入 PACS。数字化 PACS 具备独立的影像存储及管理子系统和必要的软、硬件拷贝输出设备，支持大容量的存储设备。

3. 全规模 PACS（full-service PACS） 全规模 PACS 涵盖全部医学影像科室范围，面向全院甚至院外使用，包括所有医学成像设备，有独立的影像存储及管理子系统，足够量的图像显示和硬胶片拷贝输出设备，可提供临床影像浏览、会诊系统和远程放射学服务。全规模 PACS 提供互联网浏览器模式，可实现任何地方、任何时间的全球会诊。

（三）PACS 的主要功能

1. 预约登记排号 PACS 可通过电子申请单登记就诊信息。患者持门诊一卡通、住院号调取 HIS 医嘱申请单办理登记。PACS 具有独立的患者登记终端，并将来源于 HIS 的患者基本信息送至 PACS 服务器。系统支持网站、微信、电话一站式预约至排号队列，检查登记站无须重复登记。

2. 图像采集 PACS 中最困难的任务是从各种影像设备及时可靠地获取图像及相关的文字信息，原因在于相当一部分成像设备输出为胶片，必须转化为数字图像，各厂家生产的数字成像设备不符合 DICOM 工业标准。为克服这些困难，必须在成像设备和 PACS 之间设置一台图像采集工作站，其主要任务是将成像设备中的图像数据转换成 PACS 标准的格式，并将其送往 PACS 控制器。

3. 图像传输 图像传输存在于 PACS 的各个部分，它将 PACS 组成了一个有机的系统，传输速度是直接影响 PACS 系统整体性能的关键因素。由于图像数据的储存及传输量非常大，高带宽的数据传输网络更是必不可少。

4. 图像处理与显示 PACS 的主要目的就是方便医生诊断，而图像处理与显示是帮助医生诊断的重要手段。影像后处理包括翻转、平滑、剪影等。PACS 具备三维影像后处理模块，可实现图像重建、实现三维拼接、容积重建、血管容积追踪及多平面重建（MPR）等功能。系统支持屏幕变换及多窗显示，从 PACS 调出的图像必须完整地反映原始图像的精度，同时对于不同来源的图像要有相应显示软件的支持，如 CT 图像的窗宽 / 窗位调节、CT 值的测量、CT 与 MR 图像的三维重建等。

5. 图像存储管理 PACS 具备合理的存储机制，服务器可按时间及存储容量自动按策略管理。医院信息数据大部分是图像数据，大容量的数据存储是 PACS 的重要组成，PACS 存储分为在线存储、近线存储和高线存储三种形式。现代存储技术的发展使海量存储设备的价格越来越低廉，为 PACS 图像存储和备份提供了多种选择，如磁盘阵列、光盘库、磁带库、大容量磁盘、磁带、MO（光磁盘）、CD-R、DVD 等。

6. 备份管理 系统可实现多点备份，满足从不同的 PACS 服务进行备份，并可实现自动备份功能，按时间、容量等多种备份策略，支持完全备份及差异备份。

7. 影像科室管理 系统支持多类报表功能，为科室管理人员管理决策提供数据支撑。系统支持检查部位、检查科室、检查日期等分布统计，具备周期检查大数据统计报表功能。

8. Web 功能 PACS 支持终端通过 Web 模式调取 DICOM 影像功能。

9. 读取数据库信息 PACS 可读取患者的 HIS 数据库信息，并将信息发送到检查的影像设备。

10. 诊断报告生成 PACS 配置有智能化的诊断报告生成系统。系统提供系列的常用医学

诊断报告模板，供医务工作者书写报告时选择使用。系统具备自定义模板功能，医务工作者也可以根据自己的习惯，添加或修改模板，使其更具特色。医生在生成诊断报告时，只需选择模板或稍稍改动即可形成一张图文并茂、格式标准的诊断报告。

11. 自助打印胶片 PACS 提供 DICOM 接口的打印模块，可将图像用高品质的激光打印机打印在胶片上。通过接口端将影像号发往自助打印端，患者凭二维码自助打印。系统支持分窗打印，并通过窗口任意调整影像的布局位置。

12. 图像共享与会诊 PACS 都要与 HIS 等系统相连，这就需要网络的无缝连接。PACS 只有与医院的 HIS 和 RIS（放射信息系统）实现无缝连接，才能充分发挥其应有作用，实现医院各相关科室会诊。

三、实验室信息系统

随着医院信息化的深入，特别是检验诊断技术的快速发展，医院临床实验室（检验科）拥有的检验设备数量越来越多，自动化程度越来越高。实验室信息系统（laboratory information system，LIS）为检验科提供了一套准确无误、方便快捷的管理方法，是医院信息系统的重要组成部分。

（一）LIS 的概念

医学领域实验室信息系统是指利用计算机技术网络，实现临床实验室的信息采集、存储、处理、传输、查询，并提供分析及诊断支持的计算机软件系统。

LIS 应具备以下特点：
(1) 以患者标本为中心；
(2) 保证数据传送的可靠性；
(3) 实时性；
(4) 可靠的数据备份和数据安全。

（二）LIS 的主要作用及意义

医院检验科作为医院的一个重要医技部门，在疾病的诊断和治疗过程中发挥着重要作用，其自动化水平反映和制约着医院整体医疗水平的发展。甚至可以说现代医学，特别是循证医学的发展在很大程度上依赖和取决于检验医学的发展。

LIS 的建立可以缓解仪器测定高速度与手工报告结果低效率之间的矛盾，为临床提供整洁、统一格式的中文报告，提高工作质量和检验学科的整体水平。LIS 的建立，是检验科由经验管理向科学管理、规范化管理发展，提升管理水平的需要；是从烦琐而凌乱的手工报告检验结果走向简便的计算机报告结果，提高工作效率的需要；是建立测定过程中质量控制的实时监测、分析、预警系统，提高检验质量的需要；是建立规范、统一的报告单，确保不发生分析后误差，提高数据可靠性的需要；是集中管理检验信息，便于查找问题、分析原因、改进工作，加强全过程质量管理的需要；是加快检验结果向临床的反馈速度，提高对危重患者救治水平的需要；是建立完善的医院信息系统，实现检验信息全院实时共享的需要；是检验学科提高自身素质，尽快适应信息化社会发展，实现检验信息社会化共享的需要。

（三）LIS 的主要功能

1．标本收集
（1）接收护士站采集的标本（也可直接接收未采集的标本）；
（2）拒收不符合检验要求的标本；
（3）打印护士回执单；
（4）按条件查询已申请的医嘱信息；
（5）打印标识。

2．标本登记　标本登记是对申请单的标本进行单个或批量登记。标本被分配标本号后，将由临床化学分析仪进行分析。临床化学分析仪配有标本分隔室，内有条形码阅读器以及标本吸管。

3．检验结果分析、处理　检验的最终结果是获取检验报告。检验结果报告一般分为初步报告和最终报告。初步报告形成后，需要医生对报告进行审核、确认，才能形成最终报告，同时产生患者的计费信息。最终报告被发往病房、门诊，不可再修改。

4．试剂管理　检验试剂是工作中很重要的一个因素。检验试剂已经商品化，生化、免疫试剂盒操作简便、节约时间，并且检验结果也越来越准确。建立规范和严格的试剂标准化的管理制度，从质量保证到合理使用提供了规范化的程序，在提高检测速度的同时保证了检验质量。

（四）LIS 的工作流程

LIS 是为医院检验科工作服务的，其工作流程和实际检验工作流程基本相似。检验科学合理的工作流程是：申请→收费→采样→核收→化验→审核→查询。LIS 主要是围绕这个工作流程和实验室管理的内容来研究和开发的，不同的步骤可以组成若干的工作站。LIS 的工作流程一般分为以下几个步骤：医生申请、标本采集及处理、标本编号、检测、书写报告、发报告单，如图 2-2-2 所示。

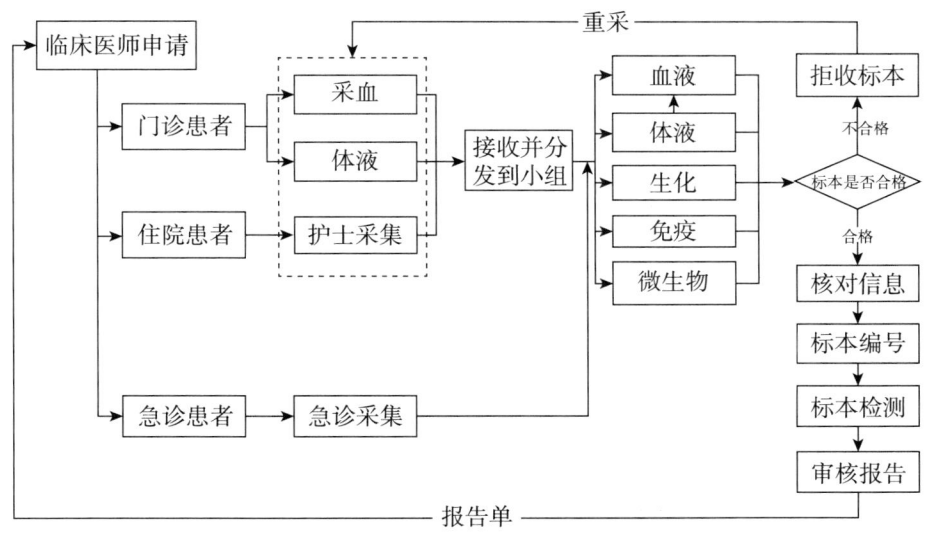

图 2-2-2　LIS 的工作流程

知识拓展

数字化医院

数字化医院是指利用先进的计算机技术、网络技术、数据库技术、通信技术、多媒体技术等，将医院管理信息、业务信息、患者的健康信息、诊疗信息、费用信息、药品信息等各类信息进行数字化采集、存储、传输、处理和融合，并实现各项业务流程数字化运行的医院信息体系，是由数字化医疗设备、计算机网络平台和医院业务软件所组成的三位一体的综合信息系统，目的是使医院的服务范围由"有病求医"的患者扩展到整个社会。患者在世界上任何一个地方，只要通过网络接入，就可轻松查询个人健康档案、向医生进行健康咨询等。当患者需要到医院就医时，可以在家中挂号或预约医生。数字化医院带来的是一种基于现代信息技术的全新医疗服务和医院管理模式，是现代医疗发展的必然趋势。

（李　燕）

思 考 题

1. 什么是操作系统？常见的操作系统有哪几种？
2. 什么是文件？常见的文件系统有哪几种？
3. 如何打开控制面板？
4. 什么是 HIS？其发展趋势是什么？
5. 什么是 PACS？其主要功能是什么？
6. 什么是 LIS？其主要功能是什么？

第三章

实用办公软件

第三章数字资源

计算机已经被广泛应用于我们工作、生活的各个方面，无论是撰写论文发表研究成果、制作报表统计分析数据，还是进行学术或工作汇报，都离不开办公软件的鼎力协助。文字处理软件可用于文字编辑、排版、校对和印刷；数据处理软件可以对数据进行收集、存储、检索、处理和分析等；演示文稿软件可将静态文档制作成动态用于浏览的文稿文件，使形式更加直观生动。办公软件的使用大大提高了工作效率，是实现无纸化办公的重要工具。办公自动化的技能是信息社会中必备的数据处理知识和能力。

第一节　文档编辑与排版

 学习目标

1. 知识
（1）熟悉文档编辑的功能和操作步骤。
（2）掌握文档编辑和排版技巧。
2. 能力
（1）能够综合运用计算机技能制作宣传文档、公务文档等。
（2）提高文档编辑排版能力，能够进行长文档的高级排版。
3. 素养
（1）培养学生的计算思维，更好地运用计算机自动化思想解决实际问题。
（2）培养学生的信息化素养，实现计算机技术与专业融合以服务医学需求。

文档编辑与排版是办公自动化中使用最多的技能之一，它可以帮助用户创建高质量的文档，轻松实现协作，能有效地组织和编写文档，例如宣传手册、论文、实验报告、事务文档等。基于 Windows 平台的常用文档处理软件有金山公司的 WPS、Microsoft 公司的 Word 等，它们均是国内常用的文档编辑工具。

Word 是 Office 系列办公软件之一，其主要作用是创建、编辑、排版、打印各类文档，完成书信、公文、报告、论文等的文字编辑处理工作。Word 2019 工作界面如图 3-1-1 所示。

Word 大部分功能都在功能区，不同选项卡对应不同的功能区，每个功能区根据功能的不同划分成若干个功能组。
（1）"文件"选项卡：功能包括保存、另存为、新建、打开、关闭、信息、打印以及

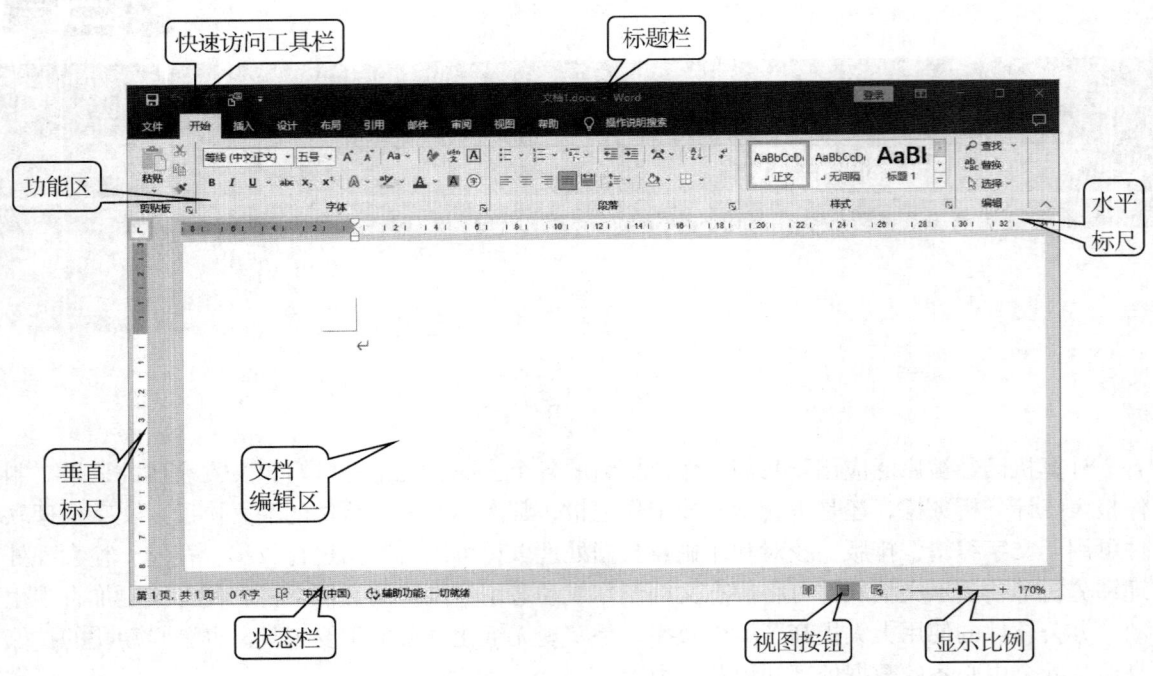

图 3-1-1　Word 2019 工作界面

Word 选项设置等。

(2) "开始"选项卡：主要用于对文档中的文本内容进行格式设置。功能区中包含剪贴板、字体、段落、样式、编辑等功能组。

(3) "插入"选项卡：主要用于插入图、表、页眉和页脚、批注、文本框等其他元素，功能区包含页面、表格、插图、批注、页眉和页脚、文本等功能组。

(4) "布局"选项卡：主要用于设置文档页面样式，功能区中包含页面设置、段落、排列等功能组。

(5) "引用"选项卡：主要用于插入目录、脚注、尾注、题注以及相关的引用等，功能区包含目录、脚注、题注、索引、引文目录等功能组。

(6) "邮件"选项卡：主要用于邮件合并，功能区包含创建、开始邮件合并、编写和插入域、预览结果、完成等功能组。

(7) "审阅"选项卡：主要用于文档校对和修订，功能区包含校对、中文简繁转换、修订、更改、比较、保护等功能组。

(8) "视图"选项卡：主要用于不同视图进行切换、显示比例缩放、窗口操作等，功能区包含视图、显示、缩放、窗口、宏等功能组。

一、文档基本编辑之医教宣传手册制作

宣传手册是进行医教宣传的一种形式，具有方便使用、可广泛散发、内容系统、作用持久等特点。

例 3-1-1：制作医教宣传手册，恰当运用文字、艺术字、文本框、形状、SmartArt 图形、表格等元素表达宣传内容，通过图文并茂的形式准确表达宣传主题，效果如图 3-1-2 所示。

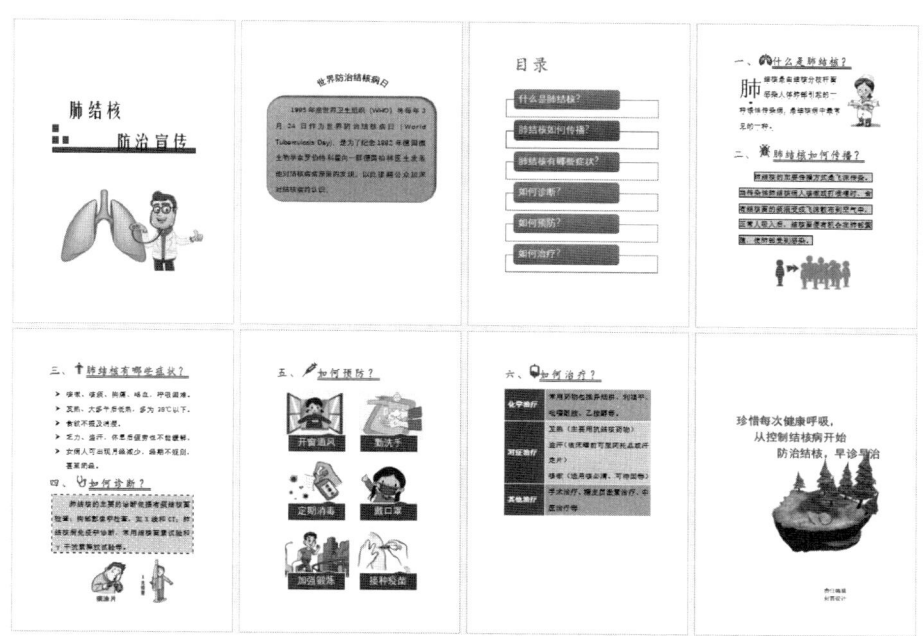

图 3-1-2　宣传手册效果图

1．文档基本操作

（1）创建文档：当 Word 启动后，自动创建一个空白新文档，同时标题栏上显示名称为"文档 1"的空白文档。这是最常用的新建文档方法。也可以单击"文件"→"新建"，在"可用模板"中双击"空白文档"，即可创建一个空白文档；还可以根据需求选择 Word 提供的其他实用模板，比如样本模版中的简历、信函等，利用其编排好的格式进行编辑加工，提高工作效率。

（2）保存文档：在新建文档编辑后第一次保存时，单击"快捷访问工具栏"中 🔲 命令按钮，或者单击"文件"→"保存"或"另存为"命令，均可打开"另存为"对话框，在地址栏中或对话框左侧格中选择要存放该文档的路径位置，在"文件名"栏中输入文档的名称，如"宣传手册"，保存类型为默认的"Word 文档（*.docx）"或者其他类型，如 *.pdf、*.txt，单击"保存"按钮完成保存文档的操作，在计算机的保存路径位置下就会生成文件"宣传手册.docx"。后续保存操作可以使用快捷键 Ctrl + S 实现该文件在原位置快速保存。

任务一：新建文档并保存，文件名为"宣传手册.docx"。

为避免在编辑文档过程中会遇到文档意外关闭而未及时保存的情况，Word 软件提供了"保存自动恢复信息"功能，间隔一段时间就会自动保存一下，以避免发生这种情况导致文档信息丢失，默认间隔时间值为"10 分钟"。其间隔时间是可以通过设置来改变的，单击"文件"→"选项"，打开"Word 选项"对话框（图 3-1-3），选择"保存"，在"自定义文档保存方式"下选中"保存自动恢复信息时间间隔"复选框，在其后的数值框中设置一个合适的值，单击"确定"按钮完成设置。

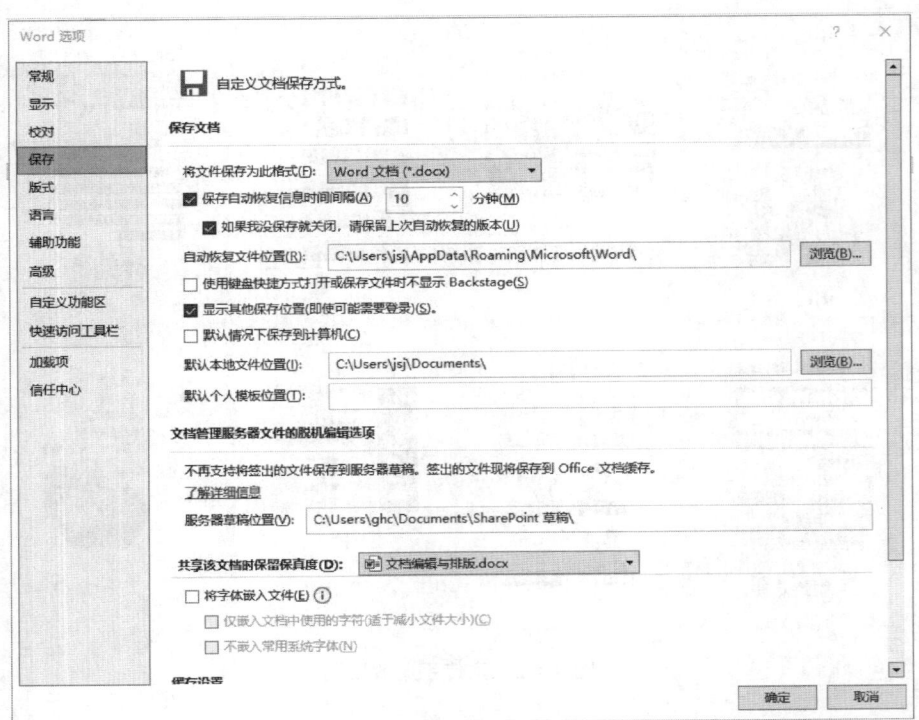

图 3-1-3 "Word 选项"对话框

Word 版本问题

关于 Word 版本的问题，原则上高一级的版本可以打开低一级版本生成的文档，反之不然，有可能出现不兼容的情况。当用不同版本打开文件时，要考虑版本的兼容问题。例如：Word 2010 和其之前的版本差别很大，包括软件界面，但 2010 版之后的版本如 2016、2019 版本软件更新，在应用层面看就没有太多差别。Word 2007 以上的版本可以兼容低版本 Word 文档，即可打开 Word 2007 以下版本建立的扩展名为".doc"的文档，但 Word 2007 以下版本不能打开".docx"文档；Word 2007 以上版本也都可将当前文档保存为低版本兼容的文档，即在文件"另存为"对话框中的"保存类型"下拉列表中，选择"Word 97-2003 文档"选项即可。

（3）输入文本

1）输入文字：在 Word 窗口的文本编辑区中单击即可输入汉字、数字和英文字符等。输入文字时，光标会自动向右移动，用户可以连续输入文字，当文字到达页面右边界时，光标会自动换行，移动到下一行的行首位置。注意不要按 Enter 键对段落进行调整，当一个段落结束时，再按 Enter 键。

2）插入文件文本：文档内容可以通过插入对象的方法，将素材文件内容插入文档中作为文档内容的一部分。首先将光标定位到需要插入文本的位置，单击"插入"选项卡中"文本"组的"对象"，在下拉列表中选择"文件中的文字"，将文件中的内容插入文档中。

任务二：本案例通过"插入"方法将"文字素材.txt"中的文本插入文档中。

（4）页眉设置：在建立文档时，Word已经自动设置了默认的页面属性，但是在打印的情况下，用户需要对编辑好的文档的文字方向、纸张方向、页边距、纸张大小等属性进行设置。在"布局"选项卡中"页面设置"组的功能按钮可以设置文字方向、页边距、纸张方向、纸张大小，如图3-1-4所示。

单击"页面设置"组中右下角的"对话框启动器"按钮 可以打开"页面设置"对话框，如图3-1-5所示。

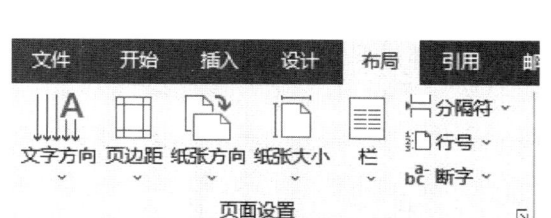

图 3-1-4 "页眉设置"功能组

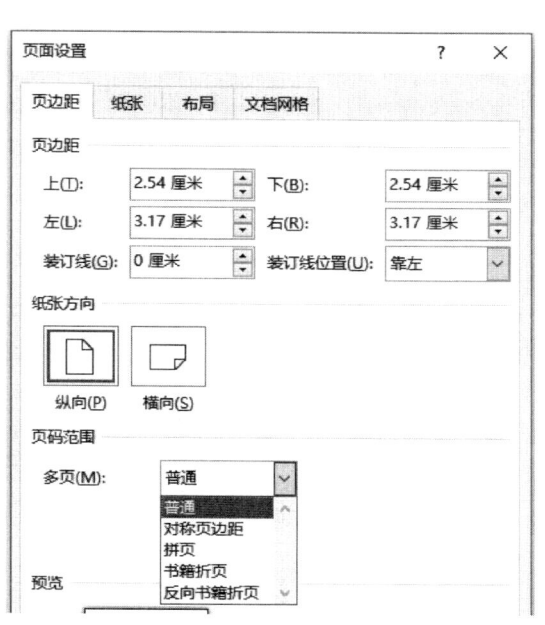

图 3-1-5 "页面设置"对话框

在对话框中可以设置页边距、纸张方向，在"页码范围"部分进行"多页"设置可以实现不同的打印形式，如表3-1-1所示。

表 3-1-1 页面设置中的"多页"

名称	打印形式
普通	默认，单页常规打印
对称页边距	主要用于双面打印，就是左侧页的左边距与右侧页右边距相同，而左侧页的右边距与右侧页左边距相同
拼页	两页的内容拼在一起打印，主要用于想打印内容按照小幅面排版，但是又用大幅面纸张打印时
书籍折页	一般用来打印开合式的文档，如小手册、请柬之类，通常会选择双面打印，打印后对折，中缝装订成小册子
反向书籍折页	与书籍折页相似，唯一不同的是这种方式打印的小册子是反向从左向右翻页的古书籍装订方式

任务三：对"宣传手册.docx"文档进行页面设置，采用"书籍折页"的方式，页面上边距2厘米、下边距均为1.5厘米，内外侧边距均为2.5厘米，纸张方向为横向，纸张大小为A4。

2．文本编辑

（1）选中文本：对于文本的基本编辑操作，如复制、移动、删除、字体、段落等格式进行设置等都需要先选中文本，然后再进行相关操作。选中的文本可以是一个词或句子、一行或一段文本，还可以是任意连续的文本，通过鼠标或键盘操作来实现，操作方法如表3-1-2所示。

表 3-1-2 选中文本的方法

选中对象	操作方法
任意连续文本	在文本开始位置按下鼠标左键拖动到结束位置松开鼠标；或者先在文本开始位置单击鼠标左键，将鼠标移动到结束位置，在按住 Shift 键的同时单击鼠标左键
一个词	在单词中的任意位置双击鼠标左键
一个句子	按住 Ctrl 键，在句中任意位置单击鼠标左键
一行文本	单击该行的选定区（Word 文本区左侧的空白区域）
一段文本	在段内任意位置三击，或在本段的选定区双击
连续多行（段）	在选中一行（段）的基础上，拖动鼠标
不连续文本	先选定一个文本区域，按住 Ctrl 键，选定其他文本区域
整篇文档	在选定区三击鼠标或按 Ctrl + A
矩形文本区	按住 Alt 键拖动鼠标

（2）字体格式：在"开始"选项卡的"字体"组功能按钮，可以对文档中文本进行字体格式设置，包括字体、字号、字形、颜色、文本效果等，还可以进行加粗、下划线、上下标等设置。利用清除格式 按钮，可取消所选内容的所有格式，只保留默认的格式（图 3-1-6）。

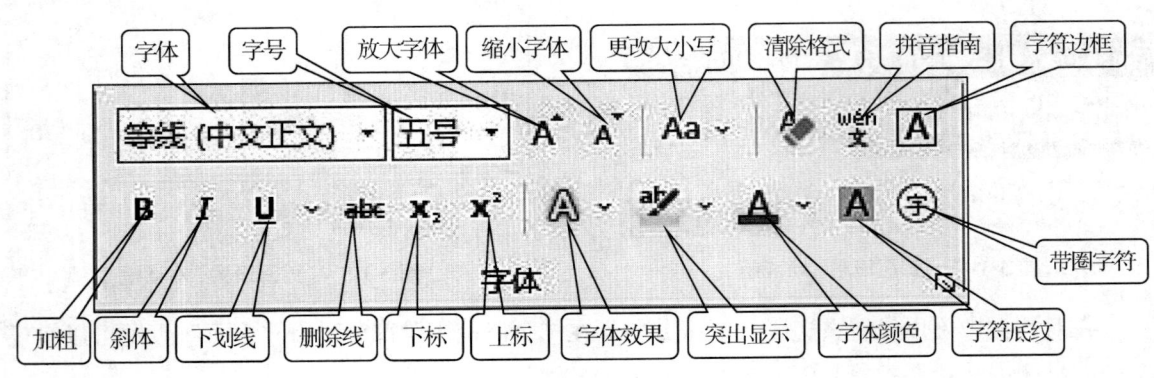

图 3-1-6 "字体"功能组

还可以单击图 3-1-6 所示功能区右下角的 按钮，打开"字体"对话框（图 3-1-7），在此对话框中完成对文本字体的更多格式设置，如在"字体"选项卡中添加着重号、上下标等，在"高级"选项卡（图 3-1-8）中可以设置字符缩放、间距等。

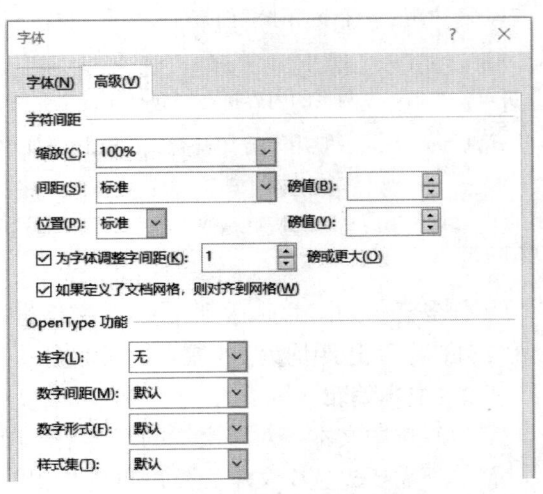

图 3-1-7 "字体"对话框　　　　　　　　图 3-1-8 字体"高级"设置

（3）段落格式：在文本结尾按回车键，光标将直接移动到下一行的行首，此时再输入文本就是一个新的段落。设置某个段落的格式时，必须将光标置于该段落中或者选中该段落；如果设置多个段落则必须选中多个段落，"段落"组的功能如图 3-1-9 所示，还可以单击图中右下角的对话框启动器按钮 ，打开"段落"对话框进行更多设置（图 3-1-10）。

图 3-1-9 "段落"组

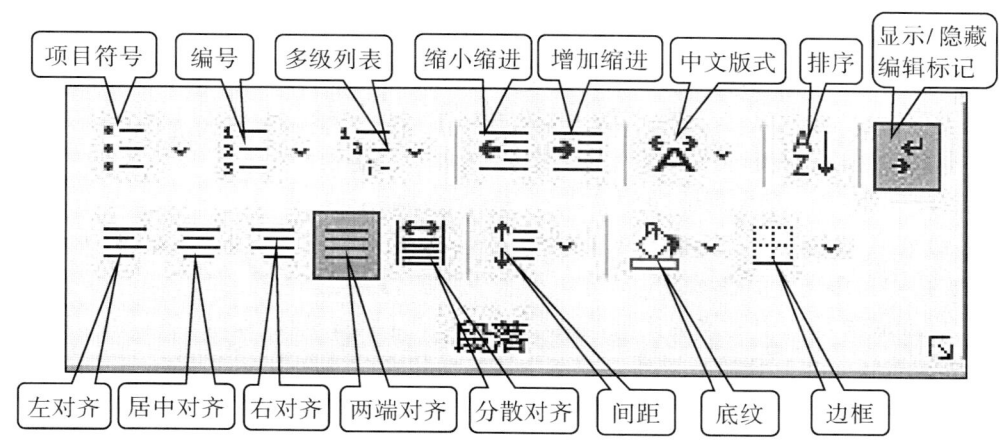

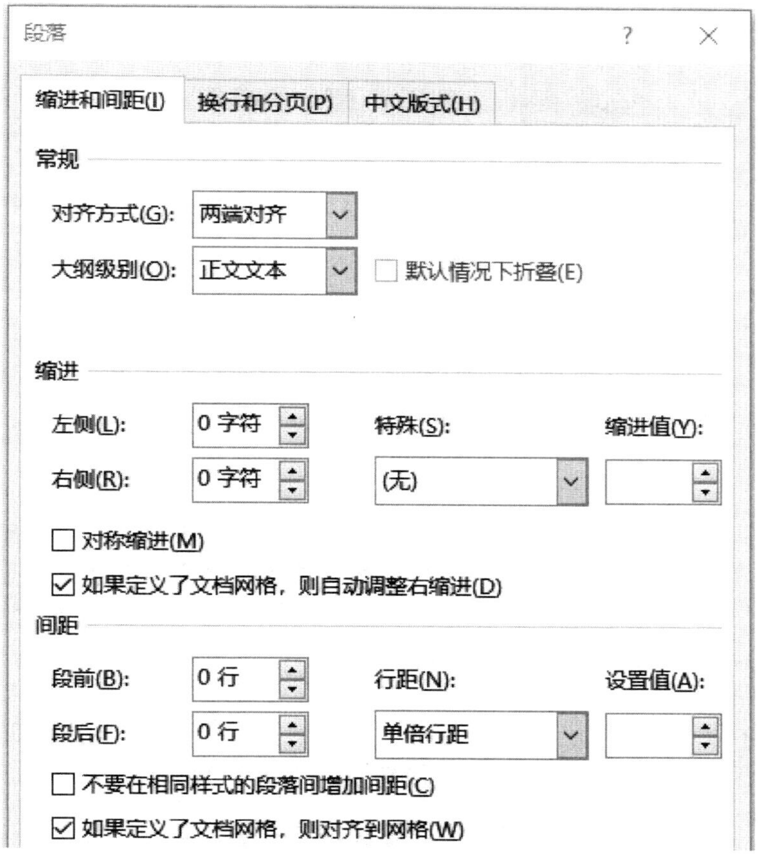

图 3-1-10 "段落"对话框

1）对齐方式：段落对齐方式有左对齐、居中对齐、右对齐、两端对齐和分散对齐五种。Word 中通常是用两端对齐来代替左对齐，因为左对齐的段落里最右边是不整齐的，而两端对齐指同时将文字对齐左右两端，在页面左右两侧形成整齐的外观。

2）缩进：段落的缩进有左缩进、右缩进、首行缩进和悬挂缩进四种形式。其中首行缩进是指段落第一行相对于其他行的缩进距离；悬挂缩进是指段落中其他行相对第一行的缩进距离。

3）段间距和行间距：段落间距可通过设置"段前"间距和"段后"间距进行调整。行距是行与行之间的垂直距离。

4）项目符号或编号：带有项目符号或编号的段落可使整个版面简洁突出、内容明显、有层次、易于理解。"项目符号"是对选中的段落加上项目符号，主要用于列举项目，各个项目之间没有先后顺序；"编号"就是在有关文本前面加上编号，如一、二、三……或者1、2、3……表示各个段落有一定先后顺序。

5）多级列表：列表可以是单级列表或多级列表。在单级列表中，列表内的所有项都拥有相同的层次结构和缩进；而在多级列表中，列表中还套有列表。

6）边框和底纹：选中要添加边框的文本，单击"开始"选项卡"段落"组中"边框"按钮右侧的下拉按钮，在打开的下拉列表中选择"边框和底纹"选项，打开"边框和底纹"对话框，如图3-1-11所示。在"设置"栏中可以根据需要设置不同的边框，在该对话框中还可设置样式、颜色和宽度。"应用于"下拉列表中有"文字"和"段落"两个选项，若选择"文字"选项，则将对所选的文字外围添加边框；若选择"段落"选项，则在段落外围添加边框。在这个对话框中除了可以添加边框，还可以添加页面边框和底纹。文字边框和底纹还可以直接使用"字体"组中的 A 和 A 命令按钮进行添加。

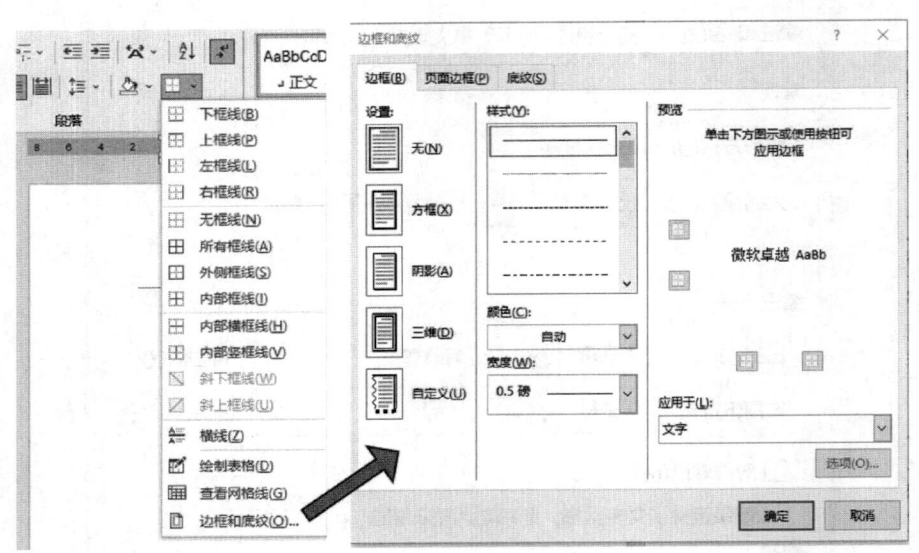

图3-1-11 "边框和底纹"对话框

7）显示/隐藏编辑标记：空格、段落标记、制表符、分隔符等是Word中常见的编辑标记，单击"开始"选项卡下的"段落"组中的按钮可以显示或隐藏这些编辑标记。

（4）格式刷："格式刷"的作用就是使两个或多个区域的字体、段落格式等全部相同，进行快速格式化。先将光标定位于相应格式的文本区，然后单击"开始"选项卡中"剪切板"组中的"格式刷"按钮，这时光标变成了刷子，将刷子移动至目标文本，按下鼠标左键刷向目标文本，使被刷文本格式与原文本格式相同。单击"格式刷"只能使用一次；若想使用多次，可以双击"格式刷"按钮；若要取消格式刷，则再次单击"格式刷"按钮或者按Esc键即可。

（5）查找和替换："查找"是对文档中的内容进行快速查找，"替换"是把查找到的内容进行替换。单击"开始"选项卡"编辑"组中的"查找"按钮,在页面左侧自动打开"导航"窗格,然后输入要查找的内容,按 Enter 键确定,"导航"窗格将会列出查找的结果条目,单击条目即可快速定位到正文位置。

单击"开始"选项卡"编辑"组中的"替换"按钮,可打开"查找和替换"对话框(图 3-1-12),在该对话框中有"查找""替换""定位"三个选项卡,可以实现查找、替换和快速定位的功能。对于"查找"和"替换"还可以单击"更多"按钮对查找和替换的内容进行更多设置,如可以限定查找或替换内容的格式及特殊格式、使用通配符等。

图 3-1-12 "查找和替换"对话框

任务四:对"宣传手册.docx"进行文本格式设置,将标题文本格式设置为楷体二号,颜色为深红色,添加双下划线,字符缩放为 90%,间距加宽 2 磅,段前段后间距为 0.5 行,利用编号进行自动编号。相同格式设置可以使用格式刷完成格式化。将除标题以外的内容文本设置格式为宋体四号,两端对齐,左右缩进 1 字符,首行缩进 2 字符,行距为固定值 28 磅。将内容文本第一段添加着重号,第二段添加文字边框和底纹,第三段添加项目符号,第四段添加段落边框和底纹,设置后效果如图 3-1-13 所示。

3.图文混排 文档中除了有文字,还可添加图元素,包括图片、图形、图表、艺术字、文本框等,使文档图文并茂,通过运用多种元素更加深刻地表达主题。利用"插入"选项卡中的功能组可以插入图片、形状、SmartArt、艺术字、文本框等图元素,如图 3-1-14 所示。

(1)插入图元素

1)图片:在"插入"选项卡"插图"组中,单击"图片"按钮,弹出"插入图片"对话框,在对话框选择所需的图片文件,单击"插入"按钮即可。

2)形状:在文档中可插入如图 3-1-15 所示"形状"列表中的各种图形,单击某个图形,鼠标指针会变成十字,按住鼠标左键拖动创建形状图形。

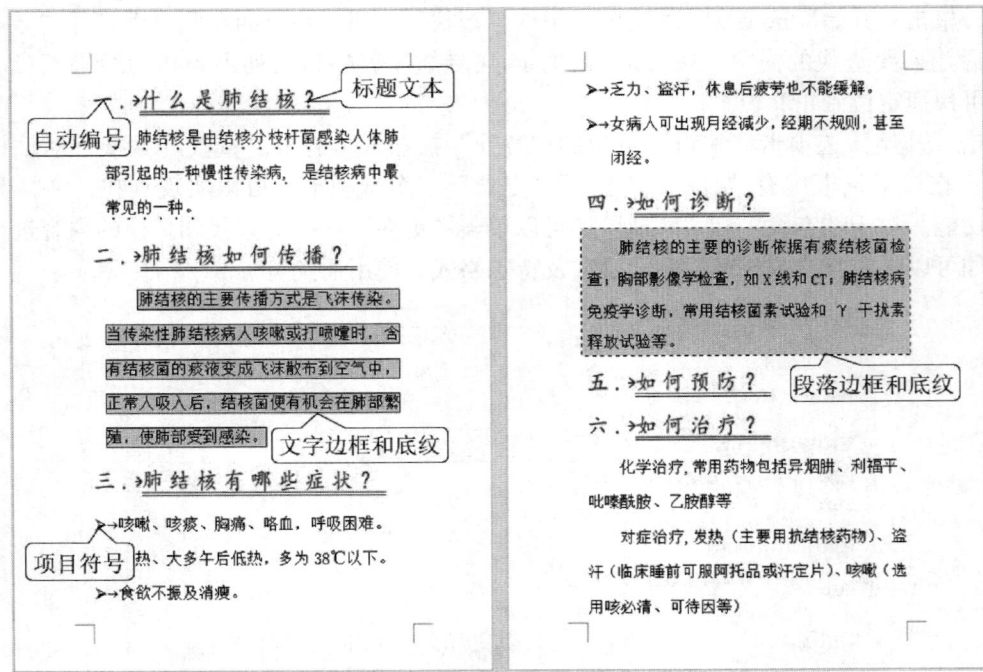

图 3-1-13　文本格式化效果图

图 3-1-14　"插入"选项卡功能区

3）图标、3D 模型：在 Word 2019 版中可以插入图标和 3D 模型，可以从本机或从 Word 自带的图标库和 3D 模型库中选择对象插入文档中。

4）图表：Word 图表是以图形方式来显示数据，使数据的表示更加直观，分析更为方便，该图表是以 Excel 数据表格为基础生成的。

5）屏幕截图：在"插入"选项卡"插图"组中，单击"屏幕截图"按钮，若对当前的某个窗口进行截取，则直接在"可用视窗"列表中选择即可；若对某个窗口中的部分区域进行选择，则需要单击"屏幕剪辑（C）"选项，然后切换到相应的窗口，单击鼠标左键进行区域选择即可，所截取图片可直接插入 Word 编辑窗口中。

6）文本框：文本框是存储文本的图形框，文本框中的文本可以像页面文本一样进行各种编辑和格式设置操作，同时文本框又可以像图形、图片一样在页面上进行移动、复制、缩放等操作，使页面布局更加灵活，有横排和竖排两种类型的文本框。

7）艺术字：艺术字是文字经过各种特殊着色、变形处理后得到的艺术化文字，可作为文本框插入，用户可以对其进行类似于文本框的编辑。

8）首字下沉：将光标置于要设置的段落中，在"插入"选项卡"文本"组中单击"首字下沉"按钮，如图 3-1-16 所示，在打开的下拉列表中选择"首字下沉选项"选项，可打开"首字下沉"对话框中进行"位置"及其他选项的设置。如果要取消首字下沉，只需要将"位置"设置为"无"即可。

（2）图元素的编辑：插入图元素后，根据插入对象的不同，在功能区新增了不同的工具，

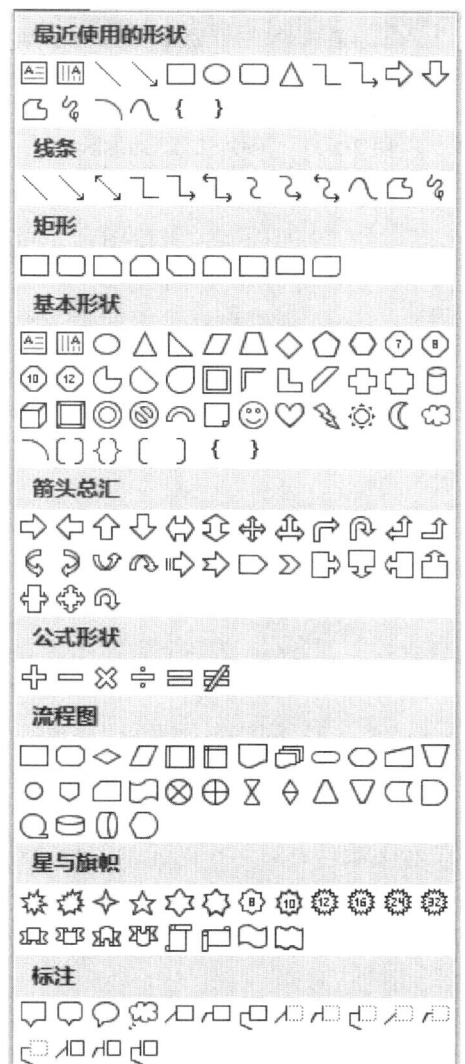

图 3-1-15 "形状"图形

有"图片工具"(图 3-1-17)、"绘图工具"、"SmartArt 工具"。这些工具中有部分相同的功能组,也有不同的功能组。

1)调整图元素大小:选中图元素对象后,将鼠标指针移动到图元素的尺寸控制柄上,当鼠标指针变成双向箭头时拖动鼠标即可改变图片的大小。如果要精确调整图片大小,则首先选中图片,在"格式"选项卡的"大小"组中直接输入图片的高度和宽度。

2)调整图元素的位置:当文档中既有文字又有图元素时,需要调整文本和图的布局,实现图文混排。选择图元素对象后,可以通过"格式"选项卡"排列"组中的"位置"和"环绕文字"进行设置,然后按住鼠标左键直接拖动图元素到合适位置。图元素对象一共有7种文字环绕方式(图3-1-18),不同的环绕方式其图文混排的布局有所不同。

①嵌入型:图片会插入到光标位置,嵌入到文字内容中。

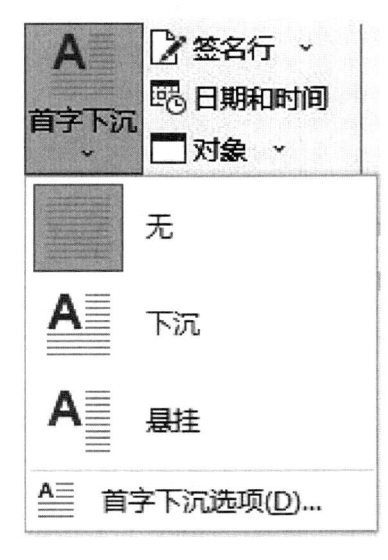

图 3-1-16 首字下沉

图 3-1-17 "图片工具"功能区

图 3-1-18 环绕方式

②四周型：无论图片是否为矩形图片，文字都以矩形方式环绕在图片四周。

③紧密型：若图片是矩形图片，则文字以矩形方式环绕在图片四周；若图片是不规则的形状，则文字将紧密环绕在图片四周。

④穿越型：文字可以穿越不规则图片的空白区域环绕图片。

⑤上下型：文字环绕在图片上方和下方。

⑥衬于文字下方：图片在下、文字在上分为两层，文字将覆盖图片。

⑦浮于文字上方：图片在上、文字在下分为两层，图片将覆盖文字。

3）调整图元素角度：调整角度即旋转图元素，选择图元素后将鼠标指针定位到图元素上方的绿色旋转控制柄上，拖动旋转控制柄即可改变图元素的角度。

4）图元素的层次关系与位置关系：有时多个图元素对象放在一起会产生重叠效果，要更改叠放次序，需要先选中要更改叠放次序的对象，在"格式"选项卡"排列"组中单击"上移一层"按钮或"下移一层"按钮，调整本对象的层次关系。调整多个图元素对象位置关系，可以利用"格式"选项卡"排列"组的"对齐"按钮进行调整。

5）对象的组合与分解：若要将多个图形组合到一起，则按住 Shift 键，再依次选中要组合的多个对象，然后在"格式"选项卡"排列"组中单击"组合"按钮进行组合。如果组合对象需要进行分解，可以在选中组合对象后，选择"取消组合"。

（3）插入 SmartArt 图形：SmartArt 图形主要用于表明对象之间的从属关系、层次关系等。SmartArt 图形分为列表、流程、循环、层次结构、关系、矩阵、棱锥图和图片 8 类。在"插入"选项卡"插图"组中，单击"SmartArt"按钮，打开"选择 SmartArt 图形"对话框，在左侧选择相应的主题，中间显示主题的各种图形，选中一种图形，右侧会显示该图形和说明（图 3-1-19）。

利用"SmartArt 工具"可以对 SmartArt 图形进行编辑，如需增加 SmartArt 图形的条目，可以利用"SmartArt 工具"中"SmartArt 设计"选项卡中的"创建图形"组功能按钮实现（图3-1-20）。

（4）插入封面、空白页、分页：在"插入"选项卡"页面"组中，单击"封面"可以为文档添加封面；单击"空白页"会插入段落标记和分页符，生成空白页；单击"分页"会插入一个分页符，可以实现分页。

（5）插入表格：表格在 Word 文档中很常见，在"插入"选项卡"表格"组中，单击"表格"按钮，可利用下拉列表中的网格、"插入表格"或"文本转换成表格"等创建表格。其中若选择"文本转换成表格"，该文本之间必须用分隔符分开，分隔符可以是段落标记、逗号、制表符或其他特定字符。具体方法是：选中要转换为表格的文本，选择"插入"选项卡，单击"表格"组打开下拉列表，选择"文本转换成表格"选项，在打开的"将文字转换成表格"对话框中设置相应的选项即可将文本转换成表格（图 3-1-21）。

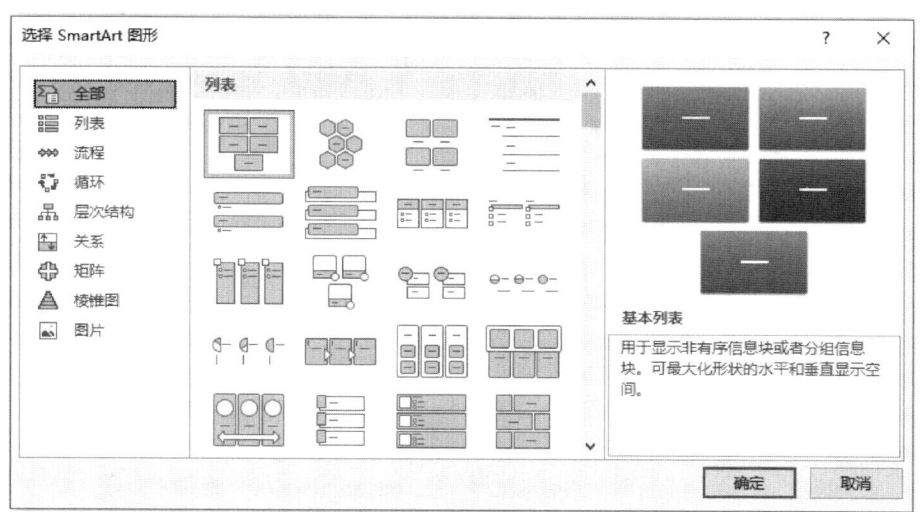

图 3-1-19 "选择 SmartArt 图形"对话框

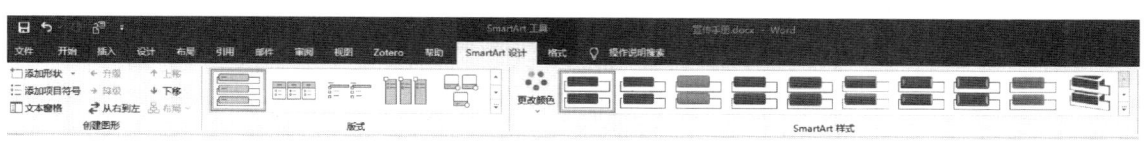

图 3-1-20 "SmartArt 设计"选项卡

(6) 插入公式：在撰写学术论文时，经常需要录入数学公式、化学方程式等。将光标置于要插入公式的位置，在"插入"选项卡"符号"组中单击"公式"按钮右侧的下拉按钮，打开"公式"下拉列表，可以在这里选择内置的常用公式，也可以选择"插入新公式"选项，利用"公式工具"编写公式，如图 3-1-22 所示。

(7) 插入符号：当文档内容包含符号时，通常需要使用 Word 中插入符号的功能来实现符号的输入。首先将光标定位到需要插入符号的位置，然后单击"插入"选项卡中的"符号"按钮，选择下拉列表中"其他符号"选项，在打开的"符号"对话框中选择需要的符号进行插入，如图 3-1-23 所示。

任务五：为"宣传手册.docx"添加空白页制作封面、目录、封底等，要求使用图片、形状、艺术字、SmartArt、图标、3D 模型、表格

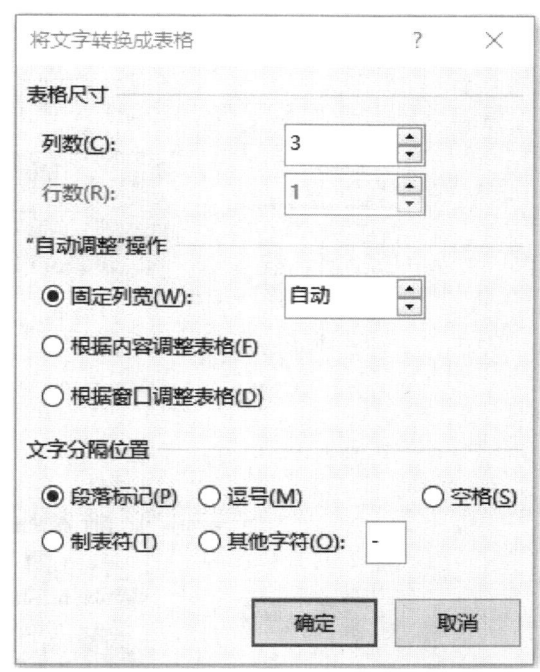

图 3-1-21 "将文字转换成表格"对话框

图 3-1-22 "公式工具"功能区

图 3-1-23 "符号"对话框

等元素丰富文档内容，同时对这些元素进行合理编辑，达到美观、突出主题的效果，操作要求如图 3-1-24 所示。

图 3-1-24 宣传手册操作要求

4．打印输出 文档编辑完成后，可以根据需要进行打印输出。单击"文件"选项卡，选择"打印"，在打印设置页面左侧是打印选项区，可以设置打印要求；右侧是打印预览区，可以预览打印效果。

任务六：宣传手册采用双面打印（从短边翻转页面），打印设置如图 3-1-25 所示。

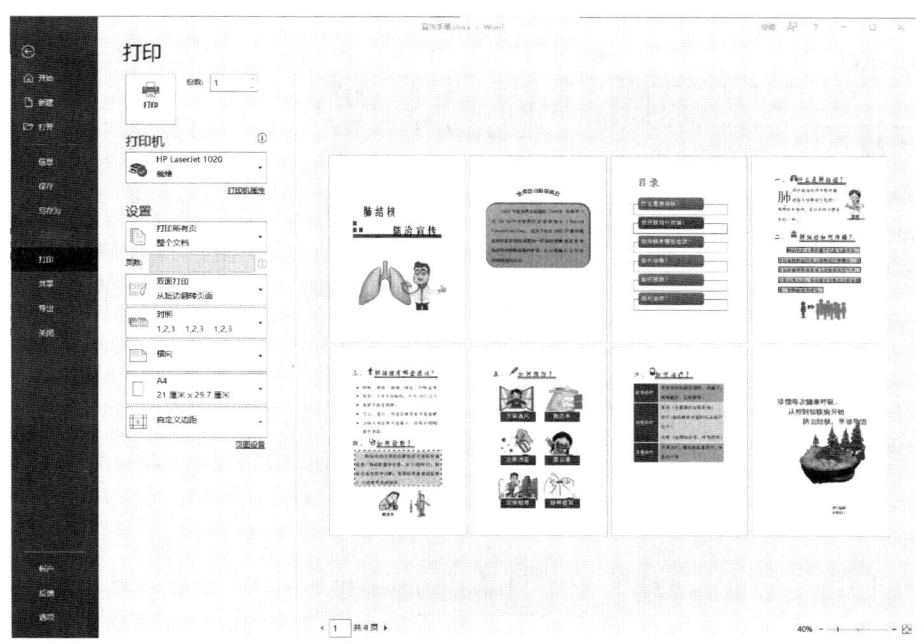

图 3-1-25　打印设置

二、高级应用之毕业论文排版

毕业论文或学位论文，是针对某专业领域的现实问题或理论问题进行科学研究探索的具有一定意义的论文。这类文档篇幅较长，一般为几十页或者上百页，而且通常对文档的排版格式要求严格。利用 Word 中的相关功能对论文进行格式化排版，能够大大提高长文档的排版效率。

例 3-1-2：将一篇模拟的毕业论文排版编辑成册。对多级标题和论文正文进行统一格式化，并对标题自动编号；对表格和图表添加题注并引用题注；将 3 个级别的标题自动生成目录；对文档分页和分节，为不同节添加奇偶页不同的页眉和页脚等，部分排版效果如图 3-1-26 所示。

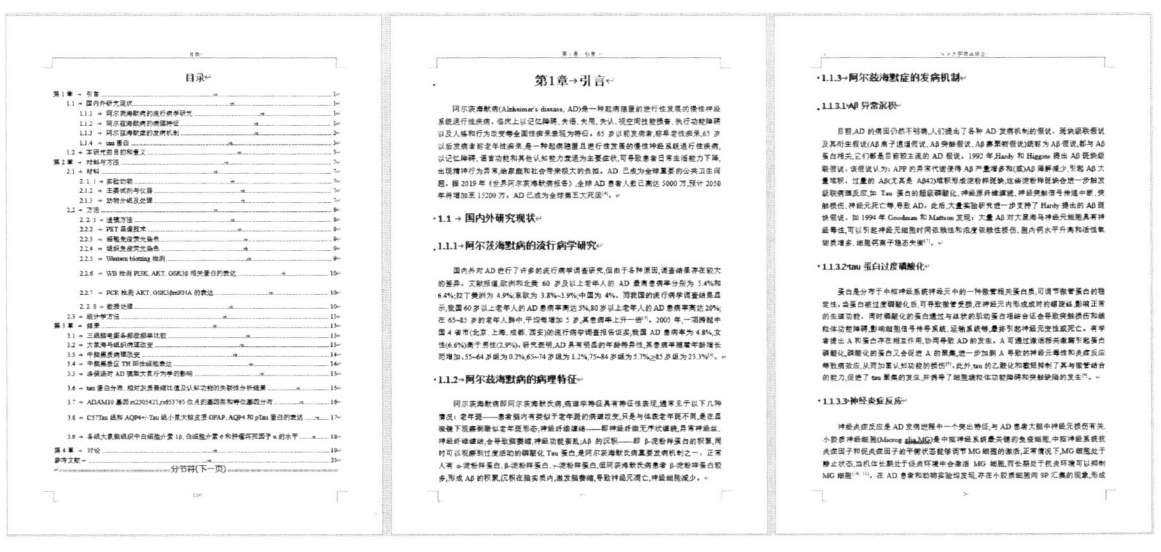

图 3-1-26　论文排版效果图（部分）

1. 样式 样式是长文档排版中常用的功能，是预先定义好的一组"格式"的集合，其中格式包括字体、段落、制表位、边框、编号、文字效果等。在"开始"选项卡的"样式"组中可以看到内部已经定义好的样式，也可以根据具体需求新建样式、修改样式和删除样式等。

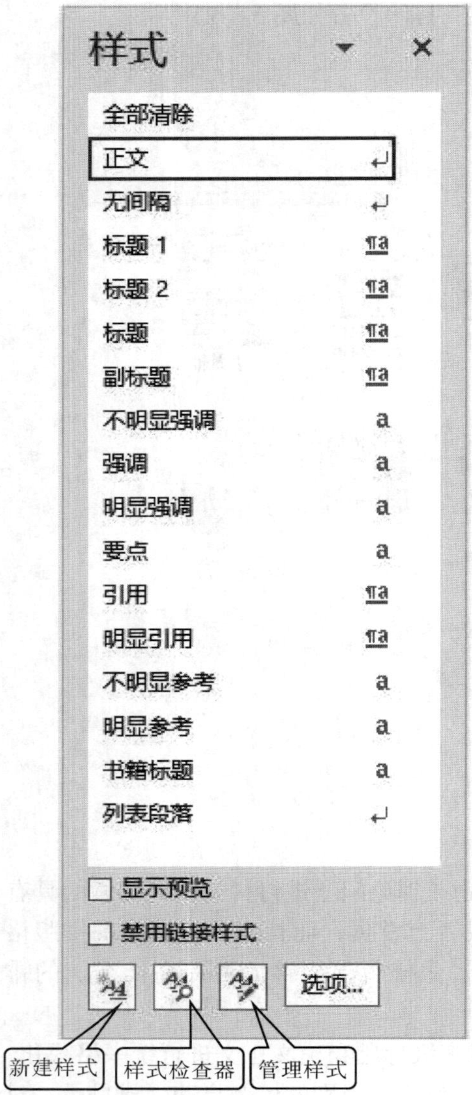

（1）新建样式：在"开始"选项卡的"样式"组中单击右下角 按钮，打开"样式"窗格（图3-1-27）。单击窗格下侧的"新建样式"按钮，打开"根据格式化创建新样式"对话框（图3-1-28）。在"属性"项的"名称"中为样式命名，注意不能与系统默认的样式同名；在"样式类型"下拉列表中选择样式类型，创建样式设置的类型不同，其应用范围也不同；"样式基准"下拉列表中选择与创建样式接近的样式，新样式会继承选择样式的格式；单击"格式"按钮对样式的格式进行定义。

任务一：打开"毕业论文范例.docx"文档，新建样式名称为"论文正文"，样式类型为"段落"，样式基准为"正文文本"，后续段落样式为"论文正文"，如图3-1-28所示。格式设置为宋体、小四号；两端对齐、左右缩进0字符、段前段后为0行、首行缩进2个字符、行距为固定值20磅。

（2）修改样式：在"开始"选项卡的"样式"组中将鼠标指针移至要更改的样式名称上，单击鼠标右键，然后选择"修改"选项，在"修改样式"对话框中修改样式。

任务二：将"标题1"样式修改为"居中"对齐，将"题注"样式修改为左右缩进0厘米，无首行缩进，居中对齐。

图 3-1-27 "样式"窗格

（3）删除样式：在"开始"选项卡的"样式"组中将鼠标指针移至要删除的样式名称上，单击鼠标右键，然后选择"从样式库中删除"选项即可删除样式。

（4）应用样式：选中需要应用样式的对象，如文字或段落，然后单击"样式"组中定义好的样式，使当前选中对象与该样式具有相同的格式。

任务三：将正文所有段落（除封面、摘要和参考文献外）应用"论文正文"样式。

任务四：将标有"（1级标题）""（2级标题）""（3级标题）""（4级标题）"字样的标题分别应用样式"标题1""标题2""标题3""标题4"，该任务可使用"查找和替换"功能，利用替换样式的办法快速应用各级标题样式，如图3-1-29所示。

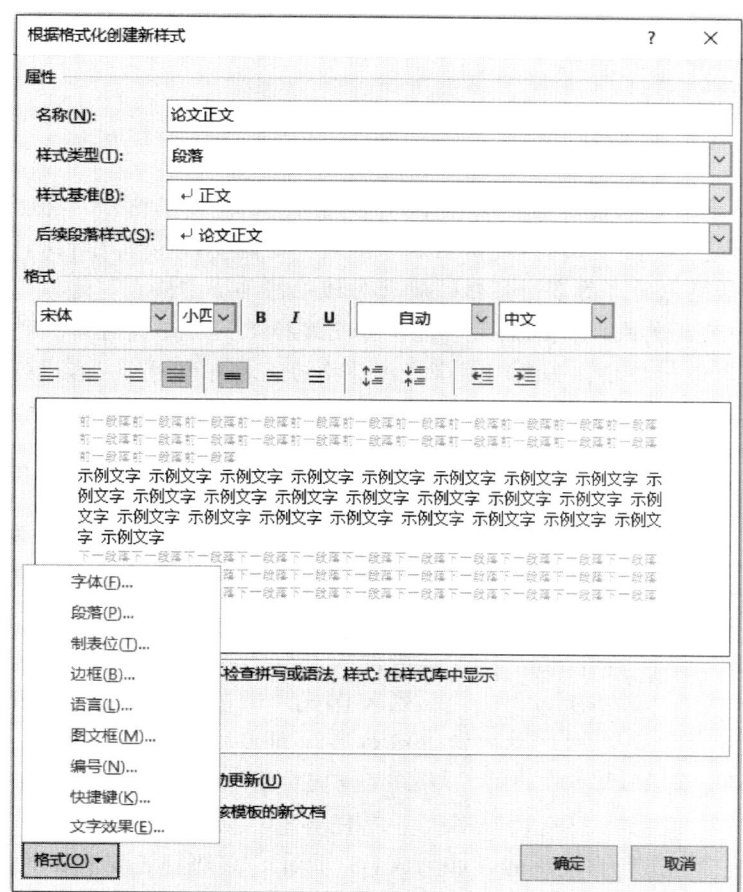

图 3-1-28 "根据格式化创建新样式"对话框

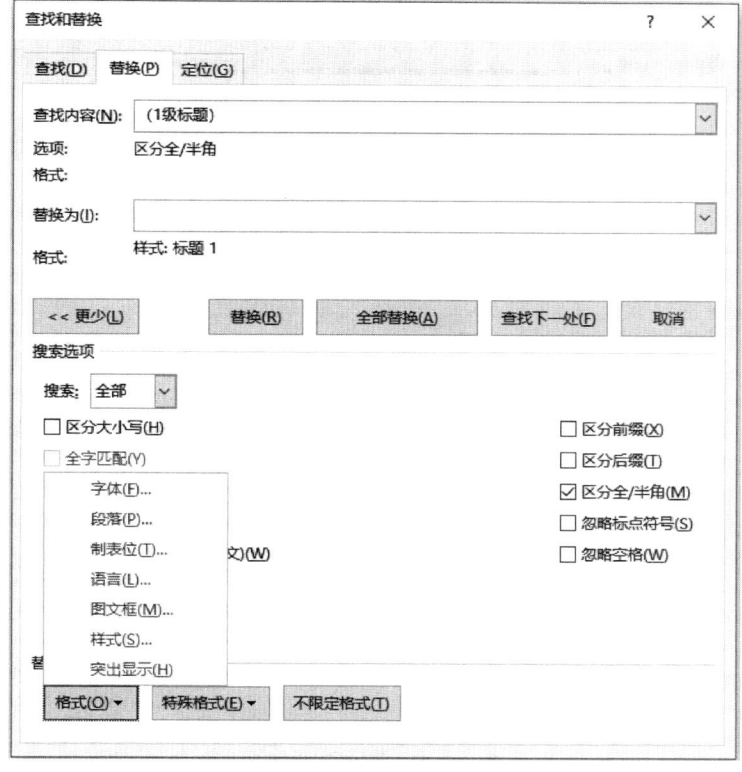

图 3-1-29 "查找和替换"设置

知识拓展

查找和替换

Word 查找和替换功能非常强大，不仅能查找和替换文字内容，也能查找和替换文字的颜色、字体、字号、样式、突出显示等格式，还能查找和替换特殊符号。单击"查找和替换"对话框中的"更多"按钮，展开对话框，单击"格式"选择"样式"可以对"样式"进行替换；单击"特殊格式"选择"段落标记"为查找内容，则可以用其他控制符或其他文本进行替换；如果利用查找和替换功能对查找到的内容进行批量删除，则在"替换为"栏中不输入任何信息，单击"全部替换"按钮，就相当于执行了删除操作。

```
第 1 章   引言
    1.1   国内外研究现状
        1.1.1   阿尔茨海默病的流行病学研究
        1.1.2   阿尔茨海默病的病理特征
        1.1.3   阿尔茨海默病的发病机制
```

图 3-1-30　多级列表

2. 多级列表　应用"多级列表"可以为长文档中多个级别的标题自动添加编号，如图 3-1-30 所示。单击"开始"选项卡"段落"组中的"多级列表"按钮，可在其下拉列表中选用已存在的列表样式，通过"减少缩进"和"增加缩进"按钮对多级列表的级别进行设置。也可选择"定义新的多级列表"创建新的多级列表。

任务五：应用"多级列表"定义新的多级列表，为文章的所有标题进行自动编号，如图 3-1-31 所示，多级列表要求如下：

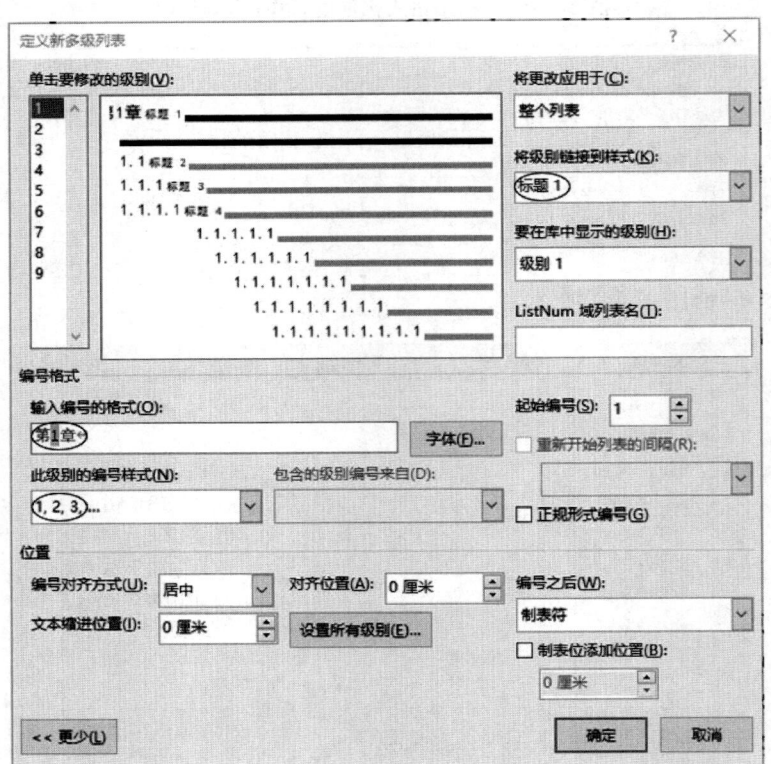

图 3-1-31　多级列表设置

1 级别：编号格式如"第 1 章"，编号对齐方式为居中，文本缩进 0 厘米，对齐位置 0 厘米，链接到样式的"标题 1"；

2 级别：编号格式如"1.1"，编号对齐方式为左对齐，文本缩进 0 厘米，对齐位置 0 厘米，链接到样式的"标题 2"；

3 级别：编号格式如"1.1.1"，编号对齐方式为左对齐，文本缩进 0 厘米，对齐位置 0 厘米，链接到样式的"标题 3"；

4 级别：编号格式如"1.1.1.1"，编号对齐方式为左对齐，文本缩进 0 厘米，对齐位置 0 厘米，链接到样式的"标题 4"。

3. 题注与交叉引用 题注就是为图片、表格、图表、公式等项目添加编号及名称。交叉引用是在文档中引用相关对象，如题注、标题、脚注、尾注、书签、编号项等。单击"引用"选项卡，在"题注"组中插入题注和对题注进行交叉引用（图 3-1-32）。

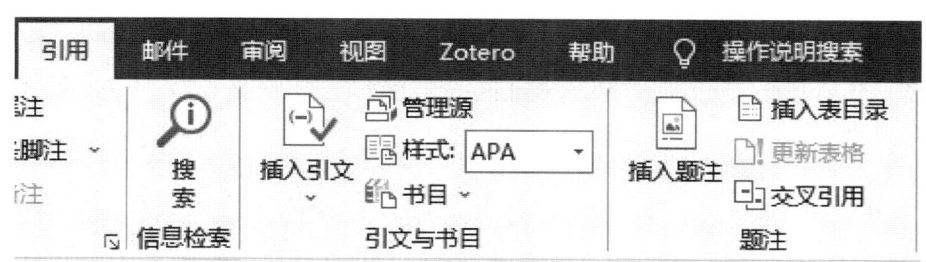

图 3-1-32 "引用"选项卡功能区

任务六：在论文的表格上方和图片下方的名称左侧添加形如"表 1-1""表 2-1""图 1-1""图 2-1"的编号，其中连字符"-"前面的数字代表章号，"-"后面的数字代表图表的序号，各章节图和表分别连续编号，设置方法如图 3-1-33 所示。在文中交叉引用题注的标签和编号，设置方法如图 3-1-34 所示。

4. 目录 对于一个比较长的论文或书稿，为了方便查阅，通常有一个目录。Word 可自动搜索文档中标题并生成目录，而且这个目录可随内容的变化而更新。

首先标记目录项，可通过应用标题样式（如标题 1、标题 2 和标题 3）或通过设置大纲级别（在"段落"对话框中设置）来标记目录项，然后将光标定位于插入目录的位置，在"引用"选项卡下的目录组中单击"目录"，在弹出的下拉列表中，单击所需的目录样式，也可以单击"自定义目录"打开"目录"对话框设置目录格式，单击"确定"按钮则自动提取已设置大纲级别的文本生成目录（图 3-1-35）。

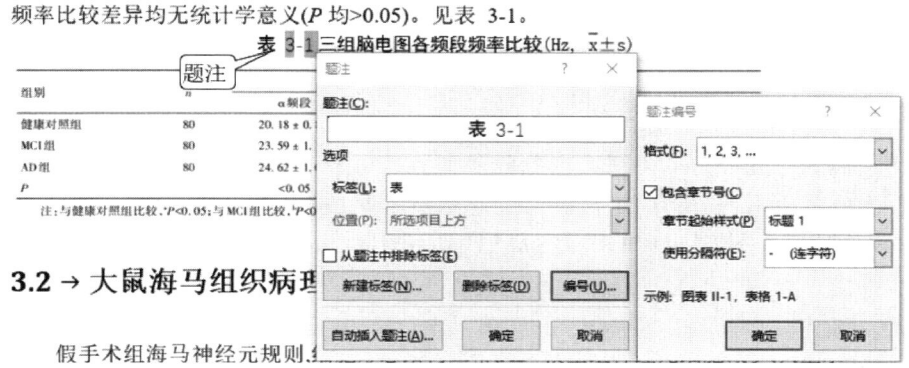

图 3-1-33 题注设置

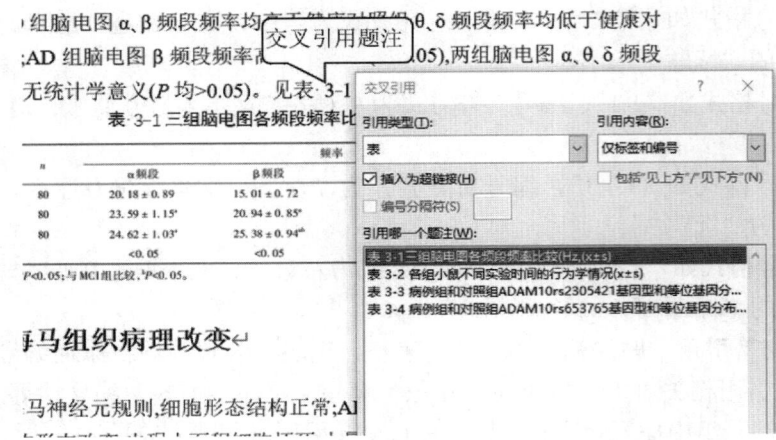

图 3-1-34 交叉引用设置

任务七：在 Abstract 内容后自动生成目录，要求该目录包含 3 个级别的标题及对应页码，设置方法如图 3-1-35 所示。

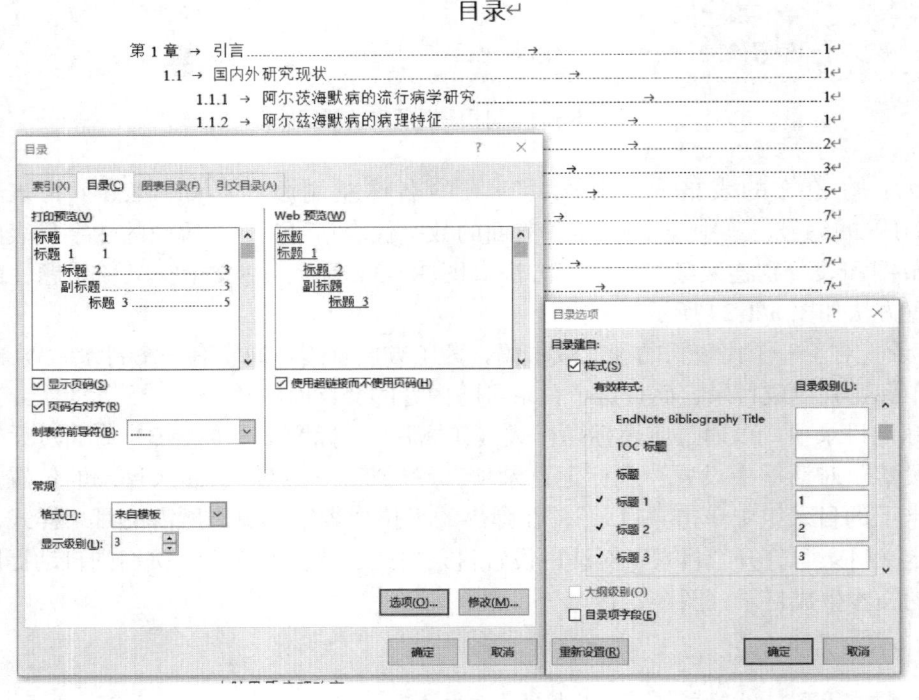

图 3-1-35 自定义目录设置

5. 分隔符 分隔符分为分页符和分节符。在文档中插入"分页符"可实现文档内容分属不同的页面；插入"分节符"会将文档分成多个节，每一节可使用不同的页边距、页眉、页脚等不同的页面设置，根据分节后生成新节的起始页不同，将分节符分为"下一页""连续""偶数页""奇数页" 4 种分节符。单击"布局"选项卡中"页面设置"组中的"分隔符"会出现分隔符下拉列表，如图 3-1-36 所示。

任务八：插入"分节符"使封面页为第一节，摘要、Abstract、目录为第二节，正文部分每一章为一节且每一节都从奇数页开始。插入"分页符"使摘要、Abstract、目录另起一页。

6. 页眉和页脚 页眉和页脚是位于上页边区和下页边区中的注释性文字或图片。通常，

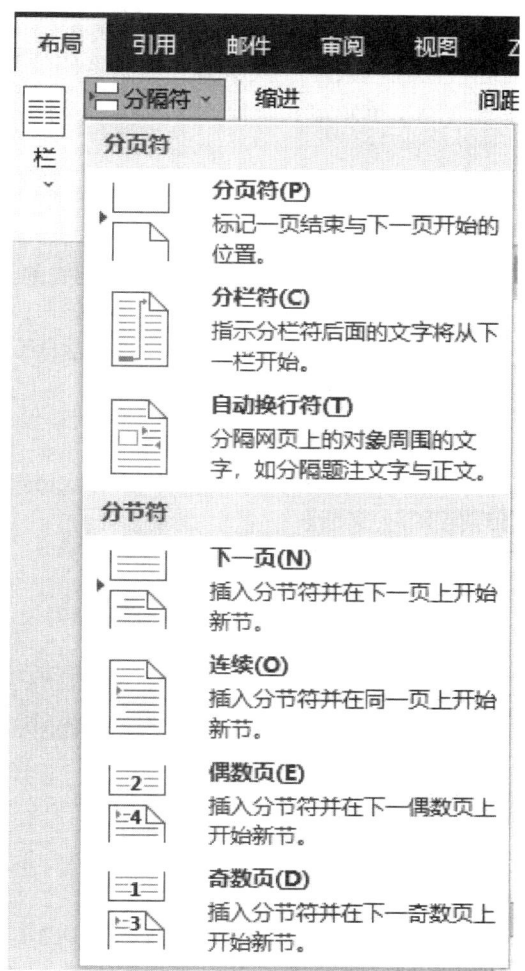

图 3-1-36 分隔符

页眉和页脚可以包括文档名、作者名、章节名、页码、编辑日期、时间、图片以及其他一些域等多种信息。页眉和页脚只能在"页面"视图下和"打印"时才能看到。单击选项卡"插入"，在"页眉和页脚"组中选择插入页眉页脚或者直接双击页眉页脚区，都会出现"页眉和页脚工具"（图 3-1-37）。

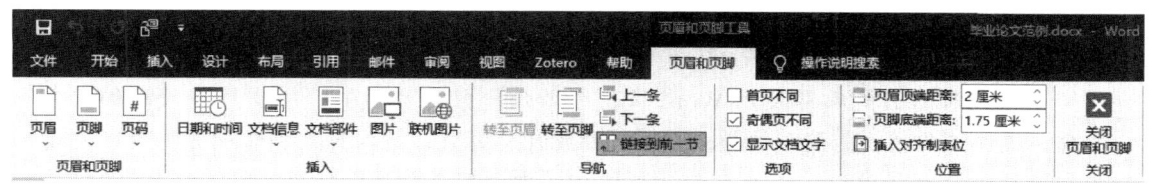

图 3-1-37 "页眉和页脚工具"功能区

（1）首页不同与奇偶页不同：在"页眉和页脚工具"的"选项"组可以设置"首页不同"和"奇偶页不同"。

（2）链接到前一节：当"导航"组中的 [链接到前一节] 按钮处于按下状态时，此时页眉或页脚区有"与上节相同"字样，表示当前的页眉或页脚将与上节相同，若再次单击该按钮则表示与上节断开链接，可以在本节中独立编辑页眉或页脚。

（3）插入页码："插入页码"将为文档中的页面自动编号，在"页眉和页脚工具"中单击

"页码"，在下拉列表中选择插入页码的位置（图3-1-38）。单击"设置页码格式"打开"页码格式"对话框，可以对页码进行设置，其中"续前节"表示页码编号可以是接着前一节的页码继续编号，也可以通过"起始页码"重新定义页码的起始编号（图3-1-39）。

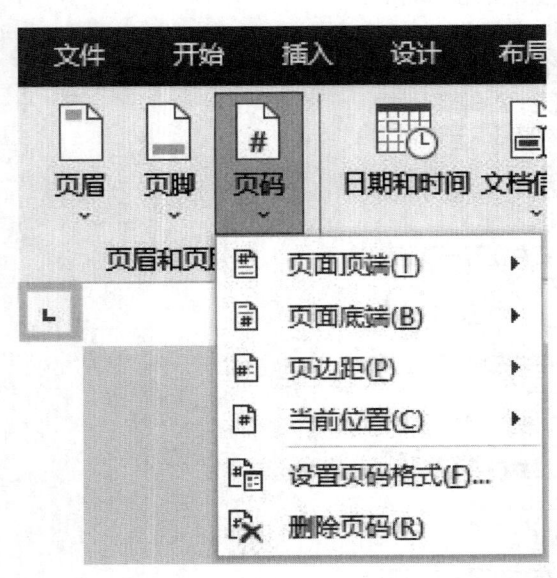

图3-1-38 "页码"选项

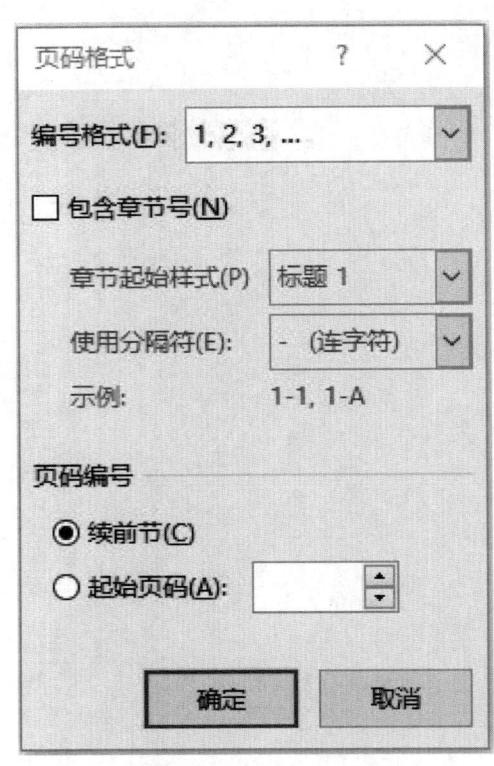

图3-1-39 "页码格式"对话框

任务九：为第二节添加页眉和页脚，页眉奇偶页不同，奇数页为该页的标题，偶数页为"××大学毕业论文"，居中；页脚插入页码，居中，格式为Ⅰ、Ⅱ、Ⅲ。为正文的每个节添加页眉和页脚，页眉奇偶页不同，奇数页为章名，如"第1章 引言"，偶数页为"××大学毕业论文"，居中；页脚插入页码，居中，格式为1、2、3，正文各节连续编码。

 知识拓展

Word 中的域

在排版时，若能熟练使用Word域，可增强排版的灵活性，减少许多烦琐的重复操作，提高工作效率。例如编排文档页码、统计总页数，插入日期和时间并更新，自动编制目录、关键词索引、图表目录，邮件合并中利用合并域进行合并等。每个Word域都有一个唯一的名字，如页码域page，目录域TOC，每个域通过自动计算得到不同的取值。

在任务九中，设置正文奇数页页眉是章名可以通过插入域来实现。将光标定位于正文的页眉位置，在"页眉和页脚工具"的"文档部件"中或者在"插入"选项卡"文本"组的"文档部件"下拉列表中，单击"域"打开"域"对话框，选中"域 StyleRef"，域属性为"标题1"，单击"确定"后会插入一个域，域的值是该页面中应用"标题1"样式的文本（图3-1-40）。

知识拓展

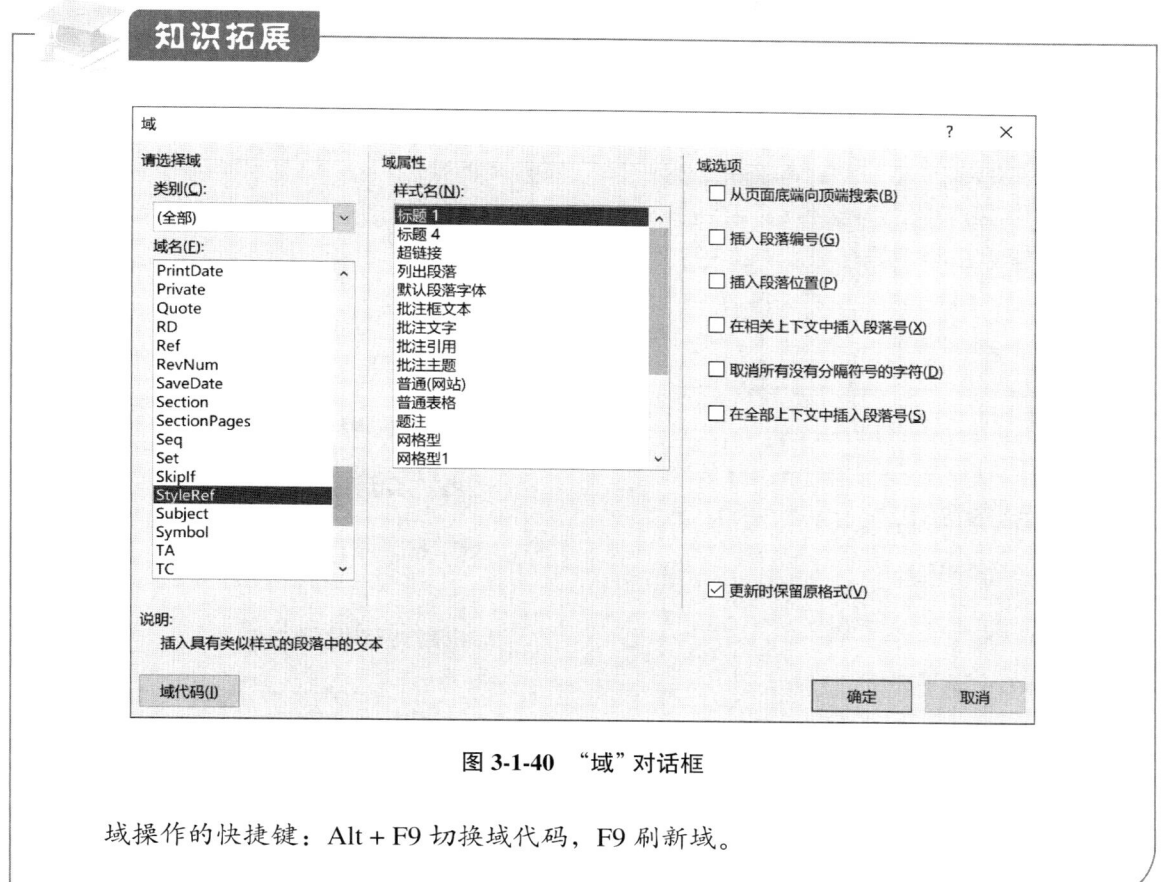

图 3-1-40 "域"对话框

域操作的快捷键：Alt + F9 切换域代码，F9 刷新域。

三、表格之门诊排班表

例 3-1-3：门诊排班表是医务工作中最常见的表格，制作门诊排班表，效果如图 3-1-41 所示。

门诊排班表

诊室\星期		星期一	星期二	星期三	星期四	星期五	星期六	星期日
普外科	上午	王宏	张红梅	王宏	张红梅	王宏	张红梅	
	下午	李明	李立东	李明	李立东	李明	李立东	
妇产科	上午	张晓	郝敏	张晓	郝敏	张晓	郝敏	
	下午	岳红		岳红	侯丹	岳红	侯丹	
眼科	上午	张静	郭丽娟	张静	李欣	郭丽娟	张静	郭丽娟
	下午	高丽	文芳	高丽	文芳	高丽	文芳	

图 3-1-41 门诊排班表效果图

1. 创建表格

（1）插入表格：单击"插入"选项卡"表格"组中的"表格"按钮打开下拉列表，可以在网格上选择单元格来创建表格（图 3-1-42）；也可以通过"插入表格"对话框输入所需要的列数和行数来创建表格（图 3-1-43）。

图 3-1-42　利用网格创建表格 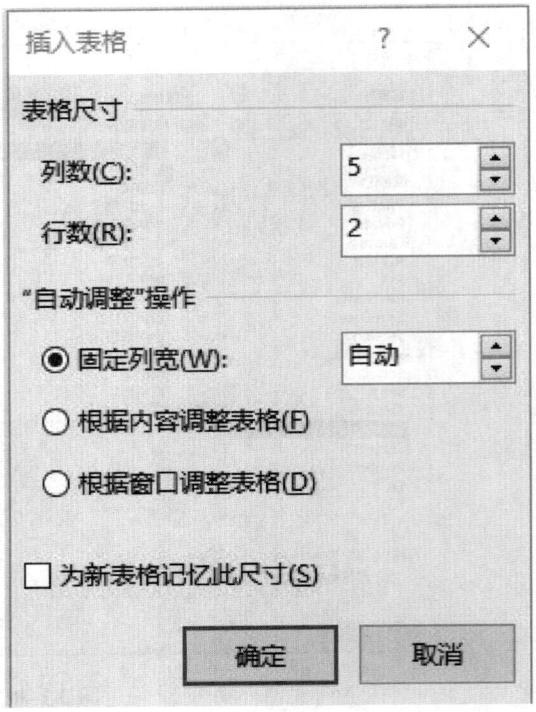　　　　　图 3-1-43　"插入表格"对话框

（2）绘制表格：单击"插入"选项卡"表格"按钮打开下拉列表，选择"绘制表格"，鼠标指针会变成笔的形状并打开绘制模式，拖曳鼠标指针即可开始绘制表格。一般对于不太规整又很复杂的表格可以采用这种方式绘制。

（3）快速表格：单击"插入"选项卡"表格"按钮打开下拉列表，选择"快速表格"选项，可在打开的子列表中选择合适的 Word 自带表格模板创建表格。

任务一：录入表格标题"门诊排班表"，并创建 8×8 表格，如图 3-1-44 所示。

门诊排班表

	星期一	星期二	星期三	星期四	星期五	星期六	星期日
上午	王宏	张红梅	王宏	张红梅	王宏	张红梅	
下午	李明	李立东	李明	李立东	李明	李立东	
上午	张晓	郝敏	张晓	郝敏	张晓	郝敏	
下午	岳红		岳红	侯丹	岳红	侯丹	
上午	张静	郭丽娟	张静	郭丽娟	张静	郭丽娟	
下午	高丽	文芳	高丽	文芳	高丽	文芳	

图 3-1-44　创建表格

2. 编辑表格　　光标位于表格的任一单元格时，表格处于编辑状态，Word 界面会出现"表格工具"，包含"设计"选项卡和"布局"选项卡，"布局"选项卡如图 3-1-45 所示。

（1）选择表格对象：对表格进行编辑，首先要选中表格对象，然后进行编辑设置。表格对象包括单元格、行、列和表格。在"表格"的"布局"选项卡的"表"功能组中"选择"按钮可以选择表格对象，也可以直接用鼠标选择表格对象，操作方式如下：

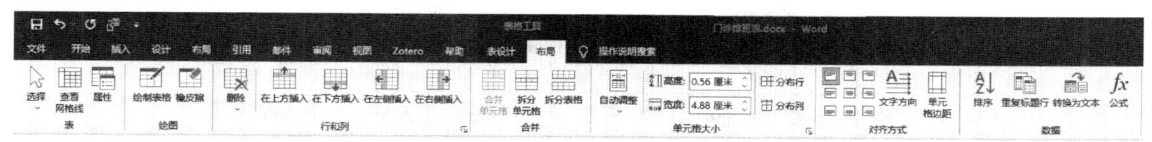

图 3-1-45 "表格工具"的"布局"选项卡

1）选择单元格：鼠标移动到单元格左下角，鼠标指针变成黑色向上的箭头时，单击鼠标。

2）选择行：将鼠标移动到行首，单击鼠标。

3）选择列：将鼠标移动到列的顶端，当鼠标指针变成黑色向下的箭头时，单击鼠标。

4）选择表格：表格处于编辑状态时，单击表格左上角的 ⊞。

（2）插入单元格、行和列：将光标置于表格中要进行操作的位置，单击"表格工具"中"布局"选项卡的"行和列"组的功能按钮（图 3-1-46），可以在当前位置向上或向下插入行，向左或向右插入列。单击右下角的 ⇲ 按钮或者直接单击鼠标右键选择"插入"，打开"插入单元格"对话框，可选择单元格的移动方式并插入单元格（图 3-1-47）。

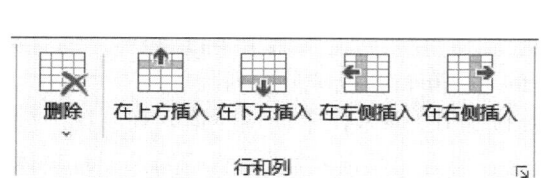

图 3-1-46 "行和列"组

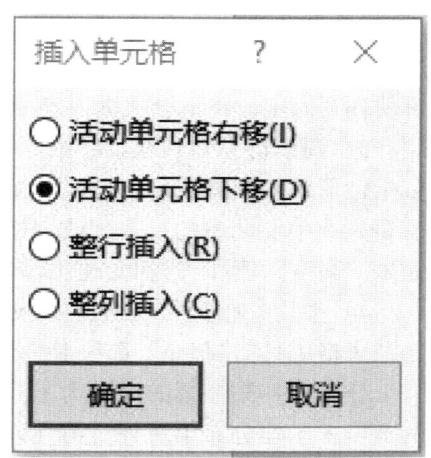

图 3-1-47 "插入单元格"对话框

（3）删除单元格、行和列：将光标置于表格中要进行操作的位置，在"表格工具"中"布局"选项卡的"行和列"组中单击"删除"打开下拉列表，选择要进行删除的对象。

（4）合并与拆分

1）合并单元格：选中要合并的两个或多个单元格，单击"表格工具"的"布局"选项卡的"合并"组中的"合并单元格"，也可单击鼠标右键，在打开的快捷菜单中选择"合并单元格"命令。

2）拆分单元格：选中要拆分的单元格，单击"表格工具"的"布局"选项卡的"合并"组中的"拆分单元格"，也可单击鼠标右键，在打开的快捷菜单中选择"拆分单元格"命令，设置拆分方式。

3）拆分表格：将光标置于表格中要进行拆分的行，单击"表格工具"的"布局"选项卡"合并"组中的"拆分表格"按钮，一个表格就从光标处分成两个表格。若要恢复被拆分的表格，只需按 Delete 键将表格中间的回车删掉即可。

任务二：参照图 3-1-48 对表格进行插入、删除相关行和列，合并和拆分相关单元格。第一行文字为小四号加粗，其余为宋体五号。

		星期一	星期二	星期三	星期四	星期五	星期六	星期日
普外科	上午	王宏	张红梅	王宏	张红梅	王宏	张红梅	
	下午	李明	李立东	李明	李立东	李明	李立东	
妇产科	上午	张晓	郝敏	张晓	郝敏	张晓	郝敏	
	下午	岳红		岳红	侯丹	岳红	侯丹	
眼科	上午	张静	郭丽娟	张静	李欣	郭丽娟	张静	郭丽娟
	下午		高丽	文芳	高丽	文芳	高丽	文芳

图 3-1-48　表格编辑样图

（5）表格和单元格大小

1）表格的缩放：将鼠标指针移动到表格的外边框右下角的小方块上，拖动鼠标至适当的表格大小后，释放鼠标。

2）自动调整：使用"表格工具""布局"选项卡"单元格大小"组中的"自动调整"，利用"根据内容自动调整表格""根据窗口自动调整表格"可调整表格大小，利用"固定列宽"可使列宽固定，将不会根据内容变化而影响列的宽度。

3）调整行高和列宽：将鼠标指针移动到待调整行或列的边框线上，此时鼠标指针变为调整指针形状，根据需要拖动鼠标指针即可调整行高和列宽。若要准确指定表格的行高或列宽，需要先选中要调整的行、列或表格，然后在"表格工具""布局"选项卡"单元格大小"组中输入"高度"值和"宽度"值以调整行高和列宽。

4）平均分布行和列：当多个行高或列宽需要进行平均分布时，先选中多行或列，然后单击"表格工具""布局"选项卡"单元格大小"组中的"分布行"或"分布列"。

任务三：第一行的高度为 1.3 厘米，其余行的高度为 0.7 厘米，手动调整第一列、第二列的宽度，平均分布第三列至第九列的宽度。设置最后一列为"固定列宽"，然后插入图片"休息.jpg"。

（6）对齐方式：对齐方式一共有 9 种，分别是靠上左对齐、靠上居中对齐、靠上右对齐、中部左对齐、水平居中、中部右对齐、靠下左对齐、靠下居中对齐、靠下右对齐。选中要调整对齐方式的单元格，在"表格工具""布局"选项卡"对齐方式"组中单击相应的按钮以调整对齐方式（图 3-1-49）。

任务四：将表格内容的对齐方式设置为水平和垂直方向都居中。

（7）表格属性：在"表格工具""布局"选项卡的"表"组中单击"属性"按钮或在表格上单击鼠标右键，打开"表格属性"对话框，可以对行、列、单元格、表格的大小、对齐方式、边框属性等进行设置（图 3-1-50）。

（8）表格边框和底纹：对表格的边框和底纹进行设置，可以使表格更加清晰、美观。在"表格工具"的"设计"选项卡中可以选择一种表格样式对表格进行快速格式化，也可以对表格的边框和底纹进行单独设置（图 3-1-51）。

1）设置边框：选中需要设置边框的单元格或整个表格，单击"表格工具"的"设计"选项卡"边框"组设置边框的线型、宽度及颜色等，单击"边框"按钮打开下拉列表，选择相应的边框类型对边框进行设置。也可在下拉列表中选择"边框和底纹"选项，打开"边框和底纹"对话框，在该对话框中可以对边框进行更多设置（图 3-1-52）。还可以使用"边框刷"快速对边框格式进行重新绘制。

2）设置底纹：选中需要设置底纹的单元格或整个表格，单击"表格工具"的"设计"选

图 3-1-49　对齐方式

图 3-1-50　"表格属性"对话框

图 3-1-51　"表格工具"的"设计"选项卡

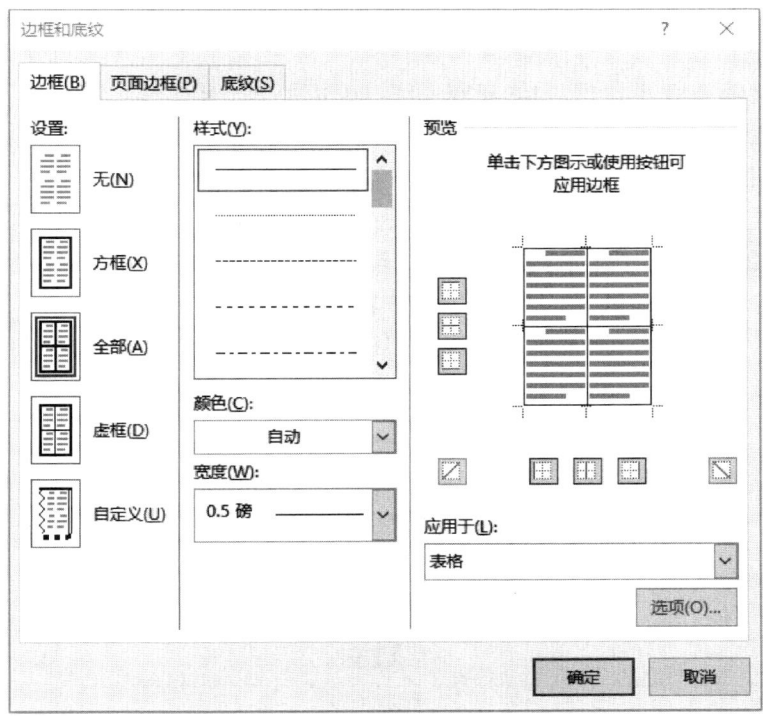

图 3-1-52　"边框和底纹"对话框

项卡的"底纹"可以对底纹颜色进行设置。也可在"边框和底纹"对话框中对底纹填充颜色、图案样式及图案颜色进行设置（图3-1-53）。

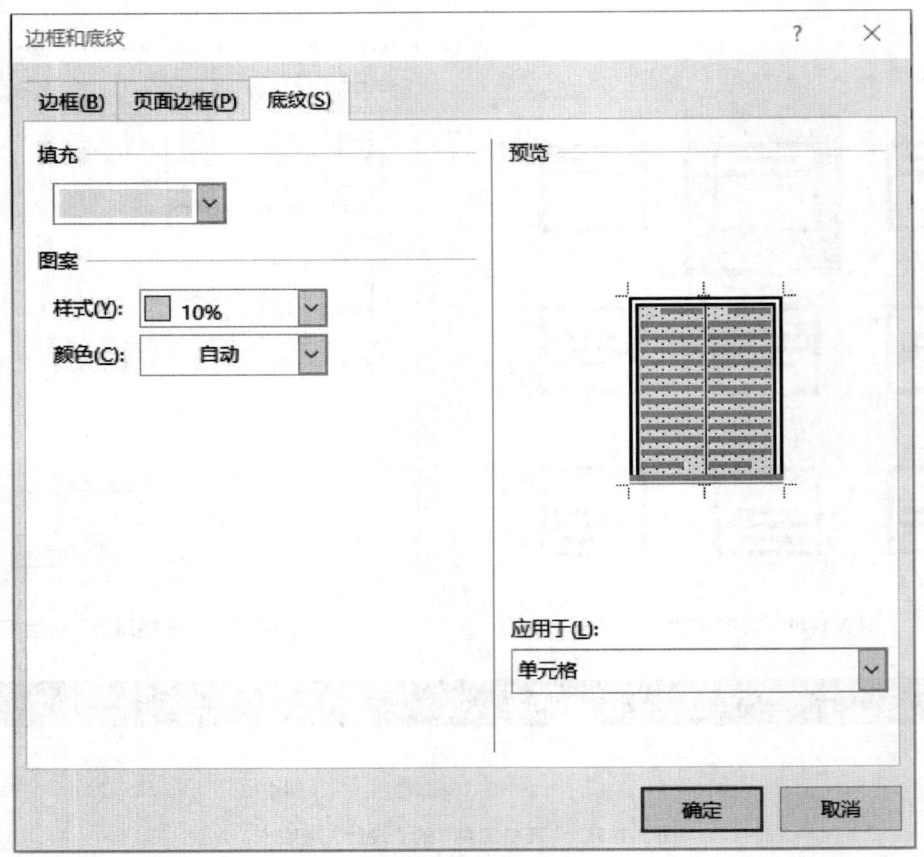

图 3-1-53　底纹设置

任务五：设置表格外边框为1.5磅双实线，内边框为1磅实线，第一行下边框为3磅双实线。为第一行添加底纹，颜色为橄榄色，个性色3，淡色80%，图案样式为10%，并制作斜线表头，效果如图3-1-41所示。

3．表格排序与计算　在"表格工具"的"布局"选项卡的"数据"功能组中（图3-1-54），单击"排序"可以对表格中的数据进行排序，单击"公式"可以利用公式进行计算（图3-1-55）。计算总费用可以在"公式"对话框中输入公式"=SUM（LEFT）"，LEFT表示对数据进行向左求和，如果是ABOVE则表示对数据进行向上求和；编号格式为"0.00"表示保留两位小数。如要进行其他计算如求平均值，可以选择粘贴函数AVERAGE。

图 3-1-54　"数据"功能组

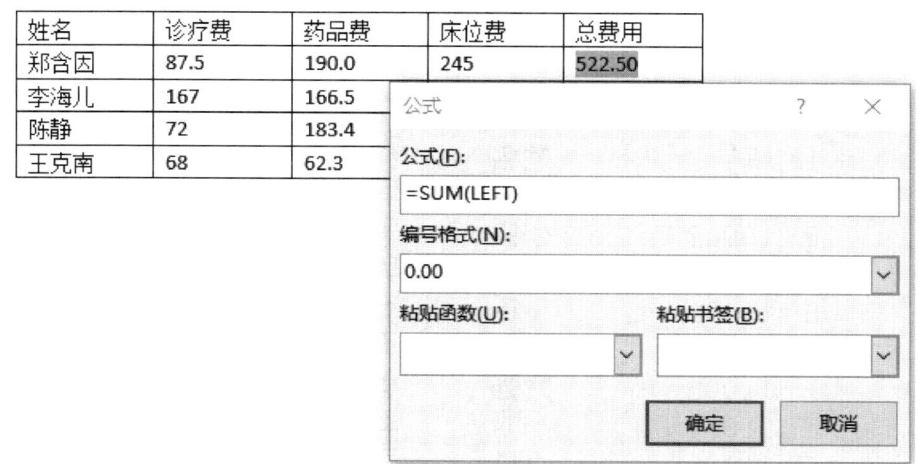

图 3-1-55　公式计算

四、邮件合并之医务文档制作

邮件合并是 Word 中的一种批量处理功能。邮件合并需要有两个文件：一个是 Word 主文档，其内容为合并生成的多个文档中的公共部分（如空白的缴费通知单等）；另一个是数据源文件，包含待填写的数据（如具体的编号、姓名等）。邮件合并就是将数据从数据源文件中提取出来，填写在主文档中的指定位置，从而把数据记录和文本合并在一起，可以生成 Word 文档保存，也可以直接打印，还能以邮件形式发送。

医务文档中费用明细条、缴费通知单、信息卡等都比较常见，通常利用现有数据自动批量生成相应文档。

1．邮件合并之信函

例 3-1-4：利用邮件合并中的"信函"生成以"数据.xlsx"为数据源的缴费通知单，要求只为结余在 500 元以下者生成缴费通知单，并且如果是女性，则在姓名后面插入文字"女士"，否则为"先生"。效果如图 3-1-56 所示。

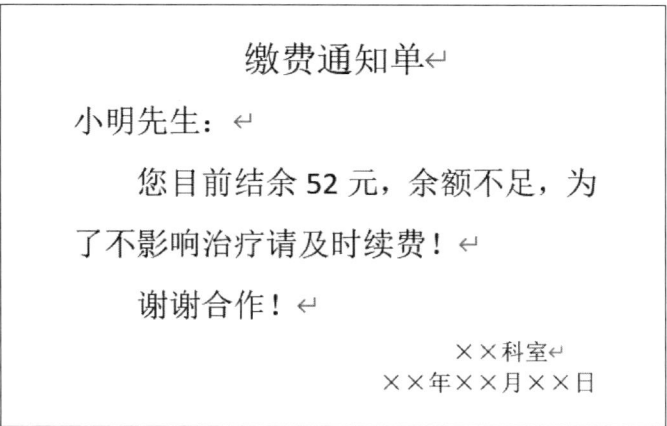

图 3-1-56　缴费通知单效果图

（1）准备数据源：邮件合并可使用的数据源有 Office 通讯录、Excel 工作簿、Access 数据库、SQL Server 数据库等文件，其中 Excel 文件最为常见，工作表 Sheet 中的数据由标题行和记录行构成，第一行为标题行，是合并域的域名，其余行为记录行，是待填写的数据

Note

（图 3-1-57）。

	A	B	C	H
1	编号	姓名	性别	结余
2	10001	小明	男	52.00
3	10002	小良	男	72.00
4	10003	小杰	男	1862.00
5	11001	小瑶	女	5303.00
6	11002	大刚	男	511.00
7	11003	大强	男	4208.00
8	11004	小峰	男	2096.00
9	11005	小铁	男	637.00

图 3-1-57　数据源

（2）创建主文档：创建主文档与新建一个 Word 普通文档操作一样，主文档的类型包括信函、电子邮件、信封、标签和目录。本案例的主文档属于信函，内容是空白的缴费通知单（图 3-1-58）。

缴费通知单

：

您目前结余 元，余额不足，为了不影响治疗请及时续费！

谢谢合作！

××科室

××年××月××日

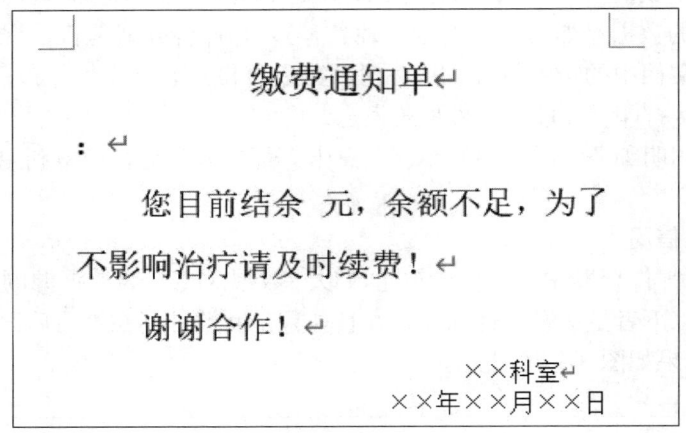

图 3-1-58　主文档

（3）开始邮件合并：单击“邮件”选项卡“开始邮件合并”组中的“开始邮件合并”按钮，在打开的下拉列表中选择“信函”（图 3-1-59）。

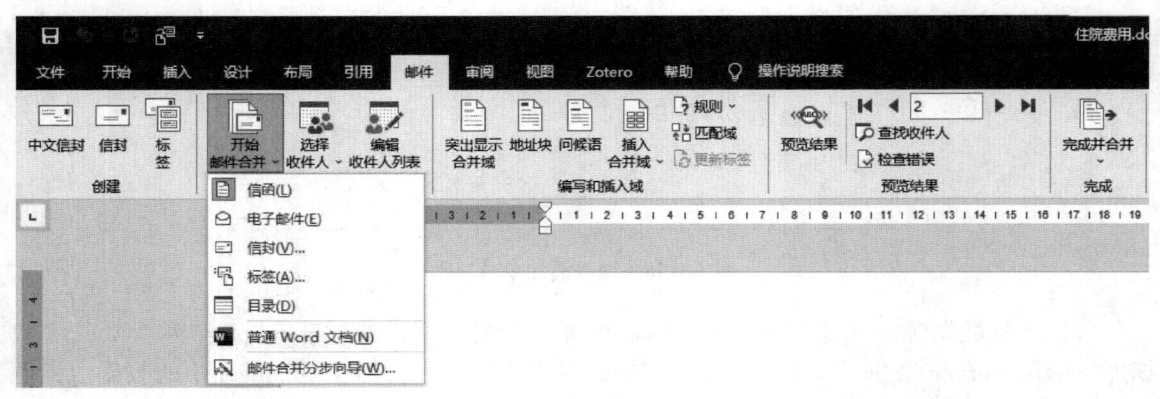

图 3-1-59　开始邮件合并

（4）设置数据源：单击"选择收件人"，选择"使用现有列表"，打开"数据.xlsx"文件，单击"编辑收件人列表"，打开"邮件合并收件人"对话框，单击"筛选"，在"筛选和排序"对话框中对结余小于 500 的记录进行筛选（图 3-1-60）。

图 3-1-60 设置数据源

（5）插入合并域：将光标定位于主文档待填写数据的位置，单击"邮件"选项卡"编写和插入域"组中的"插入合并域"，选择相应的合并域。光标定位在《姓名》域后，单击"规则"选择"如果…那么…否则…"规则，设置方法如图 3-1-61 所示。

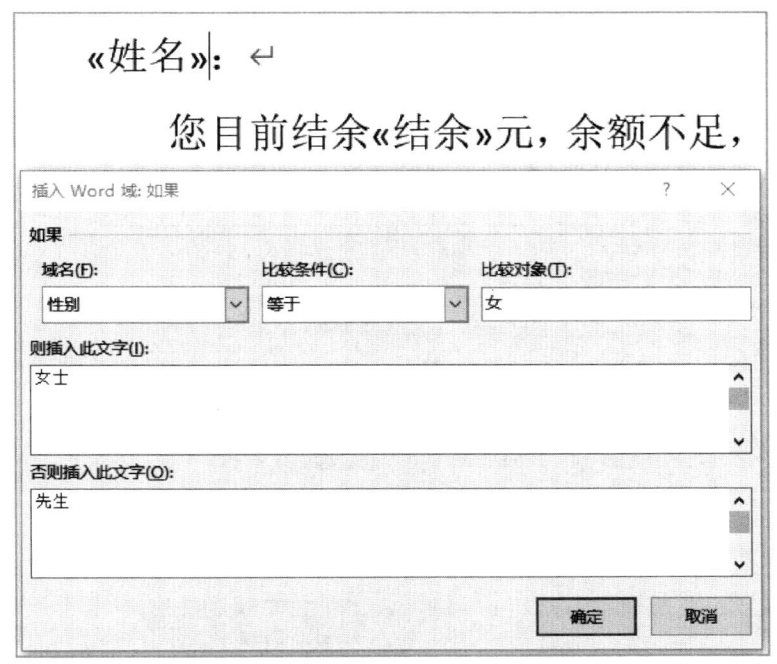

图 3-1-61 "规则"设置

(6) 预览结果：单击"邮件"选项卡"预览结果"组中的"预览结果"按钮，可以看到合并域变成了具体的数据，利用导航按钮浏览相关记录数据，合并结果如图 3-1-56 所示。

(7) 完成合并：单击"邮件"选项卡"完成"组中的"完成并合并"，选择"编辑单个文档"将合并成新文档，以文件形式保存。

2．邮件合并之标签

例 3-1-5：利用邮件合并的"标签"，以"数据.xlsx"为数据源制作病人信息卡。效果如图 3-1-62 所示。

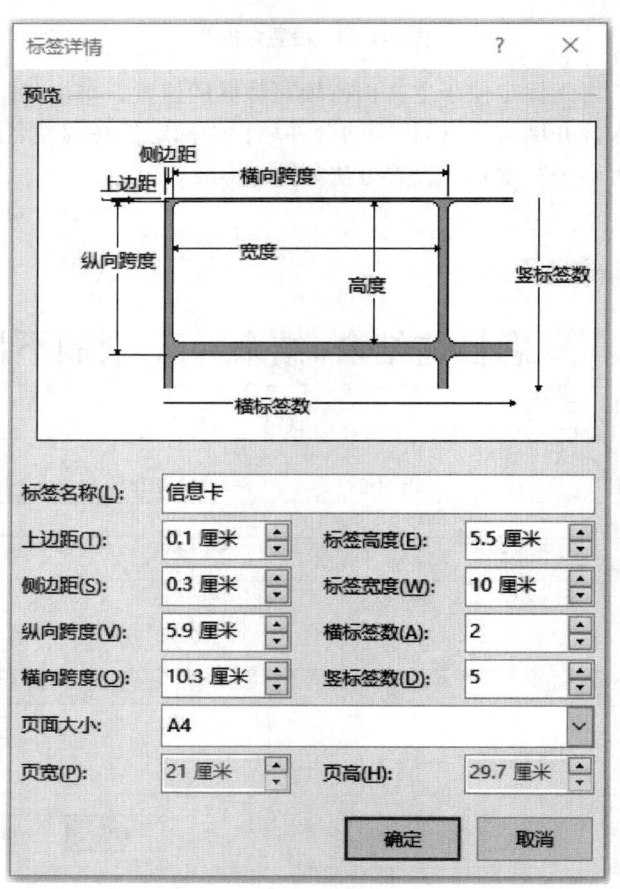

图 3-1-62　病人信息卡效果图

(1) 新建文档"信息卡.docx"，选择"开始邮件合并"中的"标签"，然后单击"新建标签"按钮，标签名称为"信息卡"，其他设置如图 3-1-63 所示。编辑标签内容如图 3-1-64 所示。

图 3-1-63　新建标签

（2）选择“数据.xlsx”作为数据源，插入合并域（除照片域外），如图 3-1-65 所示。

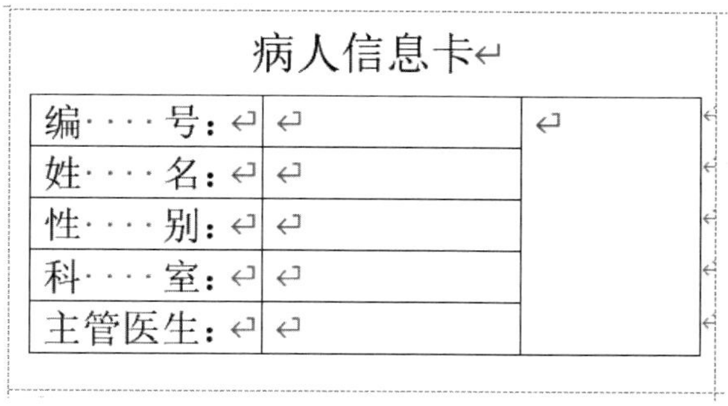

病人信息卡

编····号：		
姓····名：		
性····别：		
科····室：		
主管医生：		

图 3-1-64　标签内容

病人信息卡

编····号：	«编号»	
姓····名：	«姓名»	
性····别：	«性别»	
科····室：	«科室»	
主管医生：	«主管医生»	

图 3-1-65　插入合并域

（3）在“照片”位置利用“插入”选项卡“文档部件”中的“域”，选择域“IncludePicture”，设置如图 3-1-66 所示。

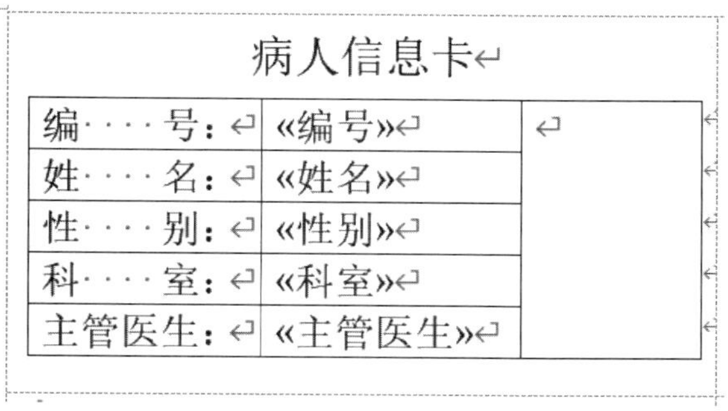

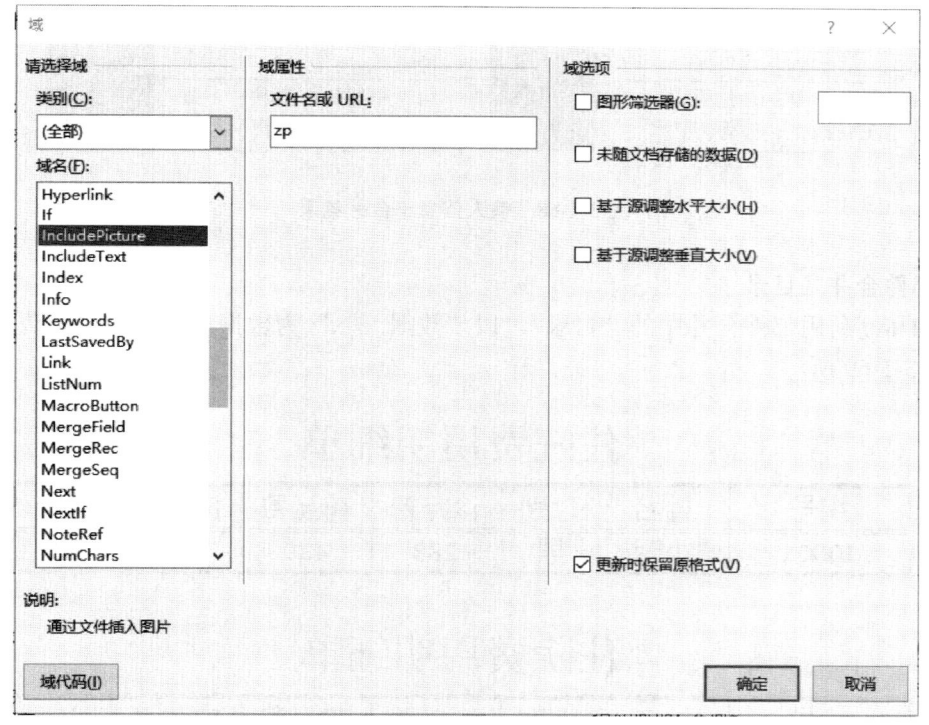

图 3-1-66　插入 IncludePicture 域

（4）选择图片对象，设置照片大小为 3.5 厘米 ×2.3 厘米。

（5）利用快捷键 Alt + F9 切换域代码，将照片部分域代码中的 zp 用合并域“照片”替换，如图 3-1-67 所示。

（6）单击“更新标签”，将内容填充到其他标签中，利用快捷键 Alt + F9 切换域结果。

（7）单击“预览结果”，按 Ctrl + A 全选文档，F9 更新域（此时照片可能会显示不出来或照片不正确，继续下面的操作）。

（8）合并成新文档，将该文档保存到照片所在的文件夹中，文件名为“病人信息卡.docx”，再次按 Ctrl + A 全选文档，F9 更新域，使照片显示，如图 3-1-68 所示，并将“信息卡.docx”保存。

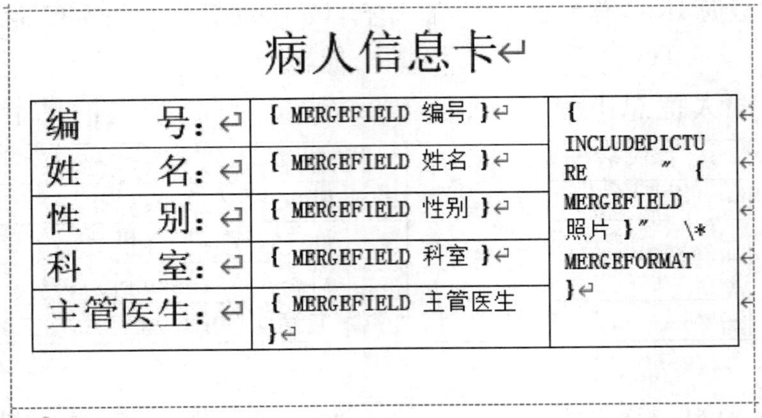

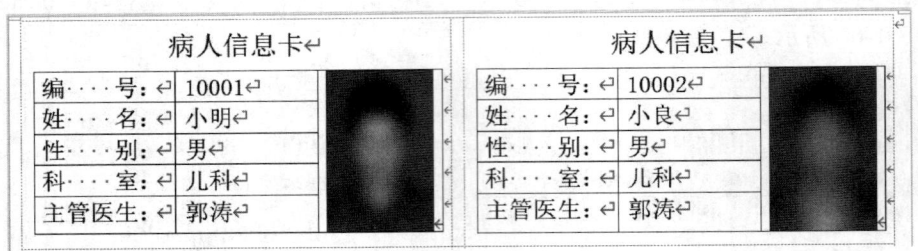

图 3-1-67 域代码

图 3-1-68 病人信息卡合并结果

3．邮件合并之目录

例 3-1-6：利用邮件合并中的"目录"，以"数据.xlsx"为数据源，制作住院费用明细单，效果如图 3-1-69 所示。

住院费用明细单

编号	姓名	性别	诊疗费	药品费	床位费	合计
10001	小明	男	288	430	10	728

住院费用明细单

编号	姓名	性别	诊疗费	药品费	床位费	合计
10002	小良	男	386	198	10	594

图 3-1-69 住院费用明细单效果图

该案例首先需要创建主文档，即空白的住院费用明细文档，然后单击"邮件"选项卡的"开始邮件合并"组中的"开始邮件合并"按钮，在打开的下拉列表中选择"目录"；接着打开数据源文件；插入合并域；预览结果；完成合并。

（樊　敏）

第二节 演示文稿设计

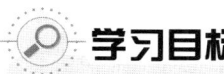

学习目标

1. 知识
(1) 熟悉幻灯片的基础操作，文字、图片、图表、表格、形状等素材的处理。
(2) 掌握幻灯片动画设计，音频、视频、母版、超链接、分节等其他功能操作。
2. 能力
(1) 掌握 PowerPoint 常用工具的使用方法。
(2) 提升 PowerPoint 操作技能，增强职场竞争力。
3. 素养
(1) 向学生传递医者仁心精神。
(2) 培养医德医风。

利用计算机多媒体播放设备，采用大屏幕投射显示方式，由讲演者控制讲演节奏的幻灯片演示形式，已广泛应用于学术报告、产品介绍以及各种演讲或课堂教学上。使用幻灯片演示文稿制作软件，可以方便地制作包含文字、图像、声音以及视频剪辑等多媒体元素的幻灯片。制作幻灯片的软件有很多种，PowerPoint 是其中的一种演示辅助软件，也是 Microsoft Office 办公系列软件的一部分，其使用比较广泛，功能强大，本节将以 PowerPoint 2019 为例进行讲解。

一、基本操作之健康宣教

例 3-2-1：在 PowerPoint 2019 中，创建"糖尿病健康教育"演示文稿。

随着社会经济的快速发展和生活水平的不断提高，在社会老年化、农村城市化、生活压力增加等诸多因素的作用下，我国糖尿病发病率逐年升高。糖尿病已成为继肿瘤、心血管疾病之后的第三大严重威胁人类健康的慢性疾病，同时，其发病呈年轻化趋势，已成为全球性的公共卫生问题。为了让公众更好地了解糖尿病的相关知识，培养健康意识、建立健康生活方式以预防糖尿病，同时指导糖尿病患者开展自我监测，有必要开展糖尿病健康教育。利用演示文稿制作软件设计"糖尿病健康教育"幻灯片，清晰、形象地向公众传递糖尿病的相关信息。就这一主题，幻灯片应包含糖尿病的概念、分型、病因及饮食等内容，效果如图 3-2-1 所示。

（一）基础操作

1. 创建演示文稿

任务一：新建演示文稿第 1 页，标题为"糖尿病健康教育"，日期为"2022.10"。

一个演示文稿通常由多张幻灯片组成，每一张幻灯片有相应主题的背景、醒目的标题、详细的说明文字、生动的图片以及图表、表格等多种素材。这些素材通过幻灯片的各种切换和动画效果向观众表达观点、演示成果、传达信息。

启动 PowerPoint 2019 后，在"开始"功能选项卡中，单击"新建幻灯片"下拉箭头，选择"空白"版式，创建一张新幻灯片，并在幻灯片窗口的空白界面中输入相关标题内容（图 3-2-2）。

图 3-2-1　健康宣教幻灯片效果图

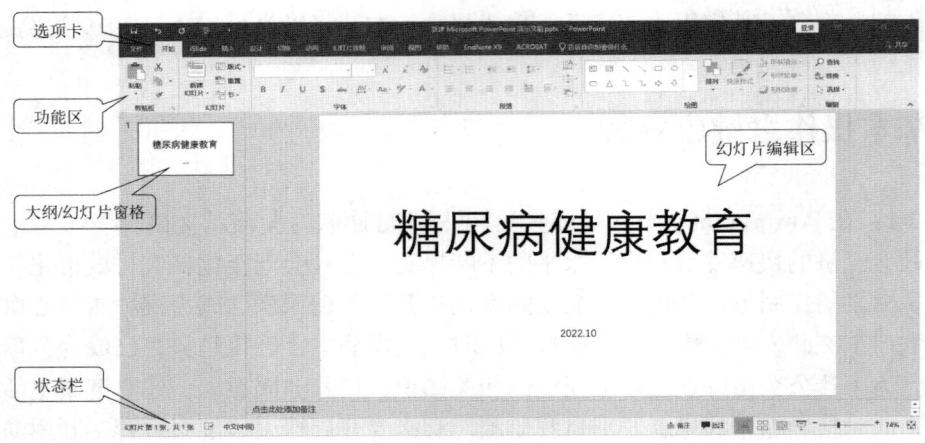

图 3-2-2　演示文稿界面

如图 3-2-2 所示，演示文稿操作界面可分为五个部分。

（1）选项卡：位于标题栏下方，每个选项卡中包括与选项相关的操作命令。

（2）功能区：位于每个选项卡下，提供该选项下的多个相应操作工具。

（3）大纲/幻灯片窗格：位于界面左侧，可查看幻灯片的位置，并可对幻灯片进行复制、移动、删除等操作，从而清晰地掌握该演示文稿的结构。

（4）幻灯片编辑区：位于界面中间，是整个演示文稿的核心，可显示和编辑幻灯片的内容，完成每一页幻灯片的制作。

（5）状态栏：位于界面下方，可查看幻灯片页数、切换视图、显示或隐藏备注、放映幻灯片以及调整页面缩放比例等。

2. 设计幻灯片版式

任务二：插入后续四页，分别为糖尿病的概念、分型、病因、饮食以及相关内容。

连续新建四张"空白"版式幻灯片，输入相应内容。如果要改变幻灯片版式，可单击"版式"按钮，在弹出的下拉窗口中选择适合的版式（图3-2-3）。

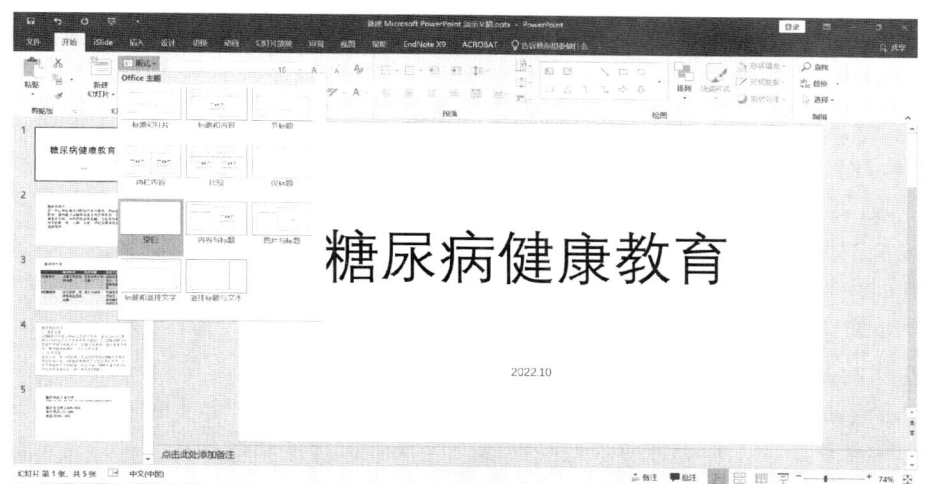

图 3-2-3　设计幻灯片版式

3. 设计幻灯片主题风格

任务三：将演示文稿的第2～5页设置主题为"基础"风格。

在"设计"选项卡中包含多个主题，其中每个主题都提供了幻灯片的背景颜色、字体以及在匹配背景下效果的集合。用户通过选择主题就可以简便、快速地设计出更加生动丰富的幻灯片。

在左侧窗格中选择幻灯片第2～5页，在"设计"功能选项卡中，单击"主题"组右侧下拉箭头，将光标在主题缩略图上移动，在演示文稿中实时预览找到"基础"主题（图3-2-4），单击右键，在弹出的快捷菜单中选择"应用于选定幻灯片"，即可为选中的幻灯片应用相应的主题模板。

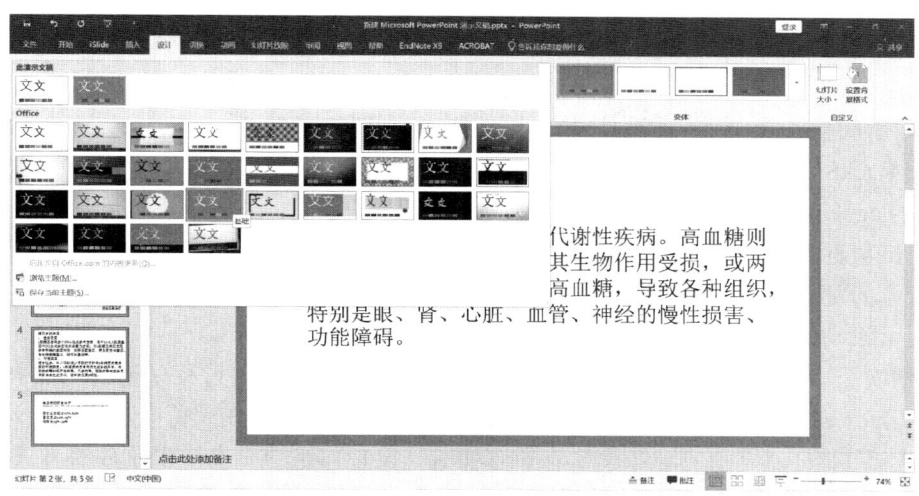

图 3-2-4　设计幻灯片主题

4．编辑演示文稿　在"普通视图"下，可对幻灯片中包含的文字、图片等素材进行编辑操作，这些操作与 Word 文档的插入、删除、复制、移动等编辑功能基本相同，此处不再赘述。针对单张或多张幻灯片的插入、删除、复制、移动等编辑操作，可以在"普通视图"和"幻灯片浏览视图"下进行操作。

（1）选择幻灯片：在进行删除、复制、移动单张或多张幻灯片操作之前，首先要选择幻灯片。在普通视图左边区域的幻灯片选项卡中或者幻灯片浏览视图中，用鼠标单击要选择的幻灯片，被选中的幻灯片周围呈现高亮颜色的方框。如果要选择多张幻灯片，先按住 Ctrl 键，再单击要选择的幻灯片，如果全选可按 Ctrl + A 组合键。

（2）删除幻灯片：选中要删除的幻灯片，再按 Delete 键，可实现对幻灯片的删除。也可以选中要删除的幻灯片，按鼠标右键，在弹出的快捷菜单中选择"删除幻灯片"。

（3）复制幻灯片：右键单击选中的幻灯片，在弹出菜单中选择"复制"选项，在新位置单击鼠标，此时出现一条彩色横线，之后右键单击该位置，在弹出菜单中选择"粘贴"选项，即可实现对幻灯片的复制。也可以右键单击选中的幻灯片，在弹出菜单中选择"复制幻灯片"选项，即可在当前选中幻灯片下一张的位置直接完成复制。

（4）移动幻灯片：在"普通视图"下，可看到左侧每张幻灯片左上角有一个编号，在播放时将按此编号顺序放映。如果要改变播放顺序，先选中要移动的幻灯片，按住鼠标将其拖拽到新的位置，幻灯片的编号将重新排列。

5．保存演示文稿　当演示文稿编辑完成后，单击"文件"选项卡中"保存"选项或"另存为"选项，在弹出的"另存为"对话框中，演示文稿将以扩展名为"pptx"的 PowerPoint 文件保存在用户选定的路径下。

此外，可在"另存为"对话框的"保存类型"下拉列表中选择演示文稿的其他保存类型，如 pdf 格式等。

6．放映演示文稿　通过"幻灯片放映"选项卡可播放幻灯片，单击该选项卡"开始放映幻灯片"组中的"从头开始"或"从当前幻灯片开始"即可放映。此外，也可使用快捷键进行放映：按 F5 键，从头开始放映幻灯片；按 Shift + F5 组合键，从当前幻灯片开始放映幻灯片。

（1）在放映时通常可单击鼠标切换到下一张幻灯片，此外还可使用以下几种方式：

1）按空格键或回车键；

2）按 PageDown 键；

3）单击鼠标右键，在弹出的快捷菜单中选择"下一张"；

4）按方向键↓或→；

5）向下滚动鼠标滑轮。

（2）放映时要切换到上一张幻灯片，可使用以下几种方式：

1）按 BackSpace 键；

2）按 PageUp 键；

3）单击鼠标右键，在弹出的快捷菜单中选择"上一张"；

4）按方向键↑或←；

5）向上滚动鼠标滑轮。

通常情况下，幻灯片会按照预设方式开始放映，并且在放映过程中通过人工操作进行控制。然而实际放映时，演讲者对放映方式存在不同需求（例如，在展览会场需要自动放映幻灯片而无须人工干预），可在"幻灯片放映"选项卡"设置"组中单击"设置放映方式"，在弹出的对话框中对放映类型、放映方式等进行设置（图 3-2-5）。

"放映类型"栏中提供了三种不同的幻灯片放映方式，分别适用于不同场合。

（1）演讲者放映（全屏幕）：将演示文稿进行全屏幕放映，是常用的放映方式。演讲者具

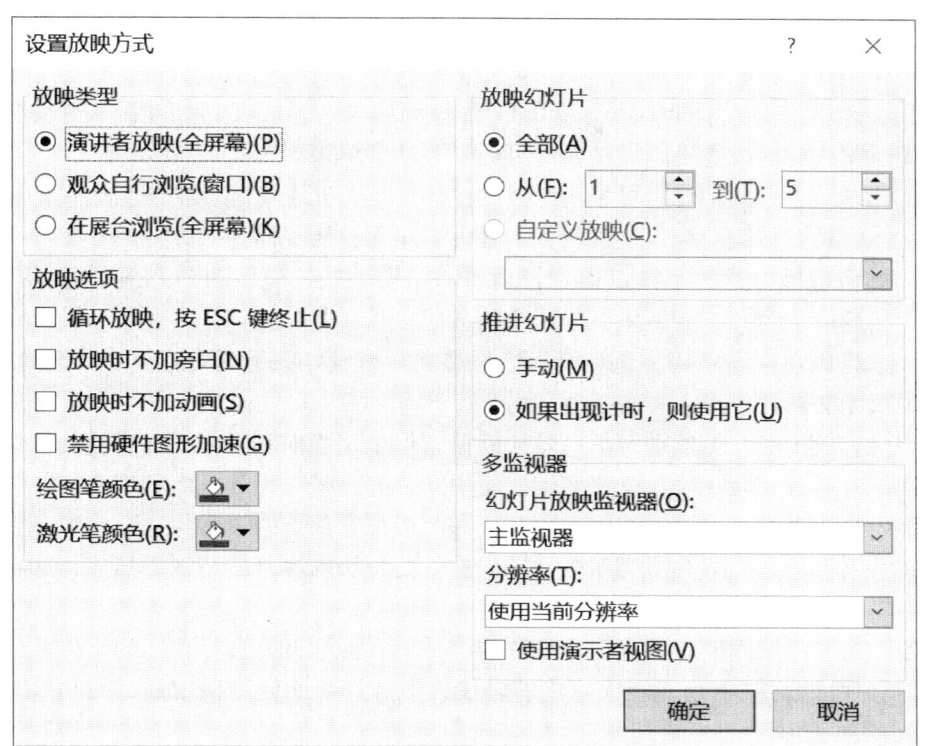

图 3-2-5　设置幻灯片放映方式

有完全的控制权,可采用自动或人工方式进行放映。不仅可用鼠标左右键操作,还可用空格键、方向键、PageUp 和 PageDown 键控制幻灯片的播放。

(2)观众自行浏览(窗口):适合于小规模的演示。在这种放映方式下,演示文稿会出现在小型窗口内,并提供命令,使得在放映时能够移动、编辑、复制和打印幻灯片。在此方式下,可以使用滚动条从一张幻灯片转到另外一张幻灯片,同时可以对其他程序进行操作。

(3)在展台浏览(全屏幕):适合于自动放映演示文稿。在放映过程中,无须人工操作,幻灯片将自动切换,并且在每次放映完毕后自动重新启动下一次放映。如果要终止放映,按 Esc 键即可。

(二)素材处理

有了对幻灯片的整体逻辑结构设计,相当于有了骨骼。如何在骨骼框架下使其丰满起来呢?我们可以利用"文字""图片""表格""形状""图表"等素材让幻灯片充实起来,增强视觉形象化表达效果。

1. 文字素材　文字是幻灯片中最常用的素材之一,在设计幻灯片时,除了要直观展示表达内容外,还需要考虑文字的字体、风格、效果及排版等,以得到较理想的呈现方式。

(1)文字字体:即文字的外在形式特征。每款字体遵循一定的设计规则,通过字形结构与笔画形态的各种组合变化,形成了多种字体形式。常用的字体形式包括衬线字体、无衬线字体、书法字体及变体字体。

衬线字体笔画粗细不同,一般是横细竖粗,笔画的开始与结尾处有细节装饰,如宋体。衬线字体可应用于幻灯片标题,在内页中使用较少。

无衬线字体笔画粗细基本相同,字形端正,没有额外装饰,如黑体。无衬线字体在幻灯片设计中应用广泛,可用于标题和正文。

书法字体以中国传统书法为基础设计并有所变化,如楷体、隶书。书法字体通常应用于标题，不宜用于正文，在文字较多的情况下书法字体不易识别。

变体字体整体结构和笔画形式均有明显变化和特色，具有图案或装饰意味。

（2）文字风格：由于不同字体给观众的视觉感受存在差异，因此形成了独特的字体风格。古典与时尚、正式与活泼等不同风格，均可通过不同字体来展现。

例如，儿童节主题的幻灯片可采用活泼的变体字体，充满童趣；中国历史文化的幻灯片可采用书法字体，具有传统韵味；宣讲教育主题可采用无衬线字体，大方得体。

因此，如何选择合适的字体以得到较理想的呈现方式，应从四个方面考虑：与版面相适应、与图片相适应、与文本相适应、与观众相适应。

（3）文字排版：言简意赅、重点突出，是文字素材较好的呈现方式。切忌无效文字过多，否则会让观众无法抓住重点，失去兴趣和耐心。

当文字内容较少时，虽然理解信息较为简单，但由于版面利用率低，容易使幻灯片呈现效果较为单调。可通过放大字号、改变字体、使用图片等方式，提升版面利用率。

当文字内容较多时，可通过整体内容分块和制造视觉焦点两个步骤进行排版。整体内容分块，即将文字内容进行拆解并适当删减，形成独立的分块内容；制造视觉焦点，即在分块的基础上，突出显示重点信息。

任务四：对"糖尿病健康教育"幻灯片的第1页（标题页）选择合适的字体并进行排版。

原始幻灯片如图3-2-6所示，文字内容较少，幻灯片版面使用率较低，因此呈现效果较为空洞。

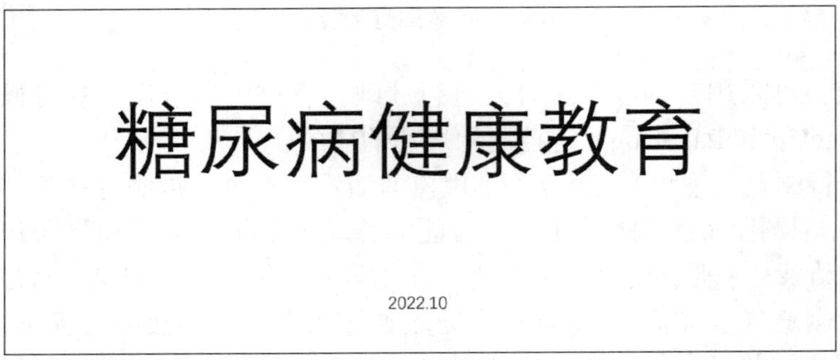

图 3-2-6　幻灯片标题页修改前

通过选择合适的字体（来源：https://www.qiuziti.com/），增大标题字号，并对文字进行适当地阴影修饰，同时添加一张图片作为背景图（来源：https://trianglify.io/），修改后的幻灯片较好地提升了整个版面的使用面积，画面效果更为丰富（图3-2-7）。

图 3-2-7　幻灯片标题页修改后

2. 图片素材 一张适当的图片，包含及传达的内容远比文字更为丰富，并具有更强烈的视觉效果，因此图片也是常用的素材之一。使用图片素材时应注意图片的清晰度，高清图片应是首要选择。当图片清晰时，再加上有设计感的文字，画面感会更强烈，这比强制拉伸一张低像素照片的效果更好。

（1）图片选择：图片的选择需要和文字的内容相关，建立联系。选择的方式包含两种，具象和抽象。

针对具象的文字内容，可选择能够与文字直接对应的图片。例如，针对文本"拥有发现美的眼睛"，可直接以关键词"眼睛"进行搜索，找到相关图片。

针对抽象的文字内容，可通过关键词的多级近义词，扩大图片搜索范围。例如，针对文本"心安即是归处"，其中"心安""归处"均为抽象的概念，可使用一些近义词，如"宁静""安然"等一级联想词，扩大搜索。如果一级联想词汇仍然无法找到适合的图片，可通过"海面""森林"等二级联想词代替。相较于一级联想词，二级联想词更为具象，即将抽象概念具象化，之后即可通过具象搜索图片的方法进行。

（2）图片处理：除了使用专门的图像处理工具对图片进行加工处理，PowerPoint 本身也提供了强大的图像处理功能。单击"插入"选项卡中的图片选项，即可选择相应图片插入演示文稿中，同时在选项卡中会出现"图片工具"选项卡组，其中"格式"选项卡中的选项具有非常强大的图片处理功能。

1）图片样式：图片样式工具栏可以对插入图片的整体样式进行修改。在"格式"选项卡中，单击"图片样式"组中的任意一个图片样式预览图，即可改变图片样式；单击"图片样式"组右边选项，可分别对图片边框、图片效果、图片版式进行修改，其中图片效果包括阴影、映像、发光、柔化边缘、棱台、三维旋转等（图 3-2-8）。

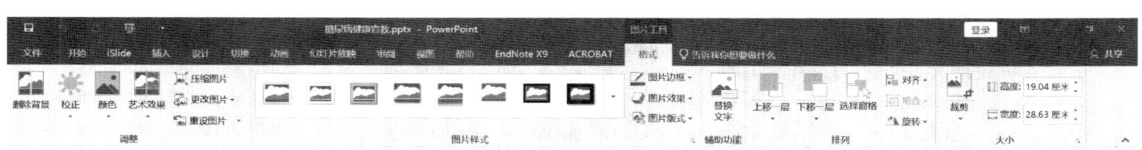

图 3-2-8　图片格式选项卡

2）图片颜色：在"格式"选项卡中，"调整"组可对图片整体效果进行修改。选择一幅图片，单击"调整"组中的"颜色"选项，弹出如图 3-2-9 所示下拉列表，可以从图片的颜色饱和度、色调、重新着色等方面对图片进行调整。

3）艺术效果：设置图片艺术效果的功能类似于 Adobe Photoshop 软件中的滤镜功能。操作步骤为：在"格式"选项卡中，单击"调整"组中的"艺术效果"选项，弹出如图 3-2-10 所示下拉列表，与调整颜色选项类似，下拉列表可显示不同艺术效果图片的预览图，单击需要的艺术效果即可。

4）删除背景：如果需要将图片中的某个人物或物体加入幻灯片中，直接插入图片会产生图片本身背景与幻灯片中背景无法相融的情况，因此在这种情况下需要对图片进行删除背景的操作，即俗称的"抠图"。PowerPoint 2019 中具有删除图片背景的功能，可进行人物、物体的快速提取。需要说明的是，对于背景和主题色彩差异较大的图片，删除背景提取主体的效果较好。

例如，要删除图 3-2-11 中左图的背景，则选中该图片，然后单击"格式"选项卡"调整"组中的"删除背景"选项，此时被选中的图片上会用红色标记出删除背景的区域，如图 3-2-11 中间图所示。如果需要修改删除的区域，则在"背景消除"选项卡中，选择"标记要保留的区域"或者"标记要删除的区域"（图 3-2-12）。如果红色区域完全覆盖了所有要去除背景的区

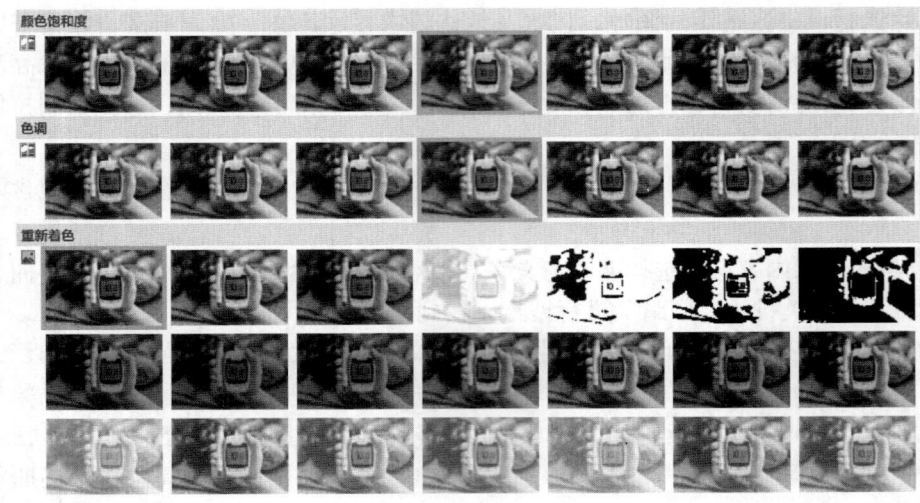

图 3-2-9　调整图片颜色

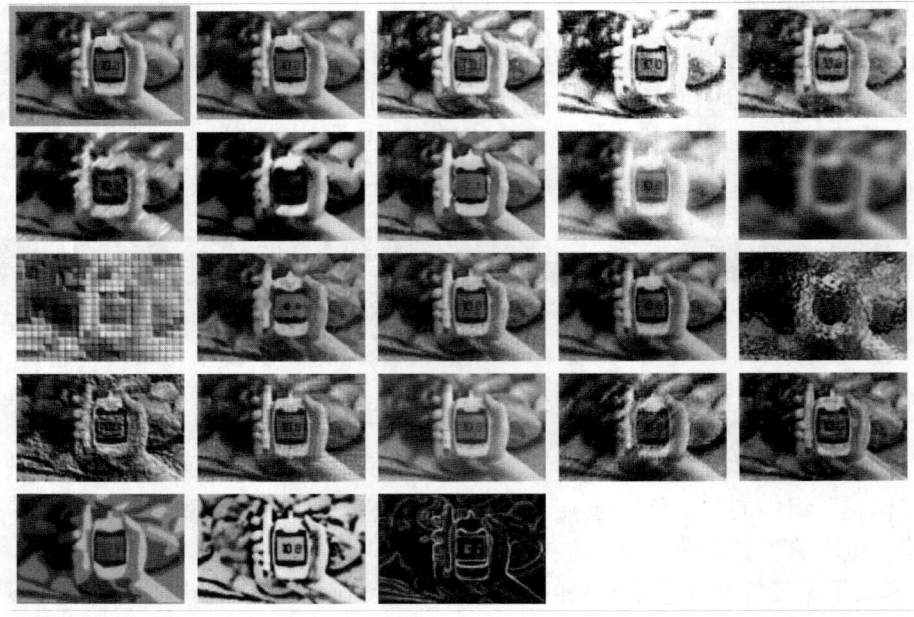

图 3-2-10　调整图片艺术效果

图 3-2-11　删除背景示例

域，则单击“背景消除”选项卡中“保留更改”，即可将背景删除，最终效果如图 3-2-11 的右图所示。

图片工具
糖尿病健康宣教.pptx - PowerPoint
登录
文件
背景消除
幻灯片放映
视图
格式
告诉我你想要做什么
共享
标记
要保留的区域
标记
要删除的区域
放弃
所有更改
保留更改
优化
关闭

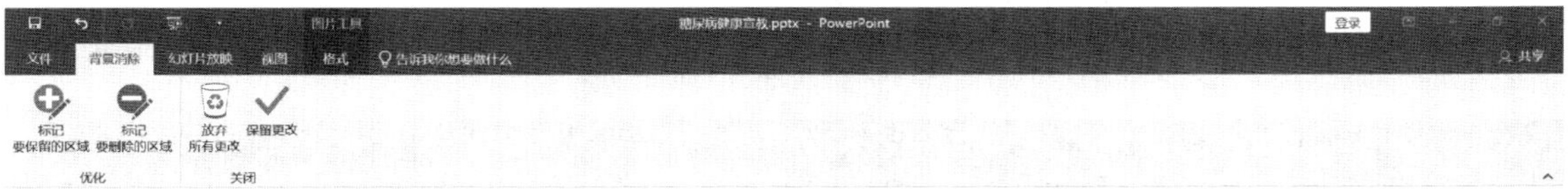

图 3-2-12　删除背景选项卡

任务五：为“糖尿病健康教育”幻灯片第 2 页（糖尿病的概念）添加合适的图片并进行排版。

原始幻灯片如图 3-2-13 所示，只包含文字信息，视觉效果较为单调。

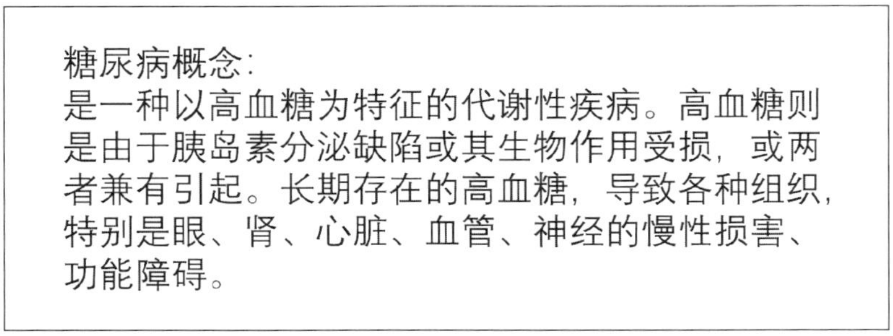

糖尿病概念:
是一种以高血糖为特征的代谢性疾病。高血糖则是由于胰岛素分泌缺陷或其生物作用受损，或两者兼有引起。长期存在的高血糖，导致各种组织，特别是眼、肾、心脏、血管、神经的慢性损害、功能障碍。

图 3-2-13　糖尿病的概念幻灯片修改前

修改后的幻灯片如图 3-2-14 所示。首先利用放大字号、色块反衬、图标修饰等方式，调整了文字素材，凸显了重点信息；其次添加一张与文字内容相关的血糖仪图片，将图片作为幻灯片的背景，与文字内容以左右排版的方式呈现。最后的页面效果既丰富，同时与内容相关，也起到了烘托氛围的作用。

糖尿病
是一种以高血糖为特征的代谢性疾病。高血糖是由于胰岛素分泌缺陷或其生物作用受损，或两者兼有引起。长期存在的高血糖，导致各种组织，特别是眼、肾、心脏、血管、神经的慢性损害、功能障碍。
概 念
10.8
mg/dL

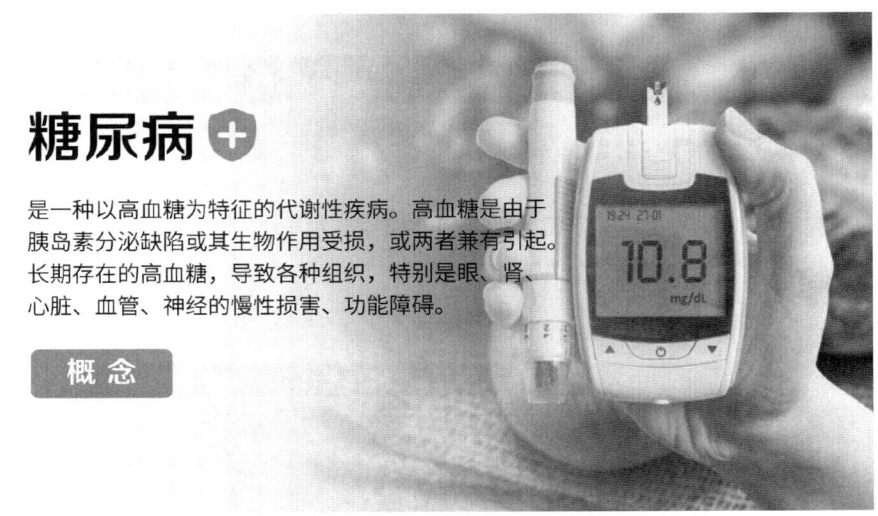

图 3-2-14　糖尿病的概念幻灯片修改后

3．表格素材　当幻灯片中涉及信息对比、内容分类时，可以采用表格承载信息，能够直观、规范、整齐地呈现给观众。表格作为一种整理组织信息和数据的工具，具有很强的分类和统计功能。演示文稿中提供了表格的生成、编辑、设计等功能，可以创建表格并对其进行调整。插入表格的方式与 Word 文档中的操作类似，此处不再赘述。

（1）表格样式：表格设计工具栏可以对插入的表格样式进行修改。在"设计"选项卡中，单击"表格样式"组右侧下拉箭头，可选择其中任意一个表格样式预览图，每种样式提供了一种边框和底纹的组合来更改表格的外观样式（图 3-2-15）。

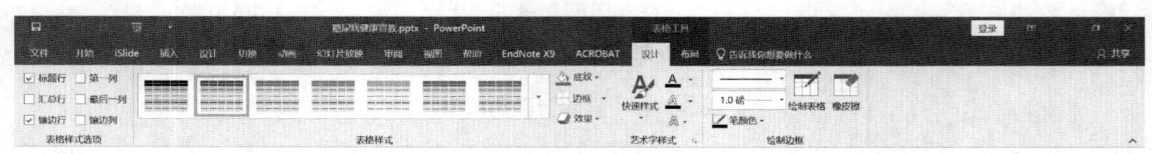

图 3-2-15 表格设计选项卡

单击"表格样式"组右边选项，可分别对表格的底纹、边框、效果进行修改。选中表格的部分单元格，对其添加底纹颜色，即可突出表格的重要信息或数据；在"设计"选项卡"绘制边框"组中，可对边框线条的颜色、宽度及样式进行调整，之后单击"边框"下拉箭头，弹出如图 3-2-16 所示下拉列表，添加相应框线，即可应用于选中的部分或全部表格。

（2）表格排版：表格布局工具栏可对表格的单元格排版进行修改。在"布局"选项卡"行和列"组中，可对表格的行和列进行删除和添加操作；在"单元格大小"组中，可通过参数手动调整单元格的高度和宽度，也可单击"分布行"或"分布列"自动平均分布各行或各列；"对齐方式"组为单元格内的信息提供了左、中、右、上、中、下共 6 种对齐方式（图 3-2-17）。

任务六：对"糖尿病健康教育"幻灯片第 3 页（糖尿病的分型）中的表格进行设计排版。

原始幻灯片如图 3-2-18 所示。表格采用了默认样式，字号大小未经调整，单元格内文本数量长短不一，底纹颜色较多，使得表格

图 3-2-16 表格框线样式

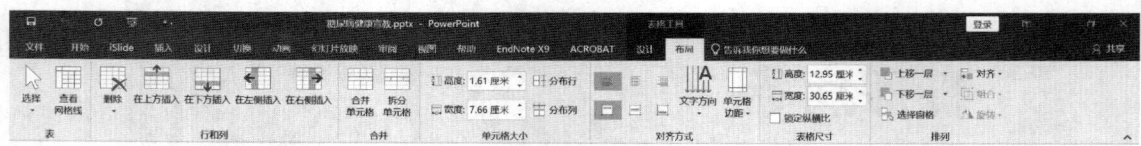

图 3-2-17 表格布局选项卡

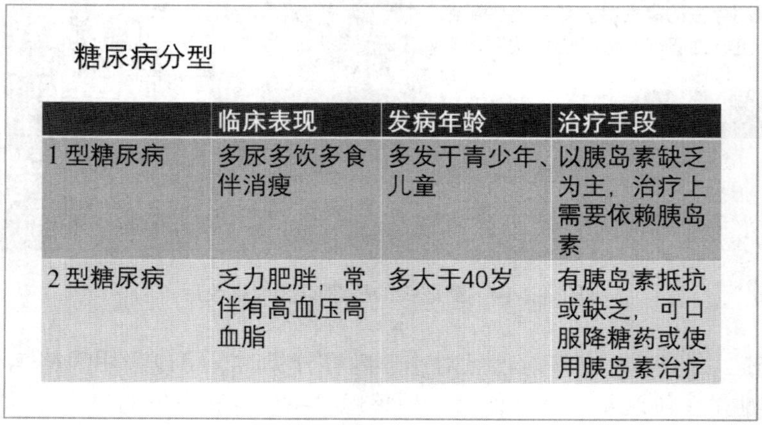

糖尿病分型

	临床表现	发病年龄	治疗手段
1 型糖尿病	多尿多饮多食伴消瘦	多发于青少年、儿童	以胰岛素缺乏为主，治疗上需要依赖胰岛素
2 型糖尿病	乏力肥胖，常伴有高血压高血脂	多大于 40 岁	有胰岛素抵抗或缺乏，可口服降糖药或使用胰岛素治疗

图 3-2-18 糖尿病的分型幻灯片修改前

呈现效果并不理想。

为了提高美化表格的效率，首先要清除表格样式，去除所有的边框和底纹；其次修改字体样式和大小，标题字号略大于内容字号，且让所有信息居中显示；再次统一相应行和列的高度与宽度；最后对标题行添加底纹突出显示，对其余行添加下框线以区分各行。修改后的幻灯片如图 3-2-19 所示。

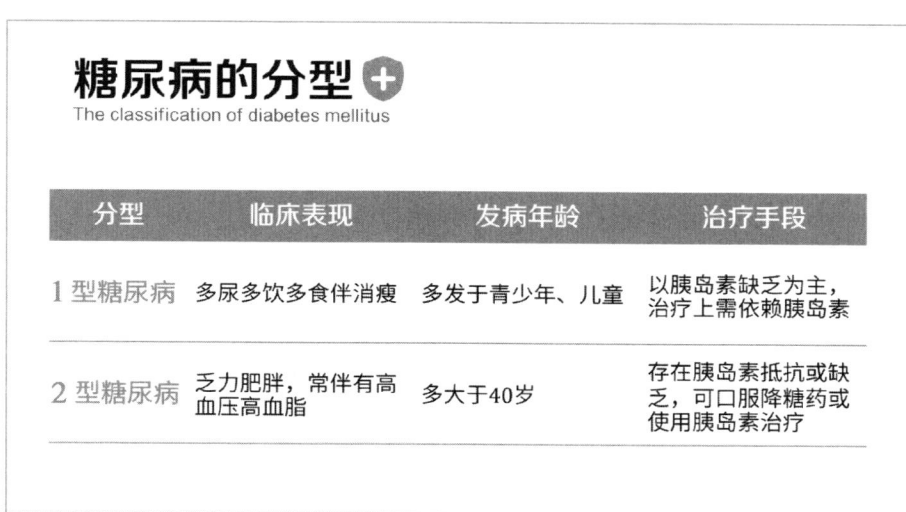

图 3-2-19　糖尿病的分型幻灯片修改后

4．形状素材　单击"插入"选项卡中的"形状"选项，在弹出的"形状"列表项中选择任意图案，控制大小，即可在幻灯片中插入一个形状。PowerPoint 提供了 150 种以上形状，主要分为可填充形状和线条两部分，包括常用的矩形、圆形、直线、曲线等基础形状以及云朵、气泡等特殊图形。

（1）形状操作：形状格式工具栏可以对插入的形状大小、样式、颜色等进行修改。在"格式"选项卡"插入形状"组中，可通过单击"编辑形状"→"编辑顶点"，对形状的各个顶点进行拖拽，形成最终想要达成的不规则形状效果；"形状样式"组提供了包括更改形状的填充颜色、轮廓线条粗细和颜色，以及阴影、映像、发光、柔化边缘、棱台、三维格式等效果在内的多种功能（图 3-2-20）。

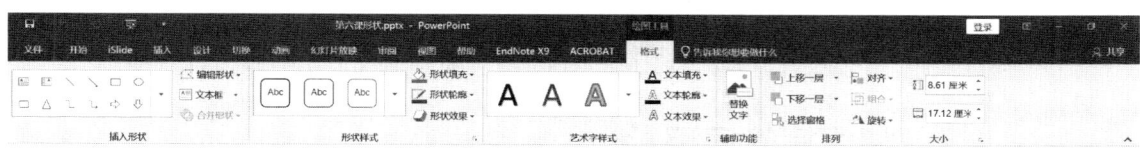

图 3-2-20　形状格式选项卡

例如，要对图 3-2-21 的左图矩形进行形状修改，可选中矩形对象，在"格式"选项卡"插入形状"组中，点击"编辑形状"右侧的下拉列表，选择"编辑顶点"选项，此时矩形形状的每个顶点显示黑色小方块。单击需要修改的顶点，则显示出该顶点的方向手柄，如图 3-2-21 中间图所示。拖拽方向手柄，形状开始改变，拖拽方向不同则产生不同效果，直到达到满意的形状效果，如图 3-2-21 的右图所示。

（2）形状用途

1）承载信息：形状可作为承载信息的容器，将文字、图形等素材放进形状容器中，能够更加清晰地展示相关信息。

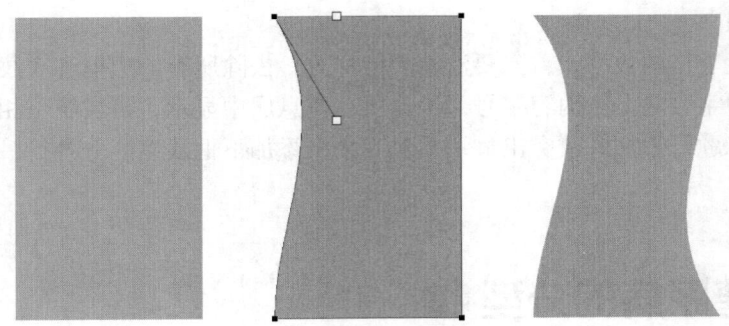

图 3-2-21 编辑顶点示例

2）突出重点：用形状衬托文字，可强调素材内容，形成视觉焦点。

3）分割内容：通过多个形状的规范排列，可将大量文字信息进行梳理分组，明确内容导向。

4）修饰版面：形状的加入可为原本单调空洞的版面增添装饰，同时提升版面的利用率。

任务七：对“糖尿病健康教育”幻灯片第 4 页（糖尿病的病因）中的内容进行梳理排版。原始幻灯片如图 3-2-22 所示。文字内容较多，结构不清晰，无法迅速获取重要信息。

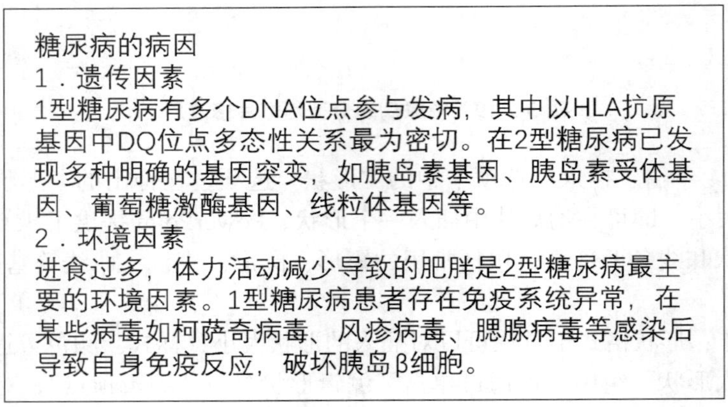

糖尿病的病因
1．遗传因素
1型糖尿病有多个DNA位点参与发病，其中以HLA抗原基因中DQ位点多态性关系最为密切。在2型糖尿病已发现多种明确的基因突变，如胰岛素基因、胰岛素受体基因、葡萄糖激酶基因、线粒体基因等。
2．环境因素
进食过多，体力活动减少导致的肥胖是2型糖尿病最主要的环境因素。1型糖尿病患者存在免疫系统异常，在某些病毒如柯萨奇病毒、风疹病毒、腮腺病毒等感染后导致自身免疫反应，破坏胰岛β细胞。

图 3-2-22 糖尿病的病因幻灯片修改前

针对这张幻灯片，首先梳理文字内容，提炼出小标题并进行分段；其次添加形状，将分段信息分别放入两个形状中，强化分组效果；最后在底部添加一个纯色矩形形状，用以修饰版面。修改后的幻灯片如图 3-2-23 所示。

糖尿病的病因
The cause of diabetes mellitus
遗传因素
1型糖尿病有多个DNA位点参与发病，其中以HLA抗原（白细胞抗原）基因中DQ位点多态性关系最为密切。
2型糖尿病中已发现多种基因突变，如胰岛素基因、胰岛素受体基因、葡萄糖激酶基因、线粒体基因等。
环境因素
1型糖尿病患者存在免疫系统异常，在柯萨奇病毒、风疹病毒、腮腺病毒等病毒感染后导致自身免疫反应，破坏胰岛β细胞。
进食过多，体力活动减少导致的肥胖是2型糖尿病最主要的环境因素。

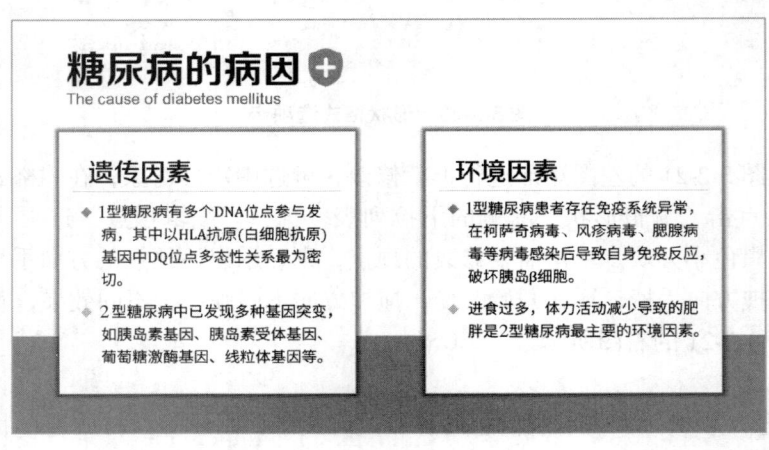

图 3-2-23 糖尿病的病因幻灯片修改后

5．图表素材　图表是利用图形化的方法实现数据可视化，从而清晰有效地呈现数据的变化趋势和内在关系。在幻灯片中处理数据时，为了方便观众从杂乱无章的数据中更高效地获取、理解和分析数据，通常的做法是制作数据图表进行数据展示。

（1）图表类型：幻灯片中常用的图表如图 3-2-24 和图 3-2-25 所示。

1）柱状图：常用于多组离散数据的比较，柱形的长短可反映出各组数据间的数量关系。横坐标通常为信息类型，纵坐标则显示数值项。

2）条形图：样式与柱状图类似，即调换了横坐标与纵坐标方向的柱状图。当需要呈现随时间变化的数据对比，可选择使用柱状图；当类别较多且类别名称较长时，采用条形图更便于阅读分类标签，且更有利于排版。

3）折线图：通常用于描绘连续数据，表示数据随时间的变化趋势。横坐标为时间，侧重于表现数据的变化情况。

4）饼图：主要用于显示整体的组成比例，整个圆表示整体，圆内扇形的角度表示各部分占整体的百分比。通过扇形面积大小，可以清楚地了解各部分和整体的关系。一般饼图的最大份额部分从 12 点钟方向开始。

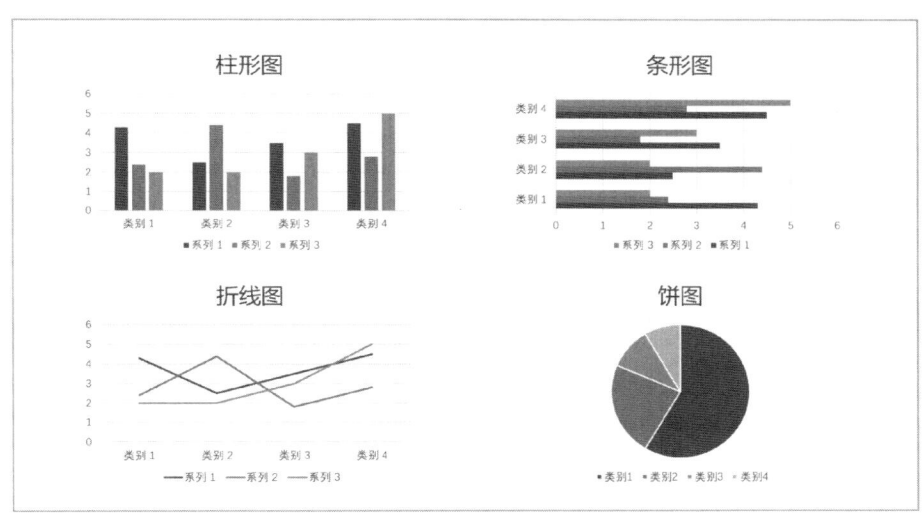

图 3-2-24　柱形图、条形图、折线图、饼图

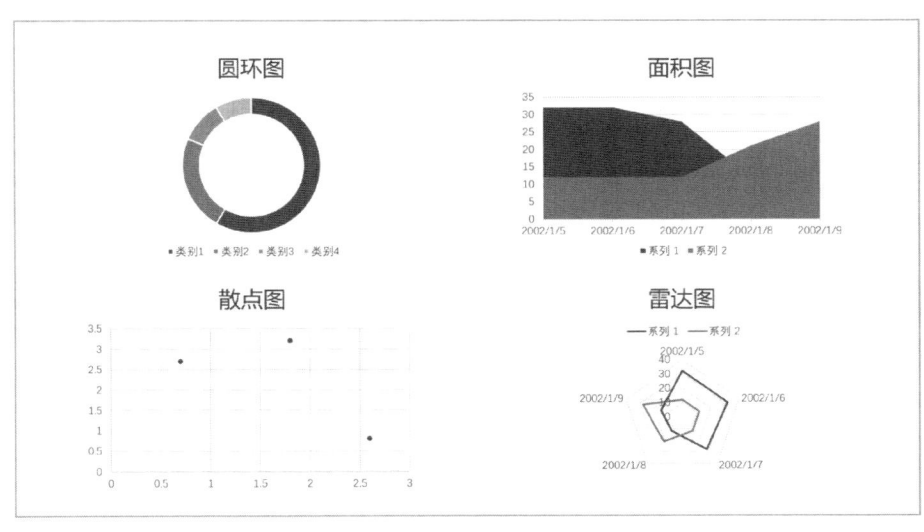

图 3-2-25　圆环图、面积图、散点图、雷达图

5）圆环图：与饼图用法类似，整体用一个圆环表示，圆环中的一段表示某个部分。相较于饼图，圆环图可利用圆环中的镂空区域放置百分比数据或其他信息。

6）面积图：又称区域图，常用于显示数据的变化量，强调数据随时间而变化的积累程度，通过显示数据的总和值，还可直观展示部分与整体的关系。

7）散点图：又称散布图，是指数据点在直角平面坐标系上的分布图，横坐标与纵坐标均显示数据，表示因变量随自变量变化的趋势，或两个变量之间的关系。

8）雷达图：又称网络图或蜘蛛图，用于多维度数据的比较分析。一般有三项以上数据即可制作雷达图，可观察数据实际值与参照值间的偏离程度。

（2）图表编辑：在"插入"选项卡"插图"组中单击"图表"按钮，在弹出的"插入图表"对话框中可选择恰当的图表类型。插入图表后，在"图表工具"的"设计"选项卡中，"图表样式"组可更改当前图表的整体外观样式；"图表布局"组可对图表中包含的图表标题、坐标轴、网格线、数据标签、图例等元素进行添加、修改或删减；"数据"组则可对图表中展示的数据进行编辑和修改（图3-2-26）。

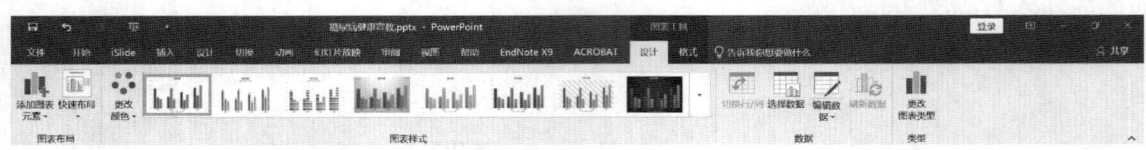

图 3-2-26　图表设计选项卡

在"图表工具"的"格式"选项卡中，可对图表中呈现数据的形状、标题、图例等相关文本信息进行颜色、样式、效果等方面的修改（图3-2-27）。

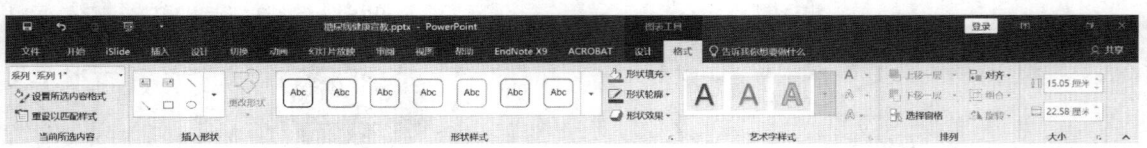

图 3-2-27　图表格式选项卡

（3）SmartArt 工具：在第三章第一节中，介绍了 SmartArt 作为一个逻辑图形工具，是承载并展示内容的一种表现形式。幻灯片的内容可用 SmartArt 工具中适当的图形表示出来，从而更清晰地展示幻灯片的逻辑关系，实现更直观的视觉效果。

PowerPoint 中 SmartArt 工具包含的逻辑图形种类与 Word 相同。单击"插入"选项卡"插图"组中的"SmartArt"，选择某个逻辑图形，即可在幻灯片中插入 SmartArt 图形。在"SmartArt 工具"的"设计"选项卡中，"SmartArt 样式"组可更改图形的总体外观样式和形状颜色；"创建图形"组可实现添加或删除形状、为项目升级或降级、移动项目位置等功能（图3-2-28）。

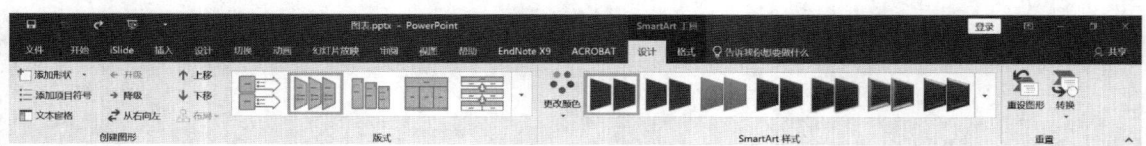

图 3-2-28　SmartArt 设计选项卡

在"SmartArt 工具"的"格式"选项卡中，可对图形中的形状样式、大小、颜色、效果以及文字的颜色、效果进行调整修改（图3-2-29）。

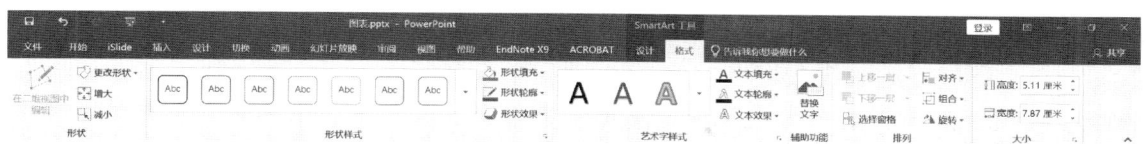

图 3-2-29　SmartArt 格式选项卡

任务八：对"糖尿病健康教育"幻灯片第 5 页（糖尿病的饮食）中的内容进行梳理排版。

原始幻灯片如图 3-2-30 所示，相关数据借助文本呈现，无法让观众直观、迅速地理解并归纳数据所传达的信息。

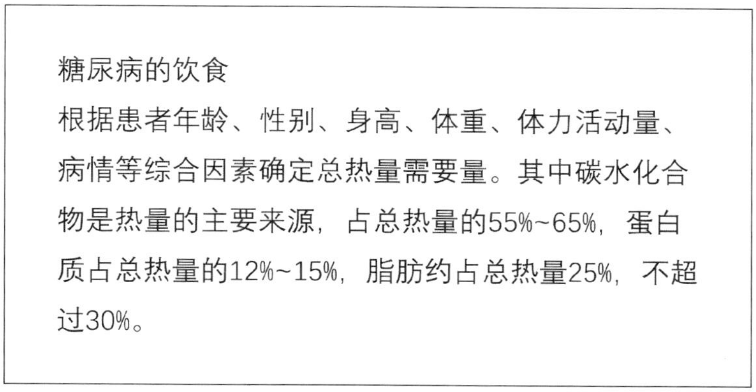

> 糖尿病的饮食
> 根据患者年龄、性别、身高、体重、体力活动量、病情等综合因素确定总热量需要量。其中碳水化合物是热量的主要来源，占总热量的55%~65%，蛋白质占总热量的12%~15%，脂肪约占总热量25%，不超过30%。

图 3-2-30　糖尿病的饮食幻灯片修改前

根据文本内容，数据描述的是饮食结构中各种营养成分所占的比例，因而此处选择圆环图来展示数据；由于图表的价值在于简单、高效、精准地传递数据信息，设计图表时应突出和增强数据元素，弱化或减少非数据元素，因而此处删除图表标题、图例等非数据元素，只保留圆环图本身；对圆环图中需要突出显示的数据部分用亮色填充，参照信息用灰色显示，即可将重点信息凸显出来。修改后的幻灯片如图 3-2-31 所示。

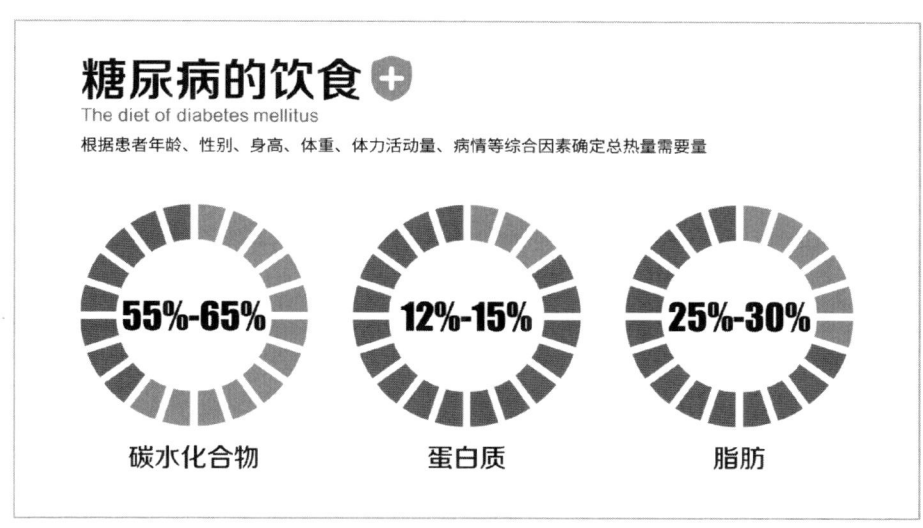

图 3-2-31　糖尿病的饮食幻灯片修改后

二、动画设计之心脏讲解

例 3-2-2：在 PowerPoint 2019 中，创建"心脏知识讲解"演示文稿。

心脏是人体最重要的器官之一，可为血液循环提供必要的动力，是维持生命活动的根本。利用演示文稿制作软件，设计"心脏知识讲解"幻灯片，可清晰、形象地向医学生介绍心脏的形状、结构等知识点。

（一）3D 模型

在 PowerPoint 2019 以上版本中，选择"插入"→"3D 模型"→"从在线来源"，点击即可打开 3D 模型库，其中包含了丰富的 3D 模型素材，但目前只支持英文搜索，如图 3-2-32 所示。

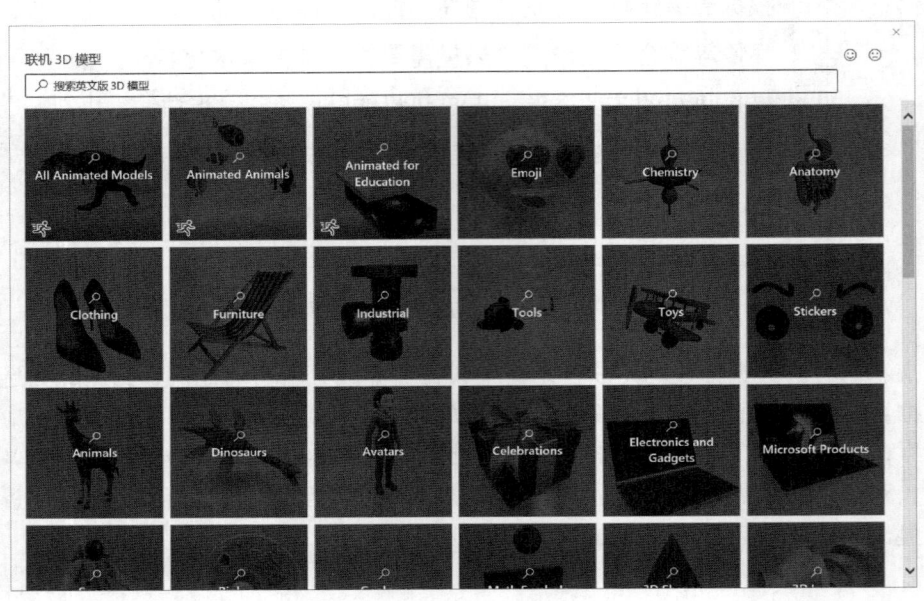

图 3-2-32　3D 模型素材库

在部分 3D 资源类别的左下角有个运动的小人图标，这类资源是动画 3D 模型素材，没有图标的则是普通的静态 3D 模型素材。

选择某个 3D 模型素材插入到幻灯片中，选中模型中间的旋转按钮，按住拖动即可任意调整其方向和角度，通过 360° 旋转，可从各个视角对该模型展开观察（图 3-2-33）。

任务九：新建演示文稿第 1 页，插入心脏 3D 模型，插入后续 2 页，将心脏模型的大小、方向、角度、位置等进行调整，分别放置于后 2 页幻灯片中。

在 3D 素材库中选择心脏模型，插入到第 1 张幻灯片中，并复制该幻灯片 2 次。在后续的 2 页幻灯片中，通过模型中间的旋转按钮，调整模型摆放的角度，变换展示心脏模型的不同位置，同时加入相应的文本内容。创建的 3 页幻灯片如图 3-2-34 所示。

（二）动画效果

PowerPoint 提供了多种动画效果，可分为元素动画与切换动画两类。

1. 元素动画　　一张幻灯片中通常包含文本框、形状、图片等多个元素对象，元素动画是

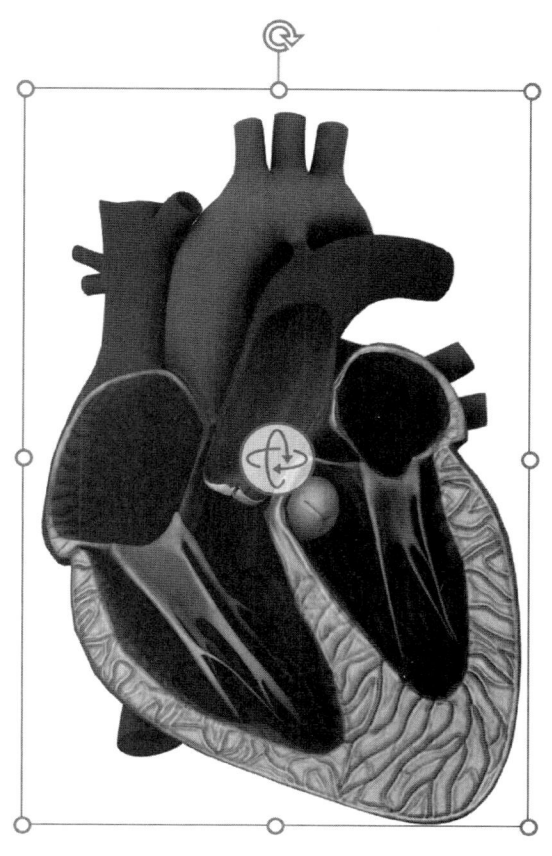

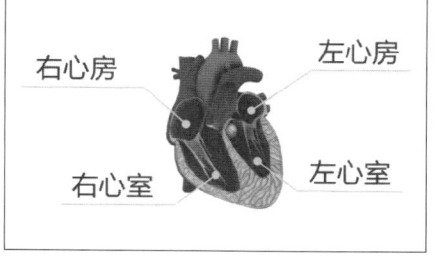

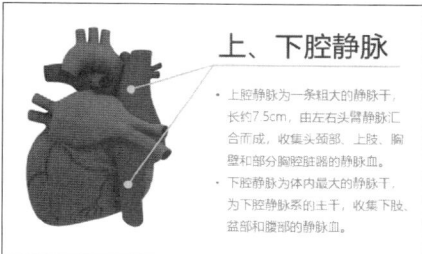

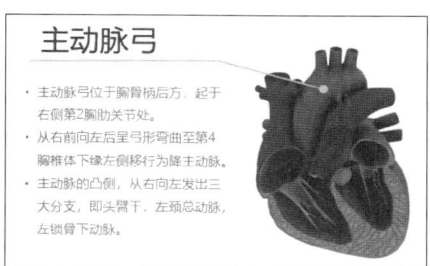

图 3-2-33　心脏 3D 模型　　　　　　　　　　图 3-2-34　心脏讲解幻灯片

针对这些对象进行设置动画效果。

PowerPoint 内置的四种基础元素动画包括进入、强调、路径和退出。进入动画是指元素在页面中以何种方式出现或生成；强调动画用于已生成的元素，通过旋转、缩放、闪烁等形式突出元素，但元素位置不会发生变化；路径动画同样用于已生成的元素，通过移动元素产生相应的动画效果；退出动画是指元素以何种形式退出幻灯片。可根据需要实现动画效果，将四种动画搭配组合使用。

选中幻灯片中待设置的对象，单击"动画"选项卡，即可在"动画"组中选择任意一种动画效果，应用于当前选择的对象，如图 3-2-35 所示。同时可在"效果选项"中对当前效果的方向、形状、序列等进行调整。

图 3-2-35　动画选项卡

点击"高级动画"组中的"动画窗格"按钮，可显示当前幻灯片中设置动画效果的所有对象以及这些动画效果出现的顺序、时间与触发形式。在"动画窗格"中可对动画效果的播放顺序进行调整；对于某个动画效果，单击右键，选择"效果选项"，在弹出的对话框内即可对效果的出现形式、效果持续时间等进行修改，如图3-2-36所示。

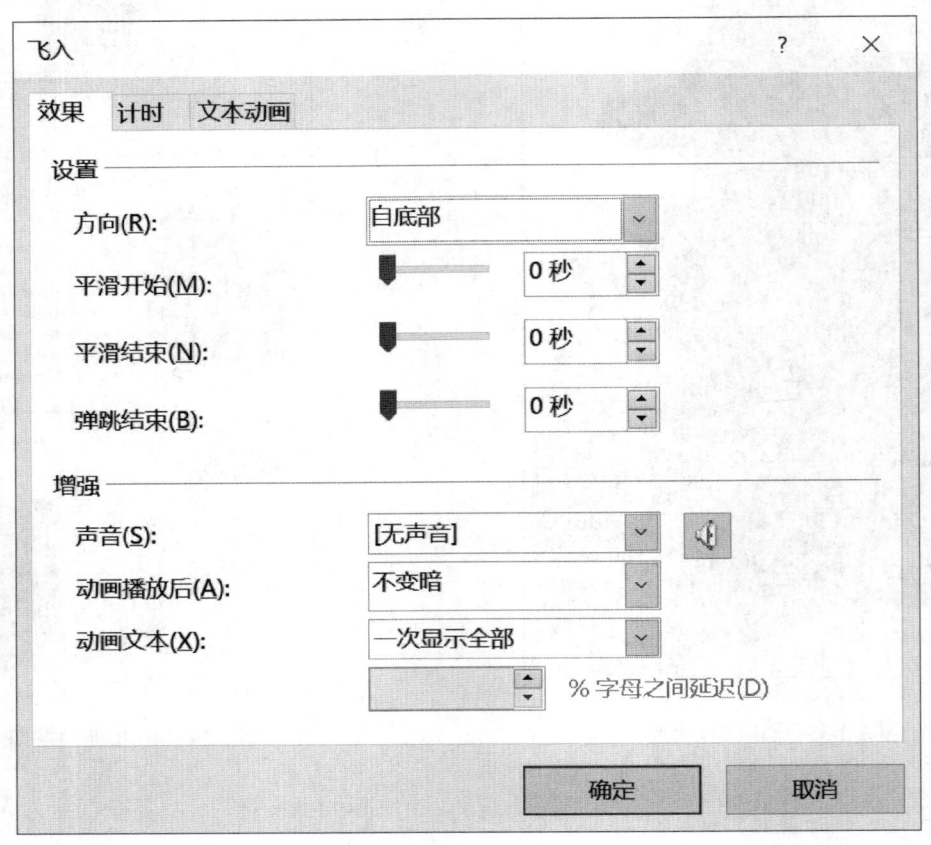

图 3-2-36　动画效果选项

任务二：为心脏讲解幻灯片中的心脏模型及相关文本内容添加的适宜的动画效果。

针对3D模型，除了基础的元素动画之外，PowerPoint还提供了模型的三维动画效果，其中"动画"组前五个效果为模型动画，如图3-2-37所示。

图 3-2-37　3D模型三维动画效果

可为第1页中的心脏模型选择进入动画。同时可点击"效果选项"，对3D模型动画效果的方向、强度、旋转轴等进行选择修改，如图3-2-38所示。

对于幻灯片中的引导线，选择"擦除"动画，从圆点位置处开始，利用"擦除"动画延伸出引导线，方便引出后续的文字内容。其中向不同方向延伸的引导线可通过"擦除"效果选项进行调整。文字内容选择"淡出"动画，衔接在引导线"擦除"动画之后。

针对第1页幻灯片，根据以上设置，共包含1个三维动画，4个引导线"擦除"动画，及4个文字"淡出"动画。在动画窗格中，可看到9个动画效果的前后顺序，并且每个动画的播

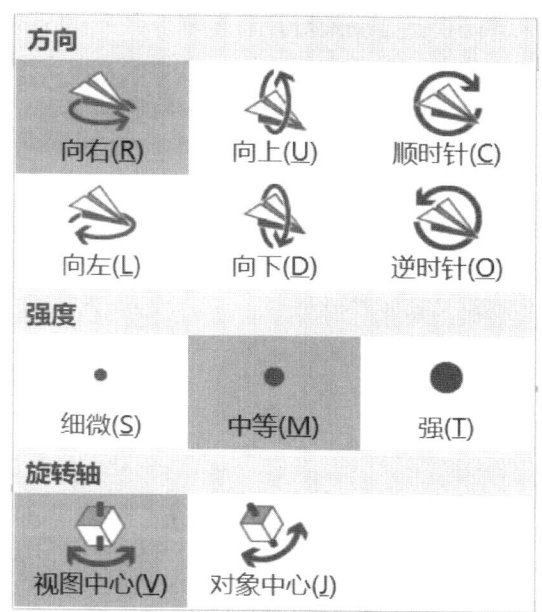

图 3-2-38　三维动画效果选项

放设置为"上一动画之后",即可实现按顺序自动播放 9 个动画效果,如图 3-2-39 所示。

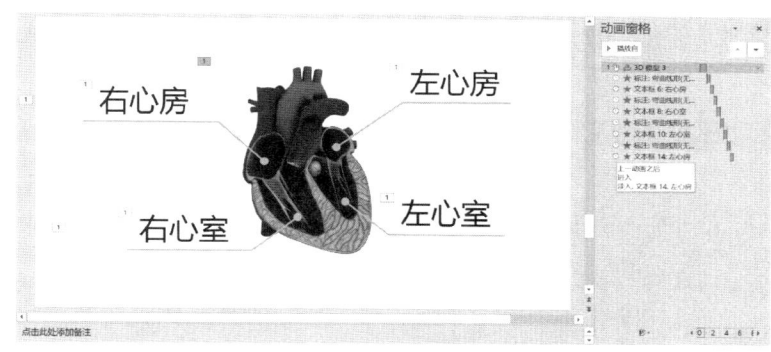

图 3-2-39　心脏幻灯片动画窗格

其余 2 页幻灯片中的引导线和文字部分,可参照第 1 页幻灯片中相同素材的动画效果进行同样设置。

2. 切换动画　在幻灯片的放映过程中,放映完一页之后,对于当前页以何种方式消失,下一页以何种方式出现,需要设置切换动画,以实现幻灯片页与页之间的转场效果。

在幻灯片浏览视图中,选中要添加切换效果的幻灯片,单击"切换"选项卡,在"切换到此幻灯片"组的样式列表中可选择所需的切换效果,如图 3-2-40 所示。此外,"计时"组可设置切换效果的速度、声音及换片方式。

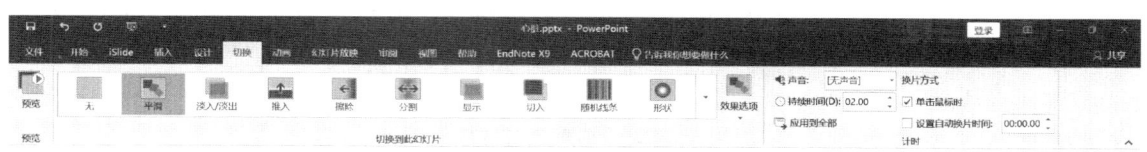

图 3-2-40　切换选项卡

PowerPoint 2019 及以上版本中增加了"平滑"切换效果,使得一张幻灯片到另一张幻灯片的平滑移动具有动画效果，前提是 2 张幻灯片需要至少一个共同的对象。最简单的操作方式是复制幻灯片，将第 2 页幻灯片上的对象进行位置、大小、方向、颜色等方面的调整，之后对第 2 页幻灯片应用"平滑"切换，即可查看"平滑"如何自动形成对象的变化过程。

任务三：为心脏讲解幻灯片中的后 2 页幻灯片添加适宜的切换效果。

"平滑"切换会根据 2 页对象的差异，自动生成动态切换效果，因此 3D 模型经常与"平滑"切换组合应用。

由于在 3 页幻灯片中已经设置完成心脏模型的大小、位置与角度，即可直接选择后 2 页幻灯片对其应用"平滑"切换效果，单击"预览"可查看"平滑"切换产生的自然过渡效果。

三、其他功能

除了幻灯片的基础操作、素材处理及动画效果之外，PowerPoint 还提供添加音频或视频、自定义幻灯片母版、添加页眉和页脚、制作超链接、隐藏幻灯片等功能。

（一）添加音频或视频

1. 音频对象　选择"插入"选项卡，单击"媒体"组中的"音频"选项，在弹出的"插入音频"对话框中选择磁盘中声音文件所在的位置，之后单击对话框中的"插入"按钮，即可在幻灯片中插入一个喇叭图标及播放条，如图 3-2-41 所示。在幻灯片放映视图中，可以通过单击播放条上"播放/停止"按钮以及音量按钮等对播放的声音进行实时控制。

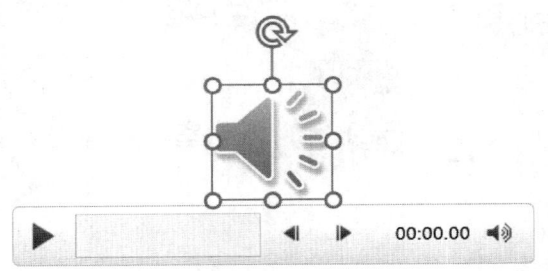

图 3-2-41　音频图标

选择幻灯片中的喇叭图标，在主选项卡中会出现"音频工具"选项卡组。在"格式"选项卡中可设置喇叭图标的样式，其方式与设置图片格式类似；在"播放"选项卡，"音频选项"组的"开始"下拉列表中提供了"自动""单击时""跨幻灯片"三种音频播放的开始方式。勾选"放映时隐藏"选项，可在幻灯片放映视图中隐藏声音图标；勾选"循环播放，直到停止"选项，可实现在幻灯片放映视图中音乐贯穿演示文稿的始终；"播放完毕返回开头"选项则表示在放映过程中该音频只播放一次，如图 3-2-42 所示。

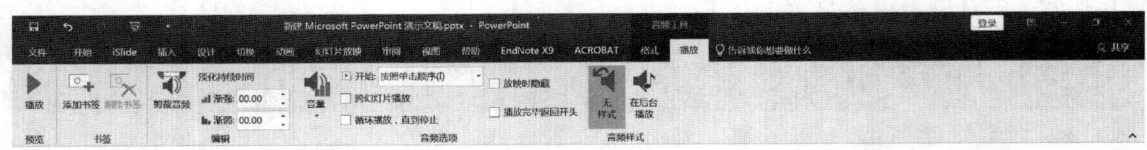

图 3-2-42　音频播放选项卡

对插入的声音对象，PowerPoint 还提供了简单的剪辑功能。单击"播放"选项卡中的"剪裁音频"按钮，弹出如图 3-2-43 所示对话框。在对话框中可通过拖动左右滑块，对声音文件设置播放的起始位置和终点位置，也可设置开始时间和结束时间，从而对插入的音频进行剪裁操作。

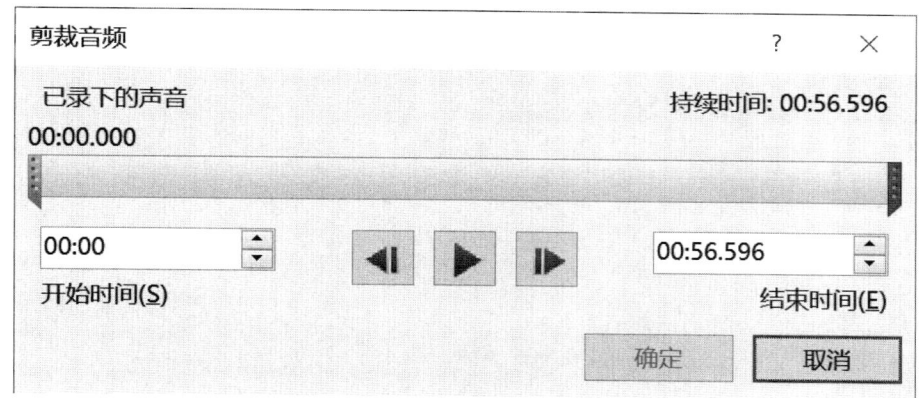

图 3-2-43　剪裁音频对话框

2．视频对象　　幻灯片中可插入扩展名为 avi、mov、mpg、mpeg、wmv 等多种格式的视频，也可插入扩展名为 swf 的 flash 文件。

单击"插入"选项卡"媒体"组中的"视频"选项，在下拉列表中可选择在幻灯片中插入联机或本地视频。选择插入的视频文件，出现"视频工具"选项卡组，如图 3-2-44 所示。在其中"格式"与"播放"选项卡中可对插入的视频文件进行剪辑、设置视频播放方式及视频外观样式等操作，操作方法与对音频文件的操作类似。

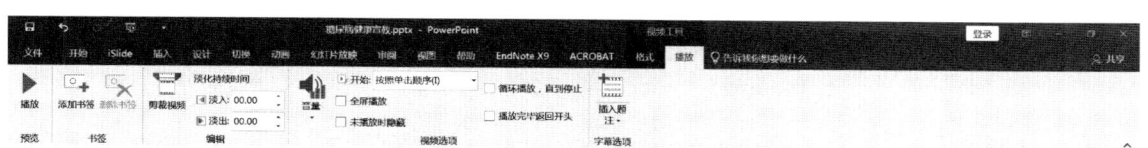

图 3-2-44　视频播放选项卡

（二）自定义幻灯片母版

母版可以用来制作具有统一标志和背景的幻灯片，设置其标题和主要文字的格式。

例如，需要某些图形或文本在每张幻灯片中出现，如学校徽标或院系名称等，用户就可将它们放在幻灯片母版中。

选择"视图"选项卡"母版视图"组中的"幻灯片母版"选项，打开"幻灯片母版"视图，如图 3-2-45 所示。

选择"插入"选项卡"图像"组中的"图片"选项，弹出"插入图片"对话框，选择学校徽标图片文件所在的位置，单击"插入"按钮，徽标图片即可出现在幻灯片母版中央，之后可调整其位置和大小，并且可通过图片选项卡中的各种选项对图片对象进行设置，如增加或减少图片的亮度、对比度等。

设置完毕后，单击母版工具栏中的"关闭母版视图"命令按钮，回到当前的幻灯片视图中，就会看到每张幻灯片或当插入一张新幻灯片时，都会带有所插入的学校徽标图片。

（三）添加页眉和页脚

幻灯片母版中还可以添加页眉和页脚。页眉和页脚分别指幻灯片文本内容上方和下方的信息。可以利用页眉和页脚来为每张幻灯片添加日期、时间、编号和页码等。

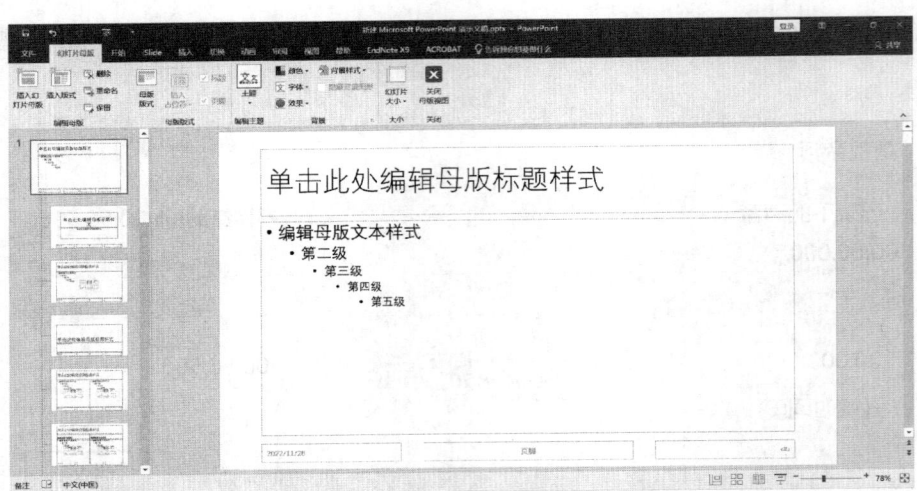

图 3-2-45　幻灯片母版

选择"插入"选项卡,单击"文本"组中"页眉和页脚"选项,弹出如图 3-2-46 所示的"页眉和页脚"对话框,在对话框中选择幻灯片选项卡。

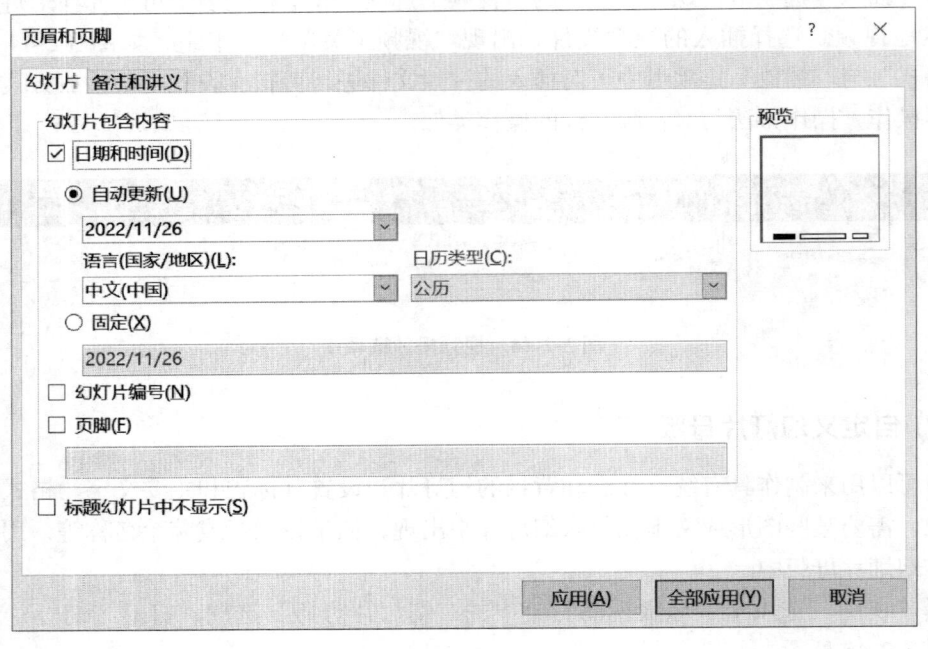

图 3-2-46　页眉和页脚

"日期和时间"选项下包含"自动更新"与"固定"两种选择,其中"自动更新"可实现添加日期与幻灯片放映时的日期一致,"固定"则显示输入的具体日期并且不会发生改变。

"幻灯片编号"选项可自动在演示文稿的页眉处添加编号,并且当删除或增加幻灯片页数时,编号会自动更新。

勾选"页脚"复选框时,可在下边文本框中输入文字内容,如输入"××大学××学院",则在每张幻灯片的页脚都将出现该文本。

如果第 1 页为标题页且不需要以上内容,则勾选对话框下部的"标题幻灯片中不显示"选项即可。

如果要更改页眉和页脚的位置、大小等,可在幻灯片母版中对页眉和页脚的格式进行设置。打开"幻灯片母版",单击要改变页眉和页脚的占位符,使其成为选中状态,当鼠标指向它,指针变成十字箭头时,可将其拖动到幻灯片任意位置,选中其中的文字后可改变字体、字号、颜色等。

(四)制作超链接

超链接的起点可以是任何文本、图片等对象,被设置成超链接起点的文本会添加下划线,在幻灯片放映视图中,鼠标移动到已设置超链接的文本或图像处,会变成小手形状,此时单击鼠标可以激活超链接,跳转到链接内容处。创建超链接的方法有两种:使用"超链接"选项或者插入"动作按钮"对象。

1. 使用"超链接"选项 如果跳转位置是同一演示文稿的某张幻灯片,操作步骤如下:

(1) 在幻灯片普通视图中选择代表超链接起点的对象。

(2) 在"插入"选项卡中,选择"链接"组中的"超链接"选项,弹出"插入超链接"对话框,如图 3-2-47 所示。

图 3-2-47 插入超链接对话框

(3) 在对话框左边的"链接到"框中,单击"本文档中的位置",在"请选择文档中的位置"框中选择所要链接的幻灯片,此时可在右边"幻灯片浏览"框中看到该幻灯片的内容,选择"确定"后,链接成功。在幻灯片放映视图中,鼠标指向超链接的起点,单击鼠标,将跳转到之前选中的幻灯片。

如果跳转的位置为其他演示文稿或 Word 文档、Excel 电子表格等,在第(3)步"链接到"框中,单击"现有文件或网页",选择相应文件所在的位置即可实现链接。

2. 插入"动作按钮"对象 在"插入"选项卡中,选择"插图"组中的"形状"选项,在下拉列表中选择"动作按钮",将其添加到幻灯片中,同时弹出"操作设置"对话框,如图 3-2-48 所示,在"超链接到"选项中选择链接的对象,如"下一张幻灯片"等,即可实现超链接功能。

(五)隐藏幻灯片

在放映演示文稿时,常会出现以下情况:放映演示文稿时不想显示某些幻灯片,但暂时不想把这些幻灯片从演示文稿中删除;使用超链接时,被链接的幻灯片已经播放过,而在顺序播放时,不希望这些幻灯片再次出现。使用幻灯片中的"隐藏"功能即可满足上述需求。

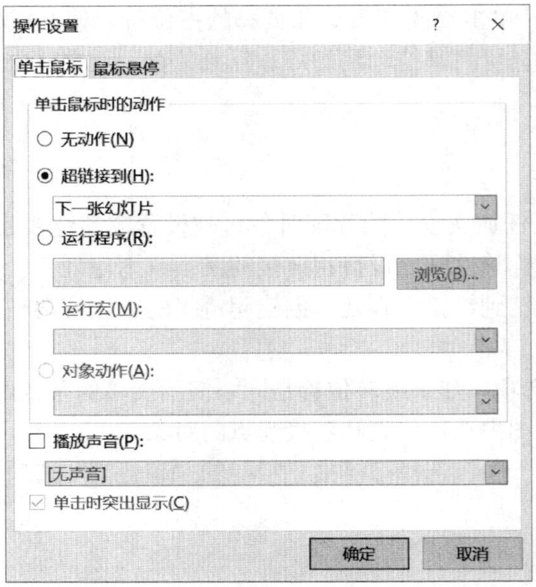

图 3-2-48　动作按钮操作设置

在幻灯片普通视图左边的幻灯片选项卡中选中需要隐藏的幻灯片，右键单击鼠标，在弹出的快捷菜单中选择"隐藏幻灯片"，此时幻灯片的左侧编号被斜线划去。如需取消隐藏，则选中设置隐藏的幻灯片，单击鼠标右键，在弹出的快捷菜单中再次选择"隐藏幻灯片"即可（图3-2-49）。

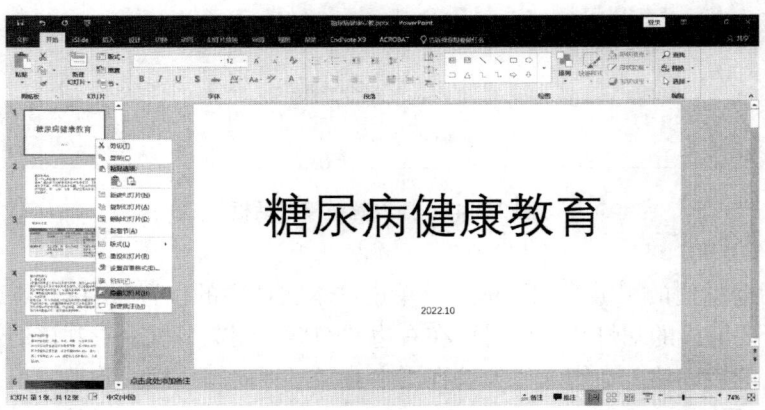

图 3-2-49　隐藏幻灯片

（六）插入"节"

PowerPoint 可以按照用户的需要将整个演示文稿分节。如图 3-2-50 所示，选中需要插入"节"的幻灯片，在"开始"选项卡的"幻灯片"组中选择"节"选项，在弹出的下拉列表中选择"新增节"，即可将当前幻灯片之前与之后的其他幻灯片进行分区。

在幻灯片浏览视图中，可以看到当前演示文稿的分节信息，便于管理（图 3-2-51）。

（七）打印演示文稿

演示文稿除了可以放映外，还可打印为书面材料。选择"文件"→"打印"选项，在窗

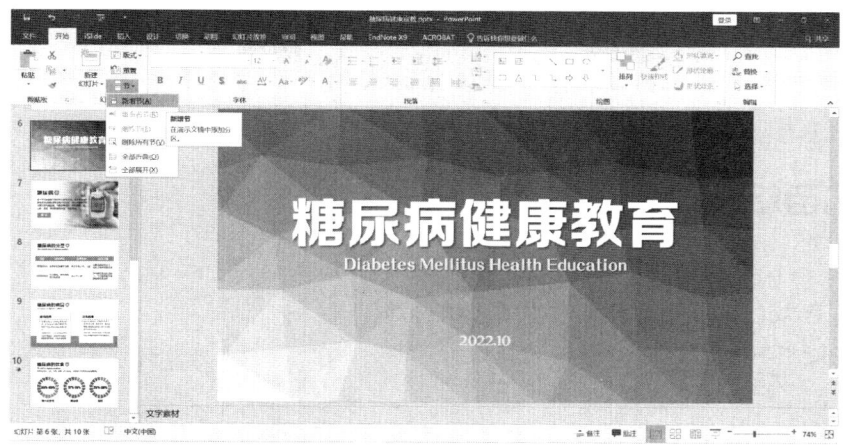

图 3-2-50　插入"节"选项

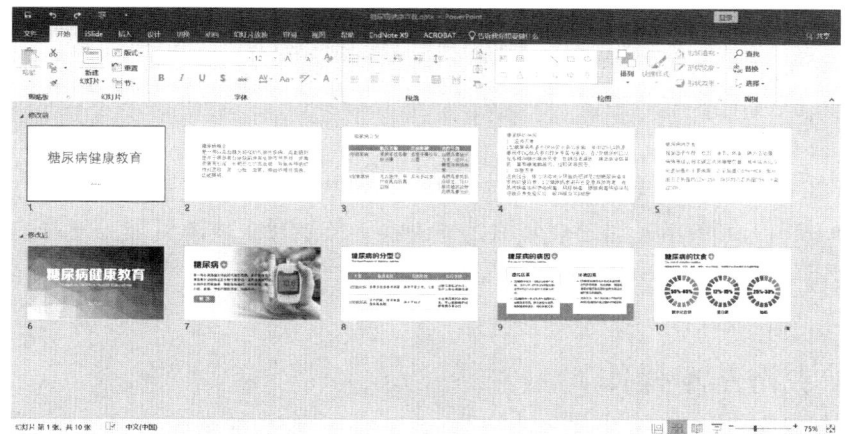

图 3-2-51　分节管理效果

口中可选择打印的份数,也可设置演示文稿打印的范围以及每张纸上打印幻灯片的张数等(图 3-2-52)。

图 3-2-52　打印选项窗口

(王　晨)

第三节　数据处理与分析

学习目标

1. 知识
(1) 熟悉 Excel 2019 电子表格的基础知识内容。
(2) 掌握使用 Excel 2019 对医学数据进行计算、处理、分析及可视化的方法。
2. 能力
(1) 能够综合运用 Excel 所提供的公式、运算符和函数等。
(2) 提高对医学数据的综合分析和可视化等深入的操作能力。
3. 素养
(1) 培养学生的实践能力和逻辑思维能力，促进学生的个性发展。
(2) 培养学生树立自主学习、终身学习的观念，具有科学态度、创新和分析批判精神。

在 Office 2019 系列办公软件中，通常使用 Excel 2019 软件来完成对数据的处理与分析。本节将对 Excel 2019 的工作界面进行介绍，并讲解工作表及工作簿管理等一些基本操作方法。掌握本节的知识是轻松使用 Excel 2019 的基础。

一、电子表格基本操作

1. Excel 2019 工作界面简介　Excel 2019 启动后即进入 Excel 的工作界面，如图 3-3-1 所示。其工作界面包括快速访问工具栏、工作簿名称、搜索栏、选项卡、功能区、组、名称框、编辑栏、工作表编辑区、工作表标签、状态栏、视图模式与显示比例等。

图 3-3-1　Excel 2019 工作界面

(1) 快速访问工具栏：快速访问工具栏是一个可自定义的工具栏，它包含一组独立于当前显示的功能区中选项卡的命令，可以在快速访问工具栏中添加代表相关命令的按钮。

(2) 工作簿名称：启动 Excel 2019 后，单击"空白工作簿"，系统将建立一个名为"工作

簿1"的文件。工作簿是计算和存储数据的文件，一个工作簿就是一个Excel文件。工作簿的默认扩展名为".xlsx"。

（3）名称框和编辑栏

1）名称框：用于定义、显示活动单元格的名称。若当前选中的是一个单元格区域，则名称框中显示的是所选中的单元格区域左上角第一个单元格的名称。

2）编辑栏：用于显示、编辑活动单元格中的内容或公式。编辑栏左端有"×""√"和"f_x"三个按钮。其中"×"表示取消，单击该按钮可以取消编辑；"√"表示确定，单击该按钮可以确定编辑；"f_x"则表示插入函数，单击该按钮可以插入函数。

（4）工作表区与单元格

1）工作表区：是指用于输入、编辑、存放数据的表格区域，它也是制作表格和图表的工作区域，由 1 048 576 行和 16 384 列组成。每一列的顶端显示该列的列标，列标用大写英文字母表示，从 A ~ Z（Z 列之后是 AA ~ ZZ，而后是 AAA ~ XFD）。需要说明的是，在 xls（Excel 97-2003）格式中最大仅支持 65 536 行和 256 列。

2）单元格：在每张工作表中可以看到许多小格子，每个格子就是一个单元格，它是组成工作表的基本单位。默认情况下，单元格用它的列号加上行号来命名，如位于第 A 列第 1 行的单元格名称为 A1，位于第 B 列第 10 行的单元格名称为 B10。活动单元格是指当前选中或正在编辑的单元格，也称当前单元格。

（5）工作表标签：工作表标签用于标识和显示工作表的名称。单击某一个工作表标签就表示选定了该工作表，被选定的工作表标签背景由灰色变成白色，以区分其他未被选定的工作表。新建一个工作簿时，默认有一张名称为"Sheet1"的工作表，可以单击"+"按钮添加工作表。工作簿由一张或多张工作表组成，每张工作表都可以进行编辑，多张工作表可以保存在一个工作簿文件中。

（6）视图模式与显示比例：视图模式与显示比例位于工作界面的右下角，视图模式有"普通视图""页面视图"和"分页预览"三种视图方式。显示比例工具用于放大或者缩小工作表的显示区域。

2．工作簿的基本操作

（1）创建工作簿：启动 Excel 2019 时，系统将自动提供创建工作簿的方式。用户自己创建工作簿主要有两种方式，分别是建立空白工作簿和根据模板建立工作簿。

1）建立空白工作簿：选择"文件"菜单中的"新建"选项，打开图 3-3-2 所示的窗口，单击"空白工作簿"即可。

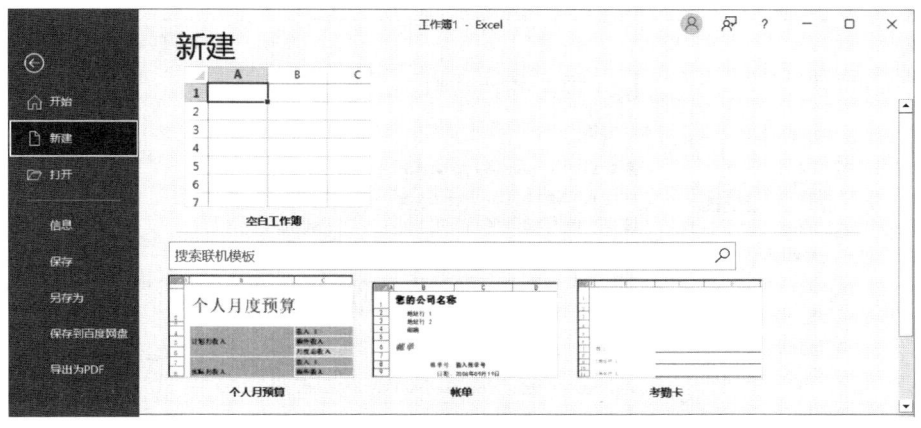

图 3-3-2 "新建工作簿"界面

2）根据模板建立工作簿：选择"文件"菜单中的"新建"选项，在 Excel 界面右下方就会展示出很多表格模板，可以选择需要的模板样式创建工作簿。

（2）保存工作簿

1）保存新建工作簿：选择"文件"菜单中的"保存"选项，或者按 Ctrl + S 组合键，打开如图 3-3-3 所示的"保存此文件"窗口，然后输入工作簿的名称，选择磁盘中的存储位置，再单击"保存"按钮即可。

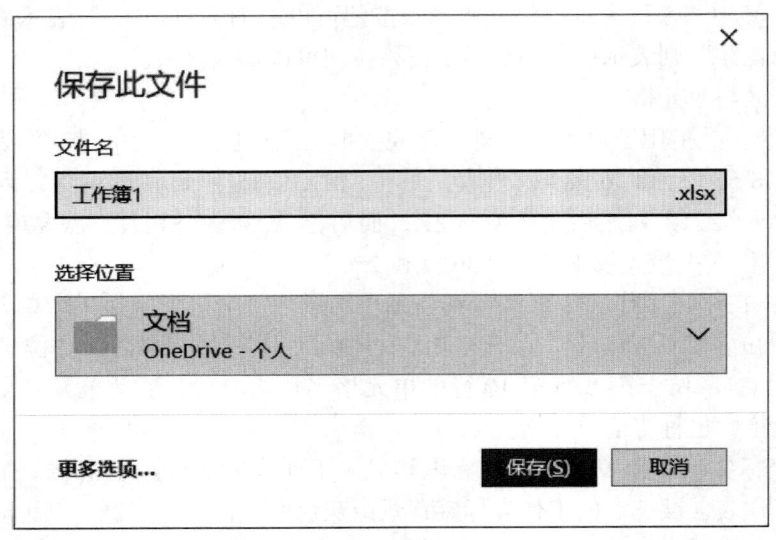

图 3-3-3 "保存此文件"对话框

2）自动保存工作簿：用户在编辑 Excel 表格的过程中，可能会出现断电、系统不稳定、操作失误、Excel 程序崩溃等情况，导致还没保存工作簿 Excel 就意外关闭了，而 Excel 的自动保存功能则能很好地解决这些问题。具体操作步骤如下：

①打开 Excel 工作簿，选择"文件"菜单中的"选项"选项。

②在打开的"Excel 选项"对话框中单击"保存"选项卡，在"保存工作簿"区域中选中"如果我没保存就关闭，请保留上次自动恢复的版本"复选框，在"自动恢复文件位置"的文本框中输入文件要保存的位置。注意"保存自动恢复信息时间间隔"的复选框是默认选中的，在其后的微调框中用户可以对信息保存的间隔时间进行设置，默认是 10 分钟（图 3-3-4）。

③单击"确定"按钮退出当前对话框，自动保存功能完成设置并开启。在工作簿编辑的过

图 3-3-4 "Excel 选项"对话框

程中，Excel 会根据设置的间隔时间保存当前工作簿的副本。

（3）打开工作簿：选择"文件"菜单中的"打开"选项，或者按 Ctrl + O 组合键，打开如图 3-3-5 所示的"打开"界面，然后找到需要打开文件的位置或者浏览位置，在"打开"对话框中选中需要打开的文件，单击"打开"按钮即可。

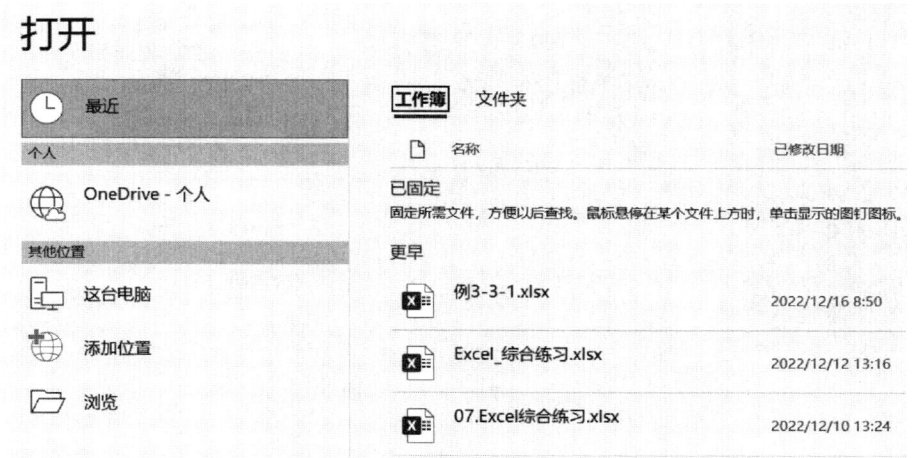

图 3-3-5 "打开"界面

（4）导出：选择"文件"菜单中的"导出"选项，打开如图 3-3-6 所示的"导出"界面，选择导出文件的类型。导出文件为 PDF/XPS 类型，可以选择"创建 PDF/XPS 文档"选项，再单击"创建 PDF/XPS"按钮，弹出"发布为 PDF/XPS"对话框，输入文件名，选择文件保存路径，选择文件类型 PDF/XPS，然后单击"发布"按钮。如果导出文件为其他类型，可以选择"更改文件类型"选项，选择需要导出的文件类型，然后单击"另存为"按钮，弹出"另存为"对话框，输入文件名，选择文件保存路径，最后单击"保存"按钮。

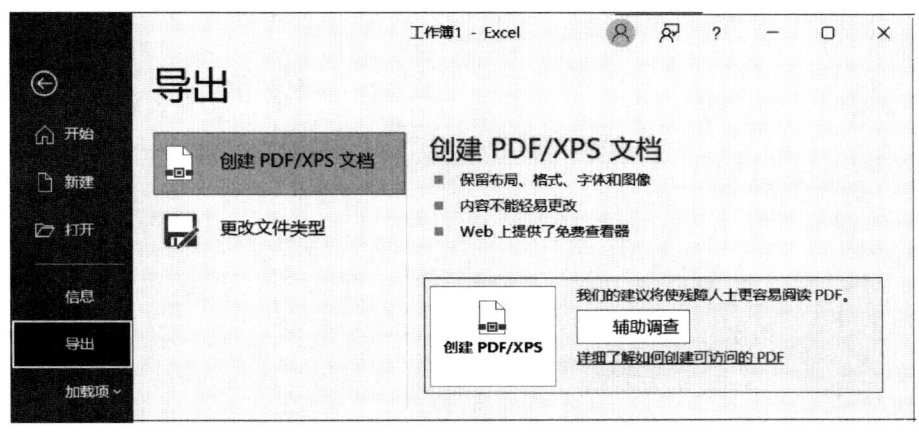

图 3-3-6 "导出"界面

（5）共享：选择"文件"菜单中的"共享"选项，打开如图 3-3-7 所示的"共享"界面，选择共享方式。选择"与人共享"选项，按照提示的操作步骤，然后单击"保存到云"按钮，可以将文档共享到云空间；选择"电子邮件"选项，然后选择邮件的发送方式，Excel 将自动调用 Outlook 软件，将文档以电子邮件的方式进行发送。

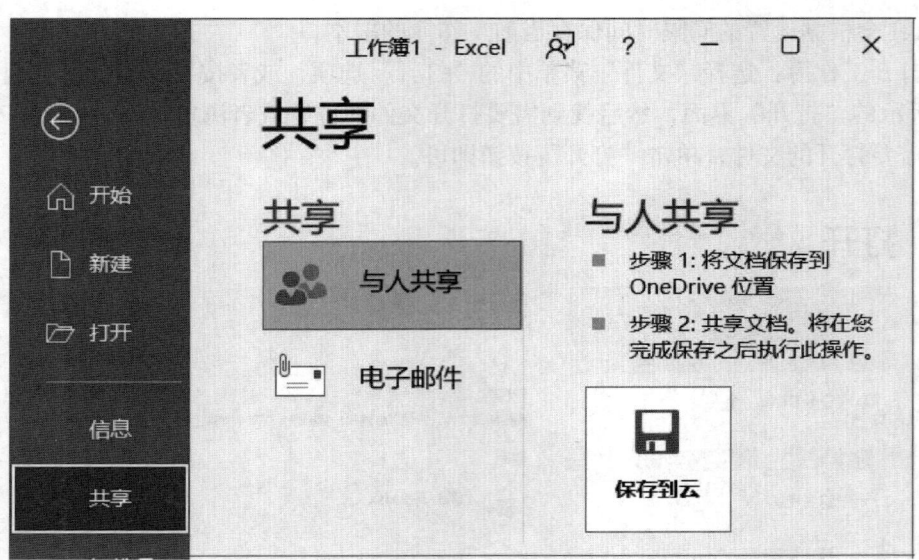

图 3-3-7 "共享"界面

(6) 关闭工作簿：选择"文件"菜单中的"关闭"选项，或者按 Ctrl + W 组合键，可以关闭当前工作簿。当退出 Excel 2019 时，所有打开的工作簿都将随之关闭。需要说明的是，若关闭未保存的新工作簿或修改过的已有工作簿，会弹出 Excel 提示框，提示用户对工作簿进行保存。

3．数据的输入与编辑

例 3-3-1：建立"学生成绩表"工作表，如图 3-3-8 所示。

	A	B	C	D	E	F	G	H
1	学生成绩表							
2	编号	姓名	机能学实验	医学微生物学	局部解剖学	总分	名次	简评
3	01	柳英楠	65	91	79			
4	02	李慕海	90	91	85			
5	03	祁良	78	61	59			
6	04	邓芳	82	80	90			
7	05	朱天涵	61	75	73			
8	06	王通	96	69	94			
9	07	杨冰	75	89	75			
10	08	胡长林	66	73	94			
11	09	罗洪彬	92	93	88			
12	10	蒋星明	71	80	78			
13	11	吴彦艳	80	84	82			
14	12	谢宇峰	75	65	74			
15	13	张石	67	46	64			
16	14	张克楠	53	79	80			
17	15	王思薇	73	60	72			
18	16	李烁	84	91	76			
19	17	刘毕胜	88	98	94			

图 3-3-8 "学生成绩表"的内容

(1) 单元格的选定

1) 单个单元格的选定：用鼠标单击待选定的单元格即可；也可按方向键←、→、↑、↓或 Tab、Enter 键选定单元格。

2) 选定相邻的多个单元格：先单击待选定单元格区域左上角的第一个单元格，然后按住鼠标左键拖曳鼠标指针到待选定单元格区域右下角的最后一个单元格进行选定。也可以先单击待选定单元格区域左上角的第一个单元格，再按住 Shift 键单击待选定单元格区域右下角的最后一个单元格。

3）选定不连续的单元格：先单击第一个待选定的单元格，然后按住 Ctrl 键再分别单击其他待选定的单元格。

4）行（或列）单元格的选定：要选定某单行（或列）单元格，则单击待选定行的行号（或选定列的列标）即可。

5）选定整个工作表的单元格：要选定整个工作表的单元格，则单击工作区左上角的全选按钮，或按 Ctrl + A 组合键即可。

（2）数据输入：在 Excel 工作表的单元格中，可以输入文本、数值、日期和时间、公式、函数等数据。一般将文本、数值、日期和时间称为常量数据或一般数据。

对于任何要输入的数据或要修改的数据，都要先单击待输入数据的单元格或待修改数据的单元格，使其变成活动单元格，然后才能输入数据或修改数据。当输入完数据或修改完数据后，都要按 Enter 键或单击编辑栏中的"√"按钮结束操作。若要取消数据的输入或修改，则按 Esc 键或单击编辑栏中的"×"按钮即可。

1）文本的输入：对于汉字以及非数字字符可以用键盘直接输入，输入完文本后按 Enter 键结束，输入的文本在单元格中居左对齐。

对于输入数字文本，例如 0101，首先要输入一个英文单引号，然后再输入数字文本，如输入 "'0101"。也可以采用先输入一个等号再用英文双引号将数字括起来的方法将数字文本输入单元格，如输入 "="0101""，这样 0101 才能作为数字文本且在单元格中居左对齐。

任务一：输入各项数据。

操作方法：在"Sheet1"工作表中的 A1 单元格中输入"学生成绩表"，按 Enter 键切换到 A2 单元格输入"编号"，按"→"键切换到 B2 单元格，输入"姓名"，以此类推，直到输入"简评"，然后选中 A3 单元格输入 "'01"，选中 A4 单元格输入 "'02"。注意，在"01"和"02"前面有一个英文的单引号，表示输入的数据为文本数据，如图 3-3-9 所示。

图 3-3-9　输入文本数据

2）数值的输入：用键盘输入数值，按 Enter 键结束输入，数值在单元格中居右对齐。输入的数值除 0～9 外，还可以是"+""-""E""e""¥""$""/""%""."以及千位分隔符号","。

3）日期和时间的输入：①日期格式为 yyyy/mm/dd、yy/mm/dd、yyyy-mm-dd 或 yy-mm-dd。例如输入 2022 年 10 月 1 日，可以输入 2022/10/01、22/10/01、2022-10-01 或 22-10-01，也可直接输入 2022 年 10 月 1 日。若要输入计算机系统当天日期可按"Ctrl + ;"组合键。②时间格式为 hh:mm:ss [AM/PM] 或 hh 时 mm 分 ss 秒 [AM/PM]。例如输入 11 时 30 分 25 秒，可输入 11:30:25 或直接输入 11 时 30 分 25 秒。也可加入"AM"和"PM"表示上午和下午，如输入 11:30:25 AM 或者 3:15:25 PM。若要输入计算机系统当时的时间可按"Ctrl + Shift + ;"组合键。

(3) 快速填充数据：想要快速录入数据，Excel 2019 还提供了快速输入与数据填充功能。首先我们来了解一下"填充柄"。在活动单元格或选定单元格区域右下角的绿色小方块"■"就是填充柄，当鼠标指针移到填充柄上时，鼠标指针就会变成 黑色十字"＋"。

任务二：使用填充柄完成编号的录入。

操作方法：选中 A3:A4 单元格区域，将鼠标指针移动到填充柄上并向下拖曳进行列填充，填充到 A19 单元格时松开鼠标，如图 3-3-10 所示。

	A	B	C	D	E	F	G	H
1	学生成绩表							
2	编号	姓名	机能学实验	医学微生物学	局部解剖学	总分	名次	简评
3	01							
4	02							
5	03							
6	04							
7	05							
8	06							
9	07							
10	08							
11	09							
12	10							
13	11							
14	12							
15	13							
16	14							
17	15							
18	16							
19	17							

图 3-3-10　录入编号数据

1）相同数据的快速输入：相同数据的连续填充可通过以下三步完成。
①选中数据单元格。
②将鼠标指针移动到填充柄上，此时鼠标指针变为黑色十字形状。
③按住鼠标左键不放，向同行或同列需要填充数据的单元格方向拖曳鼠标指针即可。
在不连续区域填充相同数据可通过以下三步完成。
①按住 Ctrl 键选中不连续单元格区域。
②在最后一个单元格中输入数据。
③按"Ctrl + Enter"组合键，即可完成数据输入。

2）有序数据的快速填充：Excel 2019 提供了一些有序列特征数据的自动填充，如星期一、星期二……其方法是只要在某单元格中输入一个数据，就可以选中该单元格，然后将鼠标指针移动到填充柄上，向同行或同列待填充数据的单元格方向拖曳鼠标指针即可。

除此之外，Excel 2019 还可以实现序列数据的填充，具体可通过以下操作步骤实现。
①选中待填充区域的第一个单元格，输入数据序列的起始值，如在 B2 单元格中输入 0。
②选中待填充的连续区域，如选中 B2:F2 单元格区域。
③选择"开始"选项卡"编辑"组中"填充"按钮的"序列"选项，打开"序列"对话框。
④在该对话框中选择需要的选项。例如在"序列产生在"栏中单击"行"单选按钮；在"类型"栏中单击"等差序列"单选按钮；在"步长值"文本框中输入"5"；在"终止值"文本框中输入"20"，如图 3-3-11 所示。需要说明的是，只有在选择"日期"类型时，"日期单位"栏中的选项才可用。

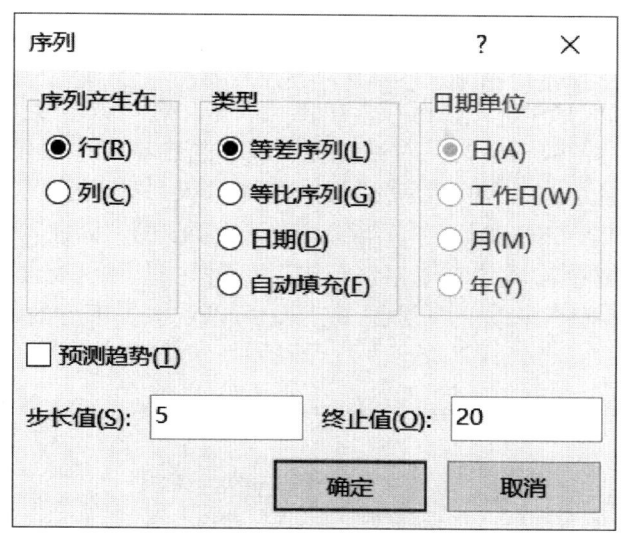

图 3-3-11 "序列"对话框

⑤单击"确定"按钮。

3）自定义填充序列：Excel 2019 除了在"序列"对话框中提供的序列之外，还允许用户自定义填充序列。选择"文件"选项卡"选项"选项，然后在"Excel 选项"对话框的"高级"选项卡中单击"编辑自定义列表"按钮，在打开的"自定义序列"对话框的"输入序列"列表框中输入相应的新序列，如输入"一、二、三、四、五"，单击"添加"按钮，此序列就会添加到"自定义序列"列表中，如图 3-3-12 所示，单击"确定"按钮关闭对话框。

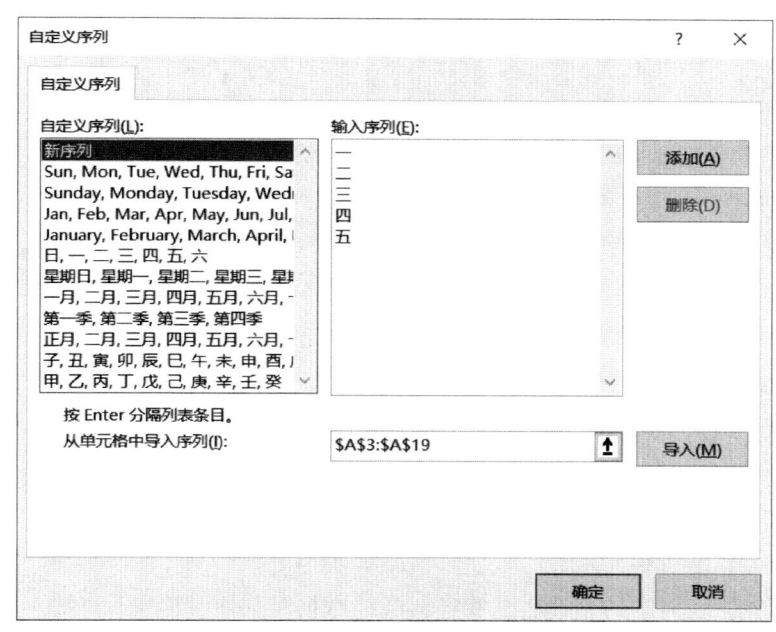

图 3-3-12 "自定义序列"对话框

在"自定义序列"对话框中有一个"导入"按钮，它的作用是将工作表中已有的填充序列添加到"自定义序列"列表中。其方法为：在"从单元格中导入序列"文本框中输入已有序列单元格区域，单击"导入"按钮即可。

（4）数据验证：在使用 Excel 时，有时需要进行数据有效性验证，方便我们对于数据的精细检测。

任务三：为 D3:F19 单元格区域，设置数据有效性验证。

操作方法：选中 D3:F19 单元格区域，单击"数据"选项卡"数据工具"组中的"数据验证"按钮，在打开的"数据验证"对话框的"设置"选项卡中限定数据为整数，值介于 0～100；在"输入信息"选项卡的"标题"文本框中输入"重要提示"，在"输入信息"文本框中输入"成绩的范围是 0～100"；在"出错警告"选项卡的"标题"文本框中输入"错误"，在"错误信息"文本框中输入"成绩超出范围"。这样一旦输入数据不在设置的范围内将无法输入。如果要删除已经设置的"数据验证"，可以点击左下方的"全部清除"按钮（图 3-3-13）。

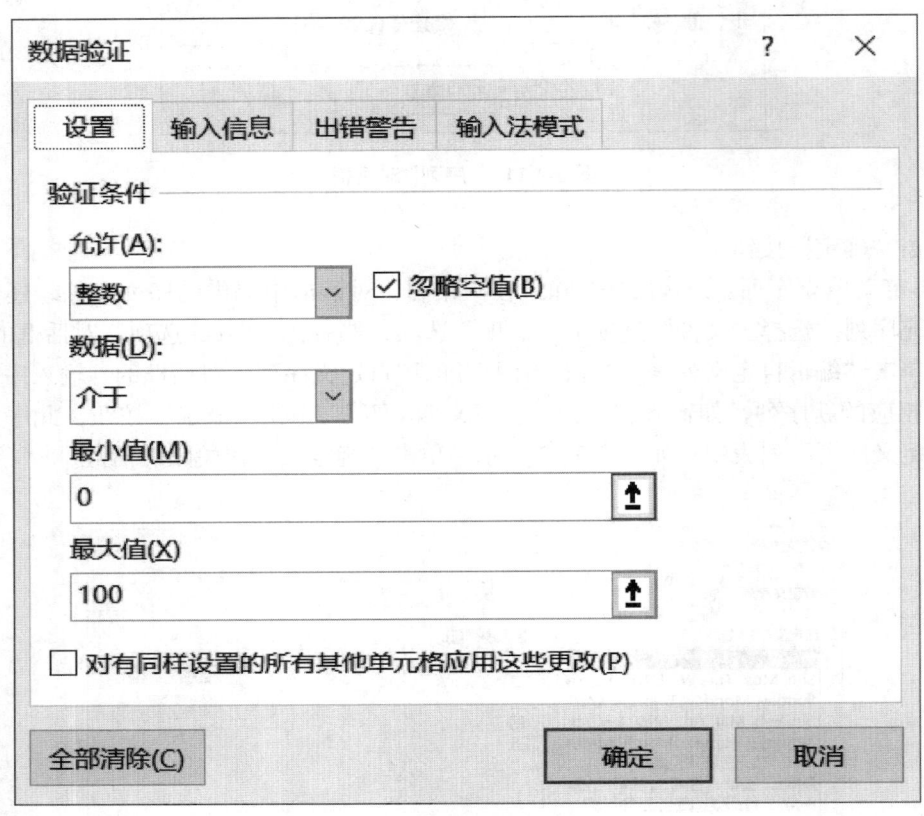

图 3-3-13 "数据验证"对话框

如果先输入数据，后设置数据输入验证，则需要检查输入的数据是否符合要求，可以使用"圈释无效数据"功能进行检查。方法是选中需要检查的数据，选择"数据验证"下拉列表中的"圈释无效数据"选项，Excel 2019 就会将不符合要求的数据用红色椭圆形标注出来，通过"清除验证标识圈"功能可取消标注。

任务四：输入其他数据。

输入"学生成绩表"中的"姓名"和各科成绩数据，如图 3-3-14 所示。

4．编辑单元格

（1）编辑单元格内容

1）单元格内容的修改：选中待修改内容的单元格，直接输入新内容即可。若单元格内容较多而要修改部分内容，双击待修改内容的单元格，将光标置于待修改的单元格中，即进入单元格编辑状态，此时就可以移动光标对单元格内容进行修改了。

2）删除单元格内容：选中待删除内容的单元格，按 Delete 键，此时就可删除单元格中

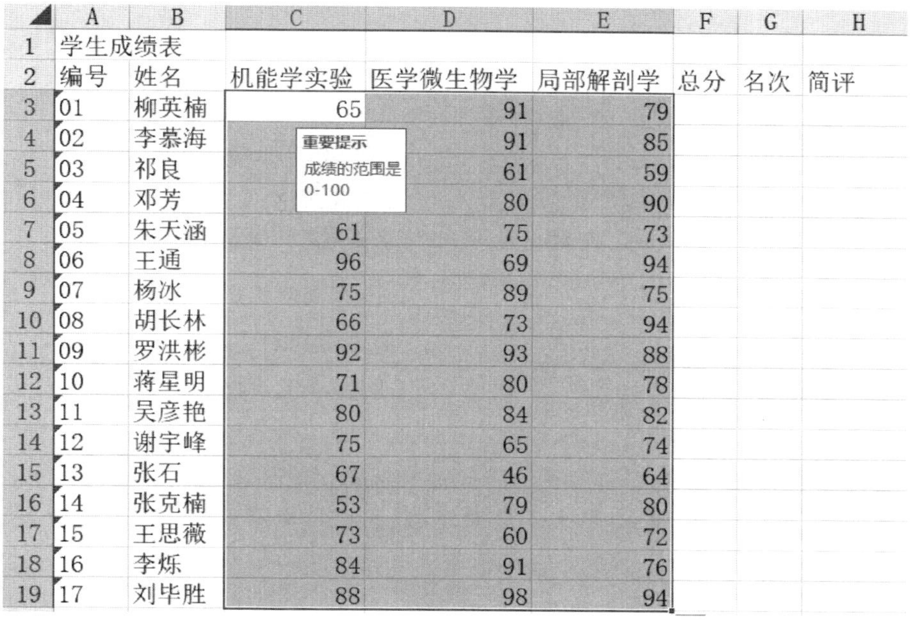

	A	B	C	D	E	F	G	H
1	学生成绩表							
2	编号	姓名	机能学实验	医学微生物学	局部解剖学	总分	名次	简评
3	01	柳英楠	65	91	79			
4	02	李慕海		91	85			
5	03	祁良		61	59			
6	04	邓芳		80	90			
7	05	朱天涵	61	75	73			
8	06	王通	96	69	94			
9	07	杨冰	75	89	75			
10	08	胡长林	66	73	94			
11	09	罗洪彬	92	93	88			
12	10	蒋星明	71	80	78			
13	11	吴彦艳	80	84	82			
14	12	谢宇峰	75	65	74			
15	13	张石	67	46	64			
16	14	张克楠	53	79	80			
17	15	王思薇	73	60	72			
18	16	李烁	84	91	76			
19	17	刘毕胜	88	98	94			

图 3-3-14　输入其他数据

的内容，但单元格中的其他属性保留（如格式等）。若要完全控制单元格的删除操作，需单击“开始”选项卡“编辑”组中的“清除”按钮，然后在打开的下拉列表中选择需要的选项进行相应的删除操作。

（2）移动、复制单元格

1）移动或复制单元格可采取下列两种方法。

① 用拖曳方式实现。选中待移动内容的单元格或单元格区域，将鼠标指针移动到选定区的边框上，此时鼠标指针将变成十字向外双向箭头，然后按住鼠标左键不放，直接拖放到目的位置，则完成单元格的移动。要实现复制，在按住 Ctrl 键的同时，按住鼠标左键将选定区数据直接拖放到目的位置即可。

② 用“剪贴板”功能实现。首先选中待移动内容的单元格或单元格区域，单击“开始”选项卡“剪贴板”组中的“剪切”按钮（移动单元格或单元格区域）或“复制”按钮（复制单元格或单元格区域），然后单击目的位置，再单击“开始”选项卡“剪贴板”组中的“粘贴”按钮。也可以在鼠标右键菜单中选择相应的“剪切”“复制”“粘贴”命令，或使用组合键 Ctrl + X、Ctrl + C、Ctrl + V 来完成操作。

（2）选择性粘贴：在 Excel 2019 中，一般的移动与复制操作会将所选单元格区域中的内容、格式、公式等全部进行移动或复制，有时用户只需要复制所选区域中的内容或格式中的某一项，这时就要用到选择性粘贴，具体方法如下。

1）选中待复制内容的单元格或单元格区域。

2）按 Ctrl + C 组合键，或单击“开始”选项卡“剪贴板”组中的“复制”按钮，或单击快速访问工具栏中的“复制”按钮。

3）单击目标位置。

4）选择“开始”选项卡“剪贴板”组中的“粘贴”按钮后，打开下拉列表中的“选择性粘贴”选项，或单击鼠标右键，在打开的快捷菜单中选择“选择性粘贴”命令，打开图 3-3-15 所示的“选择性粘贴”对话框，然后按需要选择相应的选项。

5）单击“确定”按钮。

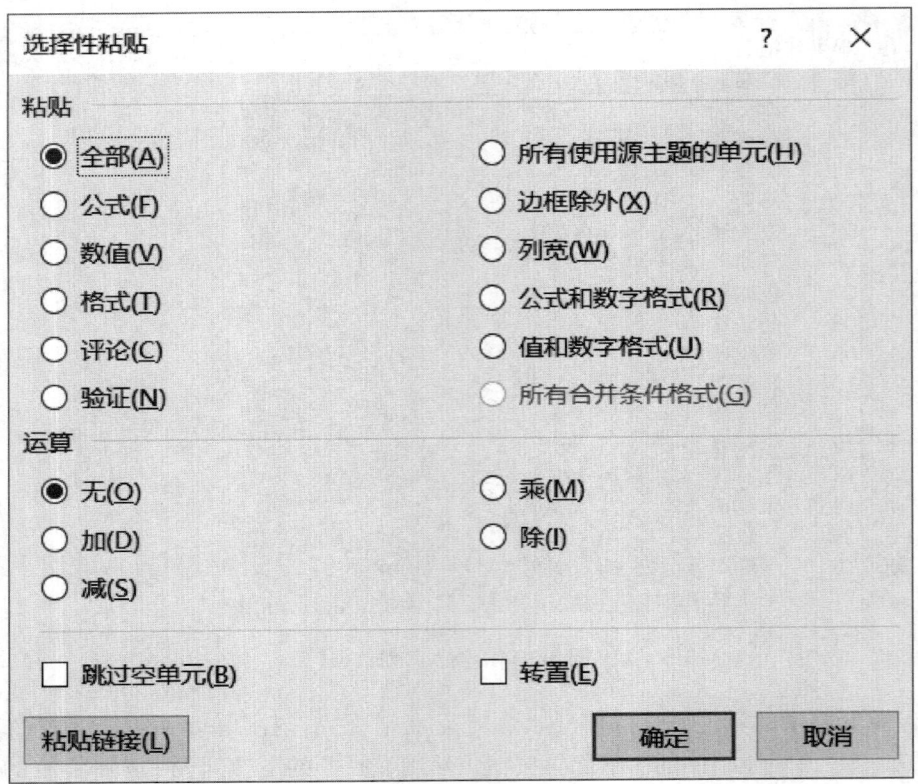

图 3-3-15 "选择性粘贴"对话框

(3) 插入单元格、行与列

1) 插入单元格：选中待插入单元格或单元格区域，选择"开始"选项卡"单元格"组中"插入"按钮后，打开下拉列表中的"插入单元格"选项，或在选中的单元格或单元格区域上单击鼠标右键，在打开的快捷菜单中选择"插入"命令，都可以打开"插入"对话框，然后根据需要选择相应的选项，单击"确定"按钮。

2) 插入行

①若要插入单行，选中要插入位置的行或单击其中任一单元格；若要插入多行，选中要插入新行下面的多行。

②选择"开始"选项卡"单元格"组中"插入"按钮后，打开下拉列表中的"插入工作表行"选项，或在选定区上单击鼠标右键，在打开的快捷菜单中选择"插入"命令，都可在选定行的上方插入相同数目的行单元格。

3) 插入列

①若要插入单列，选中要插入位置的列或单击其中任一单元格；若要插入多列，选中要插入新列右侧的多列。

②选择"开始"选项卡"单元格"组中"插入"按钮后，打开下拉列表中的"插入工作表列"选项，或在选定区上单击鼠标右键，在打开的快捷菜单中选择"插入"命令，都可在选定列的左侧插入相同数目的列单元格。

(4) 删除单元格、行与列

1) 删除单元格：选中要删除的单元格或单元格区域，选择"开始"选项卡"单元格"组中的"删除"按钮，在打开的下拉列表中选择"删除单元格"选项，或在选定区上单击鼠标右键，在打开的快捷菜单中选择"删除"命令，都可以打开"删除"对话框，然后根据需要选择相应的选项，单击"确定"按钮。

2）删除行：选中待删除的单行或多行，选择"开始"选项卡"单元格"组中的"删除"按钮，在打开的下拉列表中选择"删除工作表行"选项，或在选定区上单击鼠标右键，在打开的快捷菜单中选择"删除"命令，都可以将选定的行删除，而选定行下面的行将会上移。

3）删除列：选中待删除的单列或多列，选择"开始"选项卡"单元格"组中的"删除"按钮，在打开的下拉列表中选择"删除工作表列"选项，或在选定区上单击鼠标右键，在打开的快捷菜单中选择"删除"命令，都可以将选定的列删除，而选定列右边的列将会左移。

（5）隐藏行、列

在 Excel 2019 中，可以通过隐藏操作将行（列）隐藏起来。选中要隐藏的行（列），然后单击"开始"选项卡"单元格"组中的"格式"选项，在打开的下拉列表中选择"隐藏或取消隐藏"选项中的"隐藏行"或"隐藏列"选项。如果需要取消隐藏的行（列），先选中隐藏行（列）的前后两行（列），然后单击"开始"选项卡"单元格"组中的"格式"选项，在打开的下拉列表中选择"隐藏或取消隐藏"选项中的"取消隐藏行"或"取消隐藏列"选项，即可显示出隐藏的行（列）。

隐藏的行或列将不会被打印，若在"行高"对话框或"列宽"对话框中设定相应的数值为"0"，也可以实现将整行或整列隐藏。

二、公式与函数的使用

1．公式的使用

例 3-3-2：在"学生成绩表"中使用公式计算总分，结果如图 3-3-16 所示。

	A	B	C	D	E	F	G	H
1	学生成绩表							
2	编号	姓名	机能学实验	医学微生物学	局部解剖学	总分	名次	简评
3	01	柳英楠	65	91	79	235		
4	02	李慕海	90	91	85	266		
5	03	祁良	78	61	59	198		
6	04	邓芳	82	80	90	252		
7	05	朱天涵	61	75	73	209		
8	06	王通	96	69	94	259		
9	07	杨冰	75	89	75	239		
10	08	胡长林	66	73	94	233		
11	09	罗洪彬	92	93	88	273		
12	10	蒋星明	71	80	78	229		
13	11	吴彦艳	80	84	82	246		
14	12	谢宇峰	75	65	74	214		
15	13	张石	67	46	64	177		
16	14	张克楠	53	79	80	212		
17	15	王思薇	73	60	72	205		
18	16	李烁	84	91	76	251		
19	17	刘毕胜	88	98	94	280		

图 3-3-16 "学生成绩表"公式的使用结果

（1）公式的输入：对工作表中的数据进行分析计算的等式称为公式。公式也是数据的一种表现形式，单元格中存放公式的结果，当存放公式结果的单元格变为活动单元格时，公式将会显示在编辑栏中。

在单元格中输入公式时，需要先选中单元格，使其变为活动单元格，然后再输入公式。可

以直接在单元格中输入公式，也可以在选中单元格后，在编辑栏中输入公式（当公式比较复杂时通常在编辑栏中进行输入与编辑）。公式输入完成后，按 Enter 键或单击编辑栏前的"√"按钮确认输入即可，若要取消输入则可以按 Esc 键或单击编辑栏前的"×"按钮。

公式的输入要以"="开头，然后在等号右边输入算式。算式由运算对象和运算符组成。运算对象可以是具体数据（常量）、单元格地址或区域、函数等，运算符可对运算对象执行某种特定的计算，如"+""-""*""/"等，这里要注意运算符必须是半角字符。例如，在 F4 单元格创建公式"=（B4 + 25）/SUM（C4:E4）"，其中"B4"为单元格地址、"25"为数值常量、"SUM"为 Excel 函数、"C4:E4"为单元格引用区域、"+"与"/"为运算符。

（2）运算符：Excel 2019 中的运算符包括算术运算符、文本连接运算符和比较运算符。

1）算术运算符：算术运算符用于完成基本的数学运算，包括"+""-""*""/""%"等。

2）文本连接运算符：文本连接运算符只有一个"&"，其作用是将两个字符串连接起来，成为一个连续的字符串。例如，假设某工作表中 A1 单元格的内容是"计算"，那么公式"=" 医学数据的 "&A1"的结果为"医学数据的计算"。

3）比较运算符：比较运算符用于比较两个数的大小，结果为逻辑值 TRUE（真）或 FALSE（假）。当条件成立时结果为 TRUE，否则为 FALSE。

任务一：使用公式实现学生总分的计算。

操作方法：选中 F3 单元格，先输入"="，然后输入"C3 + D3 + E3"。在输入此公式的各单元格地址时，可以直接用键盘输入，也可以通过单击单元格来实现。例如，公式中要输入"C3"时，只要单击 C3 单元格，"C3"就会添加到公式中，然后用键盘输入"+"，再单击 D3 单元格，"D3"就会添加到公式中，然后再输入" + "，以此类推，直到输入完整的公式为止，如图 3-3-17 所示，最后按 Enter 键确认计算结果。

	A	B	C	D	E	F	G	H
1	学生成绩表							
2	编号	姓名	机能学实验	医学微生物学	局部解剖学	总分	名次	简评
3	01	柳英楠	65	91	79	=C3+D3+E3		
4	02	李慕海	90	91	85			

图 3-3-17　编辑公式

（3）公式的复制：当工作表中使用的计算公式相同时，不必逐个输入，只需要在创建公式的第一个单元格中输入公式，然后拖曳此单元格的填充柄到其他需创建公式的单元格处，就可实现公式的复制。

任务二：复制公式计算其他同学的总分。

操作方法：拖曳 F3 单元格的填充柄，直至 F19 单元格处释放鼠标左键。

2．函数的使用

例 3-3-3：在"学生成绩表"中使用函数，结果如图 3-3-18 所示。

（1）函数：Excel 2019 提供了一些预先定义好的公式，称为函数。使用函数可以简化公式的输入，还能实现许多普通运算符难以完成的运算。

函数的形式为：函数名（参数 1，参数 2，……）。函数名表示函数的功能，参数是函数的计算对象，不同类型的函数要求的参数类型和数目各不相同。

（2）输入函数：函数可以直接输入或通过"插入函数"对话框输入。

1）直接输入函数：当熟知函数具体的语法格式时就可以直接输入函数，方法与公式的输入相同。选中待输入函数的单元格，先输入"="，然后输入具体函数，按 Enter 键完成输入即可，如输入"=SUM（C3，D3）"。

	A	B	C	D	E	F	G	H	I	J	K
1	学生成绩表										
2	编号	姓名	机能学实验	医学微生物学	局部解剖学	总分	名次	简评		查询姓名	总分
3	01	柳英楠	65	91	79	235	9	良好		祁良	198
4	02	李慕海	90	91	85	266	3	良好			
5	03	祁良	78	61	59	198	16	及格			
6	04	邓芳	82	80	90	252	5	良好			
7	05	朱天涵	61	75	73	209	14	及格			
8	06	王通	96	69	94	259	4	良好			
9	07	杨冰	75	89	75	239	8	良好			
10	08	胡长林	66	73	94	233	10	良好			
11	09	罗洪彬	92	93	88	273	2	优秀			
12	10	蒋星明	71	80	78	229	11	良好			
13	11	吴彦艳	80	84	82	246	7	良好			
14	12	谢宇峰	75	65	74	214	12	良好			
15	13	张石	67	46	64	177	17	不及格			
16	14	张克楠	53	79	80	212	13	良好			
17	15	王思薇	73	60	72	205	15	及格			
18	16	李烁	84	91	76	251	6	良好			
19	17	刘毕胜	88	98	94	280	1	优秀			
20											
21		平均分	76.2	77.9	79.8	234.0					
22		最高分	96	98	94	280					
23		最低分	53	46	59	177					
24		不及格率	5.9%	5.9%	5.9%						

图 3-3-18　函数的使用结果

2）通过"插入函数"对话框输入函数：很多时候我们要通过"插入函数"对话框来输入函数，方法如下。

①选中待输入函数的单元格。

②单击公式栏中的"插入函数"按钮，或单击"公式"选项卡"函数库"组中的"插入函数"按钮，打开图 3-3-19 所示的"插入函数"对话框。

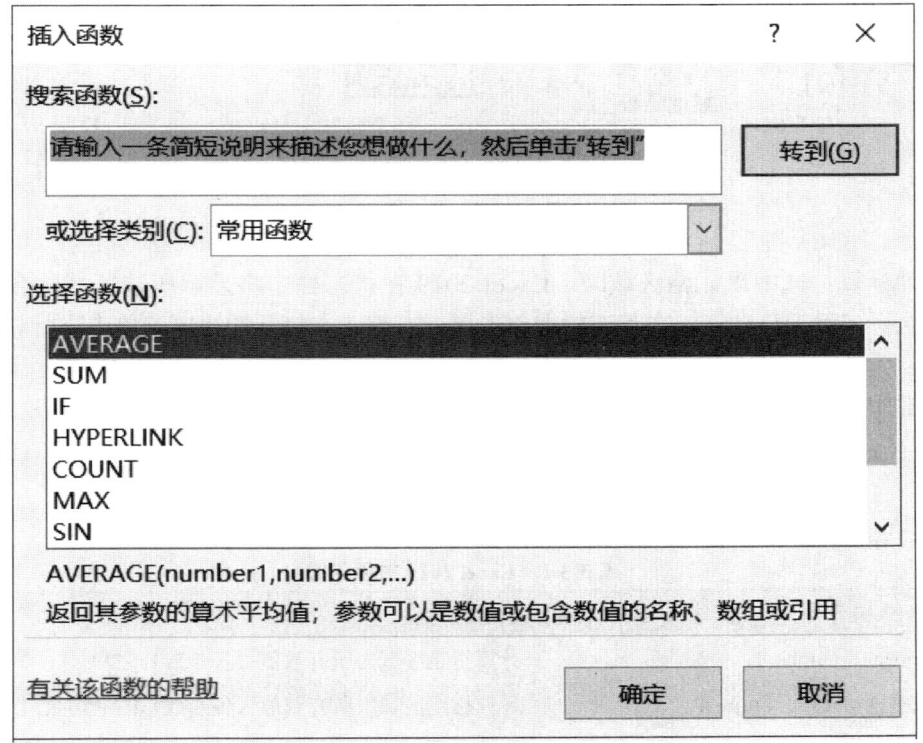

图 3-3-19　"插入函数"对话框

③ 在"或选择类别"下拉列表中选择需要的函数类型，如"常用函数"；在"选择函数"列表框中选择需要的函数，如"AVERAGE"。

④ 单击"确定"按钮,打开"函数参数"对话框。根据需要,在该对话框中的各个参数(number1,number2,…)文本框中输入参数。

⑤ 单击"确定"按钮。此时将在输入函数的单元格中显示函数计算的结果。

3) 自动求和与自动计算:除此之外,还可以使用"自动求和"和"自动计算"进行快速求和的计算。

①自动求和:选中某一单元格区域,单击"开始"选项卡"编辑"组中的"自动求和"或"公式"选项卡"函数库"组中的"自动求和"选项,可以自动为单元格区域插入总和值。单击"自动求和"按钮下方的下拉按钮,在打开的下拉列表中还可以进行其他常用运算的求值,如图 3-3-20 所示。

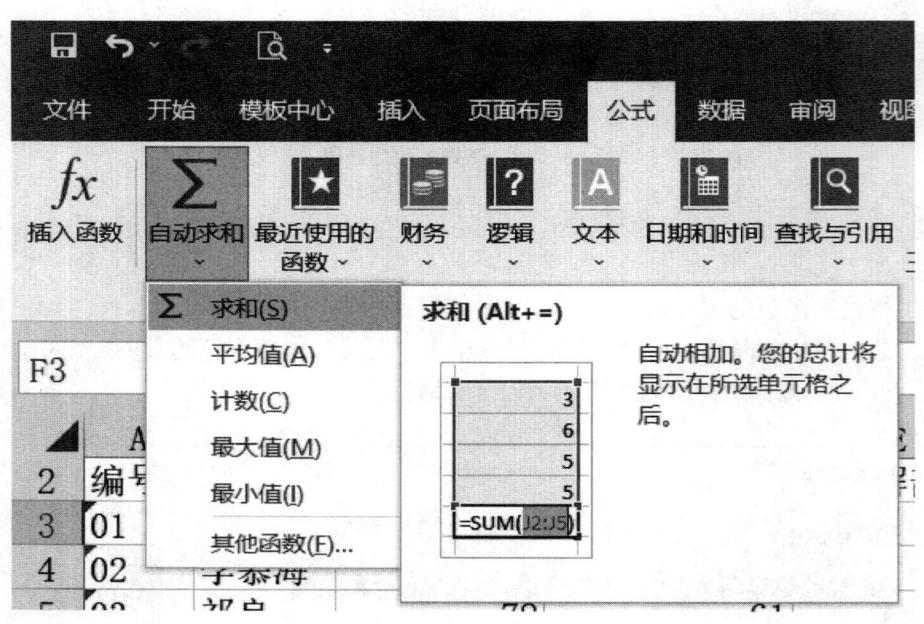

图 3-3-20 自动求和

②自动计算:选中单元格区域时,Excel 2019 在状态栏中将显示所选区域的合计数。自动计算可执行多种运算功能,在状态栏上单击鼠标右键,在打开的快捷菜单中进行相应的选择即可。

(3) 常用函数:Excel 2019 中的函数分为多种类型,主要包括常用函数、财务、日期与时间、数学与三角函数、统计、查找与引用、数据库、文本、逻辑和信息等。表 3-3-1 列出了常用的函数。

表 3-3-1 Excel 2019 常用函数

函数格式	功能
SUM(number1,number2,…)	计算指定区域内所有数值(各参数)之和
AVERAGE(number1,number2,…)	计算指定区域内所有数值(各参数)的平均数
MAX(number1,number2,…)	计算指定区域内数值(各参数)的最大值
MIN(number1,number2,…)	计算指定区域内数值(各参数)的最小值
IF(logical_test,value_if_true,value_if_false)	执行逻辑测试,结果为真返回值 value_if_true,否则返回值 value_if_false

续表

函数格式	功能
COUNTIF（range，criteria）	计算指定区域内满足给定条件的单元格个数
COUNT（value1，value2，…）	计算指定区域内包含的数字单元格个数，或参数列表中的数字个数
COUNTA（value1，value2，…）	计算区域中非空单元格个数
RANK（number，ref，order）	返回某数字在一列数字中的大小排位，order 为 0 或空值，则为降序，否则为升序
LARGE（array，k）	返回数据组中第 k 个最大值
SMALL（array，k）	返回数据组中第 k 个最小值
MID（text，start_num，num_chars）	从文本字符串中返回指定位置的指定长度字符
VLOOKUP（lookup_value，table_array，col_index_num，range_lookup）	查询表格中的数据，其参数的含义依次是：要查找的值，查找区域，要返回的结果在查找区域的第几列，精确匹配或近似匹配

任务一：使用 SUM 函数计算总分。

操作方法：选中 F3 单元格，单击“开始”选项卡“编辑”组中的“自动求和”按钮，或者单击“公式”选项卡“函数库”组中的“自动求和”按钮计算总分，结果如图 3-3-21 所示，按 Enter 键确认。拖曳 F3 单元格的填充柄将公式复制到 F19 单元格。

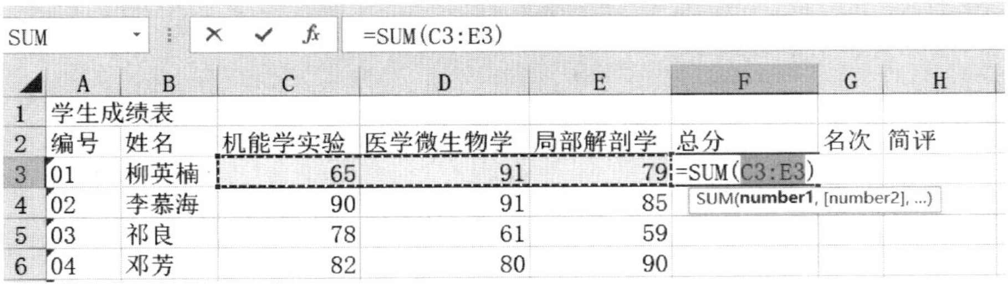
SUM =SUM(C3:E3)

	A	B	C	D	E	F	G	H
1	学生成绩表							
2	编号	姓名	机能学实验	医学微生物学	局部解剖学	总分	名次	简评
3	01	柳英楠	65	91	79	=SUM(C3:E3)		
4	02	李慕海	90	91	85	SUM(number1, [number2], ...)		
5	03	祁良	78	61	59			
6	04	邓芳	82	80	90			

图 3-3-21 使用“自动求和”计算总分

任务二：使用 IF 函数计算出学生的简评信息。

简评可分 4 种情况进行判断：总分大于等于 270 分者为优秀；总分大于等于 210 分且小于 270 分者为良好；总分大于等于 180 分且小于 210 分者为及格；总分小于 180 分者为不及格。

操作方法：首先选中 H3 单元格，单击编辑栏，输入公式“=IF（F3 >=270，" 优秀 "，IF（F3 >=210，" 良好 "，IF（F3 >=180，" 及格 "，" 不及格 ")))”，如图 3-3-22 所示。注意公式内的双引号应使用英文半角，不要使用中文全角。确认输入公式正确后，按 Enter 键确定。再拖曳 H3 单元格的填充柄将公式复制到 H19 单元格，求出其余同学的简评。

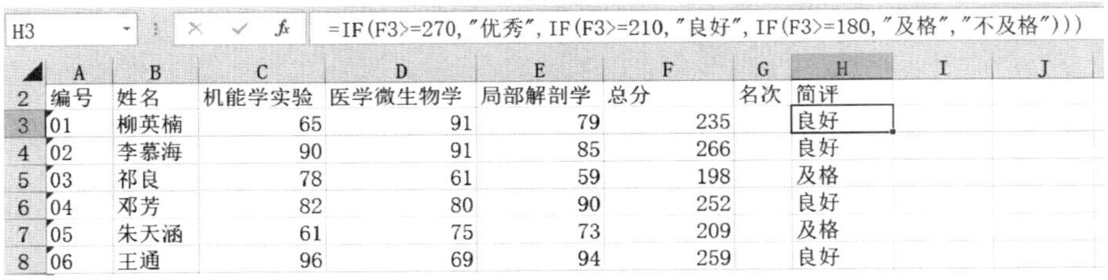
H3 =IF(F3>=270,"优秀",IF(F3>=210,"良好",IF(F3>=180,"及格","不及格")))

	A	B	C	D	E	F	G	H	I	J
2	编号	姓名	机能学实验	医学微生物学	局部解剖学	总分	名次	简评		
3	01	柳英楠	65	91	79	235		良好		
4	02	李慕海	90	91	85	266		良好		
5	03	祁良	78	61	59	198		及格		
6	04	邓芳	82	80	90	252		良好		
7	05	朱天涵	61	75	73	209		及格		
8	06	王通	96	69	94	259		良好		

图 3-3-22 使用 If 函数计算简评

任务三：使用 AVERAGE 函数计算各科平均分。

操作方法：首先在 B21 单元格中输入"平均分"，然后选中 B21 单元格，单击"公式"选项卡"函数库"组中的"插入函数"按钮，打开"插入函数"对话框，在"或选择类别"下拉列表中选择"常用函数"，在"选择函数"列表框中选择"AVERAGE"，单击"确定"按钮，打开"函数参数"对话框。将光标定位在"Number1"文本框中，选中 C3:C19 单元格区域，如图 3-3-23 所示，单击"确定"按钮。拖曳 C21 单元格的填充柄将公式复制到 F21 单元格，求出其余各科的平均分。然后选中 C21:F21 单元格区域，连续单击"开始"选项卡"数字"组中的"减少小数位数"按钮，将各科平均分设置为保留 1 位小数。

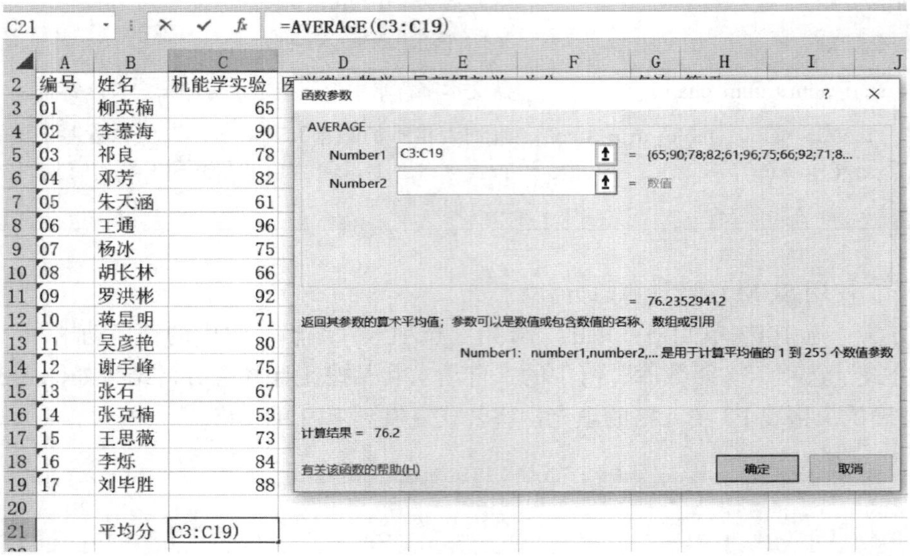

图 3-3-23　使用 AVERAGE 函数计算平均分

任务四：使用 MAX、MIN 函数分别计算出各科成绩的最高分和最低分。

操作方法：在 C22 单元格输入最高分。其计算过程与任务三计算平均分基本相同，只是要分别选择"MAX"函数和"MIN"函数，在此不再赘述。

任务五：使用 VLOOKUP 函数查询总分。

VLOOKUP 函数是 Excel 中的一个纵向查找函数，在工作中有广泛应用，例如，可以用来核对数据、在多个表格之间快速导入数据等。该函数是按列查找，最终返回该列所需查询序列所对应的值。

操作方法：分别在 J2 单元格中输入"查询姓名"，K2 单元格中输入"总分"，在 J3 单元格中输入要查找学生的姓名"祁良"。然后在 K3 单元格中输入"=VLOOKUP（J3，B：F，5，0）"，并按"Enter"键。

函数中第 1 个参数"J3"表示要查找姓名的所在单元格；第 2 个参数"B:F"表示要查找列的范围；第 3 个参数"5"表示查找结果在查找列中的序号；第 4 个参数"0"则表示"精确匹配"。此时被查找学生的总分就显示在 K3 单元格中，如图 3-3-24 所示。

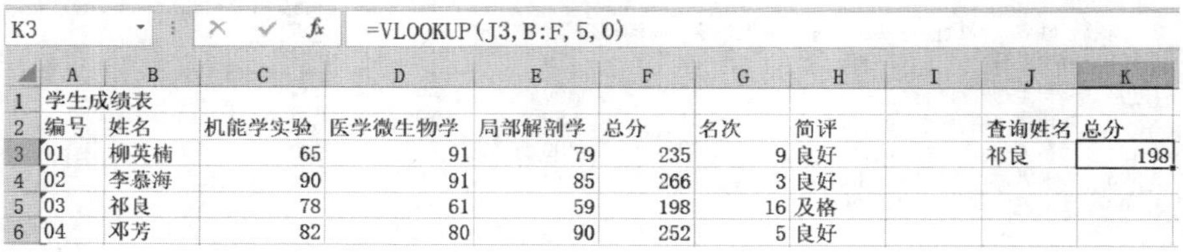

图 3-3-24　使用 VLOOKUP 函数进行查询

（4）单元格地址：在 Excel 公式与函数中，通常引用单元格地址以代表相应单元格中的内容。单元格地址的引用分为相对地址引用、绝对地址引用及混合地址引用三种。

1）相对地址引用：相对地址是指在某一个单元格的公式中使用的单元格，它的位置与公式所在单元格的位置将永远保持相对关系，不管该公式被复制到哪一个单元格中，包含公式的单元格与公式中的单元格的相对位置关系不变。例如，前文对例 3-3-3 中学生总分、简评、各科平均分、最高分及最低分的计算，其中单元格地址的引用都是相对引用。

2）绝对地址引用：绝对地址是指在某一个单元格的公式中使用的单元格，不管此公式被复制到哪一个单元格中，公式中的单元格位置是保持不变的。绝对引用是在单元格名的列号和行号前加"$"符号，即形式为 $ 列号 $ 行号。例如，公式"=RANK（F3，$F$3:$F$19）"中的"$F$3:$F$19"单元格区域，将公式复制到其他单元格时，公式中的"$F$3:$F$19"始终不变。

3）混合地址引用：混合地址是指在某一个单元格的公式中使用的单元格，既含有绝对引用，又含有相对引用。混合引用的形式有两种，一种为 $ 列号行号，另一种为列号 $ 行号。其中，对于绝对引用部分，不管此公式被复制到哪一个单元格中，所表示的位置都是固定不变的，即遵循绝对引用规则；而对于相对引用部分，所表示的位置将与公式所在单元格保持相对关系，不管此公式被复制到哪一个单元格中，相对引用部分仍然保持与公式所在单元格的相对位置关系，即遵循相对引用规则。例如，将 C24 单元格中的公式"=COUNTIF（C$3:C$19，"＜60"）/COUNTA（C$3:C$19）"复制到 D24 单元格中时，公式中的"C$3:C$19"自动调整为"D$3:D$19"。

任务六：使用 RANK 函数和绝对地址引用计算学生的名次。

操作方法：首先选中 G3 单元格，在编辑栏中输入公式"=RANK（F3，$F$3:$F$19）"，如图 3-3-25 所示。拖动 G3 单元格的填充柄将公式复制到 G19 单元格，求出其余学生的名次。

图 3-3-25　使用绝对地址求名次

任务七：使用 COUNTIF、COUNTA 函数和混合地址计算各科成绩的不及格率。

操作方法：首先选中 B24 单元格，输入"不及格率"，然后单击 C24 单元格，输入公式"=COUNTIF（C$3:C$19，"＜60"）/COUNTA（C$3:C$19）"，如图 3-3-26 所示。COUNTIF 函数的含义是统计分数小于 60 的单元格个数，COUNTA 函数的作用是统计 C3:C19 单元格区域内非空单元格的个数（本例中值为 17）。拖曳 C24 单元格的填充柄将公式复制到 E24 单元格，计算其他两科的不及格率。选中 C24:E24 单元格，单击"开始"选项卡"数字"组中的"百分比样式"按钮（即 % 按钮），将不及格率调整为百分比样式，再点击"增加小数位数"按钮，将不及格率的小数位数调整为 1 位小数，如图 3-3-27 所示。

	A	B	C	D	E	F	G	H
				=COUNTIF(C$3:C$19,"<60")/COUNTA(C$3:C$19)				
16	14	张克楠	53	79	80	212	13	良好
17	15	王思薇	73	60	72	205	15	及格
18	16	李烁	84	91	76	251	6	良好
19	17	刘毕胜	88	98	94	280	1	优秀
20								
21		平均分	76.2	77.9	79.8	234.0		
22		最高分	96	98	94	280		
23		最低分	53	46	59	177		
24		不及格率	0.058824	0.058824	0.058824			

图 3-3-26　使用 COUNTIF 函数求各科不及格率

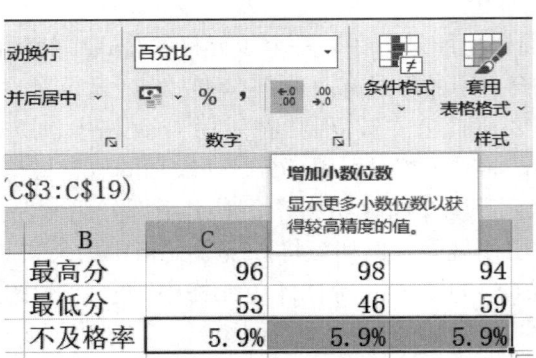

图 3-3-27　不及格率的百分比样式

三、工作表的格式与管理

1. 工作表的格式设置

例 3-3-4：将"学生成绩表"的工作表格式设置如图 3-3-28 所示。

	A	B	C	D	E	F	G	H
1				学生成绩表				
2	编号	姓名	机能学实验	医学微生物学	局部解剖学	总分	名次	简评
3	01	柳英楠	65	91	79	235	9	良好
4	02	李慕海	90	91	85	266	3	良好
5	03	祁良	78	61	59	198	16	及格
6	04	邓芳	82	80	90	252	5	良好
7	05	朱天涵	61	75	73	209	14	及格
8	06	王通	96	69	94	259	4	良好
9	07	杨冰	75	89	75	239	8	良好
10	08	胡长林	66	73	94	233	10	良好
11	09	罗洪彬	92	93	88	273	2	优秀
12	10	蒋星明	71	80	78	229	11	良好
13	11	吴彦艳	80	84	82	246	7	良好
14	12	谢宇峰	75	65	74	214	12	良好
15	13	张石	67	46	64	177	17	不及格
16	14	张克楠	53	79	80	212	13	良好
17	15	王思薇	73	60	72	205	15	及格
18	16	李烁	84	91	76	251	6	良好
19	17	刘毕胜	88	98	94	280	1	优秀
20								
21		平均分	76.2	77.9	79.8	234.0		
22		最高分	96	98	94	280		
23		最低分	53	46	59	177		
24		不及格率	5.9%	5.9%	5.9%			

图 3-3-28　"学生成绩表"的格式设置

（1）单元格格式设置：选中待设置的单元格，单击"开始"选项卡"单元格"组中的"格式"按钮，在打开的下拉列表中选择"设置单元格格式"选项，打开"设置单元格格式"对话框。也可以在该单元格上单击鼠标右键，在打开的快捷菜单中选择"设置单元格格式"，打开"设置单元格格式"对话框，如图3-3-29所示。该对话框共有6个选项卡，分别是"数字""对齐""字体""边框""填充"和"保护"，可以对选中的单元格进行相应设置。

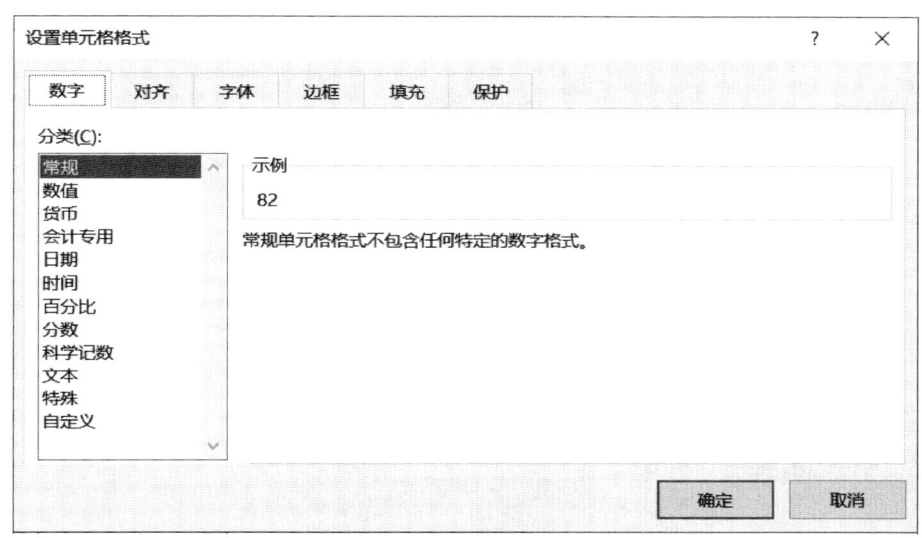

图 3-3-29 "设置单元格格式"对话框

任务一：设置表格标题的格式。

操作方法：选择 A1:H1 单元格区域，单击"开始"选项卡"单元格"组中的"格式"按钮，在打开的下拉列表中选择"设置单元格格式"选项，打开"设置单元格格式"对话框；单击"对齐"选项卡，在"文本控制"栏中选中"合并单元格"复选框；单击"字体"选项卡，分别设置"字体"为"华文琥珀"，"字号"为"24"，"颜色"为"蓝色"；单击"填充"选项卡，设置"图案颜色"为"蓝色，个性色1"，"图案样式"设置为"12.5% 灰色"，如图 3-3-30 所示。

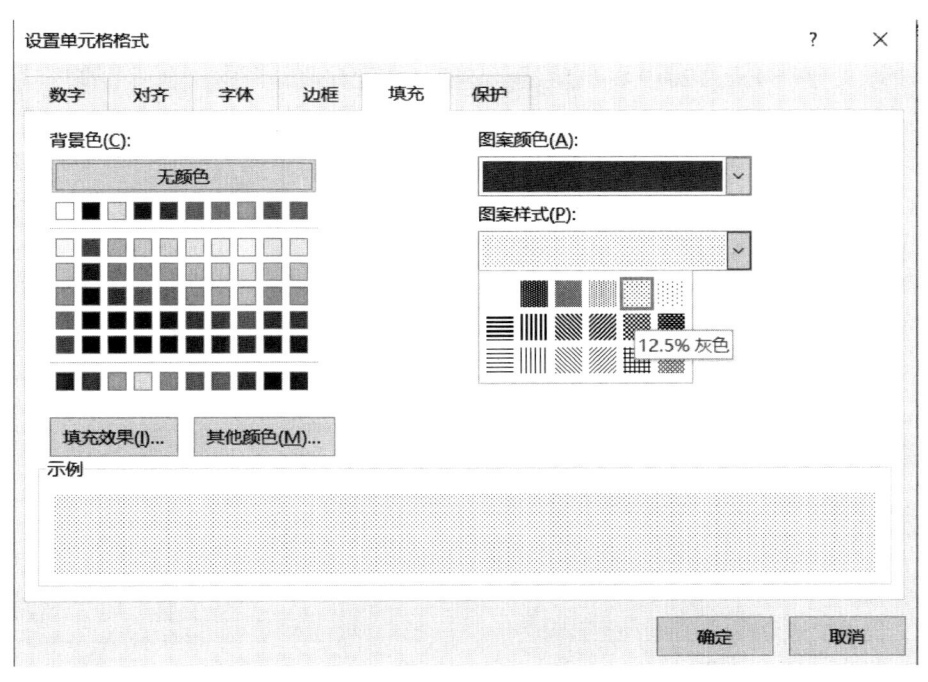

图 3-3-30 "设置单元格格式"对话框的"填充"选项卡

任务二：设置边框。

操作方法：选择 B21:H24 单元格区域，单击"开始"选项卡"单元格"组中的"格式"按钮，在打开的下拉列表中选择"设置单元格格式"选项，打开"设置单元格格式"对话框，单击"边框"选项卡，将"样式"设置为"双线"，"颜色"设置为"红色"，"预置"设置为"外边框"，如图 3-3-31 所示。

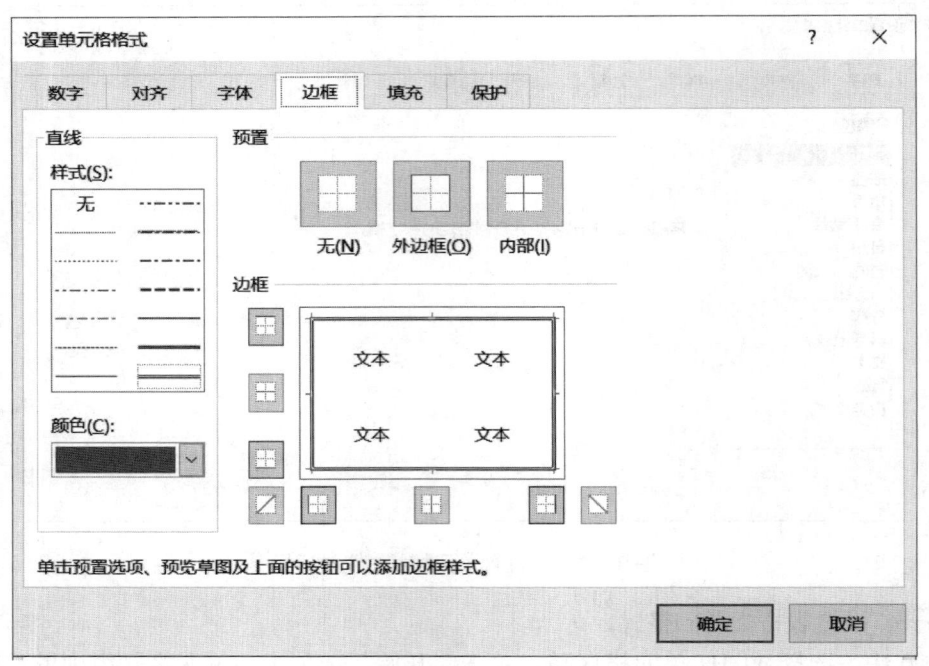

图 3-3-31 "设置单元格格式"对话框的"边框"选项卡

（2）调整行高和列宽：当单元格内的信息过多或字号过大时，将无法显示全部内容，Excel 2019 可通过调整行高或列宽解决这一问题。

1）用拖曳的方式设置行高（列宽）：将鼠标指针移动到行号与行号（列号与列号）之间，当鼠标指针变成双向箭头时，按住鼠标左键，然后拖曳行的下边界（列的右边界）来设置所需的行高（列宽），这时 Excel 2019 将自动显示高度（宽度）值，调整到合适的高度（宽度）后，松开鼠标左键即可。

提示：如果要更改多行的高度（多列的宽度），先选中要更改的所有行（列），然后拖曳其中一个行标题的下边界（列标题的右边界）来调整；如果要更改工作表中所有行的高度或列的宽度，单击"全选"按钮，然后拖曳任何一行（列）的边界进行调整即可。

2）精确设置行高（列宽）：选中要调整的行（列），然后单击"开始"选项卡"单元格"组中的"格式"按钮，在打开的下拉列表中选择"行高"或"列宽"选项，在打开的"行高"或"列宽"对话框中设置行高（列宽）的精确值，分别如图 3-3-32 和图 3-3-33 所示。

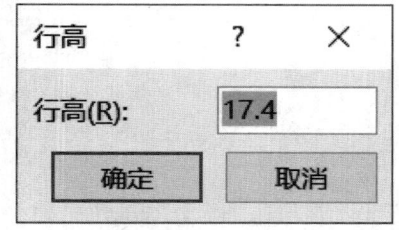

图 3-3-32 "行高"对话框

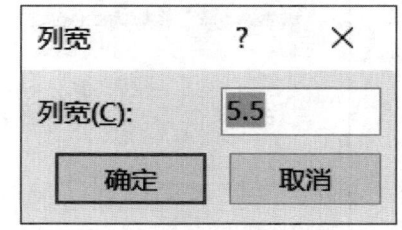

图 3-3-33 "列宽"对话框

（3）设置单元格条件格式：条件格式是指当某一个单元格中所设条件为真时，Excel 将自动应用预先设置的格式。

任务三：为 C3:E19 单元格区域设置条件格式。

为了能够清晰查看不及格学生的情况，将三科中小于 60 分的成绩用浅红色背景强调。

操作方法：选择 C3:E19 单元格区域，单击"开始"选项卡"样式"组中的"条件格式"按钮，在打开的下拉列表中选择"突出显示单元格规则"选项中的"小于"，打开"小于"对话框，设置"为小于以下值的单元格设置格式"为"60"，在"设置为"下拉列表中设置"浅红色填充"，如图 3-3-34 所示。如果要删除已设置的"条件格式"，可以单击"开始"选项卡"样式"组中的"条件格式"按钮，在打开的下拉列表中选择"清除规则"，在子菜单中选择相应的选项即可，如图 3-3-35 所示。

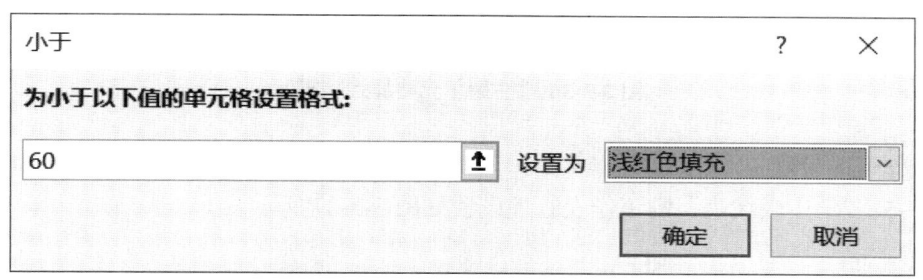

图 3-3-34 "小于"对话框

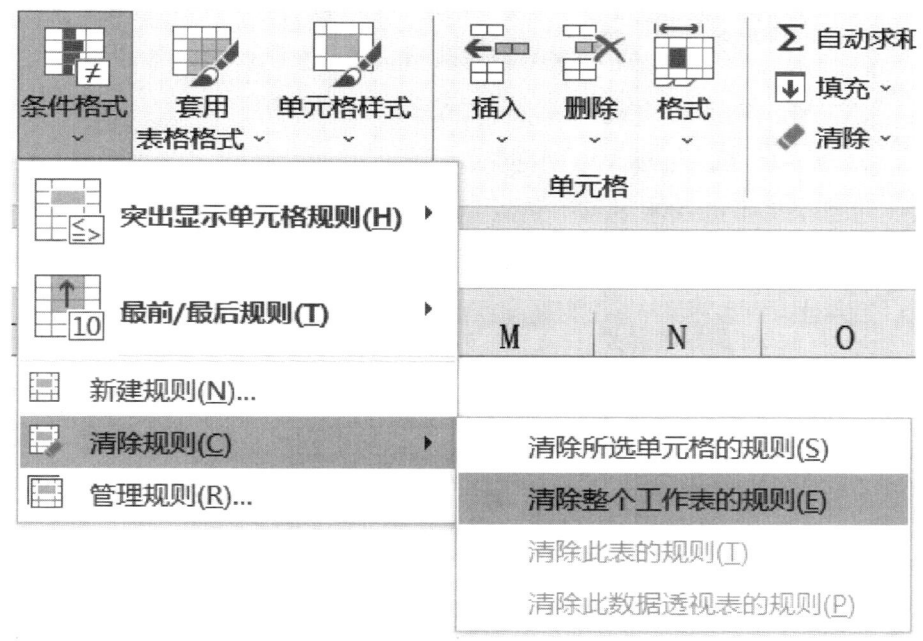

图 3-3-35 清除"条件格式"

（4）自动套用格式：Excel 2019 对表格和单元格快速格式化提供了自动套用格式功能。

任务四：为 A2:H19 单元格区域套用表格格式。

操作方法：选择 A2:H19 单元格区域，单击"开始"选项卡"样式"组中的"套用表格格式"按钮，在打开的下拉列表中选择"浅蓝，表样式浅色 2"选项。

任务五：为 B21:F24 单元格区域设置单元格样式。

操作方法：选择 B21:F24 单元格区域，单击"开始"选项卡"样式"组中的"其他"

Note

按钮，在打开的下拉列表中选择“主题单元格样式”下的“蓝色，着色 1”选项，如图 3-3-36 所示。

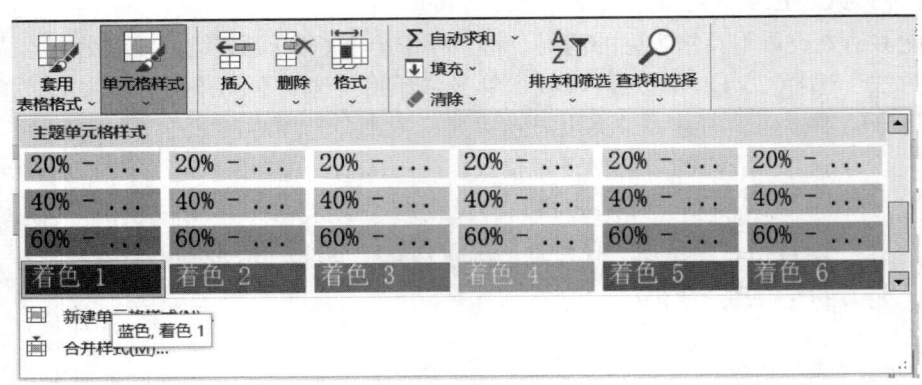

图 3-3-36 “主题单元格样式”选项

2．工作表的管理

例 3-3-5：“学生成绩表”的工作表管理设置如图 3-3-37 所示。

学生成绩表

编号	姓名	机能学实验	医学微生物学	局部解剖学	总分	名次	简评
01	柳英楠	65	91	79	235	9	良好
02	李慕海	90	91	85	266	3	良好
03	祁良	78	61	59	198	16	及格
04	邓芳	82	80	90	252	5	良好
05	朱天涵	61	75	73	209	14	及格
06	王通	96	69	94	259	4	良好
07	杨冰	75	89	75	239	8	良好
08	胡长林	66	73	94	233	10	良好
09	罗洪彬	92	93	88	273	2	优秀
10	蒋星明	71	80	78	229	11	良好
11	吴彦艳	80	84	82	246	7	良好
12	谢宇峰	75	65	74	214	12	良好
13	张石	67	46	64	177	17	不及格
14	张克楠	53	79	80	212	13	良好
15	王思薇	73	60	72	205	15	及格
16	李烁	84	91	76	251	6	良好
17	刘毕胜	88	98	94	280	1	优秀
	平均分	76.2	77.9	79.8	234.0		
	最高分	96	98	94	280		
	最低分	53	46	59	177		
	不及格率	5.9%	5.9%	5.9%			

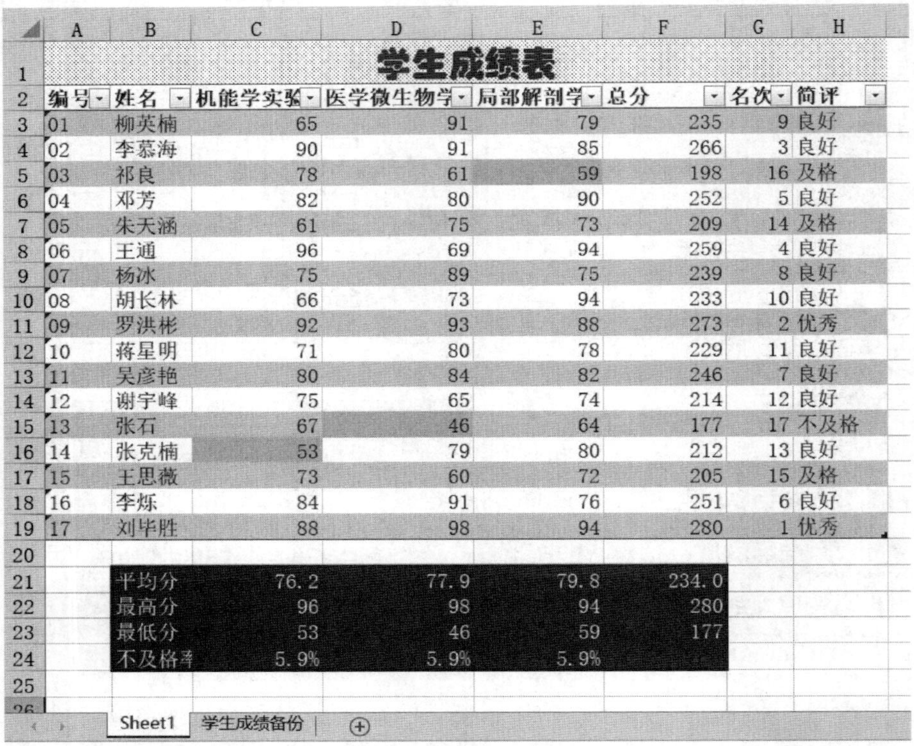

图 3-3-37 “学生成绩表”的工作表管理

（1）插入工作表：除了工作簿默认包含的工作表外，还可以在工作簿中根据需要添加新的工作表，具体操作方式有以下两种。

1）在工作簿中单击“开始”选项卡“单元格”组中的“插入”按钮下方的下拉按钮，在打开的下拉列表中选择“插入工作表”选项，即可插入新的工作表。

2）右键单击工作表标签，在打开的快捷菜单中选择“插入”命令，在打开的“插入”对话框的“常用”选项卡中选择“工作表”选项，然后单击“确定”按钮，也可插入新的工作表，如图 3-3-38 所示。

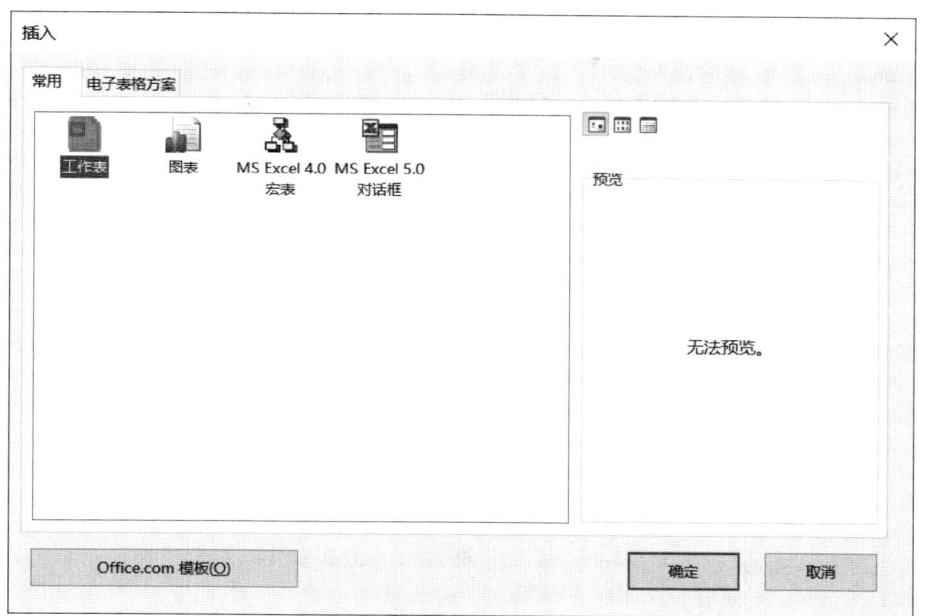

图 3-3-38　"插入"对话框

（2）删除工作表：如果已经不再需要某张工作表，可以将其删除，具体方法为右键单击要删除的工作表标签，在打开的快捷菜单中选择"删除"命令。

（3）移动和复制工作表：在 Excel 2019 中，工作表的复制和移动可以在工作簿内部进行，也可以在工作簿之间进行。

1）在工作簿内部移动和复制工作表：要在同一个工作簿内移动工作表，先将鼠标指针移动到要被移动的工作表标签上，然后按住鼠标左键，沿着标签区域拖曳鼠标指针，如图 3-3-39 所示，当小三角箭头到达移动的位置时，释放鼠标即可。

图 3-3-39　在工作簿内部移动工作表

要在同一个工作簿内复制工作表，按住 Ctrl 键的同时拖曳工作表标签，到达新位置时，先释放鼠标，再松开 Ctrl 键，即可复制工作表。复制一张工作表后，在新位置将出现一张完全相同的工作表，只是在复制的工作表名称后附上了一个带括号的编号。

2）在工作簿之间移动或复制工作表

①打开用于接收工作表的工作簿，然后切换到包含要移动或复制的工作表的工作簿中。

②右键单击要移动或复制的工作表标签，在打开的快捷菜单中选择"移动或复制"命令，打开"移动或复制工作表"对话框，如图 3-3-40 所示。在"工作簿"下拉框中选择目标工作簿，如果选中"建立副本"复选框就是复制工作表，否则就是移动工作表。

任务一：新建工作表。

操作方法：单击工作表标签区域的"+"按钮，新建工作表"Sheet2"。双击"Sheet2"工作表标签，输入"学生成绩备份"，即将"Sheet2"工作表命名为"学生成绩备份"。切换到"Sheet1"工作表，选中所有内容，按 Ctrl + C 组合键进行复制，然后切换到"学生成绩备份"

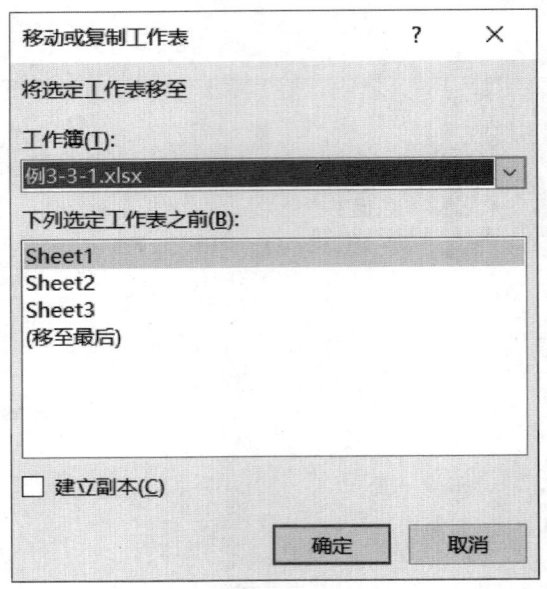

图 3-3-40　在工作簿间移动或复制工作表

工作表，单击 A1 单元格，按 Ctrl + V 组合键进行粘贴。

（3）工作表与工作簿的保护

1）设置工作表保护可以防止其他用户对工作表中的数据进行修改，还可以防止插入或删除行（列）等改变表格结构的操作。

任务二：保护工作表。

操作方法：选择"学生成绩备份"工作表的所有数据区域，单击"开始"选项卡"单元格"组中的"格式"按钮，在打开的下拉列表中选择"设置单元格格式"选项，打开"设置单元格格式"对话框，然后切换到"保护"选项卡，选中"锁定"复选框，如图 3-3-41 所示；单击"开始"选项卡"单元格"组中的"格式"按钮，在打开的下拉列表中选择"保护工作表"选项，打开"保护工作表"对话框，在"允许此工作表的所有用户进行"列表框中选中前 5 个复选框，设置密码为"123"，如图 3-3-42 所示，单击"确定"按钮。

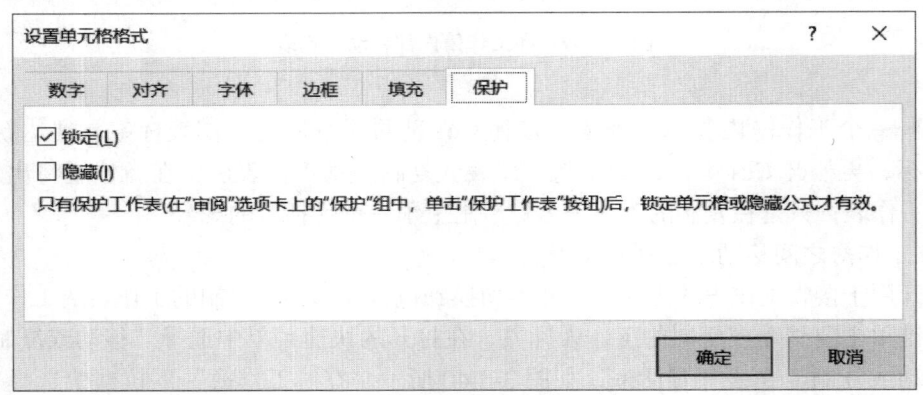

图 3-3-41　"设置单元格格式"对话框"保护"选项卡

要想取消对工作表的保护，只需单击"审阅"选项卡"保护"组中的"撤消工作表保护"按钮，打开"撤消工作表保护"对话框，输入密码后，单击"确定"按钮即可。

2）设置工作簿保护可防止在被保护的工作簿中添加或删除工作表，或是将已隐藏的工作

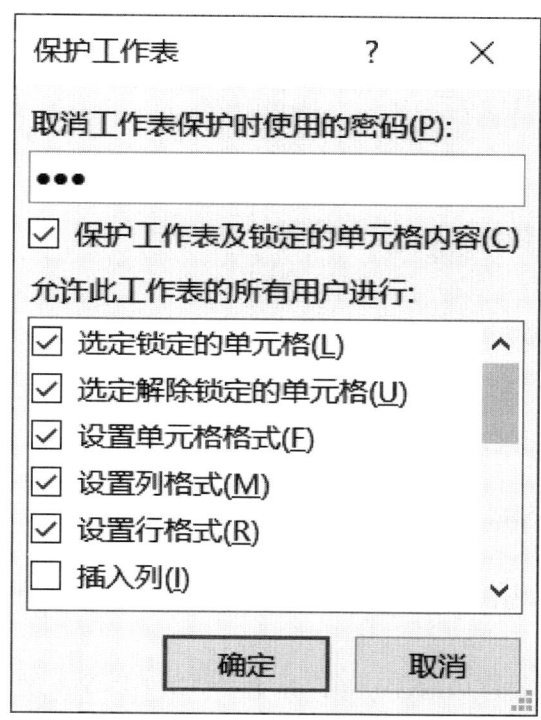

图 3-3-42 "保护工作表"对话框

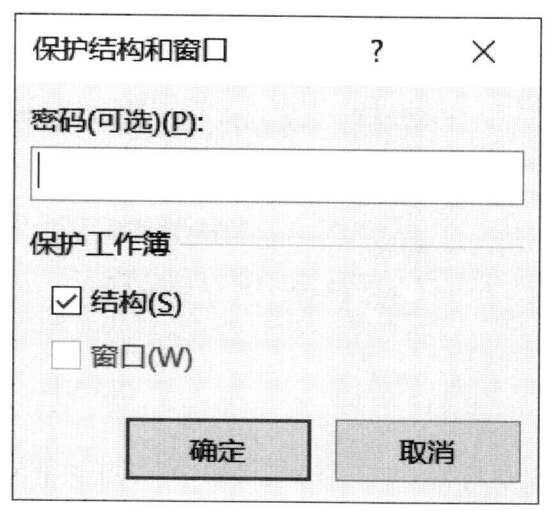

图 3-3-43 "保护结构和窗口"对话框

表显示出来。

打开待保护的工作簿,单击"审阅"选项卡"保护"组中的"保护工作簿"按钮,打开"保护结构和窗口"对话框,如图 3-3-43 所示。选中"结构"复选框,表示不能再对该工作簿进行插入、删除、移动、取消隐藏或重命名工作表等操作;选中"窗口"复选框,则表示不能对工作簿窗口进行移动、缩放、隐藏、取消隐藏或关闭等操作。在"密码(可选)"文本框中输入的密码是取消工作簿保护时用的,只有记住此密码才能取消对工作簿所设的保护,方法是单击"审阅"选项卡"保护"组中的"保护工作簿"按钮,在打开的对话框中输入正确的密码,单击"确定"按钮即可。

四、数据管理

Excel 2019 为用户提供了强大的数据管理功能,例如数据的排序、筛选及分类汇总等,并且它吸收了数据库的优点,使用户可以对工作表中的数据采用记录单的形式进行管理。

例 3-3-6:对"学生成绩表"进行数据管理。

1. 数据排序

(1) 快速排序:简单排序可通过"数据"选项卡"排序和筛选"组中的"升序"按钮和"降序"按钮实现。

任务一:将学生成绩按照"总分"降序排列。

操作方法:选中总分所在列(F 列)中的任一单元格,单击"数据"选项卡"排序和筛选"组中的"降序"按钮,该列会按学生总分进行排列,可在 G 列记录学生名次,结果如图 3-3-44 所示。

(2) 多重排序:多重排序可以设定多个排序关键字,除第一个关键字为主要关键字外,

	A	B	C	D	E	F	G	H
1				学生成绩表				
2	编号	姓名	机能学实验	医学微生物学	局部解剖学	总分	名次	简评
3	17	刘毕胜	88	98	94	280	1	优秀
4	09	罗洪彬	92	93	88	273	2	优秀
5	02	李慕海	90	91	85	266	3	良好
6	06	王通	96	69	94	259	4	良好
7	04	邓芳	82	80	90	252	5	良好
8	16	李烁	84	91	76	251	6	良好
9	11	吴彦艳	80	84	82	246	7	良好
10	07	杨冰	75	89	75	239	8	良好
11	01	柳英楠	65	91	79	235	9	良好
12	08	胡长林	66	73	94	233	10	良好
13	10	蒋星明	71	80	78	229	11	良好
14	12	谢宇峰	75	65	74	214	12	良好
15	14	张克楠	53	79	80	212	13	良好
16	05	朱天涵	61	75	73	209	14	及格
17	15	王思薇	73	60	72	205	15	及格
18	03	祁良	78	61	59	198	16	及格
19	13	张石	67	46	64	177	17	不及格

图 3-3-44 按"总分"降序排序

其他的关键字都为次要关键字。若干级的关键字在排序中的优先顺序是主要、次要、第三次要……

任务二：对学生成绩先按"总分"降序排列，若"总分"相同，则按"局部解剖学"成绩降序排列，若"局部解剖学"成绩相同，则按"医学微生物学"成绩降序排列。

操作方法：

1）选中 A2:H19 单元格区域中（数据清单）的任一单元格。

2）单击"数据"选项卡"排序和筛选"组中的"排序"按钮，打开"排序"对话框。

3）在主要关键字、次要关键字、第三次要关键字下拉列表中，分别设置关键字为"总分""局部解剖学"和"医学微生物学"，同时选择降序的排列方式，具体设置如图 3-3-45 所示。

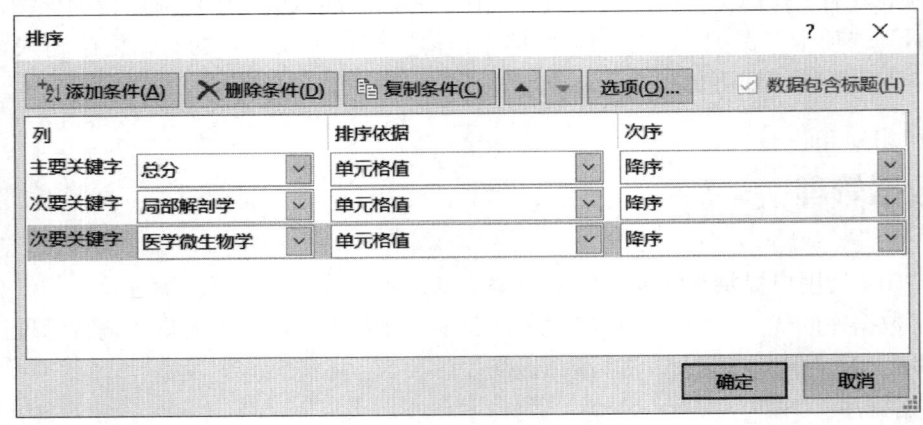

图 3-3-45 "排序"对话框

4）单击"确定"按钮。

2. 数据筛选 数据筛选是将数据清单中符合条件的记录显示出来，不符合条件的记录隐藏。Excel 2019 有两种筛选方式，即自动筛选和高级筛选。

（1）自动筛选：在自动筛选状态下，可在某字段的下拉列表中选择"数字筛选"选项，在打开的下拉列表中选择"自定义筛选"选项，在打开的对话框中就可以自定义自动筛选方式的设置了。

任务三：采用自动筛选的方法筛选"局部解剖学"成绩为 60～90 分的学生记录。

操作方法：

1）单击"局部解剖学"字段的下拉按钮，在打开的下拉列表中选择"数字筛选"选项，在打开的下拉列表中选择"自定义筛选"选项，打开"自定义自动筛选"对话框（图 3-3-46）。

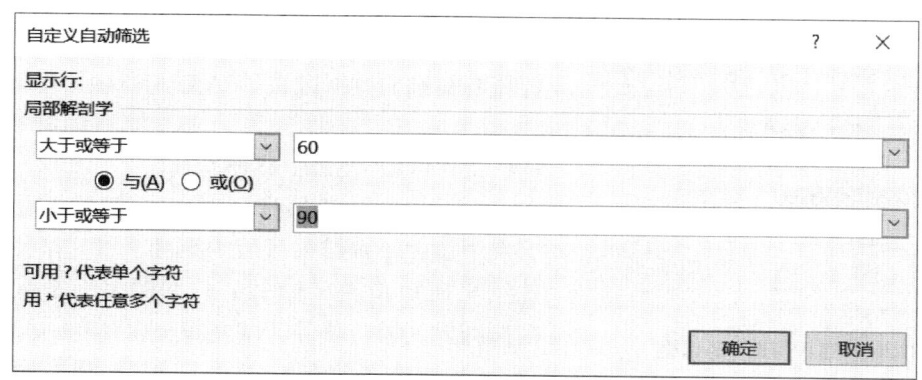

图 3-3-46 "自定义筛选"对话框

2）在第一行的第一个下拉列表中选择"大于或等于"选项，在该行的第二个下拉列表框中输入 60。

3）单击"与"单选按钮，然后在第二行的第一个下拉列表中选择"小于或等于"选项，在该行的第二个下拉列表框中输入"90"。

4）单击"确定"按钮。

（2）高级筛选：高级筛选可用于复杂筛选，该筛选需要先建立一个条件区域，条件区域中的第一行为数据清单中的字段名，但可以不包含全部字段，下面则是相应字段的条件。注意条件区域与数据区域不能连接，至少有一行空白行。

任务四：采用高级筛选的方法筛选出"局部解剖学"成绩在 80 分以上并且"总分"在 250 分以上的学生记录。

操作方法：

1）在 E26:F27 单元格建立条件区域，如图 3-3-47 所示。

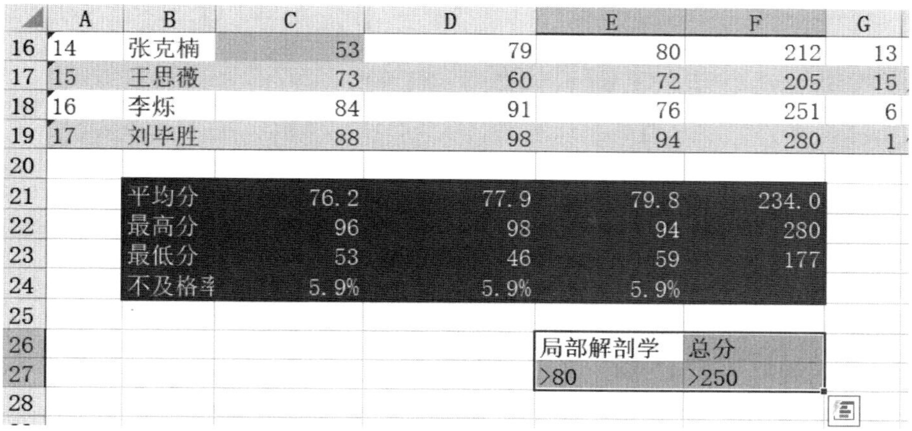

图 3-3-47 "高级筛选"建立条件区域

2）选中数据清单（A2:H19 单元格区域）中的任一单元格。

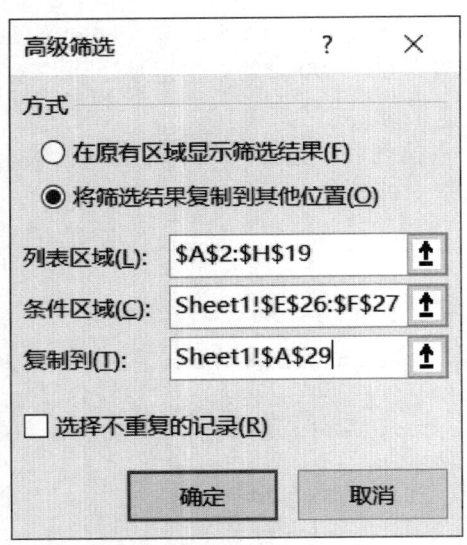

图 3-3-48 "高级筛选"对话框

3)单击"数据"选项卡"排序和筛选"组中的"高级"按钮,打开"高级筛选"对话框。

4)在"方式"栏中单击"将筛选结果复制到其他位置"按钮,这样原数据清单与筛选结果都可以看到。若单击"在原有区域显示筛选结果"按钮,那么原数据清单的数据将不被显示,只能看到筛选结果。

5)单击"列表区域"文本框右侧的折叠按钮,选择要筛选的数据区域"$A$2:$H$19"。

6)单击"条件区域"文本框右侧的折叠按钮,选择条件区域"$E$26:$F$27"。

7)单击"复制到"文本框右侧的折叠按钮,然后选中放置筛选结果区域的第一个单元格,即输入筛选结果所放位置"$A$29",如图 3-3-48 所示。注意筛选结果区域与条件区域之间至少要有一行空白行。

8)单击"确定"按钮,筛选结果如图 3-3-49 中 A29:H34 单元格区域所示。

	A	B	C	D	E	F	G	H
25								
26					局部解剖学	总分		
27					>80	>250		
28								
29	编号	姓名	机能学实验	医学微生物学	局部解剖学	总分	名次	简评
30	02	李慕海	90	91	85	266	3	良好
31	04	邓芳	82	80	90	252	5	良好
32	06	王通	96	69	94	259	4	良好
33	09	罗洪彬	92	93	88	273	2	优秀
34	17	刘毕胜	88	98	94	280	1	优秀

图 3-3-49 "高级筛选"的结果

条件区域中,条件值在同一行表示"与"的关系;条件值在不同行表示"或"的关系。例如,图 3-3-50 中定义的条件区域表示的是"局部解剖学"成绩在 80 分以上或"总分"在 250 分以上学生记录的筛选。

局部解剖学	总分
>80	
	>250

图 3-3-50 "或"关系的条件设定

3. 分类汇总 分类汇总是将数据清单的数据按类别进行统计汇总。

任务五:按"简评"进行分类,对"局部解剖学"成绩、"总分"汇总,求"局部解剖学"的平均分、"总分"的平均分。

操作方法:

(1)对数据清单中的某字段进行分类汇总,首先要按该字段进行排序。如果表格已经自动套用格式,则需要将数据清单转换成普通区域,操作步骤如下:选中已经自动套用格式的单元格，单击"表格工具"的"表设计"选项卡"工具"组中的"转换为区域"按钮，如图 3-3-51 所示，在打开的提示框中单击"是"按钮即可。

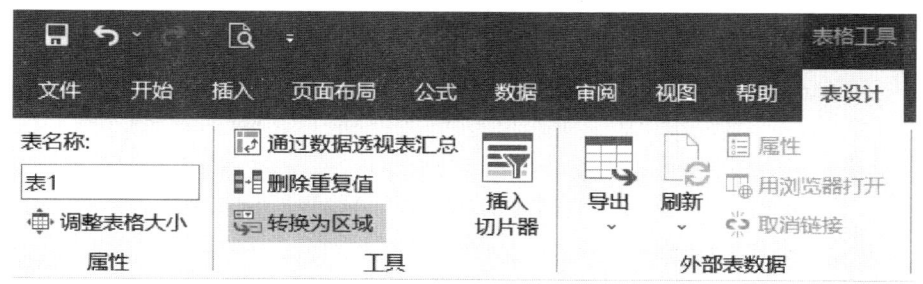

图 3-3-51 "表设计"选项卡中的"转换为区域"按钮

（2）删除数据清单中已设置的"条件格式"。单击"开始"选项卡"样式"组中的"条件格式"按钮，在打开的下拉列表中选择"清除规则"，在子菜单中选择"清除整个工作表的规则"，如图 3-3-52 所示。

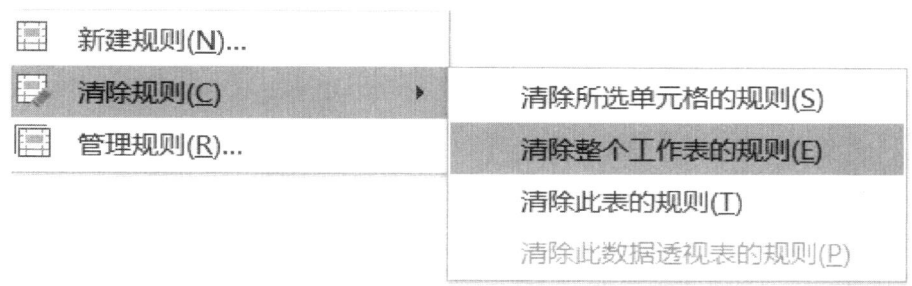

图 3-3-52 清除已设置的"条件格式"

（3）对数据清单中的"名次"进行升序排序，也可以先按"简评"降序，再按"总分"降序排序。

（4）选中数据清单中的任一单元格，单击"数据"选项卡"分级显示"组中的"分类汇总"按钮，打开"分类汇总"对话框。

（5）在"分类字段"下拉列表中选择分类字段"简评"，在"汇总方式"下拉列表中选择汇总方式"平均值"，在"选定汇总项"列表框中选择汇总字段"局部解剖学"和"总分"，如图 3-3-53 所示。

（6）单击"确定"按钮，汇总结果如图 3-3-54 所示。

要删除分类汇总结果，选中其中的任一单元格，然后在"分类汇总"对话框中单击"全部删除"按钮即可。

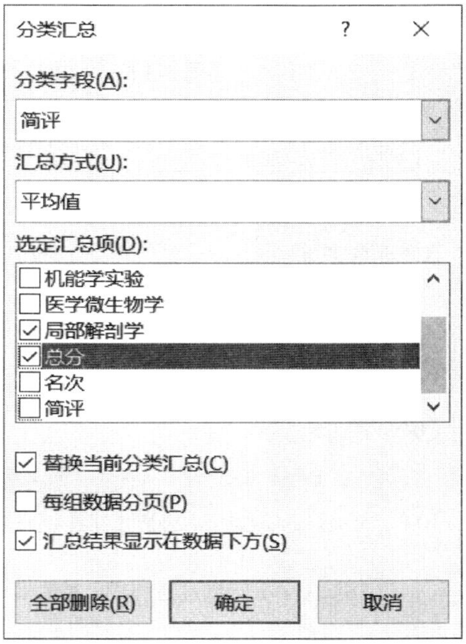

图 3-3-53 "分类汇总"对话框

五、图表的使用

例 3-3-7：对"2022 年各科室门诊统计表"生成迷你图和簇状柱形图，如图 3-3-55 所示。

	A	B	C	D	E	F	G	H
1	学生成绩表							
2	编号	姓名	机能学实验	医学微生物学	局部解剖学	总分	名次	简评
3	17	刘毕胜	88	98	94	280	1	优秀
4	09	罗洪彬	92	93	88	273	3	优秀
5					91	276.5		优秀 平均值
6	02	李慕海	90	91	85	266	4	良好
7	06	王通	96	69	94	259	5	良好
8	04	邓芳	82	80	90	252	6	良好
9	16	李烁	84	91	76	251	7	良好
10	11	吴彦艳	80	84	82	246	8	良好
11	07	杨冰	75	89	75	239	10	良好
12	01	柳英楠	65	91	79	235	11	良好
13	08	胡长林	66	73	94	233	12	良好
14	10	蒋星明	71	80	78	229	13	良好
15	12	谢宇峰	75	65	74	214	14	良好
16	14	张克楠	53	79	80	212	15	良好
17					82.45454545	239.636364		良好 平均值
18	05	朱天涵	61	75	73	209	16	及格
19	15	王思薇	73	60	72	205	17	及格
20	03	祁良	78	61	59	198	19	及格
21					68	204		及格 平均值
22	13	张石	67	46	64	177	20	不及格
23					64	177		不及格 平均值
24					79.82352941	234		总计平均值

图 3-3-54 “分类汇总”的结果

	A	B	C	D	E	F
1	2022年各科室门诊统计表					
2	科室 月份	儿科	妇产科	骨科	口腔科	合计
3	一月	603	776	614	204	2197
4	二月	565	676	680	444	2365
5	三月	600	988	616	306	2510
6	四月	696	1128	620	287	2731
7	五月	568	1089	600	310	2567
8	六月	421	871	604	324	2220
9	七月	327	850	609	346	2132
10	八月	553	872	606	368	2399
11	九月	485	1012	625	334	2456
12	十月	470	979	654	277	2380
13	十一月	454	1029	632	288	2403
14	十二月	436	1812	627	246	3121
15	走势					

图 3-3-55 “2022 年各科室门诊统计表”的迷你图和簇状柱形图

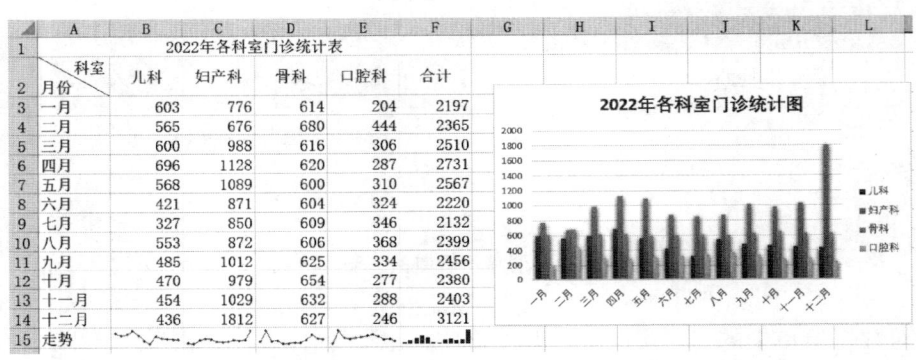

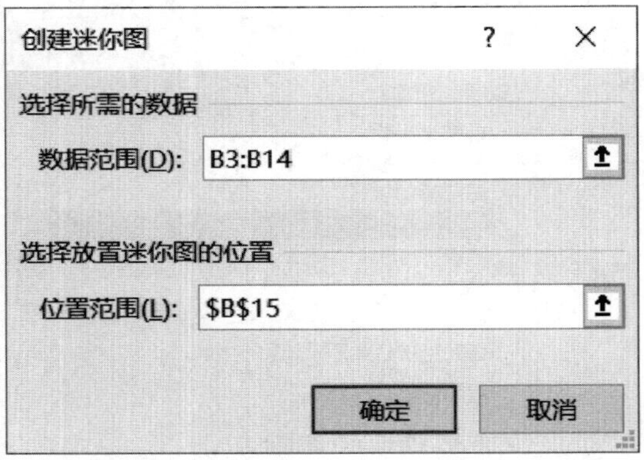

图 3-3-56 “创建迷你图”对话框

1．迷你图 迷你图是 Excel 2019 中的一种图表制作工具，它以单元格为绘图区域，能简单、快捷地绘制出数据小图表，使数据以简明的小图表形式呈现。

任务一：在 B15、C15、D15 和 E15 单元格中创建折线迷你图，在 F15 单元格中创建柱形迷你图。

操作方法：

（1）单击 B15 单元格，单击“插入”选项卡“迷你图”组中的“折线”按钮，打开“创建迷你图”对话框。

（2）在该对话框的“数据范围”文本框中选择或输入“B3:B14”，如图 3-3-56 所示，单击“确定”按钮。

（3）选中 B15 单元格中的迷你图，在“迷你图”选项卡“显示”组中分别选中“高点”“低点”“首点”“尾点”和“标记”复选框，如图 3-3-57 所示。

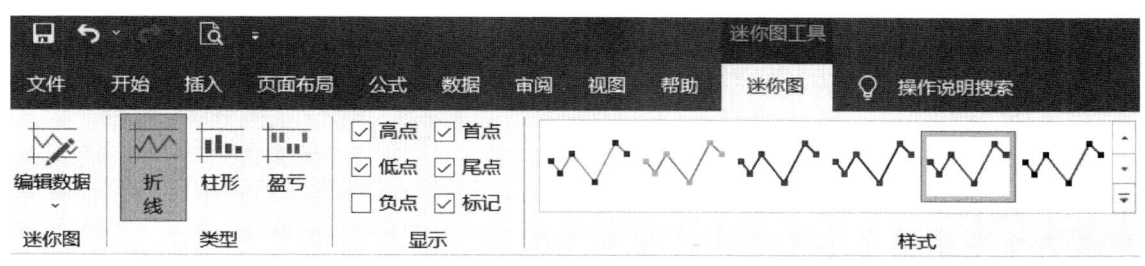

图 3-3-57　迷你图工具

（4）用同样的方法分别在 C15、D15 和 E15 创建折线迷你图，并选中"高点""低点""首点""尾点"和"标记"复选框，也可以在 B15 单元格使用填充柄功能拖拽产生 C15:E15 的折线迷你图。

（5）在 F15 创建柱形迷你图，并选中"高点""低点""首点"和"尾点"复选框。

2．创建图表　在 Excel 2019 中可以根据数据创建图表。图表可以直观、形象地表现出工作表中的抽象数据，清晰地反映出数据的规律性与变化趋势，以便于对数据进行分析、评价与比较。

任务二：创建 2022 年各科室门诊统计图。

操作方法：

（1）选中待创建图表的 A2:E14 单元格区域。

（2）单击"插入"选项卡"图表"组中的"插入柱形图或条形图"按钮，在打开的图表类型下拉列表中选择"二维柱形图"下的"簇状柱形图"选项，如图 3-3-58 所示，Excel 将自动创建一个图表，如图 3-3-59 所示。

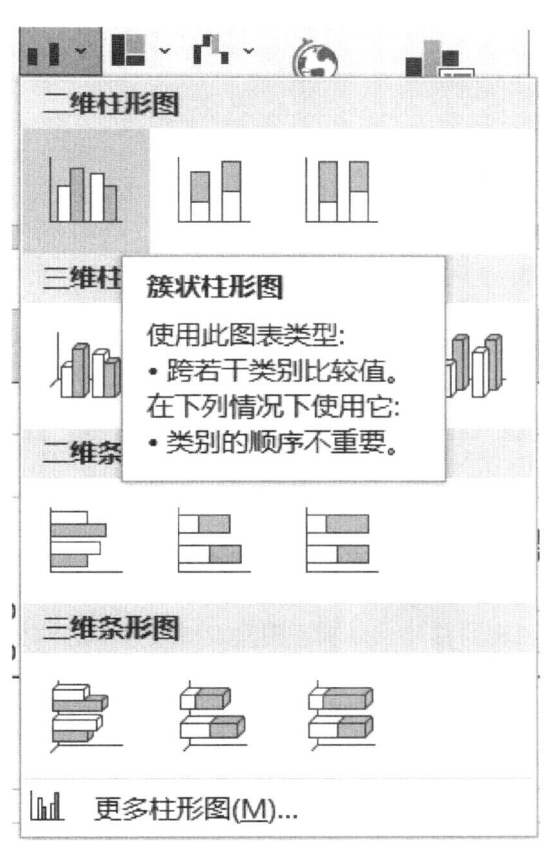

图 3-3-58　选择"簇状柱形图"选项

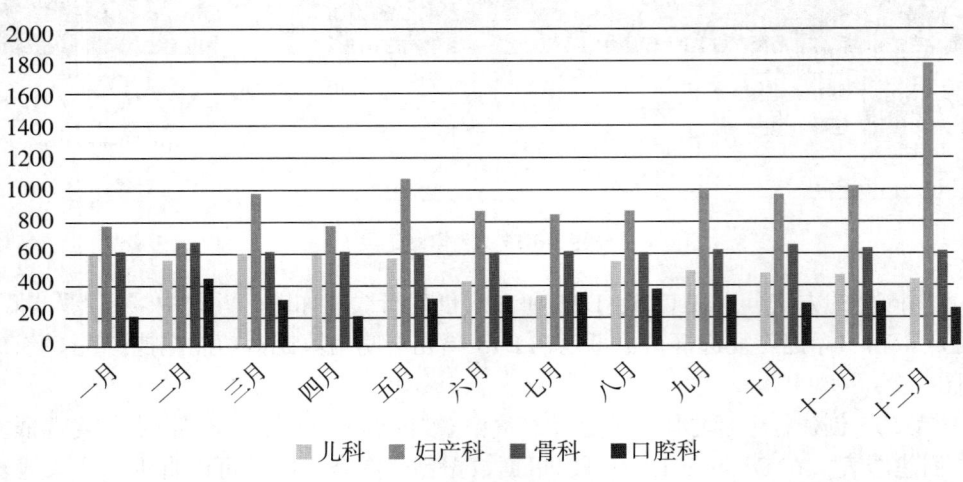

图 3-3-59 簇状柱形图

（3）选中新创建的图表，功能区将出现"图表工具"选项卡组，包含"图表设计"和"格式"两个选项卡。单击"图表设计"选项卡，在"图表样式"组中选择"样式 14"选项，在"图表布局"组中的"快速布局"下拉列表中选择"布局 1"选项。

（4）右键单击图表标题，在打开的快捷菜单中选择"编辑文字"命令，将图表标题更改为"2022 年各科室门诊统计图"，完成图表的制作，如图 3-3-60 所示。

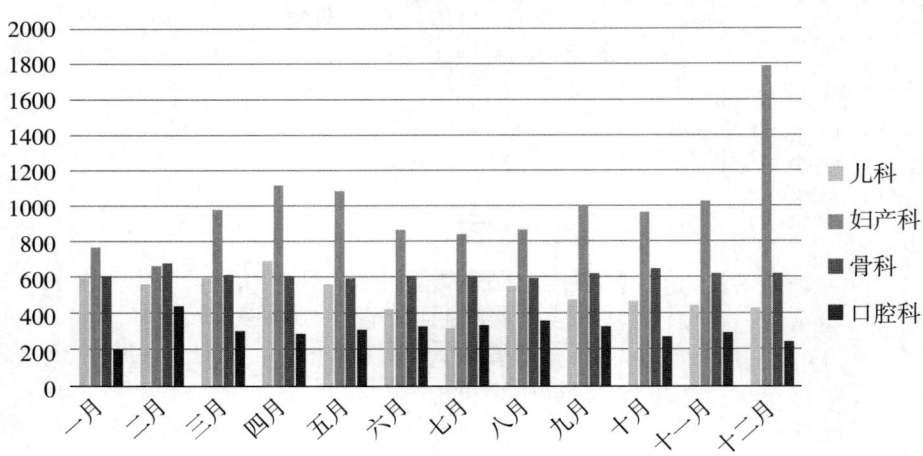

图 3-3-60 更改后的柱形图效果

3．编辑图表 对于图表的移动、复制、删除及图表大小的调整与 Word 2019 中对图片的操作类似，在此不再赘述。

（1）更改图表类型：在图表上单击鼠标右键，在打开的快捷菜单中选择"更改图表类型"命令，或单击"图表工具"选项卡"设计"组中的"类型"选项，在打开的下拉列表中选择"更改图表类型"按钮，打开图 3-3-61 所示的"更改图表类型"对话框，选择相应的类型即可。

（2）切换行列：单击"图表工具"选项卡"设计"组中的"数据"选项，在打开的下拉列表中选择"切换行/列"按钮，就可以切换显示，本例中切换行列后的效果如图 3-3-62 所示。

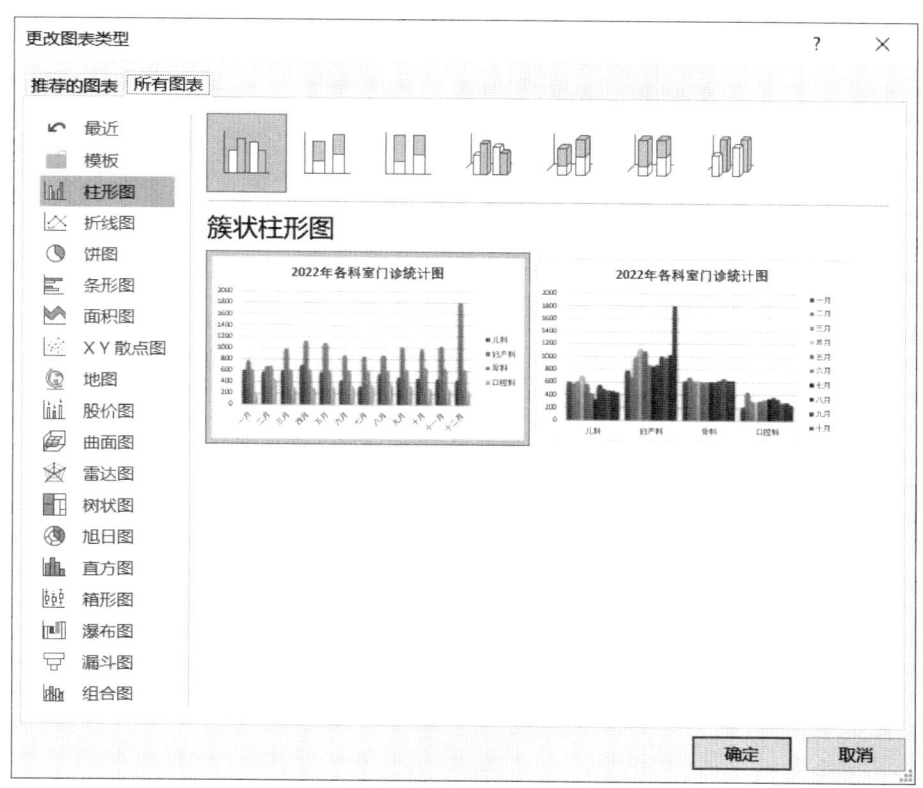

图 3-3-61 "更改图表类型"对话框

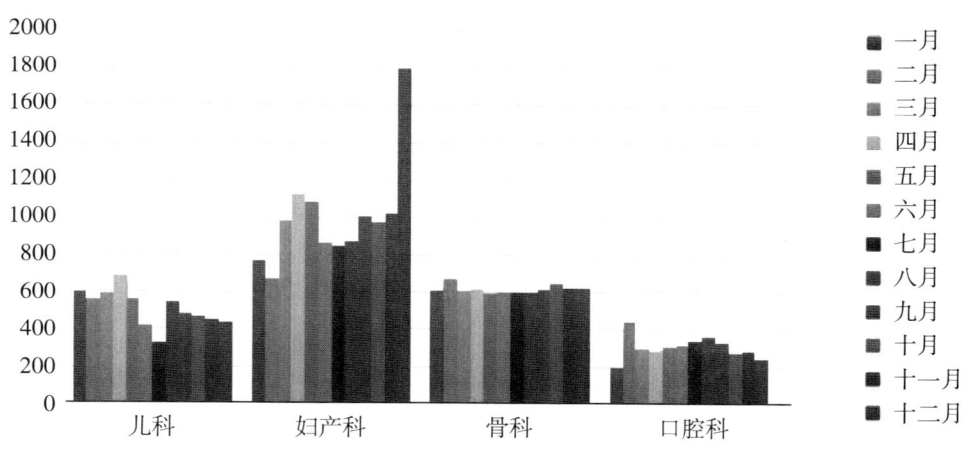

图 3-3-62 切换行列后的统计图

(3) 添加坐标轴标题和设置坐标轴格式：选中图表，单击"图表工具"选项卡"设计"组中的"图表布局"选项，在打开的下拉列表中选择"添加图表元素"按钮，在打开的下拉列表中通过"坐标轴标题"选项可以添加主要横坐标标题和主要纵坐标标题；若选择"更多轴标题选项"选项，则可以设置坐标轴的格式，如图 3-3-63 所示。

(4) 设置图表区格式：单击图表区，单击"图表工具"的"格式"选项卡"当前所选内容"组中的"设置所选内容格式"按钮，在打开的窗格中可以设置图表区的大小、背景、边框和字体等。

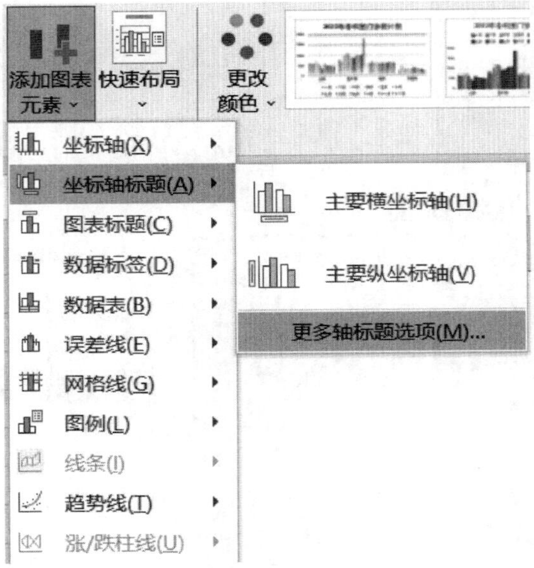

图 3-3-63 设置坐标轴标题格式

（王俊生）

思 考 题

1．收集资料，制作一份不少于 12 页的医教宣传手册，要求设置风格统一的格式；能够自动生成目录，文本标题、表格标题和图表标题等自动编号；根据内容设置不同的页眉，添加页码；对宣传手册进行美化，图文并茂；并将这份医教宣传手册以信函的形式生成多个文档。

2．推进健康中国建设，是全面建成小康社会、基本实现社会主义现代化的重要基础，"共建共享、全民健康"是建设健康中国的战略主题。制作以"健康中国"为标题的宣传演示文稿，介绍卫生健康事业的发展，弘扬"大医精神"，选择适宜模板、配色及动画效果。

3．搜索细胞 3D 模型，利用适宜的动画效果，制作"细胞知识讲解"演示文稿。

4．在 Excel 2019 中，相对引用、绝对引用与混合引用的区别是什么？

5．利用 Excel 2019 对某医院住院部患者费用信息进行统计和分析。要求如下：

（1）制作"患者费用情况"表格

1）在 Excel 2019 中新建一个工作簿，以"患者费用情况.xlsx"为文件名保存；将工作表"Sheet1"重命名为"费用清单"；添加工作表"Sheet2"，并重命名为"费用统计与查询"。

2）在工作表"费用清单"中，输入图 1 所示内容。

	A	B	C	D	E	F	G	H	I	J	K
1	某医院住院部患者费用情况										
2	制表日期：										
3	住院号	姓名	性别	入院日期	出院日期	病区	主治医师	病室	床位费	医疗费	总费用
4		李新	男	2022-1-12		皮肤科	初春雪	单人		431	
5		张建伟	男	2022-2-17		内科	王瑞正	双人		591	
6		张建伟	女	2022-3-6		外科	刘小林	三人以上		1565.8	
7		武继中	男	2022-4-2		内科	周庆民	三人以上		981.5	
8		韩雪	女	2022-5-12		外科	蔡文镇	单人		3570.5	
9		杨惠琳	女	2022-6-23		皮肤科	温佳涛	双人		501	
10		尚楠	女	2022-7-14		外科	周文帆	单人		703.7	
11		王立德	男	2022-8-20		内科	杜迪笋	三人以上		3172	
12		吴娜	女	2022-9-7		内科	周庆民	单人		721.4	
13		郑明辉	男	2022-10-30		外科	刘小林	双人		1341	

图 1 工作表"费用清单"录入内容

3）在工作表"费用统计与查询"中，输入图2所示内容。

	A	B	C	D	E
1	总费用统计表				
2	最高花费	最低花费	平均花费	报销人数	报销人数比例
3					
4					
5	总费用查询				
6	姓名	总费用			
7	杨惠琳				

图2　工作表"费用统计与查询"录入内容

（2）完成工作表"费用清单"的计算

1）利用自动填充功能将"住院号"所在的A列数据从"02201"开始，按"1"递增的规律编写，数据类型为文本型；将"出院日期"所在的E列数据以月为递增单位填充为"2022-2-1""2022-3-1"等。

2）在"床位费"所在的I列前面插入一列"每日病床费"。根据"病室"填充"每日病床费"列的数据，两列之间的关系是"单人"为"90"，"双人"为"45"，"三人及以上"为"15"。

3）使用公式计算：

床位费=（出院日期－入院日期）×每日病床费

总费用=床位费+医疗费

（3）完成工作表"费用统计与查询"的计算

1）使用函数计算所有患者的最高花费、最低花费和平均花费，并计算报销的人数（总费用＞1000的患者参加报销）和报销人数比例。

2）使用VLOOKUP函数查询患者杨惠琳的"总费用"。

（4）对工作表"费用清单"进行格式设置

1）标题"某医院住院部患者费用情况"设置字体为楷体，字号为22；A1:L1单元格区域合并后居中，底纹颜色为"主题颜色"中的"白色，背景1，深色5%"，行高30；表格中其他行高为25。

2）"制表日期："设置字体为楷体，字号为18，A2:L2单元格区域合并后居中，水平靠右对齐，在"制表日期："后输入系统当前日期。

3）A3:L13单元格区域设置字体为宋体，字号为15；K4:J13单元格区域设置保留两位小数；表格中所有列设置为"自动调整列宽"。

4）设置A3:L13单元格区域的外边框线为黑色粗实线，内边框线为黑色细实线。

5）将"总费用"所在的L列设置条件格式：数据小于1000，用"浅红色填充"。

（5）数据的管理和分析

1）为工作表"费用清单"建立4个"副本"工作表，分别命名为"排序""自动筛选""高级筛选"和"分类汇总"。

2）在工作表"排序"中，按照"病区"作为主要关键字升序排列，再按"总费用"作为次要关键字进行降序排列。

3）在工作表"自动筛选"中，使用"自动筛选"功能，筛选出主治医师为"刘小林"的

女性患者的记录。

4）在工作表"高级筛选"中，使用"高级筛选"功能，筛选出所有内科女性患者或者外科患者的记录。

5）在工作表"分类汇总"中，按"病区"汇总患者的床位费、医疗费以及总费用。

第四章 数据库的医学应用

数据管理是计算机的一个重要应用领域。早期的数据管理方式是使用数据文件来存放数据，支持这种数据文件管理方式的软件称为文件管理系统（file management system，FMS），由于 FMS 管理的数据文件与应用程序相关，独立性差，不能满足现代数据管理的应用需求，数据的正确性、安全性、保密性、并发性等得不到保证，这些缺陷驱使人们不断寻求新的数据管理方法，因而出现了以数据库为中心的数据库管理系统（database management system，DBMS）。数据库技术所研究的问题就是如何科学地组织和存储数据，如何高效地获取和处理数据。

第四章数字资源

第一节 数据库理论基础

学习目标

1. 知识
(1) 熟悉数据库相关基本概念。
(2) 了解关系数据库的设计步骤及各阶段的主要任务。
2. 能力
(1) 了解数据库技术的发展，理解数据库管理系统强大的生态系统。
(2) 面向医学应用，培养学生发现问题、分析问题、解决问题的能力和创新能力。
3. 素养
(1) 理解工匠精神，在学习、工作中发扬工匠精神。
(2) 通过关系模型的建立，理解事物联系的普遍性。

早期的计算机主要用于科学计算，后来计算机的应用逐渐进入了人类活动的各个领域。当计算机应用于管理、商业、经贸、检索时，需要处理大量的数据，为了迅速有效地对数据进行管理，在 20 世纪 60 年代中期，产生了数据库技术。

数据库技术将数据独立集中存放，不仅可以解决数据的冗余问题，实现数据共享，保证数据的安全和统一，而且由于数据与程序分开，将数据独立于具体的应用程序，数据可为所有应用程序所共享。

一、数据库技术的产生与发展

数据库技术是计算机科学领域中发展最快的分支之一。应用计算机进行数据管理经历了人工管理、文件系统和数据库系统三个阶段。

1. 人工管理阶段（20世纪50年代中期以前） 早期的数据处理都是通过手工进行的，当时的计算机除硬件外，没有任何软件可供数据处理使用，因而计算机主要用于科学计算。在这个阶段处理数据的方式如图4-1-1所示，从图中可以看出，数据完全面向特定的应用程序，每个用户使用自己的数据，数据与程序没有独立性；数据需要由应用程序自己管理，没有相应的软件系统负责数据的管理工作，应用程序中除了要规定数据的逻辑结构外，还要考虑数据在计算机中如何存储和组织，为数据分配空间、决定存取方法等；应用程序与数据是一一对应的，如果几个应用要用到同一数据，这些数据需要重复存储，数据的冗余度很大。

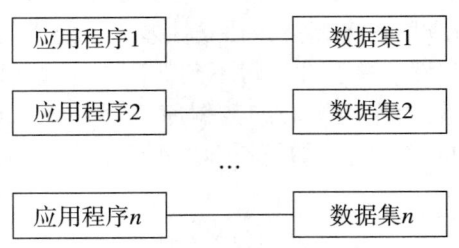

图4-1-1 人工管理阶段的数据处理

2. 文件系统阶段（20世纪50年代后期~20世纪60年代中期） 20世纪50年代后期，随着计算机技术的发展，硬件方面有了磁盘、磁鼓等直接存取设备，软件方面操作系统中已经有了专门的数据管理软件，一般称为文件系统，处理数据的方式也有了变化，如图4-1-2所示。

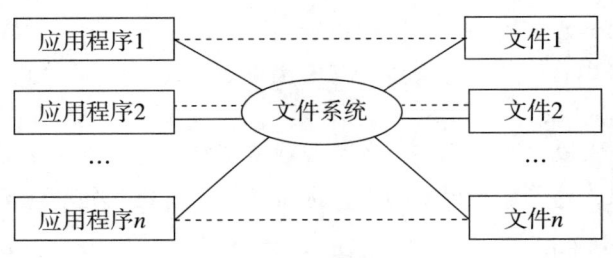

图4-1-2 文件系统阶段的数据处理

在这个阶段数据以文件形式保存在磁介质上，可实现对数据进行查询、插入、删除和修改等操作；程序和数据分离，程序有了较大程度的物理独立性，当数据的物理存储发生变化时，不会引起整个程序的变动；但这些数据只是简单地存放，文件中的数据没有统一结构，文件之间也没有相互关联，不同的应用程序之间很难共享同一数据文件，数据依然重复存储，冗余度大，一致性差。

3. 数据库系统阶段（20世纪60年代后期） 随着计算机应用越来越广泛，需要管理的数据量越来越多，对共享数据的需求也日益强烈，文件系统已无法满足需求，数据库技术应运而生，数据库系统中应用程序与数据的关系如图4-1-3所示。

相比于文件系统，数据库系统拥有以下鲜明的特色。

（1）数据结构化：在数据库系统中，数据不仅为某个应用服务，而是面向所有数据库的

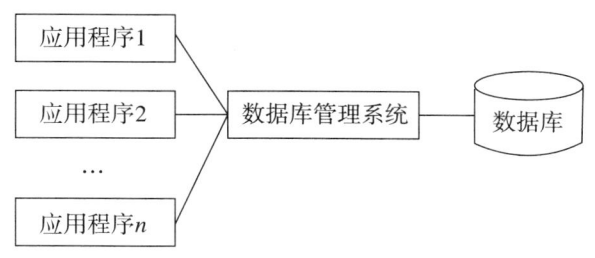

图 4-1-3　数据库系统阶段的数据处理

用户，所有数据具有一定的形式结构，用户可以通过不同的路径存取数据，以满足用户的不同需要。

（2）数据独立性高：在数据库系统中，应用程序不再与物理存储器上具体文件相对应，每个用户所使用的数据有其自身的逻辑结构。在数据库方式下，数据独立性表现在两个方面：物理独立性和逻辑独立性。

（3）减少数据冗余：在数据库系统管理下的数据不再是面向应用，而是面向系统。数据集中管理，统一进行组织、定义和存储，避免了不必要的冗余，因而也避免了数据的不一致性。

（4）数据共享：数据库中的数据可以供多个用户使用，每个用户只与数据库中的一部分打交道；用户数据可以重叠，在同一时刻不同的用户可以同时存取数据而互不影响，大大地提高了数据的利用率。

（5）统一的数据保护功能：数据库由管理系统统一管理，多个用户共享数据资源，系统提供统一的数据安全性、一致性、并发控制及数据库恢复等功能。

4．数据库技术新进展　自 20 世纪 70 年代关系数据模型和关系数据库出现后，数据库技术得到了蓬勃发展，其应用也越来越广泛。随着应用的不断深入，以关系数据库为代表的传统数据库系统已经很难满足新领域的需求。伴随着互联网、移动通信技术、大数据技术等新兴技术的发展，数据库技术与多学科技术的有机结合是当前数据库发展的重要特征。

（1）分布式数据库系统（distributed database system，DDBS）：是数据库技术与计算机网络技术、分布式处理技术相结合的产物。分布式数据库系统是系统中的数据地理上分布在计算机网络的不同节点，但逻辑上属于一个整体的数据库系统。分布式数据库系统不同于将数据存储在服务器上供用户共享存取的网络数据库系统，它不仅能支持局部应用（访问本地数据库），而且能支持全局应用（访问异地数据库）。

（2）NoSQL 数据库：也称为"非关系型数据库""NoSQL DB"或"非 SQL"，泛指非关系型的数据库。在采用关系数据库实现信息系统的技术方案中，所有信息数据都需要进行结构化存储处理，才能在关系数据库中进行数据存取访问。而当今海量的互联网应用数据以非结构形式存在，NoSQL 数据库技术是一类针对非结构化数据处理需求而产生的分布式非关系数据库技术。它所采用的数据模型并非传统关系数据库的关系模型，而是类似键/值、列族、文档等非关系模型。NoSQL 数据库没有固定的表结构，通常也不存在连接操作，也没有严格遵守 ACID（atomicity，原子性；consistency，一致性；isolation，隔离性；durability，持久性）约束。因此，与关系数据库相比，NoSQL 具有灵活的水平可扩展性，可以支持海量数据存储。

（3）NewSQL 数据库：虽然 NoSQL 数据库技术可以有效解决非结构化数据存储与大数据操作，具有良好的扩展性和灵活性，但它不支持广泛使用的结构化数据访问 SQL，同时也不支持数据库事务的 ACID。NewSQL 是对各种新的可扩展/高性能数据库的简称，这类数据库不仅具有 NoSQL 对海量数据的存储管理能力，还保持了传统数据库支持 ACID 和 SQL 等特性。

（4）数据仓库与数据集成：数据仓库（data warehouse）是面向主题、集成、相对稳定且反映以往变化的数据集合，是决策支持系统和联机分析应用数据源的结构化数据环境。特点是面向主题、集成性、稳定性和时变性。在数据仓库中，主要工作是对历史数据进行大量的查询操作或联机统计分析处理，以及定期的数据加载、刷新，很少进行数据更新和删除操作。新一代数据库使数据集成与数据仓库的实施更简捷。随着数据应用逐步过渡到数据服务，还会着重处理三个问题：关系型与非关系型数据的融合、数据分类、国际化多语言数据。

5．国产数据库的发展 如今，信息技术成为国际竞争的工具，数据库系统作为现代信息系统中最复杂、最关键的基础软件之一，是信息技术的关键一环。我国数据库技术发展主要经历了以下四个发展阶段。

第一阶段为探索期（1978—1988年），主要包括理论探索与原型研究。改革开放初期，萨师煊教授和王珊教授推开了中国数据库领域的大门，培养了中国数据库的第一代人才。正是初期这些高校及科研机构的自发探索为后续国产数据库的发展埋下了一颗种子。

第二阶段为萌芽期（1989—2000年），主要包括原型研发与产品开发。为了国产数据库的发展，国家为高校的数据库研究提供重点经费支持。中国高校以及科研机构进行了原型研发与产品开发，从而也有了第一代原型数据库，比如OpenBASE、COBASE和DM Database。

第三阶段为成长期（2001—2012年），主要包括产品研发与应用示范。此阶段国家"十一五"规划发布，以信息化带动工业化，达梦数据库、人大金仓、南大通用和航天神舟等公司逐渐发展起来。国产数据库开始了弯道超车，国产数据库领域才真正进入苗壮成长、蓬勃发展的时代。

第四阶段为发展期（2013年至今），主要包括技术爆炸以及市场运作。在大数据与互联网等技术发展的推动下，国内技术人员对数据库内核相关技术掌握越来越深入和全面，一批新兴国产数据库厂家开始涌现。进入"十四五"时期后，我国数字化发展进入快车道，新一代信息技术迈上发展新台阶。经过多年的数据库科研经验积累，在国家高技术研究发展计划（863计划）等一系列政策的支持下，一批优秀的研发成果逐渐被市场认可。中国数据库行业现已进入百花齐放、百家争鸣的阶段。截至目前，国产数据库的厂商数量已经超过200家。

知识拓展

数据库领域的图灵奖获得者

图灵奖最早设立于1966年，是美国计算机协会（ACM）在计算机技术方面所授予的最高奖项，被喻为"计算机界的诺贝尔奖"。迄今为止已有四位在数据库领域做出突出贡献的科学家获此殊荣。

1．查尔斯·巴赫曼　巴赫曼在数据库方面的主要贡献有两项：一是主持设计与开发了最早的网状数据库管理系统IDS；二是积极推动与促进了数据库标准的制定。

2．埃德加·科德　科德被称为"关系数据库之父"，1970年6月，他在 *Communications of ACM* 上发表了题为"用于大型共享数据库的关系数据模型"一文，首次明确而清晰地为数据库系统提出了一种崭新的模型，即关系模型。

3．詹姆斯·格雷　格雷在事务处理技术上的创造性思维和开拓性工作，使他成为该技术领域公认的权威。他的研究成果反映在他发表的一系列论文和研究报告之中。

4．迈克尔·斯通布雷克　斯通布雷克因其在关系数据库管理系统和数据仓库的创建、开发和改进方面的基础工作而闻名于世。通过一系列学术原型以及初步的商业化，他在关系数据库方面的研究结果对现今市场上的产品有很深的影响。

二、数据库系统的基本概念

1. 数据（data） 计算机只能处理 0 和 1 两种符号，而现实生活中有各式各样的数据，如数字、各种语言文本信息、语音、照片、视频等，通过相应的字符编码、模数转换等技术，将现实中的数据转换成计算机能识别的 0 和 1。

在计算机科学中，数据是指所有能输入计算机并被计算机存储和处理的、具有明确意义的数值、文字、声音、图像、视频等的通称。数据是数据库存储的基本对象，是描述事物的符号记录，它有多种表现形式。

2. 数据库（database，DB） 数据库是指长期存储在计算机内、有组织的、统一管理的相关数据的集合。它不仅描述事物的数据本身，而且还包括相关事物之间的联系。数据库可以直观地理解为存放数据的仓库，只不过这个仓库是在计算机的存储设备上，而且数据是按一定格式存放的。

3. 数据库管理系统（database management system，DBMS） 数据库管理系统是用于建立、使用、管理和维护数据库的系统软件，是数据库系统的核心组成部分。它可提供结构化查询语言（structured query language，SQL），允许用户对数据库进行插入、更新、删除和检索数据等操作。数据库系统中各类用户对数据库的操作请求，都由数据库管理系统来完成。它运行在操作系统上，将数据独立于具体的应用程序、单独组织起来，成为各种应用程序的共享资源。目前，广泛使用的大型数据库管理系统有 Oracle、Sybase、SQL Server、DB2 等，中小型数据库管理系统有 Microsoft Access、MySQL 等。

数据库管理系统具有以下几项主要功能：

（1）数据定义功能：通过数据定义语言（data definition language，DDL），定义数据库的数据对象，如数据库、表、索引等。

（2）数据操纵功能：通过数据操纵语言（data manipulation language，DML），实现对数据库数据的基本操作，如查询、插入、删除、修改等。

（3）数据库的控制和管理功能：实现对数据库的控制和管理，确保数据正确有效和数据库系统的正常运行，是数据库管理系统的核心功能。主要包括数据的并发性控制、完整性控制、安全性控制和数据库的恢复。

（4）数据库的建立和维护功能：数据库的建立包括数据库初始数据的输入、转换等；数据库的维护包括数据库的转储、恢复、重组织与重构造、性能监视与分析等。这些功能通常由数据库管理系统的一些实用程序完成。

4. 数据库系统（data base system，DBS） 数据库系统是指带有数据库并利用数据库技术进行数据管理的计算机系统。它是在计算机系统中引入了数据库技术后的系统，实现了有组织地、动态地存储大量相关数据，提供了数据处理和共享的便利手段。数据库系统通常由硬件系统、数据库、数据库管理系统、数据库应用系统、数据库管理员和用户五部分组成。

三、数据模型

数据库的类型通常按照数据模型（data model）来划分。数据模型是数据库系统的核心和基础，是对现实世界数据特征的抽象。数据模型应该满足如下要求：能比较真实地模拟现实世界；容易被理解；便于在计算机上实现。

1. 数据模型的三要素 数据模型从抽象层次上描述了数据库系统的静态特征、动态行为

和约束条件，因此，数据模型通常由数据结构、数据操作及数据约束三部分组成。

（1）数据结构：数据结构是对系统静态特征的描述，主要描述数据的类型、内容、性质以及数据间的联系等。数据结构是所描述的对象类型的集合，数据操作和约束都建立在数据结构上。关系模型是目前占据统治地位的数据模型。

（2）数据操作：数据操作是对系统动态特征的描述，主要描述在相应的数据结构上的操作类型和操作方式。数据库对数据的主要操作是增、删、改、查，数据模型必须定义这些操作的确切含义、操作符号、操作规则和实现操作的语言。

（3）数据约束：主要描述数据结构内数据间的语法、词义联系、数据间的制约和依存关系以及数据动态变化的规则，以保证数据的正确、有效和相容。

2. 数据模型的类型 数据模型按照不同的应用层次分为三种类型：概念数据模型、逻辑数据模型、物理数据模型。

（1）概念数据模型：也称信息模型，它是按用户的观点来对数据和信息建模，是面向用户和现实世界的数据模型，与具体的 DBMS 无关，主要用于与用户交流，建立现实世界的概念化结构。

概念模型中的常用术语：

1）实体（entity）：客观存在并可相互区分的事物称为实体。实体可以是具体的人、事、物，如一位患者、一张处方、一种药品等。

2）属性（attribute）：实体所具有的某一特性称为属性。一个实体可以由若干个属性来刻画。例如，患者实体具有病历号、姓名、性别、出生年份、就诊日期、病情诊断等属性。药品实体具有药品名称、单位、数量、单价等属性。

3）实体型（entity type）：具有相同属性的实体必然具有共同的特征和性质，因此用实体名与其属性名集合来抽象和刻画同类实体，称为实体型。例如，患者（门诊号、姓名、性别、年龄、就诊日期、病情诊断）就是一个实体型。注意实体型与实体（值）之间的区别，后者是前者的一个特例。例如，某一位患者（90430210，赵涛，男，28，2022 年 7 月 11 日，上呼吸道感染）是一个实体。

4）实体集（entity set）：具有同型实体的集合称为实体集，如全体患者。

5）键（key）：能唯一标识实体的属性集称为键，如门诊号是患者实体的键，每个患者的一次就诊有唯一门诊号。

6）联系（relationship）：联系是实体之间的相互关联，如医生与患者间的治疗关系，医生与医院间的所属关系。

联系的种类包括三种：一对一（1∶1）、一对多（1∶n）、多对多（m∶n）。

①一对一：如果对于实体集 A 中的每一个实体，实体集 B 中至多有一个（也可以没有）实体与之联系，反之亦然，则称实体集 A 与实体集 B 具有一对一联系，记为 1∶1。例如，学校中学生与其成绩单之间的联系、医院中患者与病历之间的联系等。

②一对多：如果对于实体集 A 中的每一个实体，实体集 B 中有 n 个实体（n≥0）与之联系，反之，对于实体集 B 中的每一个实体，实体集 A 中至多只有一个实体与之联系，则称实体集 A 与实体集 B 有一对多联系，记为 1∶n。例如，班主任与班上同学之间的联系、医生与处方之间的联系等。

③多对多：如果对于实体集 A 中的每一个实体，实体集 B 中有 n 个实体（n≥0）与之联系，反之，对于实体集 B 中的每一个实体，实体集 A 中也有 m 个实体（m≥0）与之联系，则称实体集 A 与实体集 B 有多对多联系，记为 m∶n。例如，医生与患者之间的联系、处方与药品之间的联系等。

概念模型是数据库设计人员与用户之间交流的工具，在概念数据模型中最常用的是实体-

联系图（entity-relationship diagram，E-R 图），这是一种用图形表示实体联系的模型。E-R 图提供了实体、属性和联系这三个简洁直观的概念，可以比较自然地模拟现实世界，并且可以方便地转换成 DBMS 支持的逻辑数据模型。

在 E-R 图中，实体用矩形表示，在框内写上实体名；属性用椭圆形表示；联系用菱形表示。

例如，患者、医生、病历和处方分别是 4 个实体，患者有姓名、年龄、性别等属性。患者与病历之间是一对一的联系；医生开处方、治疗患者，医生与处方之间是一对多的联系；患者与医生之间是多对多的联系。这 4 个实体之间的联系可用 E-R 图表示（图 4-1-4）。

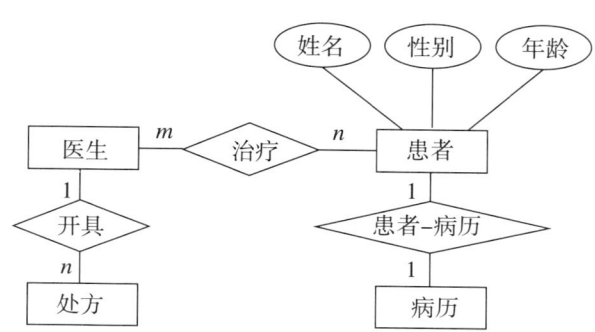

图 4-1-4　4 个实体之间联系的 E-R 图

（2）逻辑数据模型：逻辑数据模型又称数据模型，是一种面向数据库系统的模型，是信息世界中的概念和联系在计算机世界中的表示方法。此模型既要面向用户（便于用户使用和理解），也要面向实现（便于计算机处理）。用概念数据模型表示的数据必须转化为逻辑数据模型表示的数据，才能在 DBMS 中实现。数据库领域中主要的逻辑数据模型有：层次模型（hierarchical model）、网状模型（network model）、关系模型（relational model）、面向对象数据模型（object-oriented data model）等。目前使用最多的是关系模型，建立在关系模型基础上的数据库称为关系数据库，本章介绍的 Access 2019 就是一个关系数据库管理系统。

关系模型采用二维表来表示关系，简称表，一个二维表就是一个关系（表 4-1-1）。

表 4-1-1　患者挂号信息表

门诊号	患者姓名	患者性别	患者年龄	科室名称	医生姓名	患者挂号日期
80310001	陈修杰	男	56	消化科	高远	2022/6/10
90120001	张雪	女	60	呼吸内科	李振浩	2022/6/8
90120003	李婷	女	46	消化科	张伦	2022/7/9
90430210	赵涛	男	28	呼吸内科	秦明宽	2022/7/11
94030001	陈修杰	男	56	心脏内科	刘晨旭	2022/6/10
94030002	李彬	男	30	消化科	高远	2022/6/12

关系模型中的常用术语：

1）关系（relation）：关系是数学中集合的一个重要概念，用于反映元素之间的联系和性质。从用户角度，一个关系对应一张二维表，表中的数据包括实体本身的数据和实体间的联系。

2）属性（attribute）：二维表中的列称为属性，每个属性都有一个属性名。

3）元组（tuple）：二维表的每一行数据称为一个元组，也称记录。

4）域（domain）：属性的取值范围，每一列的分量是同一类型的数据，来自同一个域。

5）主键（primary key）：属性或属性的集合，其值能唯一地标识一个元组。一个关系只能指定一个主键，作为主键的列不允许取空值（null），也不会有重复值。

(3) 物理数据模型：数据库的数据最终必须存储到介质上，反映数据存储结构的数据模型称为物理模型，它涉及逻辑数据的存储方式和存取方法，是保证数据库效率的重要因素。物理数据模型不但与 DBMS 有关，而且与操作系统有关。物理数据模型从计算机的物理存储角度对数据建模，是数据在物理设备上的存放方法和表现形式的描述，以实现数据的高效存取。

四、关系数据库的设计

数据库设计是指对于一个给定的应用环境，构造出最优的关系模式，建立数据库，使之能够有效地存储数据，满足用户的应用需求。良好的数据库设计是建立性能优良的管理信息系统的基础。数据库设计的好坏，对于一个数据库应用系统的效率、性能及功能等起至关重要的作用。关系数据库的设计目标是生成一组关系模式，使得数据库既能存储必要的信息，又可以方便地从数据库获取信息。设计数据库之前必须深入了解用户的需求，分析需要的数据，理清数据之间的关系，设计数据库结构。

设计一个数据库可以分为以下几个步骤：

1．需求分析 首先要对用户需求及现有条件进行分析，确定数据库设计的目的，确定数据库中需要存储哪些信息、建立哪些对象及具有哪些功能，然后再决定如何在数据库中组织信息，以及如何在现有条件下满足用户的需要。

2．概念模型设计 把信息划分为各个独立的实体，确定每个实体的属性和它们之间的关系，画出 E-R 图。

3．逻辑模型设计 根据 E-R 图，规划数据库中实体的表及表之间的关系。我们采用关系模型，每一个实体作为一个表，每一个属性是一个字段。表之间要通过公共字段来联系。由于在关系模型中不能直接表示多对多的联系，必要时可以加入字段或者新建一个中间表来体现两表之间的联系。

4．物理模型设计 根据所应用数据库管理系统的规定，设计每个表的结构，即有几个字段、字段的名称、字段的数据类型等。在计算机中创建数据库及表，必要时输入一些实际的记录，检查能否得到需要的结果。

下面以门诊药房收费计算为例，说明数据库设计的过程。

第一步，进行需求分析。门诊药房收费数据库要求能够将医生所开的处方存储起来，并根据已有药品价格表计算每个患者的药费，输出个人收费记录单。其主要功能有：

（1）通过系统对医生处方录入、修改和查询；

（2）能够自动计算出每个患者的药费；

（3）能够查询患者所用药品情况；

（4）能够打印收费记录单。

因此，数据库应包括以下信息：

（1）处方信息：患者门诊号、患者姓名、诊断、药品编号、数量、医生、门诊时间等。

（2）药品信息：药品编号、药品名称、药品规格、出厂日期、单价、库存数量等。

第二步，概念模型设计。将处方信息和药品信息各作为一个实体，在这里，"处方"实体通过"药品编号"属性和"药品"实体中的"药品编号"建立了联系，这是一个多对多的联系。由于关系模型不能直接表示多对多的关系，因此需要将"处方"实体拆分为两个实体，即

"患者挂号信息表"和"处方信息"。对信息的组织修改如下：

（1）患者：门诊号、患者姓名、患者性别、患者年龄、科室名称、医生姓名、患者挂号日期等。

（2）处方：门诊号、诊断、药品编号、药品数量等。

"患者"和"处方"实体之间通过"门诊号"建立一对多的联系，"处方"和"药品"实体之间通过"药品编号"建立一对多的联系，画出 E-R 图（图 4-1-5）。

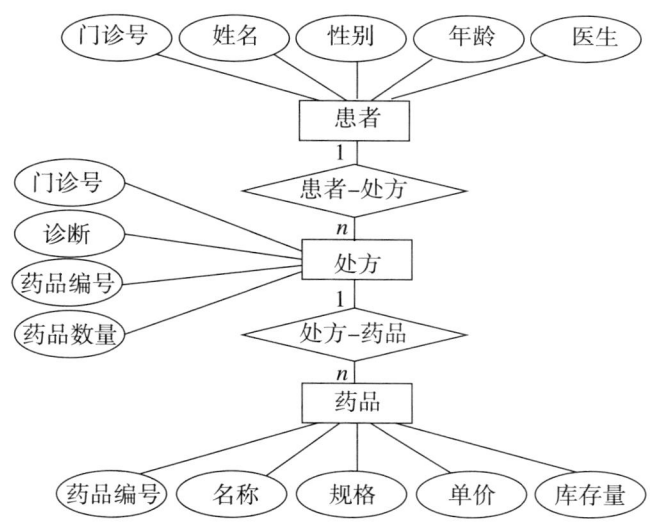

图 4-1-5 门诊药房收费数据 E-R 图

第三步，逻辑模型设计。根据 E-R 图设计"患者挂号信息表"（表 4-1-1）、"处方信息表"（表 4-1-2）和"药品信息表"（表 4-1-3）。由这三个表组成数据库，所有的基本数据都存放在这三个数据表中，然后通过查询、窗体、报表等方式对数据进行选择、组织、计算，生成用户所需的功能。

表 4-1-2 处方信息表

门诊号	诊断	药品编号	药品数量
90120001	上呼吸道感染	3666390	1
90120001	上呼吸道感染	6008704	2
90120003	支气管炎	3666390	2
90120003	支气管炎	6638422	2
90430210	上呼吸道感染	6008704	2
94030001	高血压	5431873	3
80310001	高血脂	5494160	5
94030002	慢性胃炎	4267469	1

表 4-1-3 药品信息表

药品编号	药品名称	药品规格	出厂日期	单价	库存数量
3666390	头孢氨苄	0.125 g*20 片/盒	2022/1/17	7.80	500
5494160	血脂康	0.3 g*24 粒/盒	2022/4/18	34.00	845
6008704	复合维生素 B	100 片/瓶	2022/1/23	6.50	1000
6870762	维 C 银翘片	0.5 g*24 片/盒	2022/2/14	15.00	1542
5431873	洛汀新	10 mg*28 片/盒	2022/2/15	52.00	700
4267469	吗丁啉	42 片/盒	2022/5/1	28.90	951
6638422	急支糖浆	180 ml/瓶	2022/4/16	31.80	1100

第二节 数据库与表的基本操作

学习目标

1．知识
（1）掌握数据库及数据表的创建。
（2）掌握表的基本操作及表间关系的创建与完整性设置。

2．能力
（1）能够使用数据库系统进行数据存储、分析及处理。
（2）实现数据基本管理操作，培养科学精神，提升科研能力。

3．素养
（1）通过数据库的完整性约束规则，培养学生责任意识和纪律意识。
（2）理解数据的增删改等操作的重要性，培养学生严谨的科学态度。

Microsoft Access 是 Microsoft Office 办公集成软件的成员之一，是一个关系型数据库管理系统。它具有 Office 软件界面清晰、操作简单的特点，无须编写程序代码，仅通过直观的可视化操作即可完成数据的收集、存储、分类、计算、加工、检索、传输和制表等管理工作；同时它又提供了 VBA（Visual Basic for Application）编程语言，可用于开发高性能、高质量的桌面数据库系统。

Microsoft Access 可以通过 ODBC（开放式数据库互连）与 Oracle、Sybase 等其他数据库实现数据交换和共享，同也可以和 Office 其他软件如 Word、Excel、Outlook 等进行数据交互。本节我们利用 Microsoft Access 2019 数据库管理系统讲解数据库的建立和操作。

一、创建数据库

启动 Access 后，将看到 Access 2019 的启动界面，如图 4-2-1 所示，选择 Access 数据库模板，在弹出的对话框中输入创建的数据库文件文件名，Access 2019 文件的扩展名是".accdb"。

例 4-2-1：创建名为"药房收费"数据库管理系统，数据库中建立三个数据库表，即"患

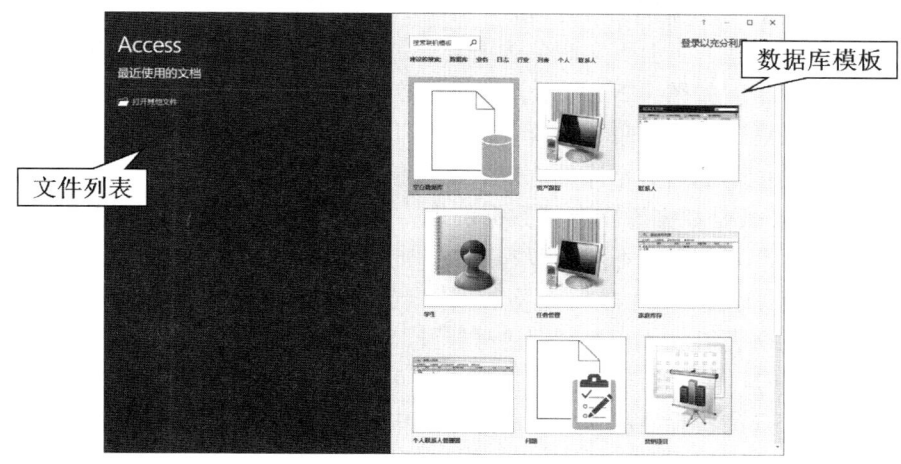

图 4-2-1　Access 2019 的创建数据库界面

者挂号信息表""处方表"和"药品表",并建立表之间的关系。

任务一：创建一个名为"药房收费"的空数据库。

操作方法：启动 Access，打开如图 4-2-1 所示的创建数据库界面，选择模板"空数据库"，在文件名文本框内输入文件名"药房收费"，可以单击文件名文本框后面的文件夹图标重新选择保存位置，单击"创建"按钮，创建了"药房收费.accdb"空数据库文件并打开该数据库，如图 4-2-2 所示。

图 4-2-2　数据库窗口

数据库窗口由以下四部分组成：

（1）导航窗格：导航窗格位于窗口左侧，用于列出 Access 数据库中所包含的对象类型。单击导航窗格右上方的小箭头，即可弹出"浏览类别"菜单，可以在该菜单中选择对象查看的方式。

（2）选项卡式文档：位于窗口的中心区域，默认状态下，Access 2019 将表、查询、窗体、报表等都显示为选项卡式文档，以供用户选择。

（3）功能区：位于程序窗口顶部的区域，功能区代替早期版本中的多层菜单和工具栏，以选项卡形式，将各种相关的命令组合在一起。Access 2019 功能区有五个选项卡，分别为"开始""创建""外部数据""数据库工具"和"帮助",在每个选项卡下都有不同的操作工具。

(4) 上下文命令选项卡：上下文命令选项卡就是根据用户正在使用的对象或正在执行的任务而显示的命令选项卡。如图4-2-2所示,创建空数据库会自动创建一个新数据表,在数据表视图下出现"表格工具"上下文命令选项卡,含有"字段"和"表"选项卡。

Access的主要功能是通过数据库的六个数据对象来完成的。

(1) 表 (table)：表是数据库中存储数据的地方,可以建立、修改、查看等。一个数据库中可以有多个表,每个表中存储不同类型的数据。通过在表之间建立关系,就可以将存储在不同表中的数据联系起来使用。例如,"药房收费"数据库由"患者挂号信息表""处方信息表"和"药品信息表"三个表组成,通过"门诊号"及"药品编号"建立联系。

(2) 查询 (query)：查询基于表的数据建立,可以设置各种条件,可以分析和统计数据。例如,通过建立一个查询,只显示"处方信息"表中患"上呼吸道感染"患者的记录。一个查询可以由若干个表及其他查询的字段组成。查询还可以对数据进行组织和计算,例如,通过"处方信息表"和"药品信息表"可以计算出每个患者的药费。

(3) 窗体 (form)：窗体基于表或查询建立,是用于录入、编辑、查找数据的应用窗口。在窗体中,每条记录用一页显示。窗体中不仅可以包含普通的数据,还可以包含图片、图形、声音、视频等多种对象。

(4) 报表 (report)：报表基于表或查询建立,可用屏幕或打印机输出。利用报表可以进行统计计算,如求和、求平均值等。

(5) 宏 (macro)：宏是一个或多个命令的集合,其中每个命令都可以实现特定的功能,通过组合这些命令,可以自动完成某些经常重复或复制的操作。

(6) 模块 (module)：模块是将VBA的声明和过程作为一个单元进行保存的集合,即程序的集合。设置模块对象的过程也就是使用VBA编写程序的过程。

二、创建数据表

建立数据库文件后,首先要设计数据库中所需的表,然后依次建立各个表,表建立完成后,还可以对其进行编辑修改。

在一个数据库中,可以有若干个表。在Access中建立数据表之前,要先设计表。在Access中每一个表分为两部分：表结构和表内容。表结构是指表头部分的设计,不但要说明每一列的名称,还要说明它的数据类型、数据宽度、小数位数、有无索引等。只有将表结构设计好,才能将数据组织好。

"患者挂号信息表"的结构见表4-2-1。

表4-2-1 "患者挂号信息表"的表结构

字段名称	数据类型	字段大小	小数位数	索引
门诊号	短文本	8		有（无重复）
患者姓名	短文本	8		无
患者性别	短文本	1		无
患者年龄	数字	整型	自动	无
科室名称	短文本	20		无
医生姓名	短文本	8		无
挂号日期	日期/时间			无

在 Access 中，对于表结构有一些规定，在设计时一定要遵守。

1. 字段的名称　Access 对字段名的规定有：

（1）长度最多只能有 64 个字符。

（2）可以是英文字母、汉字、数字、空格、特殊字符等，但不允许有小数点、感叹号、方括号等。

（3）不能以空格开头。

2. 字段的数据类型　在 Access 中字段的数据类型有以下几种：

（1）短文本型：即文本型，从 Access 2013 开始，文本型被重命名为短文本，是 Access 字段的默认数据类型，长度不得超过 255 个字符。短文本型数据可以是一切可以印刷的字符，包括英文字母、汉字、标点符号等，也可以是数字，但是不能参加数学运算。一般将电话号码、邮政编码、病历号等都设置为短文本型。

（2）长文本型：也称为备注型，从 Access 2013 开始，备注型被重命名为长文本，用于保存较长的文本，最长可以达到 63 999 个字符。"简历""病情"等字段通常都设置为长文本型。与短文本型不同，长文本型不能用于排序。

（3）数字型：数字型字段用于保存可以进行数学运算的数据，该字段的大小分为字节型、整型、长整型、单精度型、双精度型、同步复制 ID、小数等。不同大小的数据占据的存储空间不同，除"同步复制 ID"外，都可以设置格式（常规数字、科学计数等）和小数位数。

（4）日期/时间型：日期/时间型字段固定长度为 8 个字节，常用于存储"出生日期""就诊日期"等字段。

（5）货币型：固定长度为 8 个字节，精确度为小数点左边 15 位、小数点右边 4 位。

（6）自动编号型：自动编号型字段用于存储整数和随机数。新增记录时，其值顺序增加 1 或随机编号。自动编号型的数据不能修改，也不能更新。

（7）是/否型：是/否型的字段值为逻辑值，如是/否（yes/no）、真/假（true/false）、开/关（on/off）等。

（8）OLE 对象型：OLE（对象链接与嵌入，object link and embedding）对象型字段用于链接或嵌入各种对象，如文档、电子表格、图像、声音、动画等。

（9）超链接：文本或文本和数字的组合，以文本形式存储并用作超链接地址。

（10）附件：任何系统支持的文件类型，可以将图像、电子表格、文档和图表各种文件附加到数据库记录中。"附件"字段和"OLE 对象"字段相比，由于"附件"字段不用创建原始文件的位图图像，有着更大的灵活性，而且可以更高效地使用存储空间。

（11）计算：计算字段是 Access 2019 新规定的一个字段类型，计算字段的来源是引用其他字段计算的结果。

（12）查阅向导：功能与超链接类似，用于创建从其他对象中查阅字段数据。不同的是超链接中各条记录可以链接不同的对象，而查阅向导中每个字段只能链接同一个对象。

3. 字段的属性　不同类型的字段属性有所不同，主要有大小、格式、默认值、有效性规则、有效性文本、必需、索引等。

（1）字段大小：Access 的短文本型、数字型、自动编号型字段可以由用户自己定义字段大小，定义时要选择合适的大小。字段小了会造成数据错误甚至丢失，字段大了又会浪费存储空间。日期/时间型、长文本型、是/否型字段大小都是固定的。短文本型字段默认为 255 个字符，可选择的范围为 0～255；数字型字段的大小可以设置为字节型、整型、长整型、单精度型、双精度型、同步复制 ID 和小数等，默认字段为长整型。常用数字型字段大小范围见表 4-2-2。

表 4-2-2 "数字"字段属性

数据类型		字段大小范围
数字	字节型	用 1 个字节存储,可以存放 1~255 之间的整数;如果字段值为小数,则自动取整
	整型	用 2 个字节存储,可以存放 −32 768~32 767 之间的整数;如果字段值为小数,则自动取整
	长整型	用 4 个字节存储,可以存放 −2 147 483 648~2 147 483 647 之间的整数;如果字段值为小数,则自动取整
	单精度型	用 4 个字节存储,可以存放 $\pm 10^{38}$ 之间的数,精度可达 10^{-45}
	双精度型	用 8 个字节存储,可以存放 $\pm 10^{308}$ 之间的数,精度可达 10^{-324}

(2)格式:用来设置字段数据的显示格式。不同的数据类型有不同的格式,可参见表 4-2-3 所示。

表 4-2-3 数据类型的格式

数据类型	格式
短文本、长文本型	数据的格式最多可有三个区段,以分号分隔,分别指定字段内的文字、零长度字符串、null 值的数据格式;用于字符串格式的字符有: @ 字符占位符,输入字符为文本或空格 & 字符占位符,不必使用文本字符 < 强制小写,将所有字符用小写显示 > 强制大写,将所有字符用大写显示 ! 强制由左向右填充字符占位符,默认值是由右向左填充字符占位符
数字、货币型	数据的格式有:常规数字、货币、欧元、固定、标准、百分比、科学计数等 常用的数字格式字符有: 0、#、$、%、E- 或 e-、E+ 或 e+ 等
日期/时间型	常规日期、长日期、中日期、短日期、长时间、中时间、短时间
是/否型	是/否 −1 为是,0 为否 真/假 −1 为 true,0 为 false 开/关 −1 为开,0 为关

(3)输入法模式:用于确定在该字段输入数据时是否打开默认的中文输入法。
(4)输入掩码:用于创建字段模板。
(5)标题:允许用户为字段另起一个名字,作为输出时的标签。
(6)默认值:默认值是在建立新记录时自动添加到该字段中的预设数据。
(7)有效性规则:有效性规则用来自定义某个字段数据输入的规则,以保证所输入数据的正确性。例如,表示年龄应在 0~150 之间,在有效性规则中写入 ">=0 and <=150" 等。
(8)有效性文本:有效性文本是指当用户输入的数据违反了有效性规则时,系统显示的提示。例如,有效性规则定义了年龄字段的数据在 0~150 之间,当用户输入了 345 时,系统显示一个对话框:"年龄不能大于 150"。这个"年龄不能大于 150"就填写在有效性文本中。
(9)必需:指定在该字段中是否允许有空值。
(10)索引:索引有助于快速查找和排序记录。索引属性分为"无""有(有重复)"和"有(无重复)"三种。

任务二: 从设计视图创建"患者挂号信息表",即先建立表结构再输入数据。
操作方法:
(1)在数据库窗口中,选择"创建"选项卡,单击"表格"组中的"表设计"按钮,打开

表的设计视图。

(2) 在"字段名称"栏中输入第一个字段的字段名称"门诊号",在"数据类型"下拉列表框中选择默认的数据类型为"短文本",在下面的"常规"标签中设置字段的大小为"8"。第一个字段建立好后,再依次建立其他字段。

(3) 选择"门诊号"字段,单击鼠标右键,在弹出的对话框中选择"主键",建立"门诊号"为主键。因为"门诊号"在每条记录中是唯一的,可以将它设置为主键,利用它与"处方信息"表建立一对多的联系(图4-2-3)。

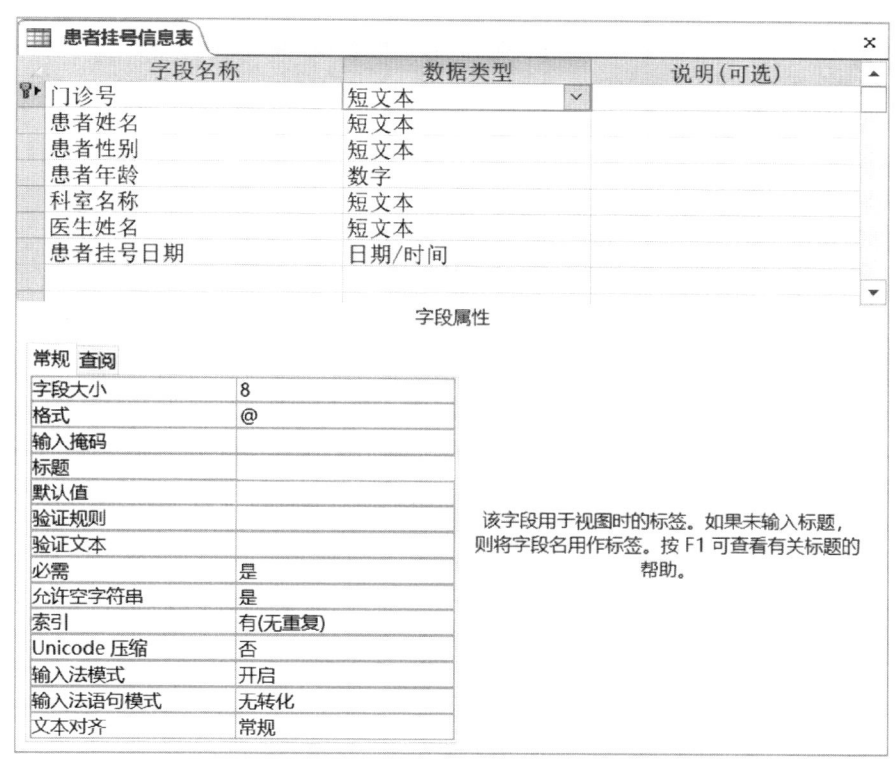

图 4-2-3　创建"患者挂号信息表"表设计视图

(4) 设计完毕后,单击"视图"按钮转换为"数据表视图"输入数据,此时系统会提示必须先保存表,单击"是"按钮,在弹出的"另存为"对话框中输入表名称"患者挂号信息表",然后单击"确定"按钮。

(5) 在数据视图中,按表 4-1-1"患者挂号信息表"的内容输入记录。输入表内容时,如果是文本、数字、货币型数据,可以直接在表窗口的网格中输入数据;输入日期/时间型数据时,只需按最简洁的方式输入,计算机会自动转换为设计好的格式显示。关闭表设计视图窗口后,若要再输入或修改数据记录,可在数据库窗口中双击表图标,打开数据表视图窗口。

在数据库中创建表还有其他两种方式:使用表模板创建表和导入或链接其他形式的表(如Excel)。

任务三:通过其他方法创建表"处方信息表"和"药品信息表"。

1. 通过字段模板创建"处方信息表"　在 Access 2019 中提供了一种新的创建表的方法,即通过字段模板创建数据表。操作方法:

(1) 打开"药房收费"数据库,选择"创建"选项卡,单击"表格"组中的"表"选项,新建一个空白表,并进入该表的数据表视图(图4-2-4)。

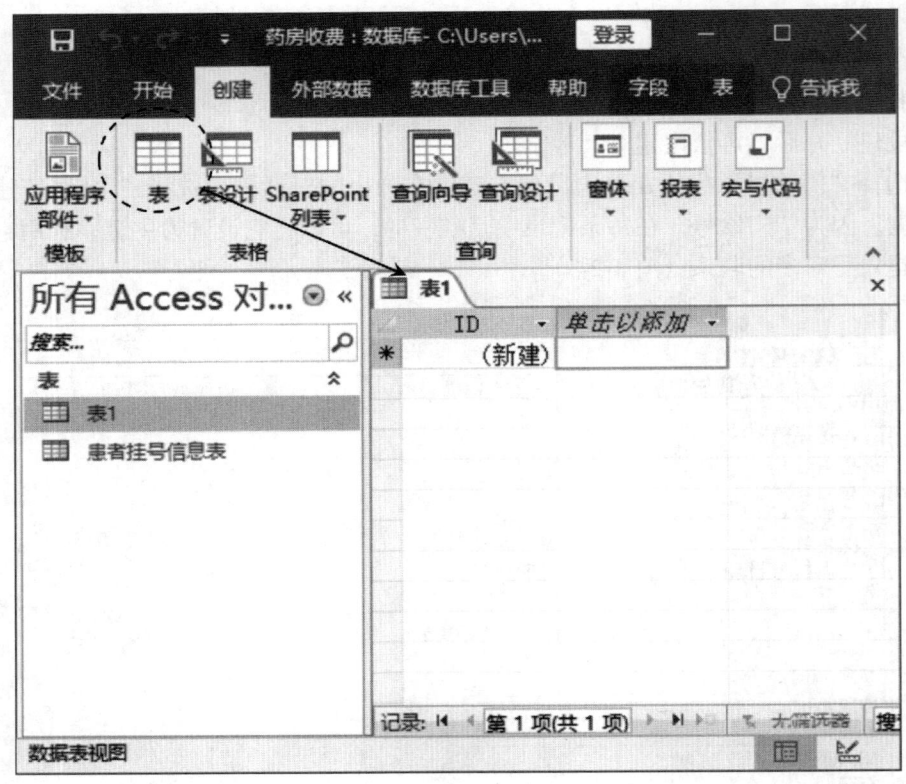

图 4-2-4　用字段模板创建数据表

图 4-2-5　用字段模板创建数据表

(2) 单击新建字段模板表的"单击以添加"下拉箭头按钮,选择数据类型,键入字段名称,逐一建立字段名及数据内容。

(3) 或者单击"表格工具"选项卡下"字段",在"添加和删除"组中,单击"其他字段"右侧的下拉按钮,弹出要建立的字段类型,单击要选择的字段类型,如选择"格式文本",接着在表中输入字段名"门诊号"即可。重复操作建立其他字段。需要提示的是,通过字段模板创建的数据表被自动加入作为主键的"自动编号"ID 字段,如不需要,可将该字段删除。

2. 导入表　Access 提供了数据的导入、导出操作,实现了不同程序之间数据的相互传递,从而达到数据交流的目的。数据的导入就是将另一个 Access 库对象导入到当前 Access 数据库中,或者将其他格式文件换成 Access 格式。以导入 Excel 表为例,将表 4-1-3 的数据存为 Excel 文件"药品信息表.xlsx"。选择"外部数据"选项卡,单击"导入并链接"组中的"新数据源"选项,打开"获取外部数据"对话框。在"指定数据源"中,单击"浏览"按钮,选择 Excel 文件(图 4-2-5)。在"获取外部数据-Excel 电子表格"对话框中完成数据源的选定及相关设置,单击"确定"按钮,将指定的 Excel 文件导入到当前数据库中成为 Access 表。

三、修改表

Access 数据表建立之后，可以进行编辑修改，修改表结构和修改表内容要在不同的视图进行。修改数据表的结构要在设计视图中进行，如添加和删除字段、修改字段名称和属性等。修改数据表的内容要在数据表视图中完成，如添加和删除记录、修改记录内容等。

1. 修改表结构 如果需要修改字段属性，应该在设计视图窗口中进行。在数据库窗口中右键单击表名称，选择快捷菜单上的"设计视图"，打开设计视图，可以在其中修改字段名称、数据类型、字段大小、添加索引等。如果需要随时保存结构修改，可以单击窗口顶端的"保存"按钮。

任务四：在"药品信息表"中增加一计算字段"金额"，该字段是根据药房库存药品的"单价"和"库存数量"计算而来。根据该字段可对药房药品需要流转资金进行预估。

操作方法：在数据库窗口中右键单击"药品信息表"，选择"设计视图"，打开表设计视图；单击表结构最后行的"字段名称"栏，键入"金额"，在"数据类型"栏选择"计算"，在"字段属性"的"表达式"栏键入"[单价] * [库存数量]"；"结果类型"选择"双精度型"，如图 4-2-6 所示。

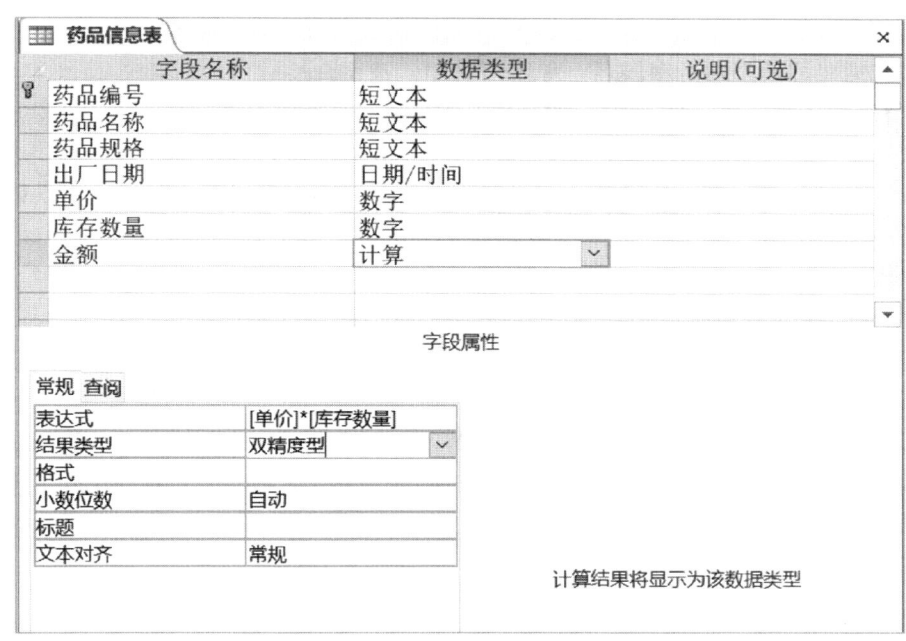

图 4-2-6 "计算"字段的设置

2. 数据表记录的修改 如果要对数据表的内容进行添加、删除、编辑等修改，应该在数据表视图中进行。系统会自动保存记录内容。

3. 重新设置主关键字 如果在新建表时没有设置主键或需要重新定义主键，可以再打开表设计视图窗口，选定要设置为主键的一个或多个字段，然后单击"设计"选项卡中"工具"组的"主键"按钮，将该字段设置为主键，再单击一次就会取消设置的主键。当一个字段被设置为主键后，它的索引属性自动定义为"有（无重复）"。

在 Access 中可以定义三种主键：自动编号主键、单字段主键和多字段主键。①自动编号主键：在表中每添加一条记录时，自动编号字段可以自动输入连续数字的编号；②单字段主键；如果一个字段中包含唯一的值可以将不同的记录区别开来，就可以将它设置为主键；③多字段主键：如果没有一个字段具备设置为主键的条件，可以将几个字段结合起来设置为主键。例如，"处方信息表"中将门诊号和药品编号作为多字段主键。多字段主键的设置方法是，按下 Ctrl 键或 Shift 键选多个字段，单击右键，在快捷菜单中选择"主键"。也可以选择"表格工具"的"索引"命令按钮，在弹出的对话框中进行设置。

四、其他操作

在 Access 中，使用菜单和工具栏按钮还可以完成很多操作。

1. 数据表的隐藏 右击数据表，选择快捷菜单中的"在此组中隐藏"命令，可以隐藏该表。当一个表被设置为"隐藏"后，当前表窗口就不能显示了。如果需要显示隐藏的对象，可以右击导航栏标题，在弹出的快捷菜单中选择"导航选项"。在弹出的"导航选项"对话框中有一个"显示隐藏对象"，勾选后就可以看到隐藏的表，选中该表后，选择快捷菜单中的"取消在此组中隐藏"命令，该表就重新回到显示状态了。

2. 字段的隐藏 在导航窗格双击数据表，在需要隐藏的字段上单击右键，在弹出的快捷菜单中选择"隐藏字段"命令，字段即被隐藏。若要显示隐藏字段，把鼠标放在字段名所在的行上，单击右键，在弹出的快捷菜单中选择"取消隐藏字段"命令，在弹出的"取消隐藏列"对话框中勾选需要取消隐藏的字段名，单击"关闭"按钮。

3. 调整表的外观 Access 表窗口的使用与 Windows 中的窗口一样，可以改变大小、移动位置、最大化和最小化等。在表窗口中，可以改变字段的顺序，改变行高和列宽，也可以排序和筛选以及冻结列和隐藏列等。操作时可以使用鼠标拖动，也可以使用菜单或工具栏按钮。

打开数据表后，在"开始"选项卡中的"文本格式"组中有各种调整改变 Access 数据表窗口的文本格式的按钮，如字体、字形、字号、颜色和下划线等。

4. 查看汇总或聚合数据 Access 允许通过添加"汇总"行来查看任何数据表（以行列格式显示的来自表、窗体、查询、视图或存储过程的数据）中的简单聚合数据。"汇总"行是位于数据表底部的行，可显示汇总值或其他聚合值。

例如，打开"药品信息表"的数据表视图，在"开始"选项卡上的"记录"组中，单击"合计"，数据表的底部随即会出现一个新行，该行的第一列将显示"汇总"一词。单击数据表"汇总"行的各列单元格，单元格中将出现下拉箭头，单击该箭头弹出下拉列表，可选择列表上给出的聚合函数，查看对当前表该字段的聚合函数返回的数据。

五、数据库中的表间关系

1. 建立表间关系 Access 数据库是一个关系型数据库管理系统，它的数据保存在多个数据表中，再由这些数据表中相同的字段关联起来，实现信息的共享。

关系可通过两个表中匹配关键字段的数据来建立，关键字段通常是两个表中具有相同名称的字段。建立表间关系后，用户在创建查询、窗体、报表时可以从多个相关联的表中获取信息。

任务五：在"药房收费"数据库中，为"患者挂号信息表""处方信息表"及"药品信息表"建立数据表之间的关系。

在"患者挂号信息表"和"处方信息表"中，需要通过共有的"门诊号"字段来建立关系。其中"患者挂号信息表"是主表，"患者挂号信息表"中"门诊号"是主键；"处方信息

表"是子表,在"处方信息表"中"门诊号"不是主键,它们之间建立的关系则为"一对多"的关系。

同样,"药品信息表"与"处方信息表"可通过"药品编号"字段建立"一对多"的关系。

操作方法:

(1) 打开数据库窗口,在"数据库工具"选项卡中,单击"关系"组的"关系"按钮,可以打开"关系"窗口。在打开"关系"窗口时,如果数据库中存在任何关系,这些关系就会显示出来,如果初次建立关系,就会弹出"显示表"对话框。在"显示表"对话框中,选定表名后,单击"添加"按钮,就可以将表添加到"关系"窗口中(图4-2-7)。

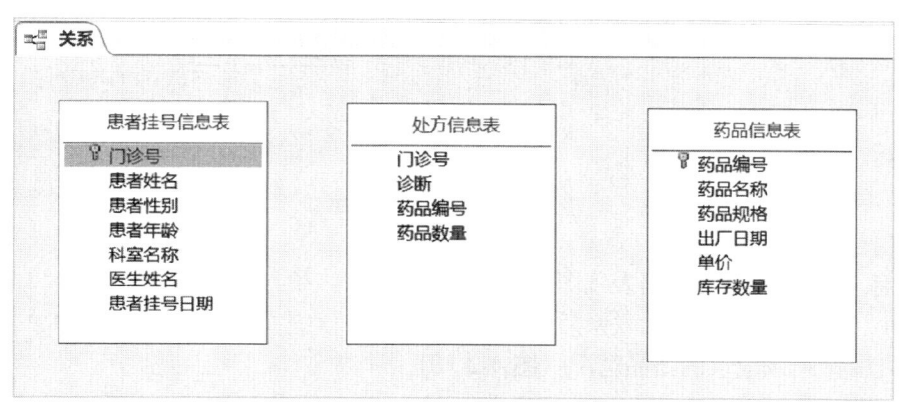

图 4-2-7 添加表后的"关系"窗口

(2) 在"关系"窗口中,拖动"患者挂号信息表"中的"门诊号"字段,到"处方信息表"中相应的"门诊号"字段上,系统弹出"编辑关系"对话框(图4-2-8),完成相关的操作后,单击"创建"按钮,即建立两个表之间的关系。

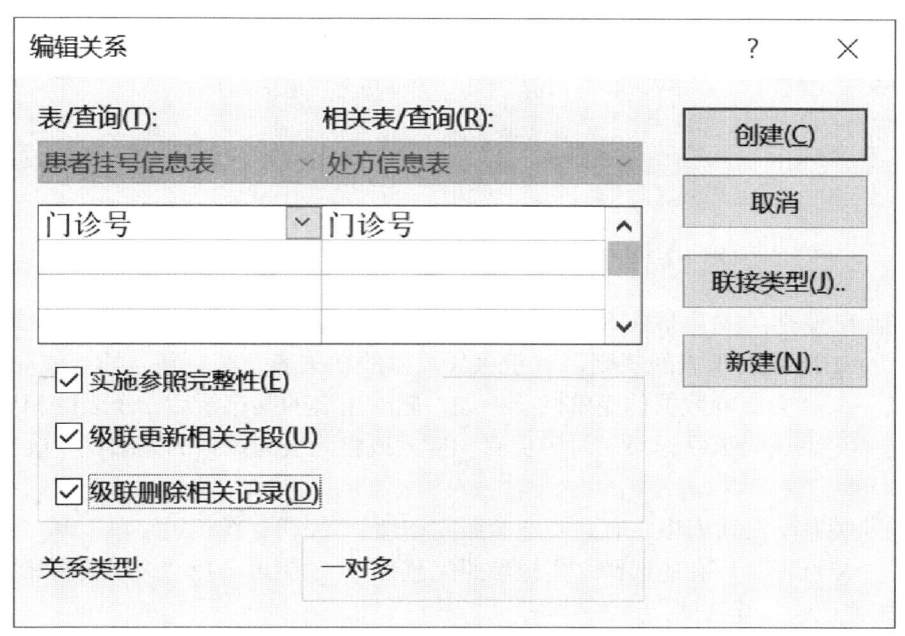

图 4-2-8 "编辑关系"对话框

（3）如果需要修改两个表之间的关系，右键单击两表之间的连线，在快捷菜单中选择"编辑关系"即可弹出"编辑关系"对话框。图 4-2-9 为各表之间建立关系后的"关系"窗口。

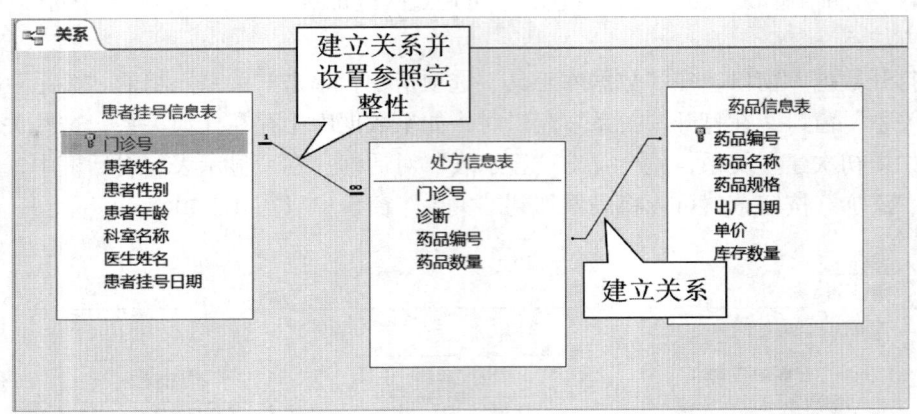

图 4-2-9　建立关系窗口

建立关系后，在主表的数据表视图中可以看到相关表中的对应记录。例如，将"患者挂号信息表"与"处方信息表"建立联系后，在"患者挂号信息表"的数据表视图中单击记录前的"+"号，可以看到该记录的药品情况（图 4-2-10）。

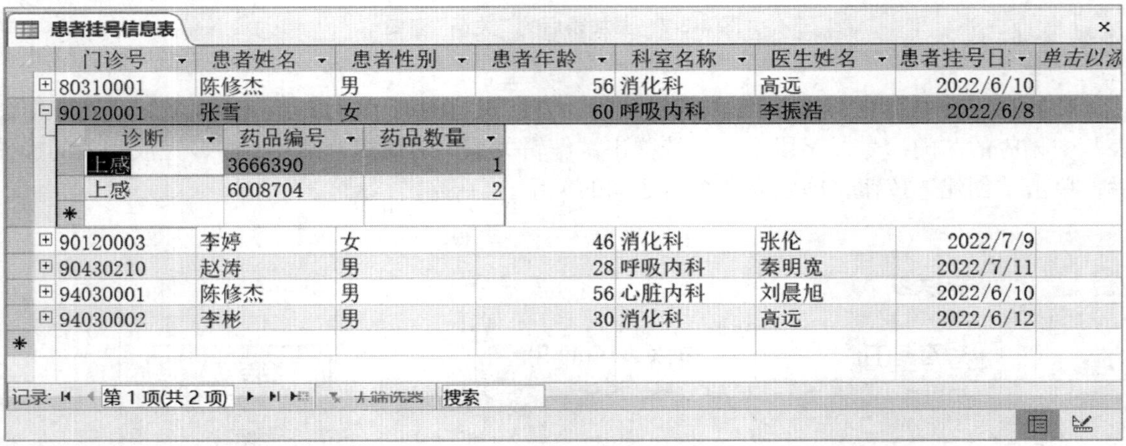

图 4-2-10　数据表视图下主表中查看子表的相关记录

2. 参照完整性　关系数据库的完整性规则是数据库设计的重要内容，参照完整性（referential integrity）属于表间规则。对于永久关系的相关表，在更新、插入或删除记录时，如果只改其一，就会影响数据的完整性。例如，删除主表的某记录后，子表的相应记录未删除，致使这些记录成为孤立记录。对于更新、插入或删除表间数据的完整性，统称为参照完整性。

在"编辑关系"对话框中，有"实施参照完整性""级联更新相关字段"和"级联删除相关记录"三个复选框。只有先选择"实施参照完整性"，才能再选择"级联更新相关字段"和"级联删除相关记录"复选框。

（1）级联更新相关字段：选择"级联更新相关字段"复选框，即设置在主表中更改主键值时，系统自动更新子表中所有相关记录中的外键值。如果将"患者挂号信息表"中的第一条记录的门诊号由"80310001"改为"12345678"，则"处方信息表"中的相应数据也随之改变。

（2）级联删除相关记录：选择"级联删除相关记录"复选框，即设置删除主表中记录时，系统自动删除子表中所有相关的记录。如果将"患者挂号信息表"中门诊号为"90120001"的记录删除，则"处方信息表"中相应的两条记录也会被删除。

第三节　查询数据

**学习目标**

1．知识
（1）了解查询的类型及作用。
（2）掌握选择查询、参数查询、操作查询的创建及查询条件的设置。

2．能力
（1）能够利用 SQL 语言操作数据库。
（2）通过计算机实践操作，培养学生善于解决问题的实践能力。

3．素养
（1）数据的查询优化了数据的展示方式，引导学生树立以人为本的设计理念，培养爱岗敬业、守正创新的工作态度。
（2）从医学数据角度分析，培养学生保护患者个人隐私的职业素养。

在数据库的对象中，查询的功能最强大。查询基于表建立，它可以把一个或多个表中的数据按照一定条件进行重新组合，使多个表中的数据在一个虚拟表中显示出来。查询可以选择记录、进行排序、统计计算，还可对表进行操作。如果在查询窗口对数据进行修改，其结果会自动写入相关的表中。

另外，和表一样，查询还可以作为其他查询、窗体、报表等对象的数据来源。

查询分为选择查询、交叉表查询、参数查询、操作查询（包括追加查询、删除查询、更新查询、生成表查询）、SQL 查询等多种类型。

一、查询表数据

选择查询是最常用的查询。它按照一定的规则从一个或多个表，或其他查询中获得数据，并按所需的排列次序显示。利用选择查询可以方便地查看一个或多个表中的部分数据。

创建简单的选择查询可以使用向导，在系统的引导下一步步建立查询。若查询条件复杂，则需要在查询的设计视图中进行设计。

1．利用查询向导建立查询

例 4-3-1：建立一个基于"患者挂号信息表"和"处方信息表"的选择查询。要求显示"患者挂号信息表"中的"门诊号""患者挂号日期""患者姓名""患者性别""患者年龄"以及"处方信息表"中的"诊断"字段。

这是一个基于两个表的选择查询，在建立查询之前，必须为这两个表建立关系。如果没有建立表之间的关系，查询向导会提示要求建立表之间的关系。在关系建立好后，再使用查询向导的操作。操作方法：

（1）选择"创建"选项卡的"查询"组中的"查询向导"按钮，在弹出的"新建查询"对话框中选择"简单查询向导"选项，再单击"确定"按钮，弹出"简单查询向导"对话框（图4-3-1）。

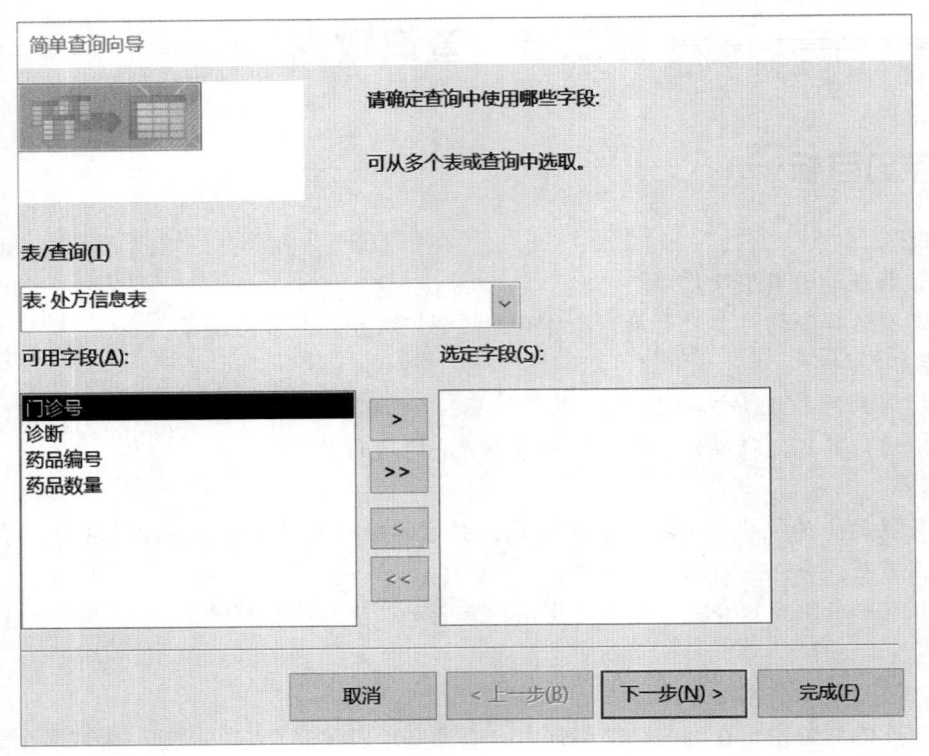

图 4-3-1　使用查询向导建立查询

（2）单击"表/查询"栏右边的向下箭头，选择查询中所需要的表"患者挂号信息表"，这时"患者挂号信息表"中所有字段名都显示在"可用字段"栏中，使用 > 按钮选择查询中所需要的字段："门诊号""患者挂号日期""患者姓名""患者性别""患者年龄"。

（3）单击"表/查询"栏右边的向下箭头，选择"处方信息表"，使用 > 按钮选择所需要的"诊断"字段，然后单击"下一步"按钮。

（4）在"请确定采用明细查询还是汇总查询："下面的选项中选择"明细（显示每个记录的每个字段）(D)"。

（5）在"请为查询指定标题："栏中输入查询的标题"例 4-3-1"，然后单击"完成"按钮，显示查询结果。

2. 利用设计视图建立查询　查询设计视图是一个设计查询的窗口，包含了创建查询所需要的各个组件，可以灵活地建立各种查询。当希望在查询中添加一些条件，如只显示女性患者的记录或高血压患者的记录时，仅使用查询向导不能完成，就需要使用设计视图。

单击"创建"选项卡"查询"组中的"查询设计"按钮，在"显示表"对话框中选择所需要的数据表，然后单击"添加"按钮。添加完后单击"关闭"按钮，即可打开查询的设计视图（图4-3-2）。查询的设计视图分为上下两部分，两部分的大小可以通过鼠标拖动中间的分割线进行调整。上半部分是"数据表/查询显示区"，用来显示查询的数据源，可以是数据表或查询；下半部分是查询的"设计网格"，其中各行的作用见表4-3-1。

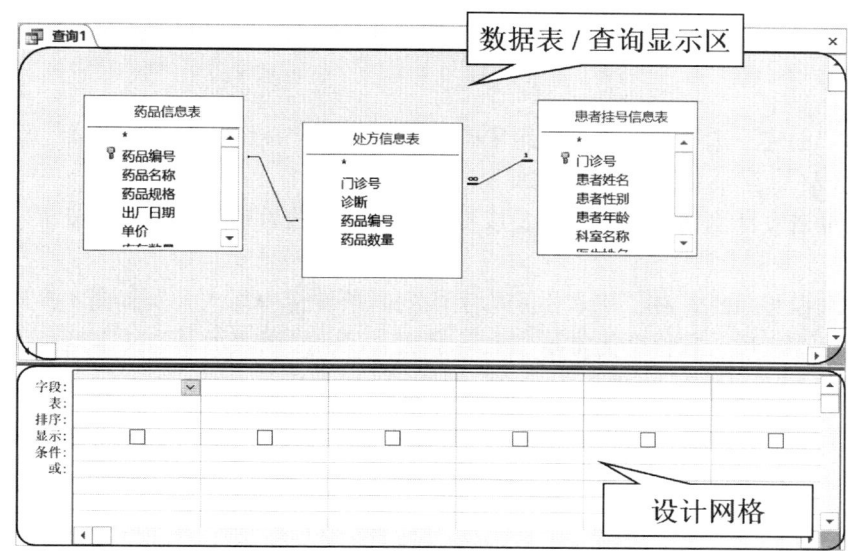

图 4-3-2 查询"设计视图"

表 4-3-1 查询设计网格中各行的作用

行名称	作用
字段	在此输入字段名称；单击字段栏右边的向下箭头来选择所需的字段名，如果需要表中的全部字段，则选择"*"
表	字段所在的表或查询的名称
排序	选择查询所采用的排序方式，可以升序或降序
显示	利用复选框来确定是否在查询结果中显示该字段
条件	用于输入限定记录的条件表达式
或	用于输入条件表达式，与上一行是"或"的关系

3. 查询中条件表达式的写法 在查询的设计视图中，查询条件写在"条件"栏中。多个查询条件时，查询条件是"与"的关系写在同一行，查询条件是"或"的关系写在不同行。在条件表达式中，窗体、报表、字段或控件的名称的定界符为左右方括号（[]）；日期的定界符为井号（#）；文本的定界符为双引号（"）。注意：所有的运算符和各种符号都必须以半角的形式输入。

在条件栏中可以使用的条件表达式由常量、字段名、字段值、属性和运算符组成。除了在 Excel 中使用过的关系运算符和逻辑运算符以外，Access 还有一些特殊运算符（表 4-3-2）。

表 4-3-2 特殊运算符及其含义

运算符	说明	举例
In	用于指定一个字段值的列表，列表中的任意一个值都可与查询的字段相匹配	In(20，40)
Between	用于指定一个字段值的范围，指定的范围之间用 and 连接	Between 20 and 40
Like	用于指定查找文本型字段的字符模式，在所定义的字符模式中，用"？"表示其所在位置上的任意一个字符，用"*"表示其所在位置上的任意一串字符，用"#"表示其所在位置上的任意一个数字，用方括号描述一个字符范围	Like"*[1-5]"
Is	与 Null 一起使用，用于确定值是空还是非空 Is Null 用于指定一个字段为空；Is Not Null 用于指定一个字段为非空	Is Null Is Not Null

例 4-3-2：在"患者挂号信息表"的基础上建立一个简单条件查询，查找女性患者的挂号信息。

操作方法：

（1）单击"创建"选项卡"查询"组中的"查询设计"按钮，在"显示表"对话框中选择"患者挂号信息表"，然后依次单击"添加""关闭"按钮。

（2）依次单击设计网格中字段行上要放置字段的列，然后单击向下箭头按钮，选择所需的字段。

（3）为查询设置条件，在"患者性别"字段列的条件行中写入：女（图 4-3-3）。需要提醒的是，该查询保存之后，软件会为常量"女"字加上双引号以表示其为文本型。

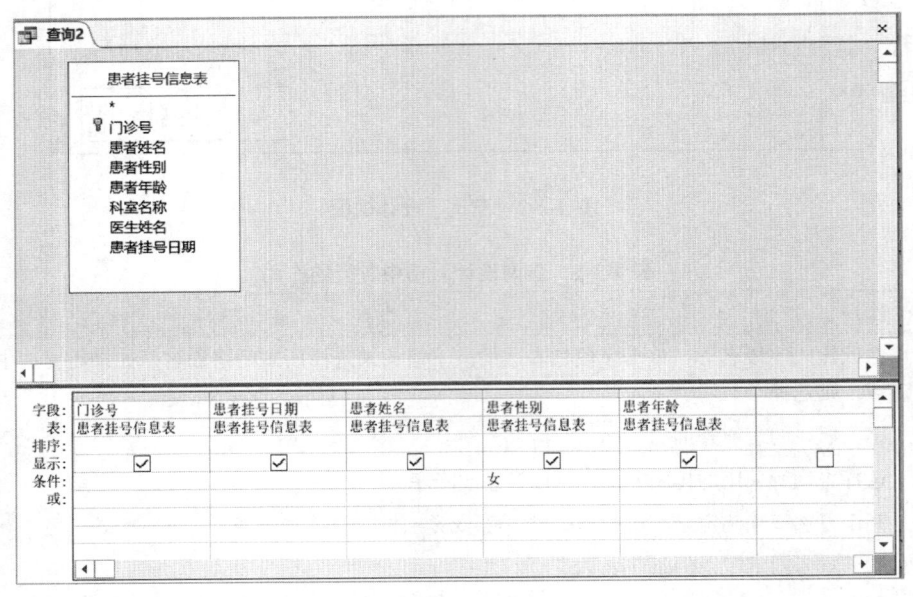

图 4-3-3　在设计视图中建立查询

（4）单击"保存"按钮，在"另存为"对话框中输入查询名称"例 4-3-2"，再单击"确定"按钮。

（5）单击"查询工具"中"设计"选项卡中的 ! 按钮运行查询。

例 4-3-3：查询年龄在 20 岁到 50 岁的女性患者记录。

操作方法：创建方法参照例 4-3-2，只是在查询条件上有所不同。在条件行中，"患者年龄"字段列写入：Between 20 and 50，如图 4-3-4 所示。最后，保存查询为"例 4-3-3"并运行查询检查结果。还可以在条件行中的"患者年龄"列写入：>=20 and <=50。

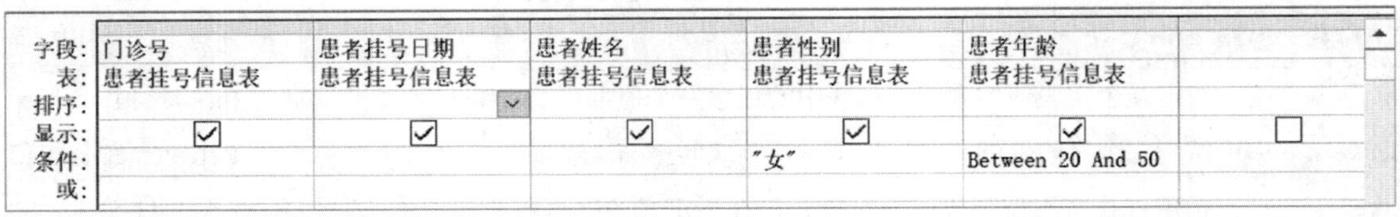

图 4-3-4　例 4-3-3 查询条件

例 4-3-4：查询在"呼吸内科"或"消化科"就诊的患者记录。

操作方法：添加"患者挂号信息表"，选择相应的字段，在条件行中，"科室名称"字段列写入：呼吸内科，然后在下一行的"科室名称"字段列中写入：消化科，如图 4-3-5 所示。还可以在条件行中的"科室名称"列写入："呼吸内科" Or "消化科"，或写成：In ("呼吸内科"，"消化科")。

字段：	门诊号	患者姓名	患者性别	患者年龄	科室名称
表：	患者挂号信息表	患者挂号信息表	患者挂号信息表	患者挂号信息表	患者挂号信息表
排序：					
显示：	☑	☑	☑	☑	☑
条件：					"呼吸内科"
或：					"消化科"

图 4-3-5　例 4-3-4 查询条件

例 4-3-5：查询姓李的患者记录。
操作方法：在"患者姓名"字段的条件行中写入：Like " 李 *"。
例 4-3-6：查询 2022 年 1 月 1 日以后的就诊记录。
操作方法：在"患者挂号日期"字段的条件行中写入：> = #2022-1-1#。
与其他应用程序一样，Access 提供了大量的函数供用户使用。如要查询 6 月份的记录，可以在"患者挂号日期"字段的条件行中写入：Month（[患者挂号日期]）= 6。

4．在查询中创建计算字段　在查询的设计中可以通过灵活运用表达式将表中的数据提取出来，并进行数学计算。
例 4-3-7：查询每个患者的门诊号、姓名、药品名、数量、单价和花费的金额，并保存为"药费明细"。
操作方法：需建立一个基于"患者挂号信息表""处方信息表"和"药品信息表"三个数据表的金额计算查询，确认关系窗口中为这三个表之间建立关系，然后在设计视图中创建查询，添加"患者挂号信息表""处方信息表"和"药品信息表"，指定需要的门诊号、患者姓名、药品名、数量、单价等字段后，最后再添加一个新字段，名称为"金额：[单价] * [药品数量]"（注意：引号内的符号均为半角英文）。设计视图如图 4-3-6 所示，保存该查询为"药费明细"，运行该查询时，可自动计算每条记录的金额并显示。

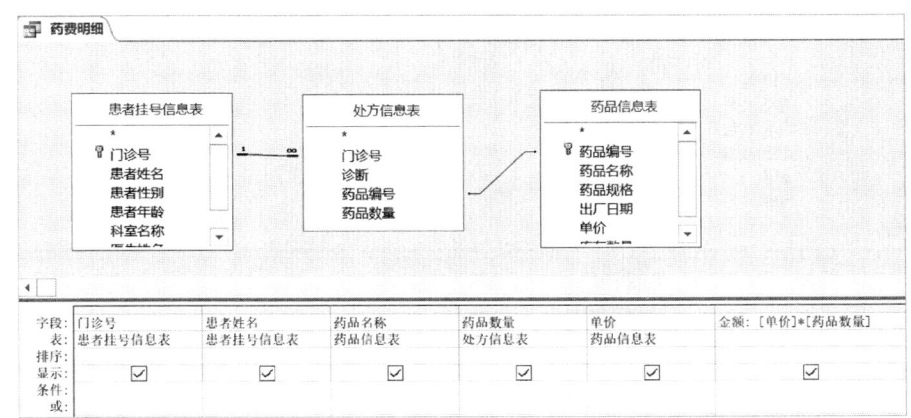

图 4-3-6　添加计算字段

5．多条记录的统计计算　在查询中，实现多条记录的汇总信息是数据库常用的统计计算，可以使用 SQL 聚合函数进行简单的列计算，包括：总和（Sum）、平均值（Avg）、最大值（Max）、最小值（Min）、计数（Count）、标准偏差值（StDev）和方差（Var）等（表 4-3-3）。

SQL 聚合函数通常用于计算付款的合计金额、学生成绩的平均分以及分别统计男女患者数等。

表 4-3-3 SQL 聚合函数

函数	说明	字段类型
Avg ()	平均值	除 Text、Memo 外的字段和 OLE 对象的所有类型
Count ()	非空的数目	字段中的所有字段类型
First ()	字段值	第一条记录的所有字段类型
Last ()	字段值	最后一条记录的所有字段类型
Max ()	最大值	所有数值数据类型和字段文本
Min ()	最小值	所有数值数据类型和字段文本
StDev ()、StDevP ()	统计标准	字段中的所有数值类型的偏差
Sum ()	总和	字段中的所有数值类型
Var ()、VarP ()	统计标准	字段中的所有数值类型

例 4-3-8：在"药费明细"查询的基础上，建立每个人药费总金额的查询。

操作方法：

（1）单击"创建"选项卡"查询"组中的"查询设计"按钮，在"显示表"对话框中单击"查询"标签，选择"药费明细"后单击"添加"按钮。在关闭"显示表"对话框后，设置三个字段："门诊号""患者姓名"和"金额"。

（2）单击"查询工具"选项卡的"汇总"按钮，设计视图中插入了"总计"行，在"金额"字段的"总计"栏中选择"合计"（图 4-3-7）。

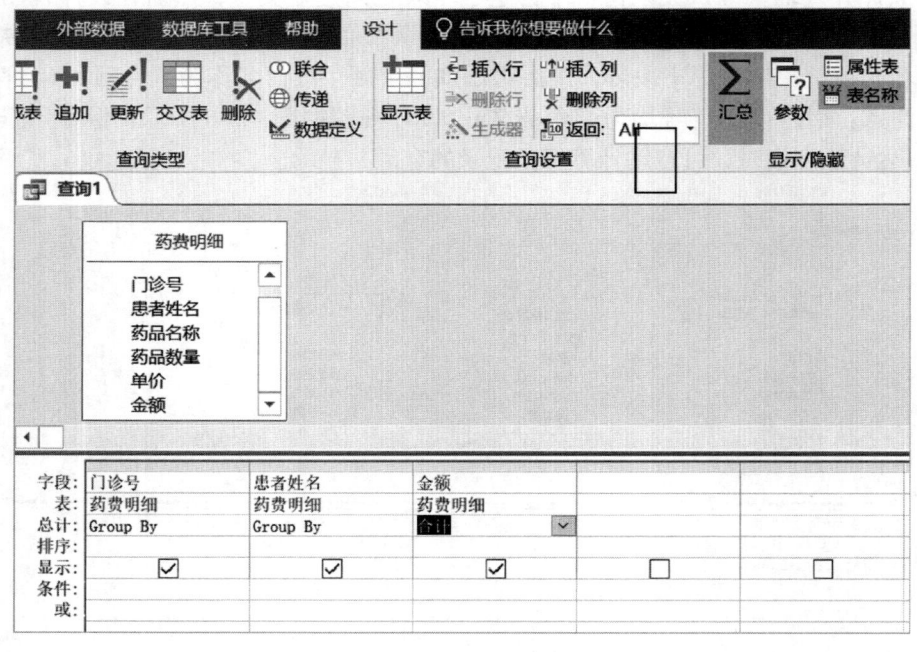

图 4-3-7 简单的列计算

（3）保存并命名为"药品收费"。

二、创建交叉表查询

交叉表查询类似于 Excel 中的数据透视表，它可以对数据字段的内容进行计算，如汇总、求平均值、计数、求最大值、求最小值等。计算的结果显示在行与列交叉的单元格中。

创建交叉表查询可以使用"交叉表查询向导"。

例 4-3-9：在"药费明细"查询的基础上，建立一个交叉表查询，显示每张处方的药费总金额。

操作方法：

（1）在药房收费数据库中，单击"创建"选项卡"查询"组中的"查询向导"图标按钮，在弹出的"新建查询"对话框中选择"交叉表查询向导"，单击"确定"。

（2）在交叉表查询向导对话框中单击"查询"单选按钮，从已创建的查询列表中选择"药费明细"查询作为数据源，单击"下一步"按钮。

（3）选择"门诊号"和"患者姓名"作为行标题，单击"下一步"按钮，选择"药品名称"作为列标题，单击"下一步"按钮，选择"金额"作为计算字段，并选取函数为"总数"（图 4-3-8）。

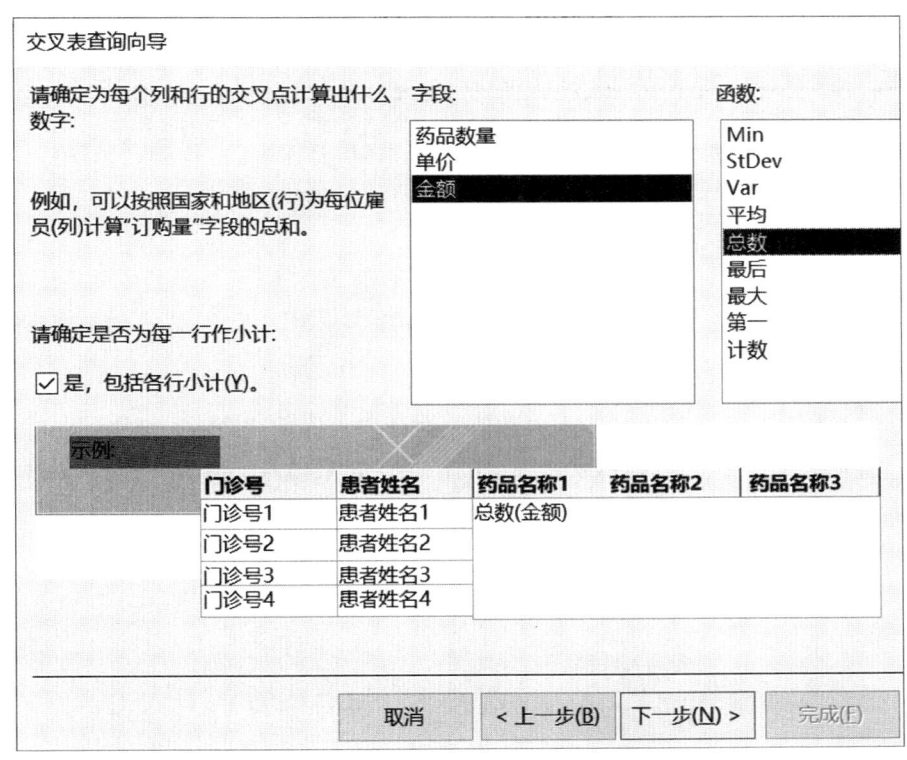

图 4-3-8 "交叉表查询向导"对话框

（4）单击"下一步"按钮，为查询指定名称后，单击"完成"按钮即可。

三、创建参数查询

参数查询就是在查询时输入查询参数，不同参数显示不同的查询结果。参数查询在运行时弹出一个对话框，提示用户输入数据，并将该数据作为查询的条件。

例 4-3-10：建立一个在"患者挂号信息表"中按性别检索记录的查询。

操作方法：

（1）在药房收费数据库中，单击"创建"选项卡"查询"组中的"查询设计"按钮，弹出"设计视图"和"显示表"对话框。

（2）选择"患者挂号信息表"，单击"添加"按钮，将"患者挂号信息表"中的字段直接拖到"字段"行中，在"患者性别"字段的条件栏中输入"[请输入性别:]"作为参数查询的提示信息（图 4-3-9）。

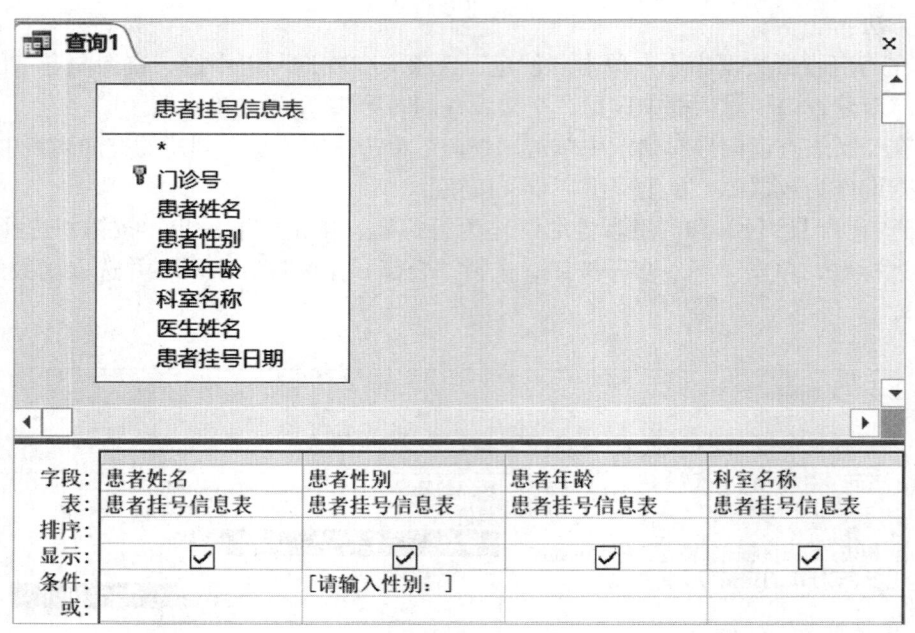

图 4-3-9　参数查询的设计视图

（3）保存并命名为"按性别检索"，操作完成。

运行参数查询时，系统弹出"输入参数值"对话框，提示"请输入性别:"，等待用户输入查询参数，如果输入"女"，则显示女性患者的记录。如果输入"男"，则显示男性患者的记录（图 4-3-10）。

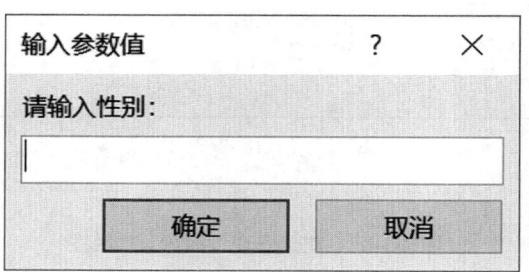

图 4-3-10　"输入参数值"对话框

四、创建操作查询

操作查询可以批量地对表中数据进行修改，主要包括追加查询、删除查询、更新查询、生成表查询等。

追加查询是对已经存在的表进行追加记录的操作；删除查询是删除已经存在的表中满足指定条件的记录；更新查询是对已经存在的表中的数据进行更新；生成表查询是根据已经存在的表或查询中的数据建立一个新表。

例 4-3-11：在"药品信息表"中，将每种药品的单价降价 3%。

操作方法：

（1）在药房收费数据库中，单击"创建"选项卡"查询"组中的"查询设计"图标按钮，在弹出"显示表"对话框中选择"药品信息表"，将表添加到"设计视图"。

（2）单击"查询类型"组中的"更新"图标按钮，设计视图中插入了"更新到"行。

（3）在"字段"栏选择字段名为"单价"，在"更新到"栏中输入"[单价] *0.97"（图 4-3-11）。

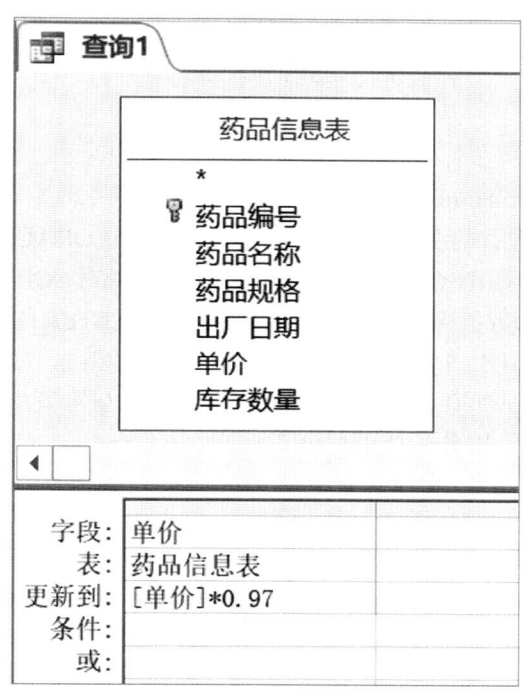

图 4-3-11　更新查询设计

（4）单击工具栏"运行"按钮，执行更新查询，结果为"药品信息表"中的单价字段全部减少 3%。

例 4-3-12：将药房收费数据库中"患者挂号信息表"中年龄大于 40 岁的患者保存到一个"大于 40 岁患者"表中。

操作方法：

（1）在药房收费数据库中，单击"创建"选项卡"查询"组中的"查询设计"图标按钮，在弹出的"显示表"对话框中选择"患者挂号信息表"，将该数据表添加到"设计视图"。

（2）单击"查询类型"组中的"生成表"图标按钮，弹出"生成表"对话框，在"表名称"中输入新生成表的名称"大于 40 岁患者"，单击"确定"按钮（图 4-3-12）。

（3）将"患者挂号信息表"字段拖到"字段"行中，在"患者年龄"字段的条件栏中输入"＞40"。当运行这个查询时，系统会将满足"＞40"的记录写入"大于 40 岁患者"的新表中。

图 4-3-12　生成表查询设计

五、SQL 查询

结构化查询语言（structure query language，SQL）是一种专门针对数据库操作的工业化标准语言。目前几乎所有的关系数据库系统（如 DB2、ORACLE、Microsoft SQL Server、INGRES、Informix 等）都采用 SQL 语句，而且很多数据库都对 SQL 语句进行了再开发和扩展。

SQL 语句按功能分为数据定义（CREATE、DROP、ALTER）、数据查询（SELECT）、数据操纵（INSERT、UPDATE、DELETE）、数据控制（GRANT、REVOKE）四类。其中数据查询语句 SELECT 是 Access 查询中应用最多的语句，将在本节中详细介绍。书写时，一条 SQL 语句可以分成若干行，以分号结束。

1．CREATE 语句

功能：创建基本表、索引或视图。

格式：CREATE TABLE
　　　（< 字段名 >< 数据类型 >[字段约束条件]
　　　[，< 字段名 >< 数据类型 >[字段约束条件]]……）
　　　[表约束条件]；

例 4-3-13：建立一个名为"体检"的表，包含体检日期、身份证号、姓名、性别、出生日期、家庭住址和邮编等属性，其中身份证号不能为空，并且其值是唯一的。

操作方法：

(1) 在"创建"选项卡上的"查询"组中，单击"查询设计"，关闭"显示表"对话框。

(2) 在"设计"选项卡上的"查询类型"组中，单击"数据定义"，显示 SQL 视图选项卡。

(3) 写入语句：

CREATE TABLE 体检
（日期 DATE，身份证号 CHAR（18）NOT NULL UNIQUE，姓名 CHAR（10），性别 CHAR（1），出生年月 DATE，家庭住址 CHAR（30），邮编 CHAR（6））；

(4) 单击"运行"按钮，执行 SQL 语句。

2．DROP 语句

功能：删除基本表、索引或视图。

格式：DROP TABLE < 表名 >；
　　　DROP INDEX < 索引名 >；
　　　DROP VIEW < 视图名 >；

例 4-3-14：删除 "体检" 表，语句为：
DROP TABLE 体检；

3．ALTER 语句

功能：修改表结构。

格式：ALTER TABLE < 表名 >
　　　　[ADD < 新字段名 > < 数据类型 > [约束条件]]
　　　　[DROP < 字段名 > < 约束条件 >]
　　　　[ALTER < 字段名 > < 数据类型 > [约束条件]]

说明：ADD 子句为添加字段，DROP 子句为删除字段，ALTER 子句为修改字段。

例 4-3-15：将 "体检" 表中姓名字段的长度改为 12，语句为：
ALTER TABLE 体检 ALTER 姓名 CHAR(12)；

4．SELECT 语句

功能：在数据库中进行查询。

格式：SELECT[ALL / DISTINCT] < 字段表达式 > [，< 字段表达式 >]……
　　　　FROM < 表名 > [，< 表名 >]……
　　　　[WHERE < 条件表达式 >]
　　　　[GROUP BY < 字段 1> [HAVING < 条件表达式 >]]
　　　　[ORDER BY < 字段 2> [ASC/DESC]

命令说明如下：

（1）ALL：查询结果是满足条件的全部记录，默认值是 ALL。

（2）DISTINCT：查询结果是不包含重复行的记录。

（3）TOP N：查询结果是前 N 条记录。

（4）*：查询结果包含表或查询中的所有字段。

（5）AS：指定显示结果列标题名称。

（6）字段名：字段名之间使用 "，" 分隔，字段可以来自单个表，也可以来自多个表。来自多个表的字段表示为：表名 . 字段名。

（7）FROM：说明查询的数据源。数据源可以是单个表，也可以是多个表，若有多个表则使用 "，" 分隔。

（8）WHERE：说明查询的条件。

（9）GROUP BY：用于对查询结果进行分组。

（10）HAVING：必须与 GROUP BY 一起使用，用来限定分组满足的条件。

（11）ORDER BY：用于对查询结果进行排序。可以按字段排序，也可以按表达式排序；ASC 表示升序，是默认值；DESC 表示降序。

例 4-3-16：在 "患者挂号信息表" 中查询全体患者的门诊号、患者姓名、患者性别和患者年龄，语句为：
SELECT 门诊号，患者姓名，患者性别，患者年龄 FROM 患者挂号信息；

例 4-3-17：在 "患者挂号信息表" 中查询女患者的信息语句为：
SELECT * FROM 患者挂号信息表 WHERE 患者性别 =" 女 "；

5．INSERT 语句

功能：插入一个记录或子查询结果。

格式：INSERT INTO < 表名 > [(< 字段 1> [，< 字段 2>] ……)]
　　　　VALUES (< 常量 1> [，< 常量 2>] ……)]；

例 4-3-18：在 "患者挂号信息表" 中增加一条记录，语句为：

INSERT INTO 患者挂号信息表（门诊号，患者姓名，患者性别，患者年龄，科室名称，医生姓名，患者挂号日期）VALUES（"90120088"，"张三"，"女"，60，"呼吸科"，"李四"，#2022/9/1#）；

6．UPDATE 语句

功能：修改指定表中满足 WHERE 子句的记录。

格式：UPDATE < 表名 >

　　　SET < 字段名 1 > = < 表达式 1 > [，< 字段名 2 > = < 表达式 2 >]……

　　　WHERE < 条件 >；

例 4-3-19：将"患者挂号信息表"中张三的性别改为"男"，年龄改为 62 岁，语句是：

UPDATE 患者挂号信息 SET 患者性别 = " 男 "，患者年龄 = 62

WHERE 患者姓名 = " 张三 "；

7．DELETE 语句

功能：删除指定表中满足 WHERE 子句的记录。

格式：DELETE < 表名 > WHERE < 条件 >；

例 4-3-20：删除"患者挂号信息表"中患者姓名是"张三"的记录，语句为：

DELETE 患者挂号信息 WHERE 患者姓名 = " 张三 "；

8．GRANT 语句

功能：用于将指定操作对象的指定操作权限授予指定的用户。

9．REVOKE 语句

功能：用于收回所授予的权限。

六、在 Access 中查看和使用 SQL 语句

1．将查询设计视图创建的查询转换为 SQL 语句　任何类型的查询都可以在 SQL 视图中打开，通过修改查询的 SQL 语句，可以修改现有的查询，使之满足用户的要求。

例如，打开之前创建的查询"例 4-3-2"，在其查询名标签处单击右键，选择"SQL 视图"，就可以看到相应的 SQL 语句（图 4-3-13）。

图 4-3-13　例 4-3-2 的 SELECT 查询语句

因为该查询数据来源仅用到一个数据库表，字段名的数据表名前缀可以省略不写，则 SQL 查询语句可以简洁书写为：

SELECT 门诊号，患者挂号日期，患者姓名，患者性别，患者年龄

FROM 患者挂号信息表

WHERE 患者性别 = " 女 "；

SELECT 语句既可以完成简单的单表查询，也可以完成复杂的多表连接查询和嵌套查询。进行多表查询时，需要在 FROM 中使用 INNER JOIN 来说明表之间的关系，格式为：

INNER JOIN < 表名 > ON < 表达式 >；

例 4-3-7：中"药费明细"查询相应的 SQL 语句是：

SELECT 患者挂号信息表.门诊号,患者挂号信息表.患者姓名,药品信息表.药品名称,处方信息表.药品数量,药品信息表.单价,[单价]*[药品数量] AS 金额
FROM 药品信息表 INNER JOIN（患者挂号信息表 INNER JOIN 处方信息表 ON 患者挂号信息表.门诊号 = 处方信息表.门诊号）ON 药品信息表.药品编号 = 处方信息表.药品编号；

2．直接写 SQL 语句　在 Access 中使用向导或设计视图建立的查询经常不能完全符合我们的需要，这时就要直接写 SQL 语句。

例 4-3-20：基于"患者挂号信息表"建立一个查询，显示与患者李彬是同一位医生的患者。
SQL 语句创建方法如下：

（1）单击"创建"选项卡"查询"组中的"查询设计"图标按钮，打开查询设计视图窗口和显示表窗口，关闭显示表窗口；

（2）右键单击该设计视图，选择"SQL 视图"切换到 SQL 视图窗口，写入查询语句：

SELECT 门诊号,患者姓名,患者性别,患者年龄,医生姓名
FROM 患者挂号信息表
WHERE 医生姓名 IN
(SELECT 医生姓名 FROM 患者挂号信息表 WHERE 患者姓名 =" 李彬 ")；

无论是高级查询还是简单查询，SQL 查询语句需求是最频繁的，功能也非常强大，是使用和操作数据库的"利器"。

第四节　窗　体

**学习目标**

1．知识
（1）了解窗体的基本组成及创建的主要方法。
（2）掌握常见窗体控件功能、主要属性和操作的设置。

2．能力
（1）面向不同需求，设计功能完整、界面合理的窗体。
（2）能够利用常用控件的特点，实现个性化设计。

3．素养
（1）培养学生实事求是的工作态度和深入实际的工作方法。
（2）实现数据库各对象的整合与管理，培养团队协作精神和集体观念。

窗体是人机对话的重要工具，也是 Access 数据库应用中的一个非常重要的对象。通过窗体用户可以方便地输入数据、编辑数据和查询表中的数据。利用窗体可以将整个应用程序组织起来，使其形成一个完整的应用系统。

窗体本身并不存储数据，但应用窗体可以方便地对数据库中的数据进行输入、浏览和修改等。窗体中包含很多的控件，可以通过这些控件对表、查询、报表等对象进行操作，也可执行宏和 VBA 程序等。

一、窗体的视图

窗体通常有四种视图，分别是窗体视图、布局视图、设计视图、数据表视图。

（1）窗体视图：窗体视图是窗体的运行界面。在窗体视图中，通常每次只能查看一条记录。使用记录导航按钮可以在记录之间快速切换。

（2）布局视图：用于修改窗体布局，其界面几乎与窗体视图一样，区别在于布局视图的控件位置可以移动。

（3）设计视图：设计视图是用来设计和修改窗体的窗口。在设计视图中，用户可以调整窗体的版面布局、在窗体中添加控件、设置数据源等。

（4）数据表视图：以数据表的形式显示表、查询中的数据。在数据表视图中，可以查看以行列格式显示的记录，因此可以同时看到许多条记录。

二、窗体的类型

窗体有多种分类方法，按照数据的显示方式可以将窗体分为六种类型，分别是纵栏式窗体、表格式窗体、数据表窗体、数据透视表窗体、图表窗体和主/子窗体。

（1）纵栏式窗体：在纵栏式窗体中，每个字段都显示在一个独立的行上，并且左边带有一个标签，显示字段名称，右边显示字段的值。通常用纵栏式窗体进行数据输入。

（2）表格式窗体：在表格式窗体中，窗体的顶端显示字段名称，且每条记录的所有字段都显示在一行上。表格式窗体可以显示数据表窗体无法显示的图像等类型数据。

（3）数据表窗体：与数据表视图的显示界面完全相同。在数据表窗体中，每条记录的字段以行列的格式显示，字段的名称显示在每一列的顶端。

（4）数据透视表窗体：在数据透视表窗体中，可以动态地改变数据透视表窗体的版式布置，从而按照不同的方式分析数据。

（5）图表窗体：在图表窗体中，通过图表可直观地显示数据，清晰地展示数据的变化趋势。

（6）主/子窗体：主/子窗体主要用来显示具有一对多关系的表中的数据。基本窗体称为主窗体，嵌套在主窗体中的窗体称为子窗体。一般来说，主窗体显示一对多关系中的"一"方表，通常用纵栏式窗体；子窗体显示一对多关系中的"多"方表，通常用数据表窗体。

三、创建窗体

图 4-4-1 创建窗体选项卡

在 Access 2019 的"创建"选项卡下的"窗体"组中，有多种创建窗体的方法（图 4-4-1），其中单击"导航"按钮和"其他窗体"按钮，打开下拉列表，可以显示更多创建窗体的命令按钮，分别如图 4-4-2 和图 4-4-3 所示。用户可以根据自己的需要选择不同的方法。

例 4-4-1：在药房收费数据库中，对"患者挂号信息表"使用"窗体"图标按钮快速创建窗体。

操作方法：在数据库窗口左侧导航窗格的表对象栏中，选中"患者挂号信息表"，单击

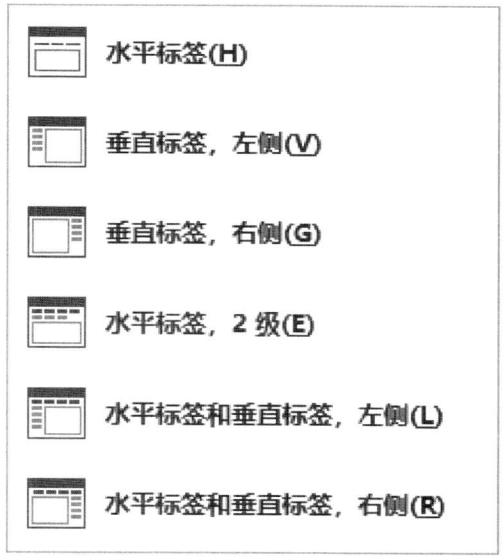

图 4-4-2 "导航"按钮下拉列表

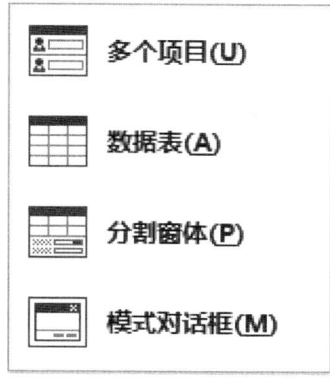

图 4-4-3 "其他窗体"下拉列表

"创建"选项卡下"窗体"组中的"窗体"按钮,即可快速创建窗体,保存即可。默认保存的窗体名与数据表名一致,如图 4-4-4 所示。

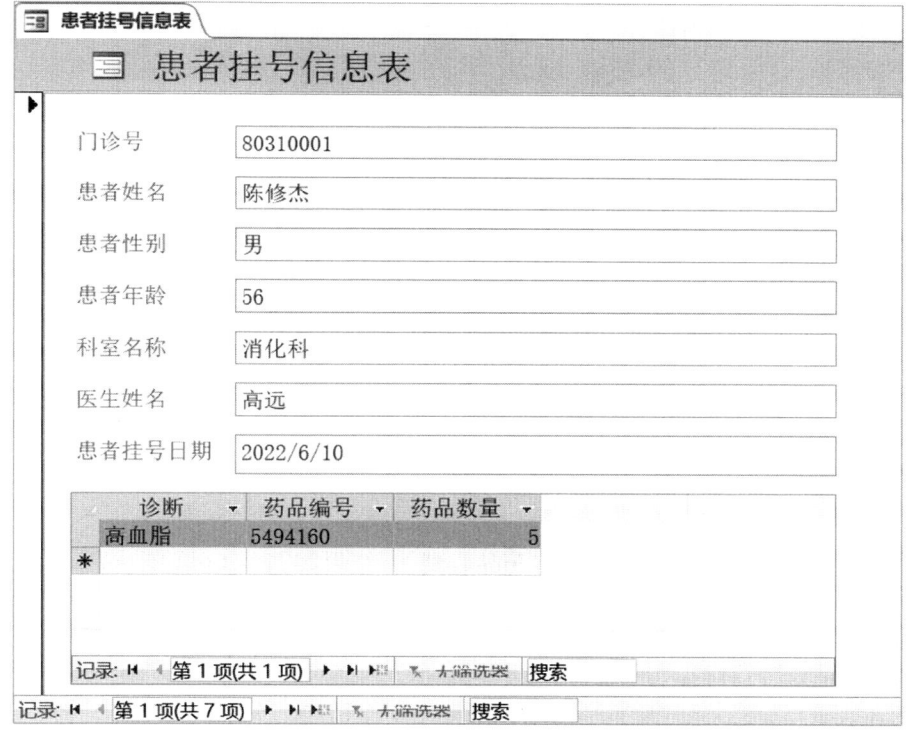

图 4-4-4 快速创建窗体

快速自动创建的窗体形式与所选择的数据表相关,"患者挂号信息表"与处方表已建立"一对多"的关系,所以对"患者挂号信息表"自动创建的是带有子窗体的窗体。

例 4-4-2:在药房收费数据库中,对"患者挂号信息表"使用"分割窗体"图标按钮创建分割窗体。分割窗体是将一张表用两个窗格显示,便于从整体到局部不同角度查看数据。

操作方法：选中"患者挂号信息表"，单击"创建"选项卡下"窗体"组中"其他窗体"的下拉按钮，在弹出的下拉列表框中选择"分割窗体"，结果如图 4-4-5 所示。

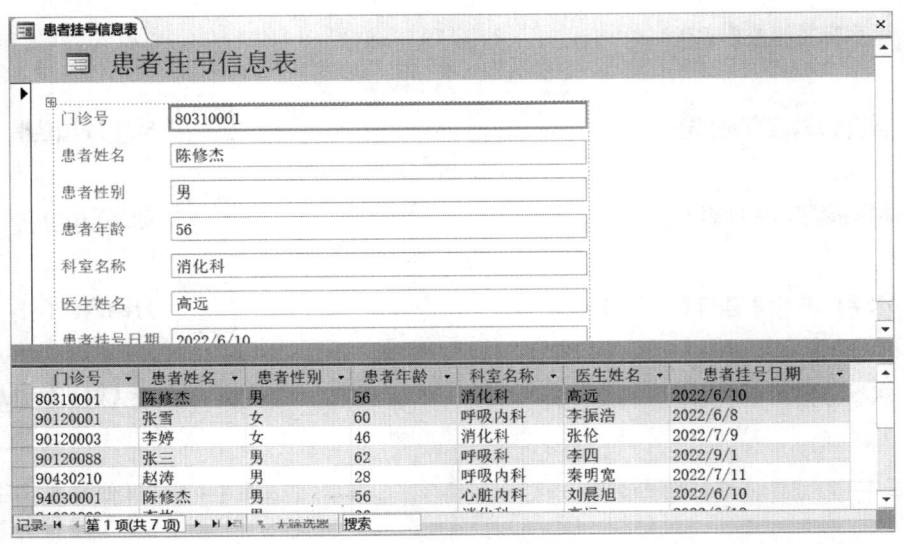

图 4-4-5　分割窗体设计

例 4-4-3：在药房收费数据库中，使用"窗体向导"创建基于"药品收费"查询和"处方记录表"的多表（主/子）窗体。

操作方法：

（1）在药房收费数据库中，单击"创建"选项卡下"窗体向导"按钮，在弹出的"窗体向导"对话框中，可从多个表或查询中选取要在窗体上显示的字段。

（2）单击"表/查询"下拉列表按钮，选择"查询：药品收费"作为该窗体的一个数据源，单击＞＞按钮将"药品收费"中的所有字段添加到"选定字段"栏中。

（3）再重复操作，选择"表：处方"作为另一个数据源，单击＞＞按钮将"处方记录表"中的所有字段添加到"选定字段"栏中。

（4）单击"下一步"按钮，在"窗体向导"对话框中确定查看数据的方式，因为"药品收费"已计算出的每张处方收费金额，创建子窗体查看对应处方的药品信息，所以选择"通过药品收费"方式查看。

（5）单击"下一步"按钮，选择窗体的布局，选择"数据表"，单击"下一步"按钮，设置窗体标题。

（6）单击"完成"按钮，保存窗体"药品收费"，结果如图 4-4-6 所示。

使用"窗体向导"创建窗体的特点是简单快捷，常用来创建显示来自多个表数据的窗体，数据来源既可以是表，也可以是查询。

四、使用窗体控件

控件是用于显示、修改数据，执行操作和修饰窗体的各种对象，它是构成用户界面的主要元素。而窗体是控件的容器，窗体的功能要通过在窗体中放置的各种控件来实现。在窗体"设计视图"中灵活地运用控件可以创建功能强大、界面美观的窗体。

1. 控件的类型　根据控件与数据源的关系，可以将控件分为绑定型、非绑定型和计算型

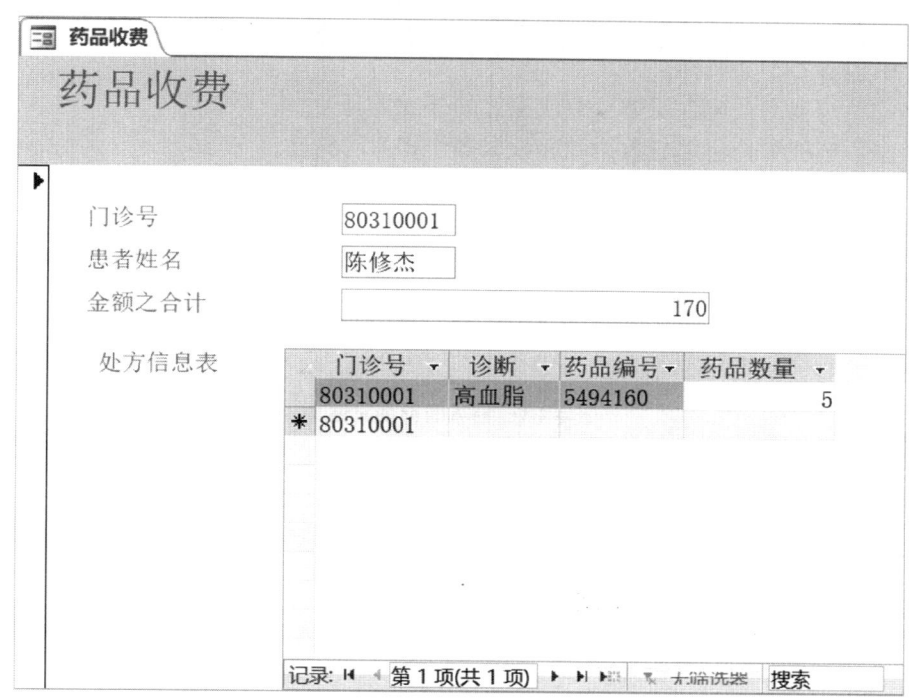

图 4-4-6 带子窗体的窗体

三类。

(1) 绑定型控件：用于显示、输入及更新数据表中的字段，当表中记录改变时，控件内容也随之改变。

(2) 非绑定型控件：没有链接数据源，包括标签控件显示信息、线条和图像控件。非绑定型控件主要用于美化窗体。

(3) 计算型控件：数据源是表达式而不是字段的控件。表达式可以是运算符、控件名、字段名等。表达式所用数据可以来自窗体的数据源或查询中的字段，也可以来自窗体上的其他控件。

2．窗体和控件的属性 窗体及窗体中的每一个控件都具有各自的属性，这些属性决定了窗体及控件的外观、所包含的数据和对鼠标或键盘事件的响应。设计窗体需要了解窗体和控件的属性，并根据设计要求进行属性设置。

(1) "属性表"对话框：在窗体设计视图中，窗体和控件的属性可以在"属性表"对话框中设置。用鼠标右键单击窗体或控件，并从打开的快捷菜单中选择"属性"命令，或单击"窗体设计工具 / 设计"选项卡，在"工具"命令组中单击"属性表"命令按钮，都可以打开"属性表"对话框，如图 4-4-7 所示。

"属性表"对话框上方的下拉列表框是当前窗体上所有对象的列表，可从中选择要设置

图 4-4-7 "属性表"对话框

属性的对象。"属性表"对话框中包括"格式""数据""事件""其他""全部"5个选项卡，每个选项卡中包含若干个属性。

1）"格式"选项卡：包含窗体、节或控件的外观类属性。
2）"数据"选项卡：包含与数据源和数据操作相关的属性。
3）"事件"选项卡：包含窗体、节或控件能够响应的事件。
4）"其他"选项卡：包含名称、制表位等其他属性。
5）"全部"选项卡：包含对象的所有属性。

（2）窗体的常用属性：窗体的属性与整个窗体相关联，对窗体属性的设置可以确定窗体的整体外观和行为。窗体常用的基本属性如表4-4-1所示。

表4-4-1 窗体的常用属性

属性名称	功能
记录源	指定窗体的记录源
标题	指定显示在窗体标题栏上的文本内容，默认显示窗体对象的名称
弹出方式	指定打开窗体时是否浮于其他普通窗体上方
默认视图	指定窗体打开后的视图方式
记录选择器	指定是否显示记录选择器
导航按钮	指定是否显示导航按钮
分隔线	设置是否使用分隔线来分隔窗体上的节
数据输入	该属性不决定是否添加记录，只决定是否显示已有的记录
滚动条	指定是否在窗体上显示滚动条
允许编辑	指定窗体是否可以更改数据
允许删除	指定窗体是否可以删除记录
允许添加	指定窗体是否可以添加记录

（3）控件的常用属性：同样，窗体上的控件对象也可以通过属性表进行设置和调整，不同的控件有不同的属性，表4-4-2列出的是大多数控件都具有的常用属性。

表4-4-2 控件的常用属性

属性名称	功能
标题	控件的标题文本
可见性	是/否
高度、宽度、上边距、左边距	指定控件的高度、宽度和起点位于直接容器的上边和左边的度量
边框样式	可设置为透明、实线、虚线等
背景样式	常规/透明
特殊效果	平面、凸起、凹陷、蚀刻、阴影、凿痕
背景色	设定显示时的底色
前景色	设定显示内容的颜色
控件来源	设定控件的输入格式（文本型或日期型）
输入掩码	设定一个计算型控件或非结合型控件的初始值，可使用表达式生成器向导来确定默认值
默认值	默认显示的值
验证规则	可通过表达式生成器生成
是否锁定	是否可以在"窗体"视图中进行修改编辑
可用	是否可用，设置为不可用时控件显示为灰色

3. 控件的应用

（1）文本框控件：文本框控件用于显示数据，也可以让用户输入或编辑数据，它是最常用的控件。文本框既可以是绑定型的，也可以是计算型（非绑定型）的。如果文本框用于显示表或查询中的记录，那么该文本框是绑定型的；如果文本框用于接受用户输入或显示结算结果，那么该文本框是非绑定型的。

例 4-4-4：药房收费数据库中，在已经建立好的"患者挂号信息表"窗体（例4-4-1）的页眉处建立一个文本框（非绑定型），用于显示当前日期。

操作方法：

1）打开"患者挂号信息表"窗体的设计视图窗口，单击"设计"选项卡"控件"组中的"文本框"按钮，在页眉处拖动鼠标画一个框，弹出"文本框向导"对话框（图4-4-8）。

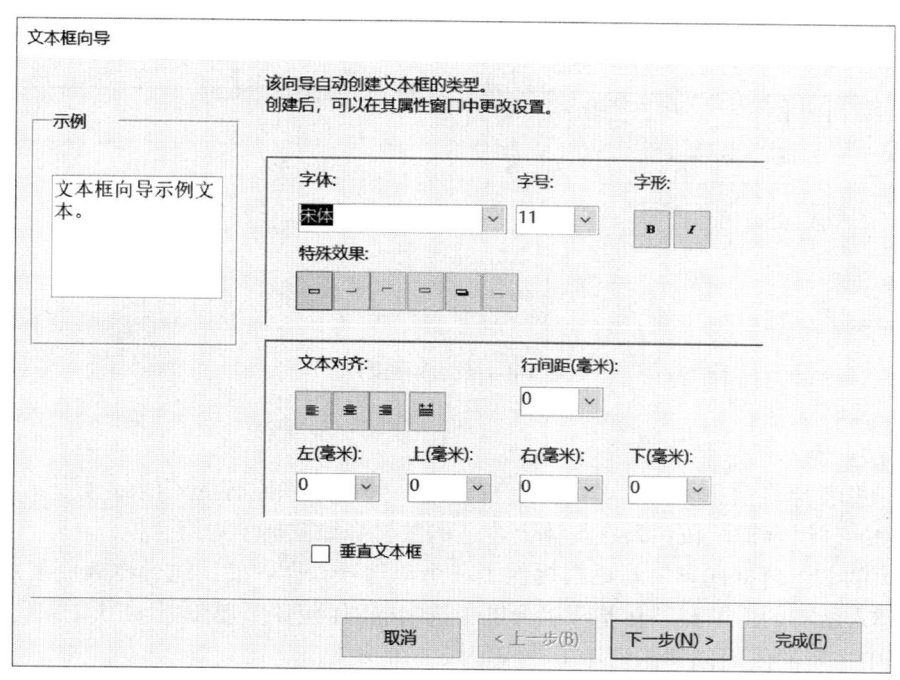

图 4-4-8　文本框向导

2）选择设置文本框的字体、字形、字号等，单击"下一步"按钮，如果需要在文本框中输入汉字，可以选择"输入法开启"项对输入法模式进行设置，本例选择了默认值"随意"；再单击"下一步"按钮，在此处设置文本框控件的名称，不设置即使用系统给出的默认名称；最后单击"完成"按钮，在窗体页眉处创建一个"文本框"控件，在创建文本框的同时系统会自动添加一个"标签"控件，标签显示在文本框前面，可对文本框加以说明，在标签中输入"今天日期："，文本框内显示"未绑定"，表示该文本框没有与任何字段联系。

3）单击文本框，输入"=Date()"。这是一个当前日期函数，运行窗体时，该文本框中会自动显示系统日期（图4-4-9）。当然，还可以利用各种表达式来显示所需的数据。

调整文本框及其标签的大小及位置，保存设计并关闭窗体的设计窗口。切换到"窗体视图"，文本框中显示出当天日期。

（2）组合框和列表框控件：组合框或列表框可以让用户在列表中选择所需的项目，不但可简化操作，还能避免人工输入可能出现的错误。

例 4-4-5：药房收费数据库中，在"患者挂号信息表"窗体中建立一个组合框，浏览时可单击"门诊号"下拉列表选择相应的记录。

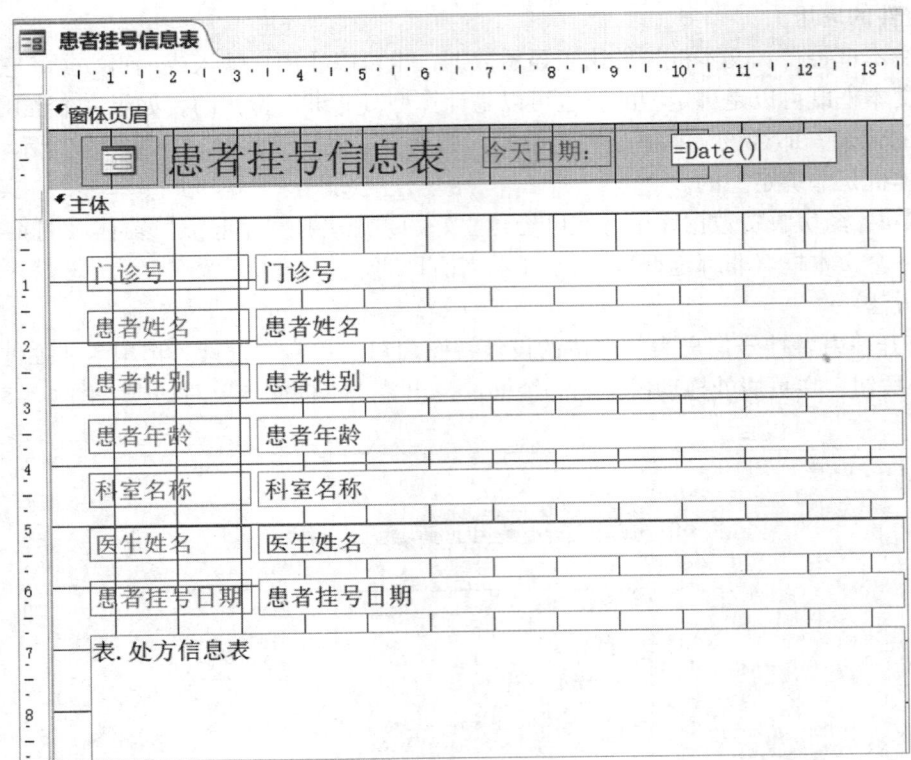

图 4-4-9　文本框设计

操作方法：

1）在"患者挂号信息表"窗体的设计视图中，可先删除原有的"门诊号"文本框，单击"控件"组中的"组合框"按钮，在窗体上合适的位置拖动鼠标创建组合框。

2）弹出的"组合框向导"对话框提供了三个单选项，即"使用组合框查阅表或查询中的值""自行键入所需的值"和"在基于组合框中选定的值而创建的窗体上查找记录"。选择"在基于组合框中选定的值而创建的窗体上查找记录"单选项。

3）单击"下一步"按钮，选择"门诊号"字段；再单击"下一步"按钮，设置组合框宽度；再单击"下一步"按钮，为组合框指定标签为"请选择门诊号："；单击"完成"按钮。

切换到"窗体视图"，单击组合框右边的向下箭头即可以显示表中所有患者的门诊号（图4-4-10），选中哪个门诊号，窗体中会显示该患者的记录。

列表框的创建方法和组合框相同，只是显示略有不同。

（3）命令按钮控件：在窗体中，可以使用命令按钮来执行某个特定操作。例如，可以创建一个命令按钮来打开、关闭或打印一个窗体。使用"命令按钮向导"可以创建 30 多种不同类型的命令按钮。

例 4-4-6：药房收费数据库中，创建一窗体"主页"，在窗体中添加一个按钮，名为"退出"，单击它时将关闭窗口。

操作方法：

1）在数据库窗口，单击"创建"选项卡下"窗体"组中的"窗体设计"按钮，在设计视图中新建空表单，单击"控件"组中的"按钮"图标，然后在窗体的右下角画一个按钮。Access 自动打开"命令按钮向导"对话框，如图 4-4-11 所示。可以选择"记录导航""记录操作""窗体操作""报表操作""应用程序""杂项"六类操作。

2）在"类别"中选择"窗体操作"，在"操作"中选择"关闭窗体"，然后单击"下一步"

图 4-4-10　文本框设计

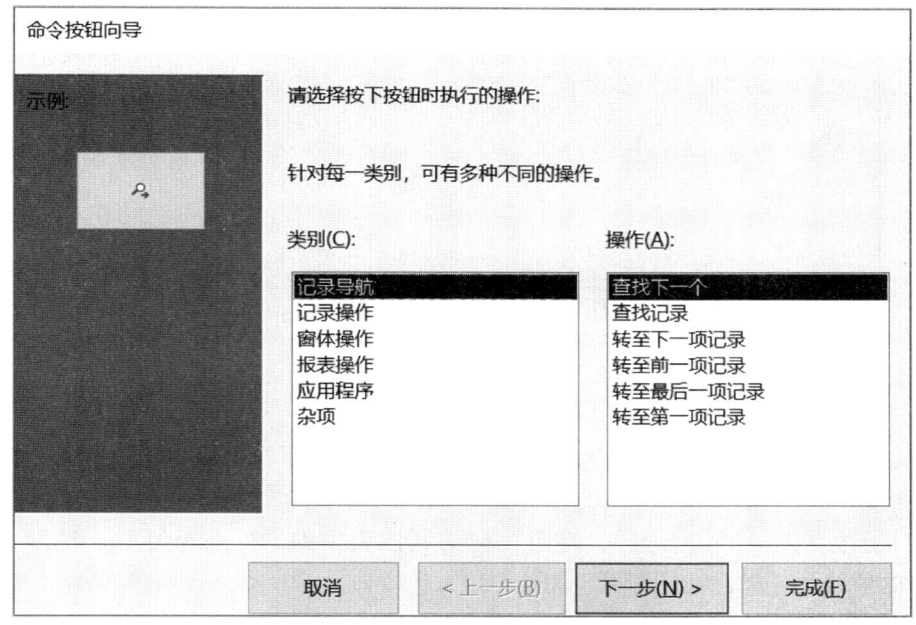

图 4-4-11　命令按钮向导

按钮。

3）选择"文本"单选项，并在栏中输入"退出"，如果不设置命令按钮控件的默认名称，单击"完成"即可。

（4）子窗体/子报表控件：在窗体的设计视图中，还可以使用"子窗体"控件添加子窗体，以显示其他表或查询中的数据。

例 4-4-7：药房收费数据库中，创建"查询"窗体，在窗体中创建一个文本框和一个子窗体，当在文本框中输入性别时，子窗体则显示按性别查询的结果。

操作方法：

1）首先在查询设计视图中打开已建立的查询"按性别检索"，将"患者性别"列的条件栏中"[请输入性别:]"改为"[txt1]"并保存。

2）在数据库窗口，单击"创建"选项卡下"窗体"组中的"窗体设计"按钮，在设计视图中新建空表单，单击"控件"组中的"文本框"控件，拖动鼠标创建文本框，设置文本框的名称"txt1"（切记文本框的名称一定要与查询条件栏中括号中的文本相同）。

3）单击"控件"组中的"子窗体/子报表"，然后在窗体的下方位拖动鼠标创建子窗体，在弹出的"子窗体向导"对话框中选择"使用现有的表和查询"，单击"下一步"按钮。

4）选择"查询：按性别检索"，将其字段添加到"选定字段"中，单击"下一步"，按照向导的指引完成子窗体的设计。调整窗体上各个控件的大小和位置，使得数据能够正确完整地显示。保存窗体为"查询"，切换到窗体视图即可运行该窗体，结果如图 4-4-12 所示。

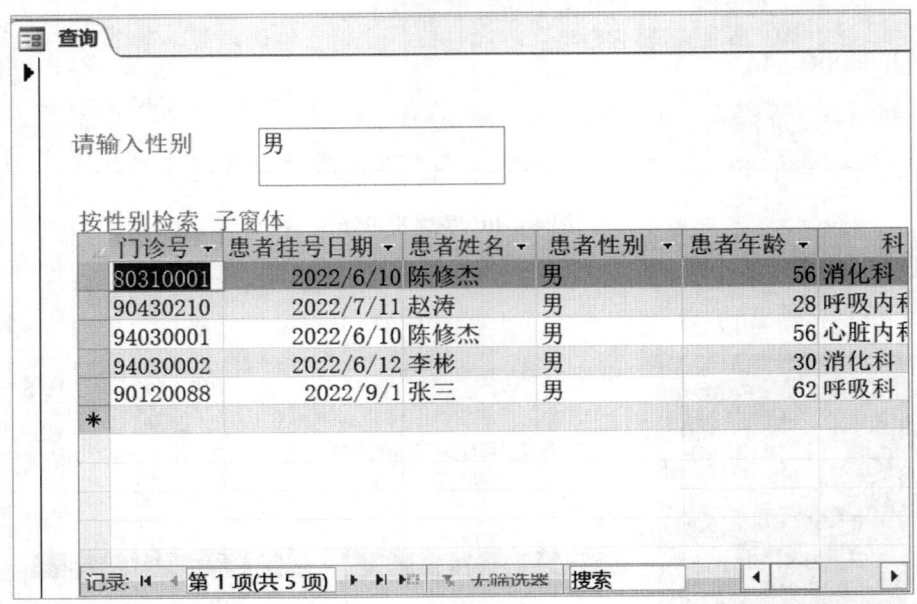

图 4-4-12　命令按钮向导

对输入性别的文本框还可以更改为组合框，单击组合框下拉列表中选择"男"或"女"进行查询更便捷，具体操作：在窗体的设计视图中，右键单击文本框"txt1"，在弹出的快捷菜单中选择"更改为"→"组合框"，将组合框的属性表中的"行来源类型"改为"值列表"，"行来源"的值改为"男；女"即可（图 4-4-13）。

图 4-4-13 组合框属性表

第五节 报　表

1. 知识
(1) 掌握报表的组成及创建方法。
(2) 熟悉报表的设计方法。
2. 能力
(1) 能够利用向导和设计视图创建报表，并使用控件优化报表的设计。
(2) 能够创建带有子表的报表。
3. 素养
(1) 面向实际需求，培养学生分析问题、解决问题、灵活运用的能力。
(2) 制作规范的报表，展现工作成果，培养精益求精的科学精神。

　　报表是数据库中的数据通过打印机输出的特有形式。Access 提供了方便、快捷生成灵活格式报表的功能。使用报表来打印数据的主要优点有：可以很容易地控制字体的样式和尺寸；可以在基础数据上轻松地完成计算；可以格式化数据，使它们符合已设计和打印好的窗体格式，如购买订单、发货单和邮件标签；可以添加图案，如图片、图形和其他元素；可以组织和集中数据来形成一个更易读的报表。下面分别介绍几种制作报表的方法。

一、创建"处方记录"报表

创建报表与创建窗体的方法相似,在左侧导航窗格中选中表或查询,通过单击"创建"选项卡下"报表"组中的"报表"按钮,Access 自动创建一个基本报表。在默认的情况下,基本报表包含了被选中的表或查询中的所有记录字段。

例 4-5-1:利用"报表"按钮快速创建"药品"基本报表。

操作方法:在数据库窗口左侧导航窗格的表对象栏中,选中"药品信息表",单击"创建"选项卡下"报表"组中的"报表"按钮,快速创建"药品信息"报表。

如果要对报表外观和显示内容进行较详细的设定,可以使用"报表向导"来创建新报表,向导会提示输入有关的记录源、字段、版面以及所需格式。

例 4-5-2:利用"报表向导"创建"患者挂号信息"报表。

操作方法:

(1)在"药房收费"数据库中,单击"创建"选项卡下"报表"组中的"报表向导"按钮,弹出"报表向导"对话框,单击"表/查询"下拉列表中的下拉箭头,在弹出的下拉列表中选择"表:患者挂号信息表",将该表的字段添加到右边的"选定字段"列表框中,如图 4-5-1 所示。

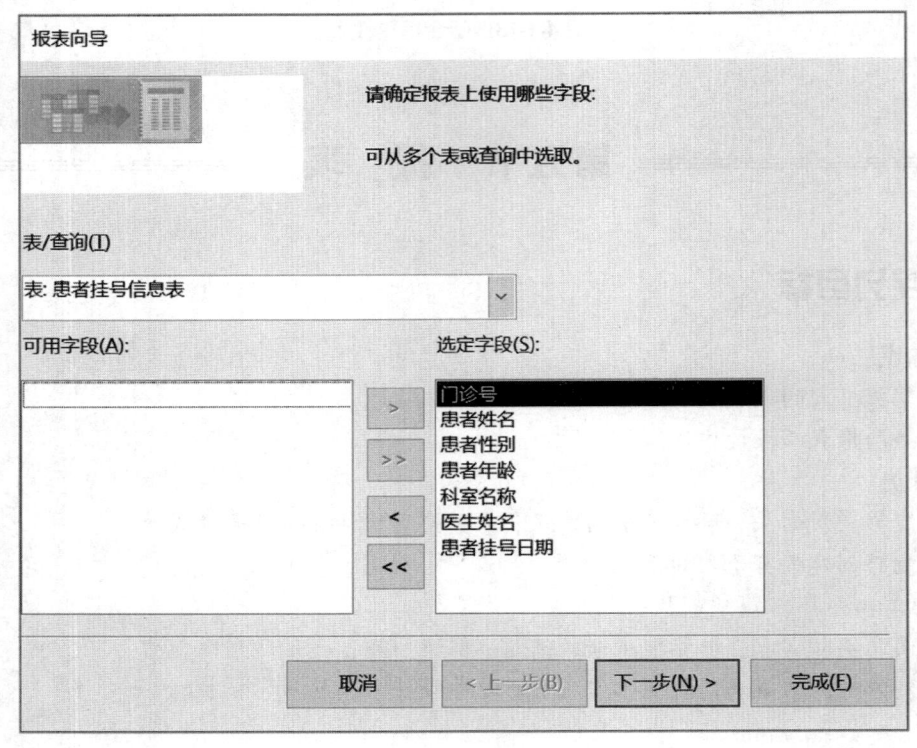

图 4-5-1 报表向导之一

(2)单击"下一步"按钮,报表向导对话框提示是否添加分组级别,在左边列表框中选择"患者挂号日期"作为分组依据。在"报表向导"中允许选定多个字段来设定多级分组,在多级分组时,可以使用屏幕上的"优先级"按钮↑或↓来改变分组级别(图 4-5-2)。完成设置字段的分组级别后,单击"下一步"按钮进入下一个对话框。

(3)在对话框中,可以设定按选定的字段对记录进行排序和汇总选项进行设置。报表最

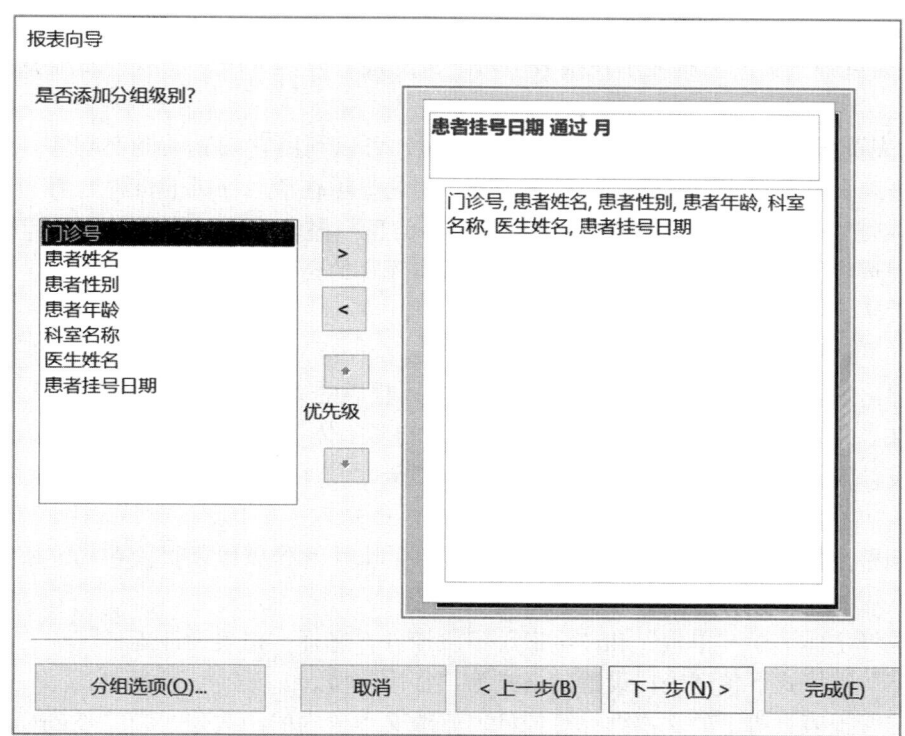

图 4-5-2　报表向导之二

多可以按四个选定字段对表中记录进行排序。如果在报表中不需要排序，可以直接单击"下一步"按钮跳过此项设置。假设需要按"门诊号"对表中记录进行排序，单击"1"框右边的箭头，从下拉列表中选择"门诊号"字段，按升序进行排序。注意：分组与排序是两个不同的概念，分组是将符合某一准则的相关记录放在同一个组内，而排序则是指以一个或多个字段内容对记录按指定顺序进行排列。

（4）单击"下一步"按钮，选择报表的布局和打印方向。在该对话框中，可以设定报表的布局和方向。选择"横向"，然后单击"下一步"按钮。

（5）在最后一个报表向导对话框中，给报表加一个标题。在对话框上部的文本框中输入"患者挂号信息"作为报表标题，选择在屏幕上显示报表的预览窗口，单击"完成"按钮，完成创建报表。

二、美化"处方记录"报表

对于已经创建的报表，为了更加个性化和美观，还常常使用设计视图进行编辑修改操作。在报表的设计视图中，信息被划分成以节的形式显示。在每一个节中，可以放置 Access 提供的各种控件来实现特定目的，并依照一定的顺序打印出来。按照默认方式，报表窗口分为五节：报表页眉、页面页眉、报表主体、页面页脚及报表页脚。

1．报表页眉　报表页眉只在报表首部显示。可以利用它来放置公司图标、报表标题或打印日期等项目，可以在报表页眉中放置介绍报表的信息。报表页眉打印在第一页的页眉之前。

2．页面页眉　页面页眉显示在报表中每一页的最上方，可用来显示列标题、日期或页码。

3．报表主体　主体节包含了报表数据的主体。基表记录源中的每一条记录都放置在这里。在报表的主体节中，使用字段列表可以放置带有附加标签的文本框，使用工具箱可以放置各种控件。

4. 页面页脚　页面页脚显示在报表中每一页的最下方,可用来显示页面摘要、日期或页码等信息。

5. 报表页脚　报表页脚只显示在报表的末尾,可以利用它来显示报表汇总、总计或日期等信息,报表页脚是报表设计中的最后一个节,但是显示在最后一页的页脚之前。

例 4-5-3:以"药房收费"数据库中的"药品信息"报表为例,使用报表设计视图修饰报表并将报表页脚上的计算控件改写为计算药房所有库存的药品总金额。

操作方法:

(1) 在"药房收费"数据库窗口中,右键单击 Access 对象中"报表"组中的"药品信息"报表,在弹出的快捷菜单中选择"设计视图",进入报表的设计视图状态。

(2) 在"报表格式工具"选项卡"格式"下的"字体"组中,对标题的字体和颜色进行设置;与设计窗体一样,在"报表设计工具"选项卡"设计"下的"控件"组中,选择插入图像等。

(3) 调整主体字段文本框控件和页眉标签控件的大小和位置以及页面布局,使报表布局更合理美观。

(4) 选择主体节中"单价"和"金额"字段控件,选择"报表设计工具"中"格式"选项卡的"数字"组格式下拉列表,设置其格式为"货币"型。

(5) 选择报表页脚上的文本框计算控件,修改文本框内的函数公式为"=Sum([金额])"。

三、创建主/次报表

子报表就是插入到其他报表中的报表。

例 4-5-4:在已有的"患者挂号信息"的报表中创建"处方信息"子报表。

操作方法:

(1) 在"药房收费"数据库窗口中,右键单击 Access 对象中"报表"组中的"患者挂号信息"报表,在弹出的快捷菜单中选择"设计视图",进入到报表的设计视图状态。

(2) 将鼠标箭头移动到报表的"主体"节下方,当光标变为双向箭头时按下鼠标左键并拖动,增加"主体"节高度。

(3) 单击"报表设计工具"下"设计"选项卡"控件"组中的"子窗口/子报表"按钮,拖动鼠标在"主体"节创建子报表控件,弹出"子报表向导"对话框,选择"使用现有的表和查询"单选按钮,单击"下一步"按钮。

(4) 在弹出的对话框中选择要作为数据源的表或查询,单击"表/查询"下拉列表框,选择"处方记录表",并将所有字段添加到"选定字段"列表框中,单击"下一步"按钮。

(5) 在弹出的对话框中选择主/次报表的链接方式,接受默认设置,按门诊号链接。

(6) 单击"下一步"按钮,在弹出的对话框中输入报表名称,这里使用默认名称,单击"完成"按钮,完成子报表的创建,建立的主/次报表的设计视图如图 4-5-3 所示。

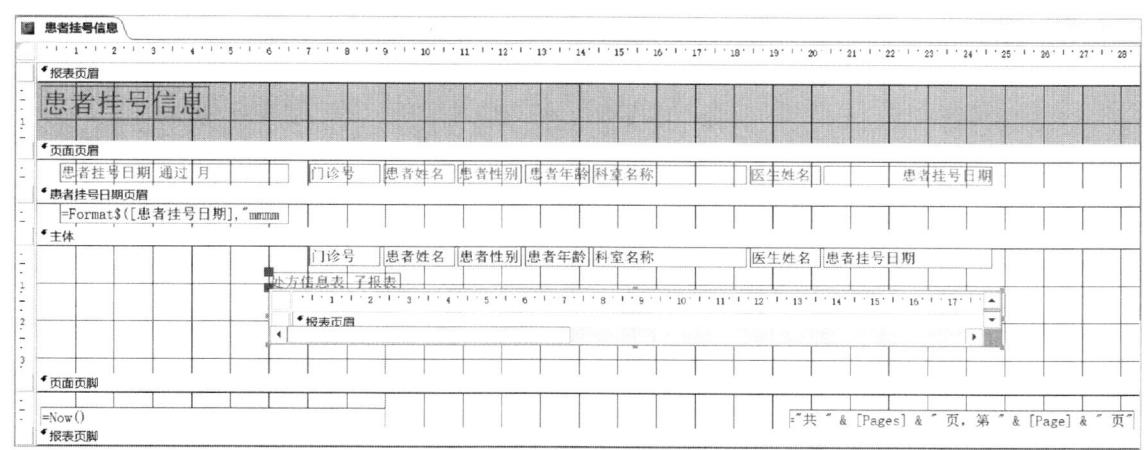

图 4-5-3 带子报表的报表

（刘　燕）

思 考 题

1. 什么是数据库？什么是数据库管理系统？
2. 什么是 E-R 图？它的功能是什么？
3. 为什么要建立表之间的关系？举例说明"一对多"和"一对一"的含义。
4. 什么是控件？Access 常用的控件有哪些？

第五章

程序设计与算法

第五章数字资源

第一节　从问题到程序

1. 知识
了解算法和程序的区别与联系。
2. 能力
掌握正确认识问题、分析问题、解决问题的能力。
3. 素养
给学生传递严谨审慎的学习工作态度以及科学精神。

当使用计算机编程解决问题时，首先应学习如何分析问题和分解问题（即提取问题的关键要素），之后将复杂问题的解决方法步骤化（即将解决现实问题的方法抽象为算法），最终利用程序实现。如何从问题到程序，是学习编程语言之前应该思考的问题。

一、算法和程序

程序是人类与计算机交流的语言。如果希望计算机帮助完成相应的任务，需要把任务的操作描述成程序告诉计算机，计算机执行程序从而得到结果。但是当人类并不清楚问题的解决方案时，计算机无法自动找到解决方法，也不可能编写程序。因此，当面临一个问题时，人类需要自己找到该问题的解决方法（即算法），之后才有可能将该解决方法编写成程序，交给计算机执行，从而解决问题，这是遇到问题并编程解决问题的过程。

算法是指解决问题的方法，是针对问题解决方案准确完整的描述。算法包括基本运算和规定的运算顺序两部分，二者构成完整的解题步骤。

程序是指问题解决方法的具体实现，是为解决特定问题或实现特定目标而利用程序语言描述的适合计算机执行的指令序列。程序包括对数据的描述，即指定相应的数据类型和数据结构，以及对操作的描述，即操作步骤，也就是算法。

可见，算法不等同于程序，一个算法可以被多种不同的程序实现；程序也不等同于算法，编写程序过程中需要考虑很多与算法无关的语法细节问题。但是，算法需要依靠程序来完成解决问题的功能，程序则需要算法作为解决问题的核心。

二、算法带来的影响

如今，算法已越来越深入到人类世界中。在很多行业和领域，算法逐渐取代了人类，它比人力更快，价格也更低廉。如果算法能够按照预期设定好的方式运行，其错误率也远远低于人力。因此，算法给诸多领域带来了进步。

在医生的医疗实践中，对于一些罕见病或职业经历中未曾遇到过的病例，极有可能造成误诊、病情延误等情况。然而，人类医生的时间和精力有限，无法在短时间内迅速学习并掌握全球大量的最新治疗方案或医学发现。如果希望能够尽量扩大病例库，从而更准确、高效地诊断病情，可以通过算法实现。

在第一章第四节中，介绍了大数据、人工智能等多种新技术在医疗卫生领域的应用。全球每年有大量的医学论文发表，人工智能系统可以存储、阅读、学习这些海量信息，并定期进行更新，最终为医生提取相关度最高的内容。正是因为拥有如此庞大的病例库，对于疾病特别是罕见病的诊断，更易于寻找线索，从而能够更好地辅助医生及早确诊并开展治疗。这是算法给医疗领域带来的进步。

此外，算法为人类生活提供了更好的服务。例如，音乐、视频、购物等网站或软件会向用户推荐可能感兴趣的商品或内容，这样的功能是通过推荐算法生成的。用户喜欢、关注的内容或商品的相似信息会被推荐给用户，例如，用户浏览了一则关于奥运会的新闻，算法将会推荐与浏览内容主题一致的其他相关新闻。此外，具有相似兴趣的用户会购买相似商品，例如，用户的朋友在一定程度上与用户自身的爱好或兴趣相关，因此，用户的朋友在网站或软件中喜欢的商品会被推荐给用户。可见，推荐算法的核心思想是通过分析、挖掘用户在软件中的行为，发现用户的兴趣、特点以及个性化需求，从而将用户可能感兴趣的商品或内容推荐给用户。

算法发展到今天，已经慢慢会观察、实验和学习。特别是人工智能算法受到广泛关注的当下，算法已经能够独立从事工作。例如，算法可以和人类进行围棋比赛，也可以创作音乐、诗句与绘画等。可见算法已成为人类用于塑造世界、生活甚至文化的有力工具，并使人类受益。然而，随着算法逐渐变得强大、独立，它是否会失控，失控后会带来怎样的结果，是人类应关注的问题。

准确的人脸识别算法给人们带来了便利，但需要以提取清晰完整人脸特征作为基础，否则识别错误将带来一定的风险。现如今，佩戴口罩是进行个人防护、预防呼吸道传播病的重要措施之一，然而佩戴足够覆盖口鼻的口罩会对人脸识别算法产生影响，识别面部特征较为困难使得准确率下降。

在自动驾驶领域，算法错误可能会引起严重的交通事故。自动驾驶技术研究的初衷是希望能够降低交通事故发生率，减少人员伤亡。然而在实际应用中，却频频发生意外。通过对大量新闻事件的调查发现，自动驾驶系统算法有时会出现无法识别出前方车辆的问题，例如将车辆误认为是交通指示牌，或者无法将白色车身与天空颜色进行区分，从而没有做出任何减速、转向或刹停动作，最终造成车辆碰撞，甚至发生人员伤亡。对于智能汽车曾经引以为傲的自动驾驶，因为算法错误导致事故发生，反而成为其最危险的功能。

通过以上案例可见，算法有对错之分，好坏之分。因此在遇到问题时，首先要保证解决方法即算法是正确的，能够正确地转换为程序，计算机才能够执行程序，最终帮助人类解决问题。这是利用计算机解决实际问题时，需要具备的从问题到程序的思维过程。

（王　晨）

第二节　Python 编程环境

学习目标

1．知识
（1）了解 Python 解释器的下载与安装，Python 自带开发工具 IDLE 的使用。
（2）掌握 Python 集成开发环境 Pycharm 与 Anaconda 的下载与安装，熟悉 PyCharm 与 Anaconda 界面。

2．能力
（1）拓宽对集成开发环境的认知，培养计算思维。
（2）下载安装相应软件，培养动手能力和创新能力。

3．素养
（1）在实例中向学生传递家国情怀和民族自信心。
（2）培养学生自主探索的学习态度和严谨规范的操作习惯。

一、Python 语言及其版本简介

　　Python 是一种解释型、面向对象、动态数据类型的高级程序设计语言，其诞生于 1990 年，创始人为荷兰人吉多·范罗苏姆（Guido van Rossum）。Python 支持命令式编程、函数式编程，完全支持面向对象程序设计，语法简洁清晰，拥有大量支持各个领域应用开发的第三方扩展库，随着版本的不断更新，Python 越来越多被用于独立的、大型项目的开发，在各行各业广受青睐，是最受欢迎的程序设计语言之一。

　　Python 官方网站同时发行的版本有 Python 2.x 和 Python 3.x。目前两者之间无法兼容，除了输入输出方式的差异，许多其他语法规则的使用也存在一定差异，Python 3.x 系列版本无法向下兼容 Python 2.x 系列的既有语法。对于初学者来说，建议学习 Python 3.x 系列版本，全部的标准库和绝大多数第三方库都很好地支持 Python 3.x 系列，并在该系列基础上升级更新。对于一些特殊情况，例如需要使用一个不提供 Python 3.x 版本的第三方库时，则考虑使用 Python 2.x 版本。另外需要注意的是，当较新的 Python 版本推出后，不要急于升级版本，应等到版本稳定以及相应扩展库也推出新的版本后再进行升级。

　　基于上述分析，本章以 Python 3.9 作为教学内容。

二、Python 解释器的下载与安装

　　采用高级语言编写的源程序需要经过翻译以后才能被计算机识别和执行，Python 解释器用于解释 Python 语句和程序，是 Python 的核心。Python 支持多平台，本书基于 Windows 10 和 Python 3.9 构建 Python 学习平台。

　　1．下载 Python 解释器　　Python 官方主页为：https://www.python.org/。打开浏览器访问官方主页，选择 Downloads 页面下的适当版本进行下载，例如选择 Windows 平台安装包，如

图 5-2-1 所示。

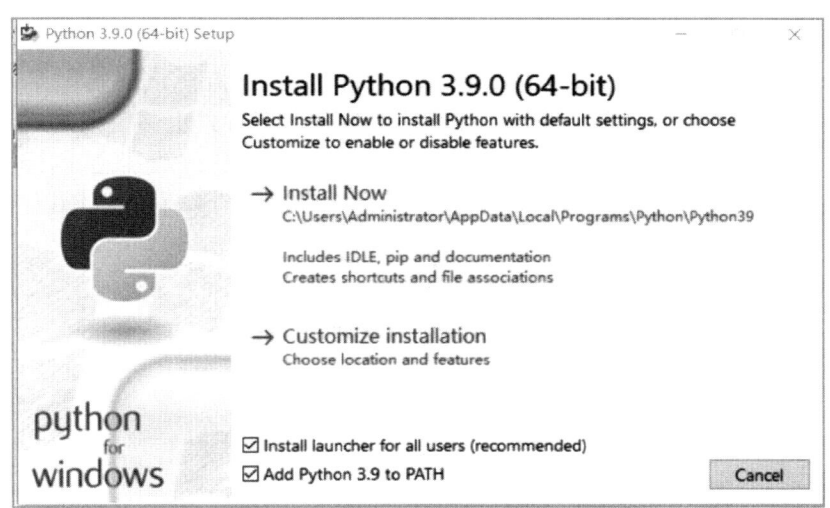

图 5-2-1 下载 Python 解释器

若操作系统为 64 位,则下载 Windows x86-64 可执行安装程序;若操作系统为 32 位,则下载 Windows x86 可执行安装程序。右键单击桌面"计算机"图标,在弹出的快捷菜单中选择"属性"选项可以查看操作系统位数。

2. 安装 Python 解释器 Python 解释器的安装过程与其他 Windows 软件的安装过程类似。

(1)直接双击运行 Python 安装程序:python-3.9.0-amd64.exe,弹出如图 5-2-2 所示的安装界面。

图 5-2-2 设置 Python 安装选项

(2)设置安装选项:Python 提供了两种安装方式,Install Now(默认安装)和 Customize installation(自定义安装)。Install Now 无须进行选项配置,均为默认;Customize installation 是自定义配置,包括安装路径。可自行选择两种方式,需要注意的是,一般要勾选下方的 "Add Python 3.9 to PATH"复选框,添加环境变量,这样可将 Python 添加到环境变量中,能直接在 Windows 的命令提示符下运行 Python 3.9 解释器。

此处,勾选"Add Python 3.9 to PATH"复选框,选择"Customize installation",进入 Optional Features(可选功能)界面,采用默认方式,单击"Next"按钮,进入 Advanced Options(高级

选项）界面，如图 5-2-3 所示。

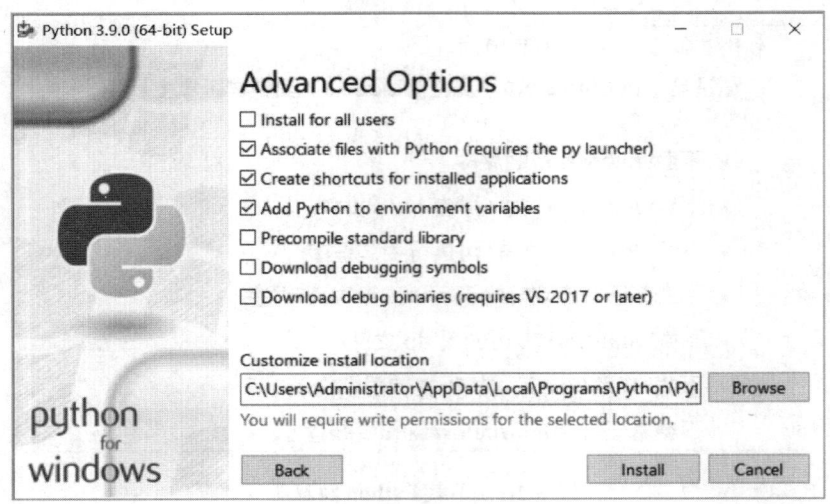

图 5-2-4 选择 Python 安装路径

（3）修改安装路径，执行安装：在图 5-2-3 中可修改安装路径，然后单击"Install"按钮，执行安装过程。安装完成后进入"Setup was successful"界面，单击"Close"按钮完成 Python 的安装。

三、运行 Python 程序

运行 Python 程序有两种方式：交互式和文件式。交互式指 Python 解释器即时响应用户输入的每条代码，给出输出结果，输入一条，执行一条；文件式也称为批量式，是指用户将 Python 程序写在 .py 文件中，然后启动 Python 解释器一次性执行，即批量执行文件中所有代码。交互式一般用于初学者调试少量代码，文件式则是最常用的编程方式。其他编程语言通常只有文件式执行方式。

1. 交互式启动和运行方法　Python 成功安装后，可通过以下三种方式进入 Python 交互式环境。

（1）打开"开始"菜单，在搜索栏输入"cmd"进入命令行窗口，在控制台输入"Python"后回车确认便可打开命令交互式环境，在命令提示符（＞＞＞）后输入如下代码：

print ("Hello World!")

按 Enter 键后显示输出结果"Hello World！"，如图 5-2-4 所示。

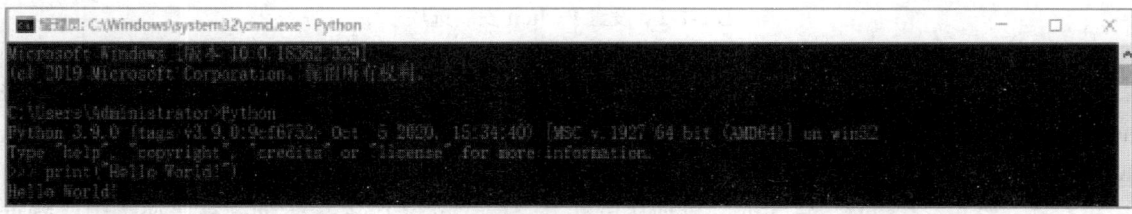

图 5-2-4 通过命令行启动交互式 Python 运行环境

（2）执行 Windows"开始"→"所有程序"→ Python3.9 → Python3.9（64-bit），可以打开命令式交互环境，在命令提示符（＞＞＞）后即可输入程序代码。

（3）在 Python 自带的开发工具 IDLE 中直接打开 IDLE 交互式环境。

IDLE 是 Python 软件包自带的集成开发环境，Python IDLE 集成 Python 解释器、编辑器和调试器，提供 Python 图形开发用户界面，可以提高 Python 程序的编写效率。

可通过在 Windows 开始菜单中搜索关键词"IDLE"，找到并单击"IDLE"的快捷方式打开 IDLE，也可以通过执行"开始"→"所有程序"→Python3.9→IDLE（Python 3.9 64-bit）打开。

采用 IDLE 交互式解释器执行 Python 多行语句，如图 5-2-5 所示。

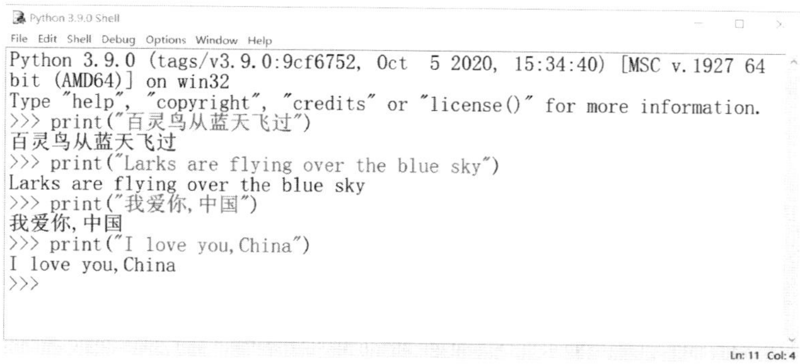

图 5-2-5　采用 IDLE 交互式解释器执行 Python 语句

2. 文件式启动和运行方法　运行 Python 代码的前提是安装 Python 解释器，而 Python 代码可以在任意编辑器中编写，只要遵循 Python 语法格式与规则，并保存为 .py 扩展名的文件即可。不过，工欲善其事，必先利其器，建议使用 Python 安装包中的 IDLE 编辑器或者下面要讲到的第三方 Python 集成开发环境（integrated development environment，IDE）编写 Python 程序。选择一个合适的集成开发环境有利于我们快速上手 Python，在学习中起到事半功倍的效果。

（1）采用 IDLE 创建 Python 程序。

首先需创建用于保存源程序文件的文件夹。我们可在 D 盘根目录中创建文件夹 python39，亦可自行选择合适位置创建一个保存源程序的文件夹。

Windows"开始"→"所有程序"→Python3.9→IDLE（Python 3.9 64-bit），打开 IDLE 窗口。在 IDLE 窗口中执行菜单 File→New File（Ctrl + N），打开 Python 程序编辑器窗口。在程序编辑器窗口中输入程序代码，执行 File→Save（Ctrl + S）将代码保存为程序文件，此处保存到位置 D:\python39，文件名为 cx1.py，如图 5-2-6 所示。

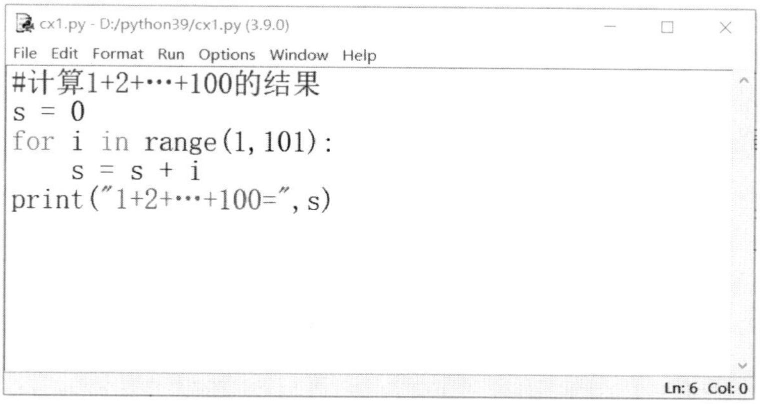

图 5-2-6　IDLE 源程序（编辑器窗口）

编辑器窗口中执行菜单 Run → Run Module（F5），程序运行结果将直接显示在 IDLE 交互界面，即 Python3.9.0 Shell 窗口上，如图 5-2-7 所示。

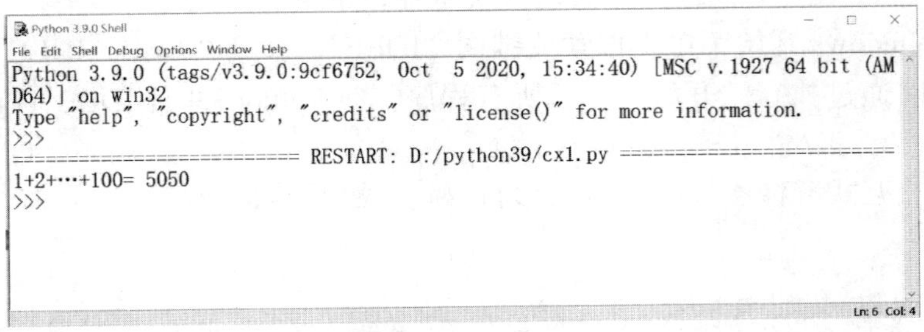

图 5-2-7　IDLE 程序运行结果（Shell 窗口）

（2）采用 IDLE 修改 Python 程序。

打开 IDLE 窗口，在 IDLE 窗口中执行菜单 File → Open，在随后出现的打开窗口中依次选择文件夹以及其中的程序文件，单击"打开"按钮，即可打开程序编辑器窗口修改程序代码。

修改后既可在编辑器窗口执行 File → Save 于原位置同名保存，也可以执行 File → Save As 另行保存，此处另存到位置仍是 D:\python39，文件名为 cx2.py，如图 5-2-8 所示。

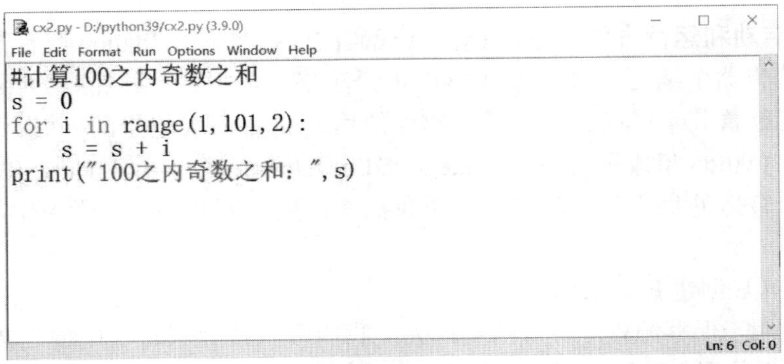

图 5-2-8　IDLE 程序修改（编辑器窗口）

通过上述操作，可见 IDLE 包含交互式和文件式两种方式，具有两种主要的窗口类型：Shell 窗口和编辑器窗口，每个编辑器窗口都有自己的顶级菜单，IDLE 菜单会根据当前选择的窗口动态更改，如图 5-2-9 所示。

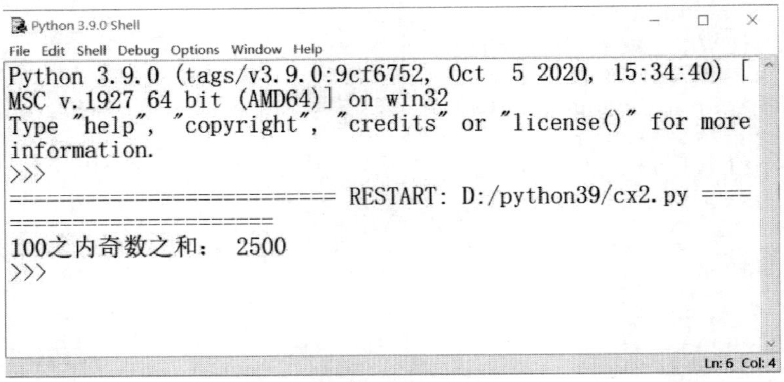

图 5-2-9　IDLE 程序运行结果（Shell 窗口）

四、Python 集成开发环境

Python 实际开发中，除了解释器是必需的工具，往往还需要其他辅助软件，例如：
（1）编辑器：用来编写代码，并且给代码着色，以方便阅读。
（2）代码提示器：输入函数、变量名等起始几个字符，则给出其全名，加速代码的编写过程。
（3）调试器：观察程序的每一个运行步骤，发现程序的逻辑错误。
（4）项目管理工具：对程序涉及的所有资源进行管理，包括源文件、图片、视频、第三方库等。

这些工具通常被打包在一起，统一发布和安装，它们被称为集成开发环境（IDE），集成开发环境就是一系列开发工具的组合套装，可以提高开发效率，使开发工作得心应手。Python 的集成开发环境有多种选择，其中 Python IDLE 是 Python 自带的、默认的、入门级编写工具。常用的 Python 集成开发环境还有 PyCharm 和 Anaconda。

1. PyCharm PyCharm 是一款专门面向 Python 的全功能集成开发环境，带有一整套可以帮助用户在使用 Python 语言开发时提高效率的工具，例如调试、语法高亮、Project 管理、代码跳转、智能提示、自动完成、单元测试、版本控制等。此外，该集成开发环境还提供了一些高级功能，用以支持 Django 框架下的专业 Web 开发。

（1）下载及安装：进入 PyCharm 官网 https://www.jetbrains.com/pycharm/，点击"Developer Tools"，选择"PyCharm"，进入下载界面，点击"DOWNLOAD"，根据自己需要下载匹配操作系统的安装包，其中社区版（Community）是免费的，如图 5-2-10 所示。

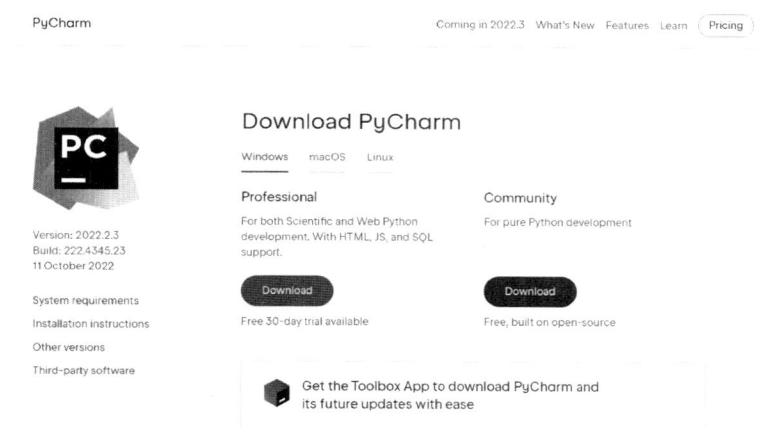

图 5-2-10　下载 PyCharm

双击运行已下载的 PyCharm 安装包进行安装，点击"Next"，出现如图 5-2-11 所示界面。选择安装目录，继续点击"Next"，进入图 5-2-12 所示界面并按图设置相应选项，继续点击"Next"，后续界面采用默认设置并点击"Install"进行安装，安装结束后点击"Finish"结束安装。

（2）新建 Python 项目：启动 PyCharm 后，执行 File → New Project，出现"Create Project"对话框，如图 5-2-13 所示，其中 Location 用来设置项目的位置，此处设为 D:\python39\PythonProject1。在 Base interpreter 处显示 Python 解释器的完整路径，此处显示正确，无须修改。单击"Create"按钮，便可新建项目，出现如图 5-2-14 所示的项目界面。

在项目文件夹 pythonProject1 中系统已新建好一个名为 main.py 的文件，用户自己新建的

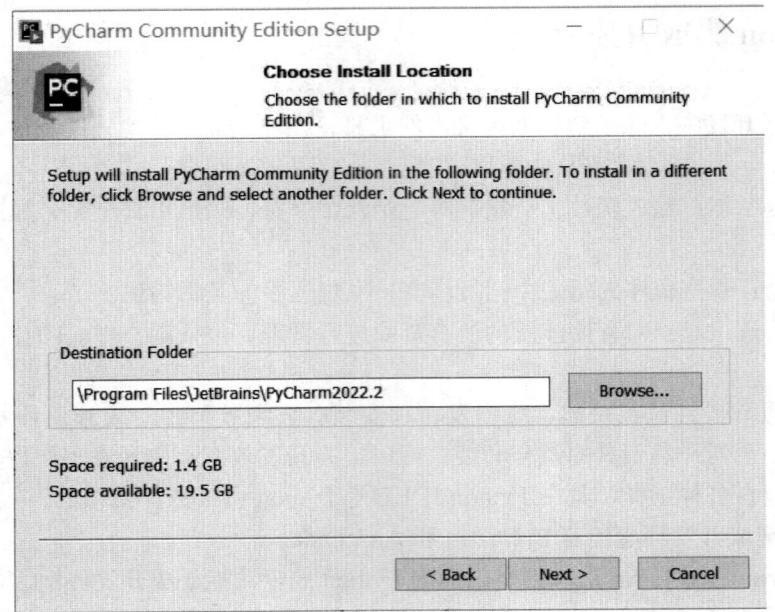

图 5-2-11　PyCharm 安装目录选择

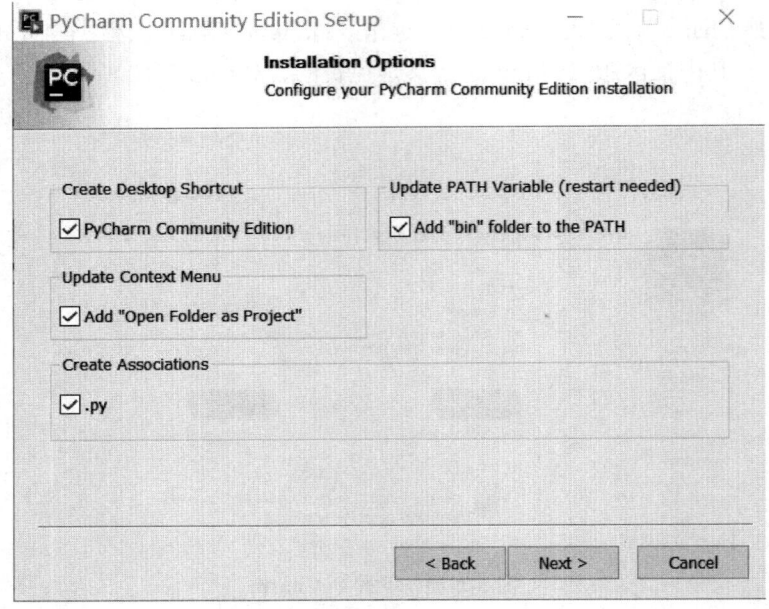

图 5-2-12　PyCharm 安装选项设定

Python 文件也会自动存储到该文件夹中。在项目目录处单击鼠标右键，执行 New → Python File，如图 5-2-15 所示，输入文件名如 cx3，按回车后便在项目的目录下创建了名为 cx3.py 的 Python 程序文件。

书写好代码后，执行 Run → Run 'cx3'，或在代码界面单击鼠标右键→ Run 'cx3'，便会运行程序 cx3.py 并呈现结果，如图 5-2-16 所示。

2．Anaconda　Anaconda 是一个开源的 Python 发行版本，是一个强大的开源数据科学平台，它将很多好的工具整合在一起，极大地简化了使用者的工作流程。作为 Python 集成开发

图 5-2-13 Create Project 对话框

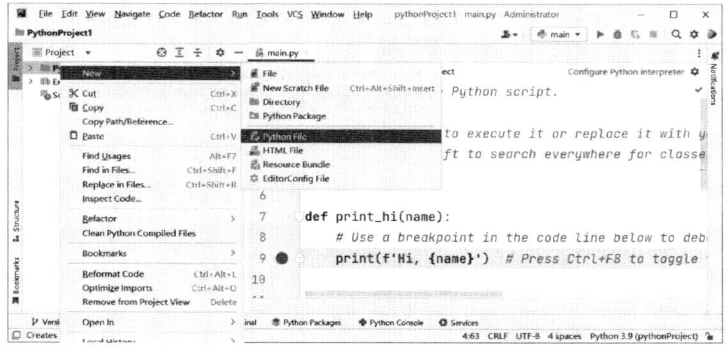

图 5-2-14 项目界面

图 5-2-15 创建 Python 程序文件

图 5-2-16 运行 Python 程序

环境，其中包含大规模数据处理、预测分析和科学计算的包及其支持模块，是进行数据分析的有力工具。

（1）下载及安装：进入 Anaconda 官网下载页面 https://www.anaconda.com/products/distribution，根据自己需要下载匹配操作系统的安装包，如图 5-2-17 所示。

图 5-2-17　下载 Anaconda 安装包

双击 Anaconda 安装程序如 Anaconda3-2022.05-Windows-x86_64.exe 进行安装，出现安装界面，如图 5-2-18 所示。

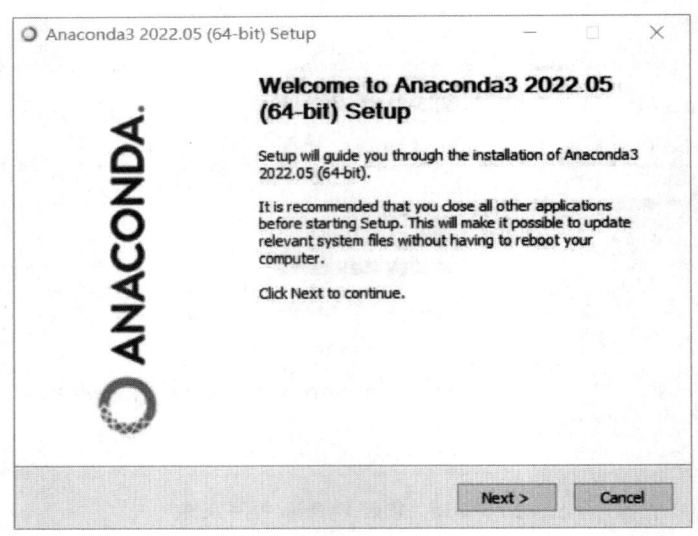

图 5-2-18　安装 Anaconda

安装过程中在依次出现的对话框中不断选择"Next"，其中图 5-2-19 界面建议选择"Just Me"选项。

在安装过程中出现如图 5-2-20 所示界面时，可根据自身需要更改安装位置，也可安装到默认文件夹。

需要特别注意的是，为了在安装过程中系统自动为 Anaconda 设置环境变量，确保

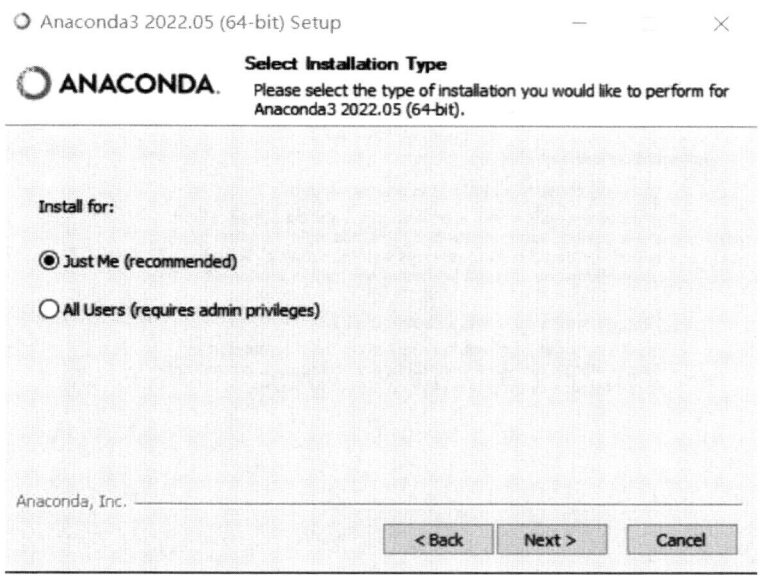

图 5-2-19 Anaconda 安装选项之一

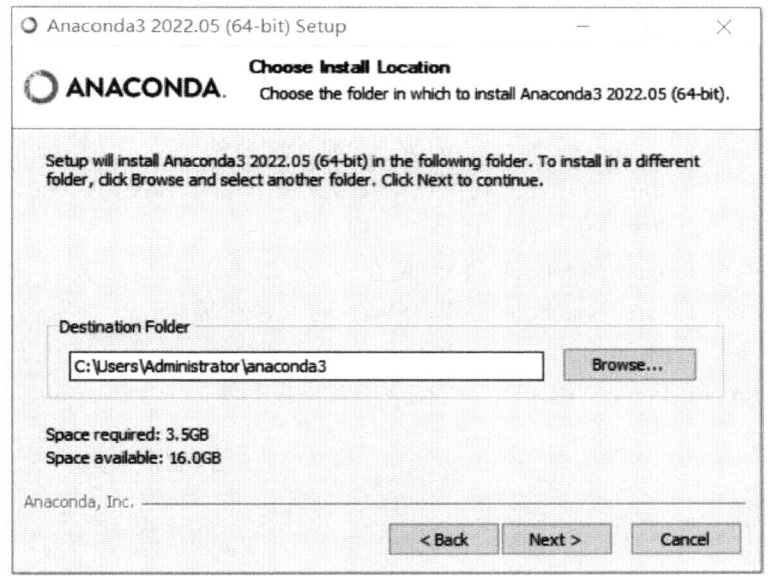

图 5-2-20 Anaconda 安装位置设置

Anaconda 正常使用，安装过程中出现如图 5-2-21 所示对话框时需选中相应复选框，否则安装完成后还需要用户手动设置环境变量。

（2）Anaconda 部件组成

1）Anaconda Prompt：Anaconda Prompt 是命令行终端，打开开始菜单，在菜单中找到 Anaconda 文件夹，展开该文件夹，点击 Anaconda Prompt 即可打开。常用命令如下：

① conda list：查看已经安装的 Python 包。

② conda config：添加镜像服务器，提高运行速度。

③ conda install：使用 conda 安装 Python 包。

④ pip install：安装和管理 Python 包的工具，用来下载和安装 Python 包。

⑤ pip uninstall：安装和管理 Python 包的工具，用来卸载 Python 包。

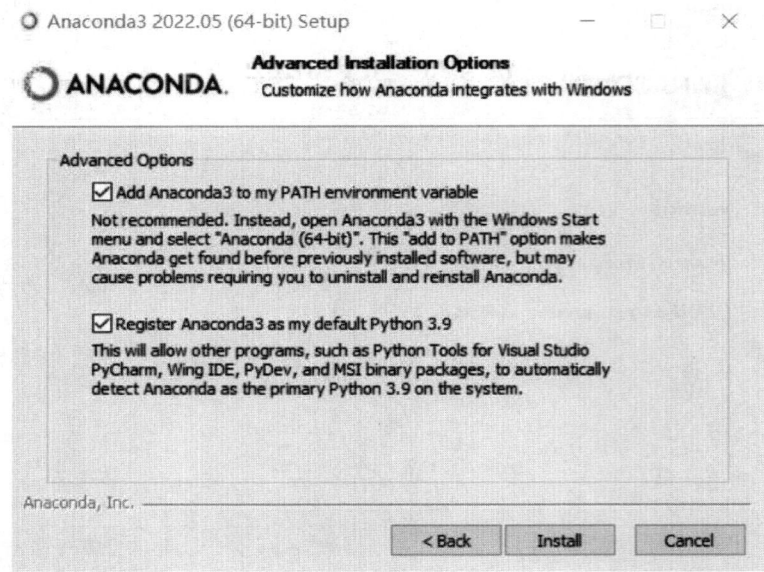

图 5-2-21　Anaconda 安装选项之二

　　Anaconda 包含大部分常用算法包，如果还需安装其他包，可以使用 pip install 命令安装。pip install 可以自动搜索并下载所需要的包进行安装。如需特定配置的包，也可下载该包的 .whl 文件，然后进行离线安装，安装时同样使用 pip install 命令。

　　2）Jupyter Notebook：Jupyter Notebook 是一个基于网页的交互式计算环境，支持多种语言的开发，尤其常用于 Python 的开发，其优点是交互式强，易于可视化，尤其适用于需要频繁修改、实验的场景，如数据分析、测试机器学习模型等。

　　在命令行执行 Jupyter Notebook 命令或在开始菜单 Anaconda 文件夹中点击 Jupyter Notebook 即可启动。Jupyter Notebook 是基于 Web 的，客户端运行于浏览器，从浏览器打开 Jupyter Notebook 后，主界面的 Files 标签里是一个文件浏览器，可查看本机工作目录里的文件或直接打开 Jupyter Notebook 文档，也可以在这里新建或上传一个文档，如图 5-2-22 所示。

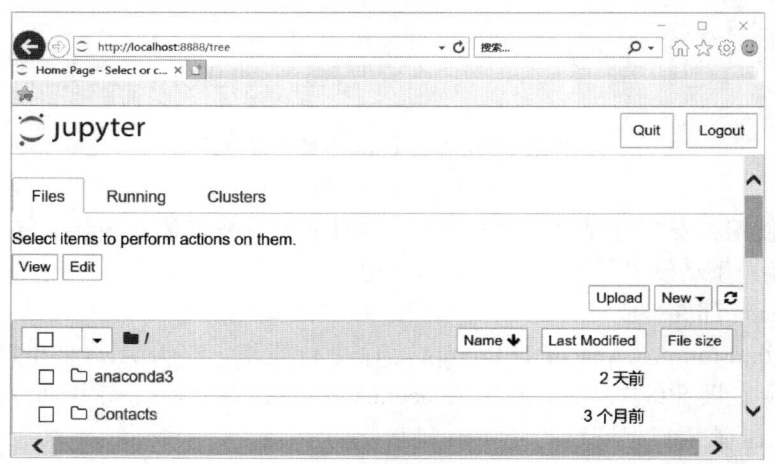

图 5-2-22　Jupyter Notebook 启动界面

　　图 5-2-22 中，执行 New → python 3 新建一个 python 3 文档，进入 Notebook 文档界面，

可以输入 Python 代码（code），并修改文档名称，Jupyter 文件的扩展名是 .ipynb，如图 5-2-23 所示。

在图 5-2-23 中，一个文档有多个 cell（单元），cell 是一个 Jupyter Notebook 文档的基本组成单位。也可将多条代码放置于一个 cell 中，如图 5-2-24 所示。

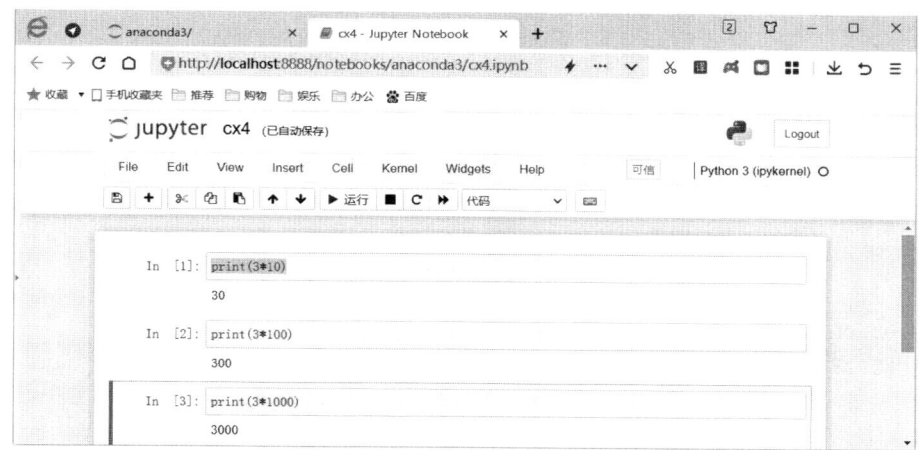

图 5-2-23　输入 Python 代码并逐条运行

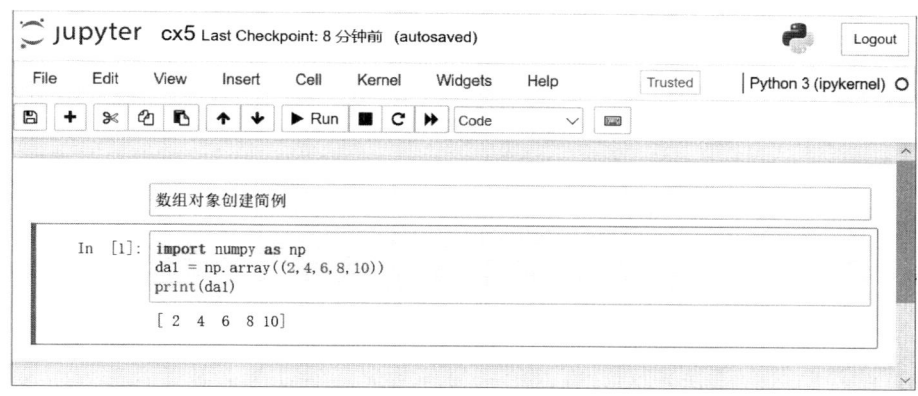

图 5-2-24　一个 cell 中放置多条代码

图 5-2-24 所示文档中，包含标注（markdown）类型的 cell 和 Python 代码（code）类型的 cell。

3）Anaconda Navigator：Anaconda Navigator 是可视化的环境管理界面。如果创建了多个版本的开发环境，可以使用 Navigator 在各个环境之间切换，同时允许安装不同版本的 Python 并自由切换。

4）Spyder：Spyder 是使用 Python 语言进行科学运算开发的平台，是一个常用的可视化集成开发环境。点击"开始"菜单→ Anaconda → Spyder 即可启动，其界面如图 5-2-25 所示。Spyder 最大的优点就是有更好的控制台，提供了很多窗格和工作空间功能，可方便地显示变量，观察和修改数组的值。

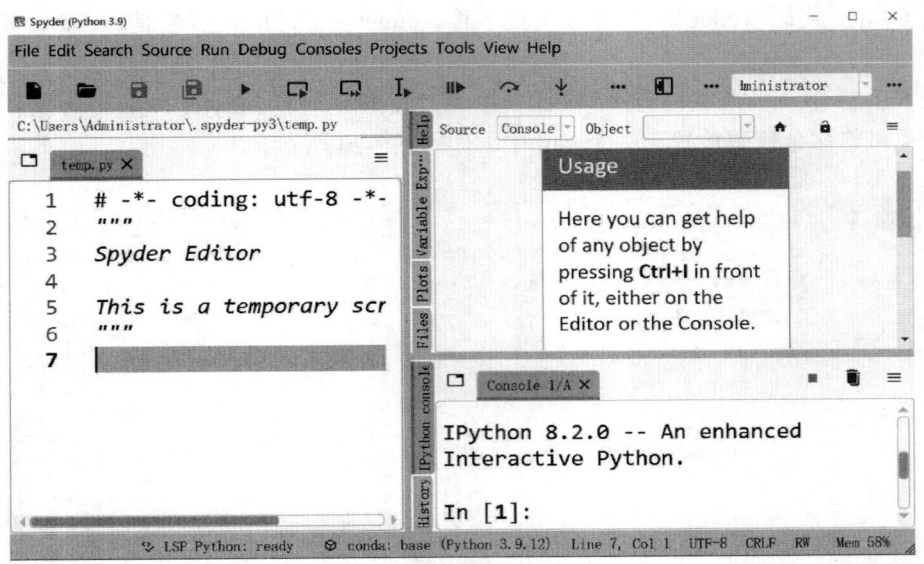

图 5-2-25　Spyder 可视化集成开发环境

知识拓展

Python 的设计哲学

　　Python 的设计哲学是简单易懂，初学者不但容易入门，而且随着将来深入学习，可以编写极其复杂的程序。

　　Python 的创始人是吉多·范罗苏姆（Guido van Rossum），被我国业内人士尊称为"龟叔"。据他本人所说，1989 年 12 月，他为了打发圣诞节的空余时间，以 ABC 语言为基础编写了程序设计语言"Python"。Python 亦称为"胶水语言"，它提供了丰富的 API（应用程序接口）和工具，将其他语言编写的程序进行整合和封装。Python 编译器本身也可以被整合到其他需要脚本语言的程序内，令编程变得更简单。

　　Python 的定位是"优雅""明确""简单"。对于初学者来说，Python 有相对较少的关键字，结构简单，语法定义明确，代码相当易读，学习起来容易上手；对程序员而言，Python 非常有用且功能强大，支持广泛的应用程序开发。

　　简单易懂、面向对象、可移植性、解释性以及开源是 Python 的主要特点。Python 既支持面向过程编程，也支持面向对象编程。在面向过程的语言中，程序是由过程或仅仅是可重用代码的函数构建起来的；在面向对象的语言中，程序是由数据和功能组合而成的对象构建起来的。与其他主要语言如 C++ 和 Java 相比，Python 以一种非常强大又简单的方式实现面向对象编程。由于 Python 的开源本质，使其已经被移植在许多平台上，人们可以自由拷贝软件、阅读源代码、对其做改动，并把它的一部分用于新的自由软件中。

　　Python 如此优秀，我们不妨来看一下 Python 之禅：Python 编译器以函数库的形式内置了一个有趣的文件，被称为"Python 之禅"。当调用如下一行语句之后，会出现一篇表达 Python 设计理念的文章，执行该语句可阅读了解 Python 的设计理念。

```
>>>import this
```

（张建莉）

第三节　Python 编程基础知识

学习目标

1. 知识
（1）了解 Python 的基本编写规范。
（2）熟悉 Python 的基本数据类型、运算符和表达式。
（3）掌握 Python 的基本输入输出函数和格式化输出方法。

2. 能力
（1）能够按照 Python 的规范来编写程序。
（2）能够分清现实问题中不同数据对应 Python 中的哪种类型，具备运用不同运算符进行运算并按照格式输出的程序编写能力。

3. 素养
（1）培养学生科学严谨的工作态度，规范工作流程。
（2）培养学生用计算思维理念分析问题和解决问题的素质。

一、初识 Python

（一）基本书写规范

计算机程序语言和现实世界中的各种语言一样，也有一定的语法规则，规范编写是程序正确运行的基本保证。Python 语言的基本书写规范主要有以下几点。

（1）Python 通常一行写一条语句，回车即代表一条语句结束，结尾不需要其他特定字符来专门表示结束。如例 5-3-1 的代码分为四行，也就是有四条语句。

例 5-3-1：求两个数的和。

```
num1 = 135
num2 = 265
add = num1 + num2
print("num1 + num2 = ",add)
```

程序运行结果如下所示：
num1 + num2 = 400

（2）Python 也支持在同一行写多条语句，这时需要在每条语句结尾处用分号（;）作为语句分隔符将多条语句分开。上面的例 5-3-1 也可以写成例 5-3-2 的格式，输出结果相同。

例 5-3-2：使用语句分隔符。

```
num1 = 135;num2 = 265;add = num1 + num2
print("num1 + num2 = ",add)
```

（3）如果语句过长，为了方便阅读，Python 的一条语句也可以分行书写，这时需要在每行结尾处加上一个反斜杠（\）作为续行符。如例 5-3-3 中的第 1、2 行其实是一条完整的语句：str1 = 'I love Python! I love Programming!'。

例 5-3-3：使用续行符。

```
str1 = 'I love Python!\
I love Programming!'
print(str1)
```

程序运行结果如下所示：
I love Python!I love Programming!

（4）与大多数其他编程语言用花括号来表示代码层次不同，Python 的代码层次是用缩进来表示的，同一级别的代码必须拥有相同的缩进量，也就是"对齐"。当程序中包括分支结构、循环结构、自定义函数等时，都需要特别注意缩进，错误的缩进会导致错误的运行结果或直接报错。例 5-3-4 就是一个包含双分支结构的程序，请注意其中分支部分（也就是两条 print 语句）的缩进。

另外需要说明的是，Python 并未对缩进量的多少有严格规定，只要保证同一级别的缩进相同即可，一般建议用 4 个空格作为一个缩进单位。

例 5-3-4：用缩进来表示代码层次。

```
num1 = 300
num2 = 50
if num1 > num2：
    print(num1)
else：
    print(num2)
```

程序运行结果如下所示：
300

（5）可读性强的程序离不开注释语句。注释语句不会被 Python 解释器执行，可以利用注释语句完成简单的程序调试，也可以在程序中添加关于功能、变量含义、算法步骤等解释说明性的文字，提高程序可读性。Python 中注释以 # 开头，如例 5-3-5 中只会执行第 1、3 行的代码，第 2 行是注释，不会执行。

例 5-3-5：使用注释。

```
print("Good morning!")
# 这是注释行，不会被执行
print("HelloWorld")
```

程序运行结果如下所示：
Good morning!
HelloWorld

如果想同时注释多行，可以先将所有要注释的部分选中，然后用组合键 Ctrl + /，即可同时注释多行，再使用一次相同的组合键，可以取消注释。

知识拓展

Python 增强提案

Python 增强提案（Python Enhancement Proposal，PEP）是 Python 官方编程系列文档，社区通过 PEP 来给 Python 语言建言献策，每个版本的新特性和变化都是通过 PEP 经社区决策层讨论、投票决议并最终确定的。也就是说，PEP 是各种增强功能和新特性的技术规格，也是社区指出问题、精确化技术文档、推动 Python 发展的提案。一般情况下，可以将 PEP 视为 Python 语言的设计文档，包含了技术规范和功能的基本原理说明等。其中的 PEP8（Style Guide for Python Code）是关于 Python 代码编写规范的提案。感兴趣的读者可以登录 Python 官网查阅相关内容。

（二）变量

变量是指在程序执行过程中值有可能发生变化的量，是几乎所有程序不可缺少的要素。例 5-3-1 中的 num1、num2 和例 5-3-3 中的 str1 都是变量。

1. 定义变量 与很多其他语言相比，Python 中的变量使用比较简单，不需要预先显式声明变量名与变量类型，在赋值过程中即可直接创建，Python 会根据赋值或者运算类型自动推算出变量的类型。如例 5-3-1 中"num1 = 135"这条语句，含义就是"将 135 赋值给变量 num1"，变量 num1 的类型就是整数，同时完成了变量的定义和赋值。

2. 变量命名规则 每个变量都需要有一个变量名，Python 中变量名的命名原则主要包括以下三点：

（1）变量名只能由数字、字母和下划线组成，且必须以字母或下划线开头。如 patientID、exam_no、_drug 都是正确的变量名，而 01_drug、address$ 则是非法的变量名。

（2）变量名区分大小写，例如 Num1 和 num1 是两个不同的变量名。

（3）不能使用 Python 中的关键字（保留字）作为变量名，例如 if、for、pass 等都不能作为变量名使用。

知识拓展

保留字

保留字也称关键字（keyword），是被编程语言内部定义并保留使用的一些标识符，每种语言都有自己的一套保留字。附录表 1 中列出了 Python 3.9 以上版本中的全部 35 个保留字。

3. 删除变量 可以使用 del 语句删除不再需要的变量，释放空间。如例 5-3-6 所示，在变量 i 删除后再使用 print 语句来打印 i 的值，系统会给出 NameError：name 'i' is not defined 的报错信息，原因就是这个变量已经不存在了。

例 5-3-6：使用 del 语句删除变量。

i = 10
#变量 i 存在，可正常打印出 i 的值
print(i)

程序运行结果如下所示：
10

```
# 删除变量 i
del i
# 再执行 print 语句，系统会报出 NameError 的错误
print(i)
```

程序运行结果如下所示：
NameError：name 'i' is not defined

（三）赋值语句

在程序编写中，经常需要将某一个值或运算结果赋给一个变量，这样的语句称为赋值语句。Python 中使用等号（=）来表示赋值，等号也被称为赋值运算符。如例 5-3-1 中第 1、2 行都是赋值语句，分别将 135 和 265 两个值赋给 num1 和 num2 两个变量。

请注意，赋值运算的结合方向是从右到左，所以 i = 5 的含义是将 5 赋值给变量 i，不能理解为 i 等于 5。

此外，Python 还支持以下两种特殊的赋值语句，这两种赋值在其他很多语言中是不成立的。

（1）拆包式赋值：这种赋值操作可以同时将多个值赋给对应的多个变量。如例 5-3-1 中的两条赋值语句也可以直接写为"num1,num2 = 135,265"，意思就是将 135、265 分别赋给 num1、num2。

（2）链式赋值：Python 支持类似数学中的"连等"运算，如"i = j = 5"，相当于先执行"j = 5"，再执行"i = j"。

可变类型和不可变类型

Python 中的数据类型可以分为可变类型和不可变类型两种。可变类型数据包括列表、集合和字典，它们可以进行增加、修改、删除等操作；不可变类型数据则不能进行这些操作，整数、浮点数、复数型、字符串、布尔型、元组都属于不可变类型。

二、数据类型

（一）数字类型

通常我们将表示数字和数值的数据类型称为数字类型。Python 中有三种数字类型，可以用来表示整数、浮点数和复数，它们都是不可变对象。

1．整型（int） 数学中的整数都可以用整型来表示，例如 1024、256、-1080 等。Python 的整型数理论上没有取值范围的限制，只会受限于计算机本身的内存大小。

默认情况下，整数都用十进制来表示，与此同时 Python 也支持用二进制（以 0b 或 0B 开头）、八进制（以 0o 或 0O 开头）和十六进制（以 0x 或 0X 开头）来表示整数。例如，0b10110 表示一个二进制整数（换算到十进制就是 22）、0x36F 则表示一个十六进制整数（换算到十进制就是 879）。

2．浮点型（float） 数学中的实数，即带有小数的数值，可以用浮点型来表示，例如 3.1415、35.0、-180.33 等。Python 浮点数取值范围在 $[-2.225 \times 10^{308}, 1.797 \times 10^{308}]$，运算精度为 2.220×10^{-16}，可以认为对绝大多数运算来说都是足够准确的。

Python 浮点数可以采用十进制和科学计数法两种方式来表示。科学计数法采用 e 或 E 作为幂的符号，并以 10 为基数，例如 3.55e-2 的值其实是 0.0355，它也可以表示为 3.55E-2。

3．复数型（complex） 数学中的复数，即带有实部和虚部的数值，可以用复数型来表示。例如 52 + 3j、3.24-5j、-33 + 4J 等，其中虚部的部分用 j 或 J 作为后缀。复数中的实数和虚数部分的数据类型都是浮点型。

（二）字符串型（str）

字符串是由一个或多个字符组成的有序字符序列，是 Python 中常用的表示文本的数据类型，这些字符可以由字母、数字或符号组成，例 5-3-5 中的 Good morning! 和 HelloWorld 都是字符串。字符串是不可变的数据类型，即无法直接修改字符串中的字符，如果想要修改，则需要将字符串数据类型转换为其他数据类型。

在 Python 中字符串可以由一对单引号（''）或一对双引号（""）来表示，使用单引号和双引号创建字符串得到的结果是相同的。但需要注意的是，单引号、双引号必须成对出现。

如果字符串本身包含单引号或者双引号，如 He said："Yes!"、it's 等，可以用单引号和双引号组合的方式表示，也可以用转义字符（\' 或 \"）来表示，如例 5-3-7。

例 5-3-7：字符串本身带有单引号或双引号的处理。

```
# 如果字符串本身含双引号，则用单引号来表示字符串
str1 = 'He said："Yes!"'
# 如果字符串本身含单引号，则用双引号来表示字符串
str2 = "It's a cat. "
# 转义字符 \' 就表示单引号
str3 = 'doesn\'t'
```

对于多行字符串，可以用三个单引号或三个双引号表示，也可以用转义字符（\n，换行）来表示，如例 5-3-8。

例 5-3-8：表示多行字符串的方法。

```
str1 = '''凡大医治病，必当安神定志，无欲无求，
先发大慈恻隐之心，誓愿普救含灵之苦。'''
# \n 表示换行，其后的 \ 则为续行符。
str2 = " 若有疾厄来求救者，不得问其贵贱贫富，长幼妍媸，\n\
怨亲善友，华夷愚智，普同一等，皆如至亲之想。"
print(str1)
print(str2)
```

程序运行结果如下所示：
凡大医治病，必当安神定志，无欲无求，
先发大慈恻隐之心，誓愿普救含灵之苦。
若有疾厄来求救者，不得问其贵贱贫富，长幼妍媸，
怨亲善友，华夷愚智，普同一等，皆如至亲之想。
字符串的具体使用详见本章第五节。

（三）布尔型（bool）

用来表示真或假两个状态的数据类型称为布尔型，是不可变类型。它只有两个值，True 和 False。程序中的逻辑运算、比较运算通常会以布尔值作为结果。

三、运算符和表达式

表达式是可以计算的代码片段，由操作数、运算符和圆括号按照一定规则构成。运算符用于在表达式中指示对操作数执行何种运算。按照操作数个数不同可分为单目、双目和三目运算符，其中双目运算符的数量最多。

Python 中最常用的运算符主要有算术运算符、关系运算符和逻辑运算符，除此之外还有集合运算符、位运算符等。

（一）算术运算符

算术运算符主要用于完成基本的算术运算，表 5-3-1 列出了 Python 中的算术运算符。

表 5-3-1　Python 中的算术运算符

算术运算符	描述	举例
+	两个数相加	37 + 53，结果为 90
-	两个数相减	37 - 53，结果为 -16
*	两个数相乘	12 * 5，结果为 60
/	两个数相除	12 / 5，结果为 2.4
%	两个数相除（取模），并返回结果的余数部分	12 % 5，结果为 2
//	两个数相除，并返回结果的整数部分	12 // 5，结果为 2
**	幂（乘方）运算	2 ** 5，结果为 32

算术运算符还可以与赋值运算符一起组成复合运算符，例如 +=、*=、**= 等，同时完成运算和赋值的操作。例如，语句"a += 3"的功能就是将变量 a 的值加 3 再赋值给变量 a，和语句"a = a + 3"的效果相同。

（二）关系运算符

关系运算符也称比较运算符，主要用于做比较运算，返回值是 True 或 False 的布尔值。Python 中的关系运算符如表 5-3-2 所示。

表 5-3-2　Python 中的关系运算符

关系运算符	描述	举例
==	两个等于号，比较两个值是否相等	x == y，结果为 False
>	大于	x > y，结果为 False
<	小于	x < y，结果为 True
>=	大于等于	x >= 15，结果为 True
<=	小于等于	x <= y，结果为 True
!=	不等于	x != 5，结果为 True

注：x = 37，y = 53。

（三）逻辑运算符

逻辑运算符可以做"并且""或者""除非"这样的逻辑运算，返回值是 True 或 False 的布尔值。Python 中的逻辑运算符如表 5-3-3 所示。

表 5-3-3　Python 中的逻辑运算符

逻辑运算符	描述	举例
and	逻辑与	x > 15 and x < 100，结果为 True
or	逻辑或	x > 0 or y < 0，结果为 True
not	逻辑非	not x > 100，结果为 True

注：x = 37，y = 53。

（四）运算符优先级和结合方向

当一个表达式中包含多个运算符时，必然存在计算的先后顺序问题，这取决于运算符的优先级和结合方向。

对于常见的几种运算符类型，优先级由高到低依次为算术、关系、逻辑，而在算术运算符中，乘、除的优先级要高于加、减。如果一个表达式中同时出现不同级别的运算符，则优先级高的先计算。例如，在表达式"6 + 3 * 3 > 5"中乘法的优先级最高，加法次之，大于的优先级最低，所以要先计算 3 * 3 得到结果 9，再计算 6 + 9 得到 15，最后再计算 15 > 5，得到表达式的最终结果为 True。

运算中除了要考虑优先级，还要考虑结合方向的问题。Python 中大部分运算符结合方向都是从左到右的，如表达式"2 * 4 * 2"，需要先计算 2 * 4 得到 8，再计算 8 * 2 得到最终结果为 16。不过，Python 也有少量运算符是从右往左结合的，主要包括幂运算符（**）、单目运算符（如逻辑非 not）、赋值运算符（=）和三目运算符。例如，在表达式"2 ** 4 ** 2"中，因为幂运算结合方式是从右到左，所以要先计算 4 ** 2 得到结果 16，再计算 2 ** 16 得到最终结果 65536。

在编写程序中，可以使用圆括号强制改变运算顺序。如果将表达式"2 ** 4 ** 2"改为"(2 ** 4) ** 2"，则会先计算括号中的 2 ** 4，最终的运算结果应为 256。

四、输入输出语句

程序在很多时候都是一个接受用户输入、进行运算、输出运算结果的过程，称之为 IPO（input，process and output）的基本编程方法。在 Python 中可以利用 input（）函数和 print（）函数来进行输入和输出操作，如例 5-3-9。

例 5-3-9：input() 和 print() 函数的基本使用。

```
# 接受用户输入并赋值给 name 变量
name = input(" 请输入您的姓名：")
# 将 name 的值输出
print(" 姓名：", name)
```

程序运行结果如下所示：

请输入您的姓名：王小川
姓名：王小川

1. input() 函数 例 5-3-9 中第一条语句使用的 input() 函数可以将用户的输入以字符串类型返回结果。其语法格式为：

< 变量 >= input(< 提示性文字 >)

需要特别注意的是，无论用户输入的是数字还是字符，input() 函数都只会返回字符串。例如，用户输入的是 324 这个数值，得到的返回值将是 "324" 这个字符串。

2. print() 函数 例 5-3-9 中第二条语句使用的 print() 函数主要功能是打印指定的内容。其基本语法格式为：

print(*objects，sep=' ', end='\n', file=None, flush=False)

其中：
*objects 代表要输出的值，可以是一个，也可以是多个；
sep 可以指定输出多个值时的分隔符，默认为一个半角空格；
end 可以指定输出结果以什么结尾，默认为换行；
file 指定是输出到屏幕还是文件，默认为屏幕；
flush 指定是否立即将输出缓冲区的内容全部输出，默认为 False。

例 5-3-10：print() 函数的常见使用示例，其中 num1 和 num2 的值分别为 3 和 5。

```
num1 = 3
num2 = 5
# 直接打印一个值
print(num1)
# 打印多个值，每个值中间用一个半角空格分隔
print(num1，num2)
# 修改 sep 参数的值可以改变多个值的分隔符
print(num1，num2，sep = ', ')
```

程序运行结果如下所示：
3
3 5
3, 5

```
# 默认状态下，每个 print 语句以换行符（\n）结尾
print(num1)
print(num2)
```

程序运行结果如下所示：
3
5

```
# 修改 end 参数的值可以改变 print 语句结尾的方式
print(num1)
print(num2，end = ', ')
print(num1)
```

程序运行结果如下所示：
3
5，3

3．字符串格式化输出方法　在程序设计过程中，经常需要将固定的内容和变量值结合在一起输出。例如，一个程序希望接受用户输入的两个数，计算两个数的和，并输出类似"10＋53=63"这样的结果。其中，10、53、63 这几个位置的内容会随用户输入的不同而变化。我们可以利用字符串格式化输出方法来解决这样的问题。

Python 语言主要采用字符串的 format() 方法来格式化字符串的输出，其基本语法格式为：

＜ 模板字符串 ＞.format(＜ 参数列表 ＞)

其中：

＜模板字符串＞给出待输出字符串的样式，中间会给待嵌入的值留出位置，称之为"槽"。每个槽用一对花括号（{}）来表示，中间用序号与参数列表的顺序一一对应，参数列表序号从 0 开始；

＜参数列表＞包含所有对应的变量。

在下面的例 5-3-11 中，第三条语句的模板字符串有 {0}{1} 两个槽，对应 format() 方法中的 name 和 age 变量。程序运行时，会将这两个变量的值填入到对应的槽中。

例 5-3-11：format() 函数使用示例。

```
name = input(" 请输入您的姓名：")
age = input(" 请输入您的年龄：")
print("{0}，您好！您今年 {1} 岁了。".format(name，age))
```

程序运行结果如下所示：
请输入您的姓名：王小川
请输入您的年龄：30
王小川，您好！您今年 30 岁了。

由于 format() 方法中列出的参数是有顺序的，所以代码编写时要特别注意模板字符串 {} 中的序号。如果 {} 中不写序号，格式化输出就按照出现顺序依次填充。例 5-3-11 的格式控制语句也可以写成 "{}，您好！您今年 {} 岁了。".format(name，age)，输出效果相同。

format() 方法除了可以解决固定内容和变量一起输出的问题外，还可以控制输出格式。这时需要在 {} 中增加格式控制的标记，基本格式如下：

{＜ 序号 ＞:＜ 格式控制标记 ＞}

格式控制标记包括宽度、对齐、填充、千位分隔符、浮点数精度和类型六种，可以根据实际需要选取或者组合使用。

（1）宽度：可以设定当前槽的输出宽度，直接用数字给出。如果对应的参数长度比设定的宽度小，则默认用空格补充；反之则采用参数的实际长度。

（2）对齐：可以指定输出时的对齐方式，Python 分别用＜、＞、^ 来表示左对齐、右对齐和居中对齐，默认是左对齐。

（3）填充：可以指定在给定宽度下，除掉参数本身的内容外，其余的位置用什么来填充，默认是空格填充。

例 5-3-12：格式控制标记中宽度、对齐、填充的使用，其中 str1 是 'HelloWorld!' 字符串。

str1\="HelloWorld!"
# 格式控制标记的宽度设为5，小于str1实际宽度，则按照实际宽度输出。
print("{0:5}".format(str1))
程序运行结果如下所示：
HelloWorld!
# 格式控制标记的宽度设为15，大于str1实际宽度，则用空格补充多出来的长度。
print("{0:15}".format(str1))

程序运行结果如下所示：
HelloWorld!□□□□
注：一个□代表一个空格

# 格式控制标记为宽度20、右对齐。
print("{0:>20}".format(str1))

程序运行结果如下所示：
□□□□□□□□□HelloWorld!

# 格式控制标记为宽度20、右对齐、用短横线（-）填充。
print("{0:->20}".format(str1))

程序运行结果如下所示：
---------HelloWorld!

（4）千位分隔符：如果待输出的数据为数字类型，可以用逗号（,）作为千位分隔符的标记。

例5-3-13：格式控制标记中千位分隔符的使用。

num1 = 3578235090
# 格式控制标记为千位分隔符。
print("{0:,}".format(num1))

程序运行结果如下所示：
3,578,235,090

（5）浮点数精度：如果待输出的数据为浮点型，可以用小数点（.）来控制小数位数，一般格式为：

.<小数位数><浮点数类型>

其中<浮点数类型>可以有e（小写科学计数法）、E（大写科学计数法）、f（标准浮点输出）、%（百分比形式输出）四种，请参看下方类型的说明。

例5-3-14：格式控制标志中浮点数精度的使用。

num1 = 37.15872
# 格式控制标记为保留3位小数
print("{0:.3f}".format(num1))

程序运行结果如下所示：
37.159

精度也可以用于控制字符串的最大输出长度，例如"{0:.5}".format('HelloWorld!')的结果就

是 'Hello'。

（6）类型：通过前面的学习我们已经知道，在 Python 中可以用不同进制来表示整数，用科学计数法表示浮点数，这种格式控制可以由类型来完成。整数的主要标记有：b（二进制输出）、c（Unicode 字符输出）、d（十进制输出）、o（八进制输出）、x（小写十六进制输出）、X（大写十六进制输出）。浮点数的主要标记有：e（小写科学计数法）、E（大写科学计数法）、f（标准浮点输出）、%（百分比形式输出）。

例 5-3-15：格式控制标记中数据显示类型的使用。

```
num1 = 256
num2 = 0.528
# 格式控制标记为整数用二进制输出，小数用百分比输出，保留三位小数
print("{0:b}，{1:.3%}".format(num1，num2))
```

程序运行结果如下所示：
100000000，52.800%

（林加论　李晓玲）

第四节　程序控制结构

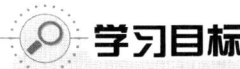

1. 知识
（1）了解程序的三种基本控制结构：顺序、分支、循环。
（2）掌握 if 分支语句、for 循环语句、while 循环语句的语法格式。
（3）熟悉 break 和 continue 保留字及其区别。
（4）熟悉 Python 程序异常处理的基本结构。

2. 能力
（1）能够读懂包含各种控制结构的、较为复杂的 Python 程序。
（2）能够根据实际问题中数据和运算的特点选择恰当的控制结构来设计和实现程序。

3. 素养
（1）用马克思主义哲学观点正确看待事物的各方面。对待任何事物都应透过现象看本质，不能武断地下结论。
（2）用工程化思维思考和解决问题。
（3）注重细节，懂规矩，培养精益求精的工匠精神。
（4）举一反三，触类旁通，培养创新精神。

顺序、分支和循环是程序的三种基本结构，无论程序的规模大小和复杂程度如何，都可以由这三种结构组合而成。

一、顺序结构

顾名思义，顺序结构会按照顺序依次执行，是最简单的一种程序结构。如图 5-4-1 所示，程序会依次执行语句块 1、语句块 2、语句块 3。

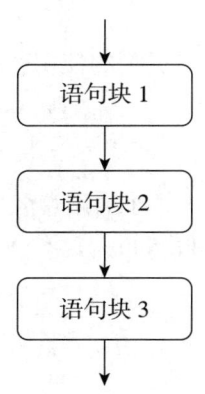

图 5-4-1　顺序结构流程图

例 5-4-1：顺序结构求解患者挂号费和检查费之和。

```
register_fee = input(" 请输入您的挂号费金额：")
exam_fee = input(" 请输入您的检查费金额：")
register_fee = float(register_fee)
exam_fee = float(exam_fee)
total_fee = register_fee + exam_fee
print(" 您的挂号费和检查费共计：{} 元。".format(total_fee))
```

程序运行结果如下所示：
请输入您的挂号费金额：10
请输入您的检查费金额：125.5
您的挂号费和检查费共计：135.5 元。

二、分支结构

分支结构是程序根据不同条件执行不同语句而产生不同运行结果的一种结构。根据分支条件的多少，一般可以分为单分支、双分支和多分支结构，在 Python 中使用 if 语句来表示。

（一）单分支结构

单分支结构可以用图 5-4-2 所示的流程图来表示。当程序运行到单分支处时，会先进行条件判断，如果条件为真，执行对应语句块；如果为假，则跳过语句块，直接执行后面的语句。

Python 中 if 单分支语句的语法格式为：
if< 条件 >:
　　< 语句块 >

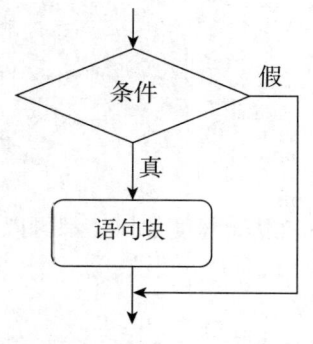

图 5-4-2　单分支结构流程图

例 5-4-2：计算体重指数。

体重指数（BMI）是国际上常用的衡量人体胖瘦程度的指标，计算公式是：BMI = 体重（千克）÷ 身高（米）^{2}。其正常值在 20 ～ 25 kg/m^2，如果低于 20 kg/m^2 为过轻，超过 25 kg/m^2 为超重，30 kg/m^2 以上则属肥胖。这个程序流程是由用户输入身高和体重后，自动计算 BMI，并判断其是否超重。如果是，则给出超重提醒。

请特别注意 Python 语言依靠缩进来表示层次关系的特点，错误的缩进会导致程序报错或错误的运行结果。如下面程序代码第五行的 print（）语句如果不缩进，程序会报错。

```
height = input(" 请输入您的身高（单位：米）：")
weight = input(" 请输入您的体重（单位：千克）：")
bmi = eval(weight)/ eval(height)** 2
if bmi>25：
    print（" 您的 BMI 指数为 {0:.1f}，已超重，请加强锻炼。".format（bmi））
```

程序运行结果如下所示：
请输入您的身高（单位：米）：1.72
请输入您的体重（单位：千克）：80
您的 BMI 指数为 27.0，已超重，请加强锻炼。

（二）双分支结构

双分支结构可以用图 5-4-3 所示的流程图来表示。当程序运行到此处时，会先进行条件判断，如果条件为真，执行语句块 1；如果为假，则执行语句块 2，随后再执行分支结构后面的语句。

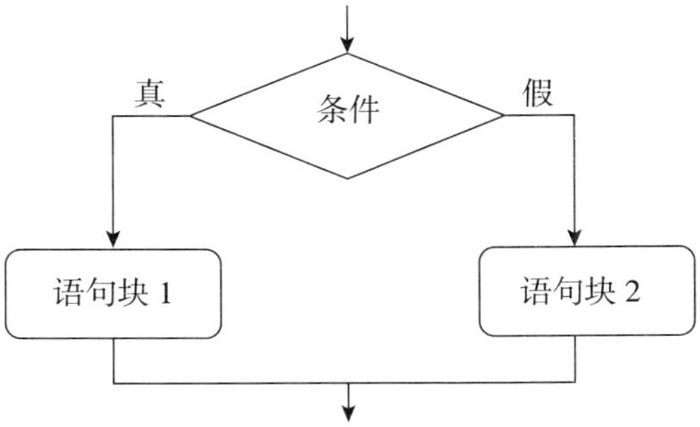

Python 中 if 双分支语句的语法格式为：
if ＜条件＞：
　　＜语句块 1 ＞
else：
　　＜语句块 2 ＞

图 5-4-3　双分支结构流程图

例 5-4-3：用双分支结构分别给出正常 BMI 和非正常 BMI 两种情况的提醒信息。

```
height = input(" 请输入您的身高（单位：米）：")
weight = input(" 请输入您的体重（单位：千克）：")
bmi = eval(weight)/ eval(height)** 2
if bmi>= 20 and bmi<= 25：
    print(' 您的 BMI 指数为 {0:.1f}，属于正常范围，请继续保持。'.format(bmi))
else：
    print(' 您的 BMI 指数为 {0:.1f}，有异常。'.format(bmi))
```

程序运行结果如下所示：
请输入您的身高（单位：米）：1.72
请输入您的体重（单位：千克）：80
您的 BMI 指数为 27.0，有异常。

例 5-4-4：求一个数的绝对值。

```
num1 = eval(input(" 请输入一个数： "))
if num1>= 0：
    print('{0} 的绝对值是 {0}。'.format(num1))
else：
    print('{0} 的绝对值是 {1}。'.format(num1，-num1))
```

程序运行结果如下所示：
请输入一个数：–5
–5 的绝对值是 5。
在 Python 中，双分支结构还可以写成如下更简洁的形式：
< 表达式 1> if< 条件 >else< 表达式 2>

其中，< 表达式 1> 是 < 条件 > 为真时执行的，< 表达式 2> 则是 < 条件 > 为假时执行的。如例 5-4-4 也可以简单地写成：num1 if num1>=0 else -num1。

（三）多分支结构

当有多个条件需要判断时，可以采用多分支结构。多分支结构可以用图 5-4-4 表示。程序会先判断条件 1 是否满足，为真则执行语句块 1，并接着执行 if 结构之后的代码；为假则判断条件 2 是否满足，为真则执行语句块 2，并接着执行 if 结构之后的代码……如果所有条件都不满足，则执行 else 下面的语句块 n + 1。else 子句是可选的。

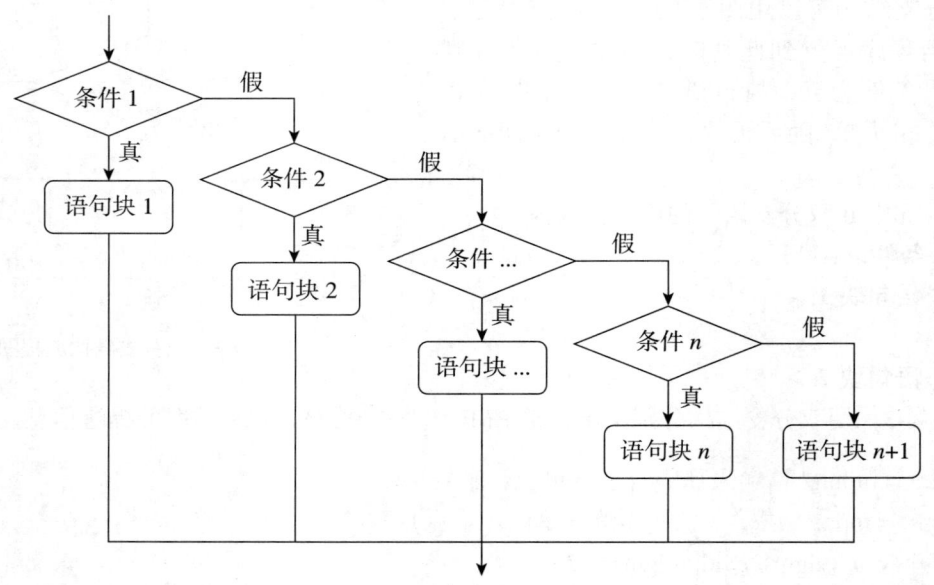

图 5-4-4　多分支结构流程图

Python 中 if 多分支语句的语法格式为：
if< 条件 1>：
　　< 语句块 1>
elif< 条件 2>：
　　< 语句块 2>
……
elif< 条件 *n*>：

< 语句块 n >

else：

　　< 语句块 n + 1 >

例 5-4-5：利用多分支结构，对不同的 BMI 情况给出不同的提醒信息。

```
height = input(" 请输入您的身高（单位：米）：")
weight = input(" 请输入您的体重（单位：千克）：")
bmi = eval(weight) / eval(height)** 2
if bmi<20：
    alertinfo = ' 体重偏轻，请加强营养 '
elif bmi<= 25：
    alertinfo = ' 体重正常，请继续保持 '
elif bmi<30：
    alertinfo = ' 超重，请注意 '
else：
    alertinfo = ' 已属肥胖，需要特别注意 '
print(' 您的 BMI 指数为 {0:.1f}，{1}。'.format(bmi，alertinfo))
```

程序运行结果如下所示：
请输入您的身高（单位：米）：1.72
请输入您的体重（单位：千克）：65
您的 BMI 指数为 22.0，体重正常，请继续保持。

（四）分支结构嵌套

if 分支结构可以多个嵌套在一起，表达更复杂的逻辑关系。如例 5-4-5 也可以利用嵌套写成例 5-4-6 的形式，结果相同。

例 5-4-6：用 if 嵌套形式编写例 5-4-5。

```
height = input(" 请输入您的身高（单位：米）：")
weight = input(" 请输入您的体重（单位：千克）：")
bmi = eval(weight) / eval(height)** 2
if bmi<20：
    alertinfo = ' 体重偏轻，请加强营养 '
else：
    if bmi<= 25：
        alertinfo = ' 体重正常，请继续保持 '
    else：
        if bmi<30：
            alertinfo = ' 超重，请注意 '
        else：
            alertinfo = ' 已属肥胖，需要特别注意 '
print(' 您的 BMI 指数为 {0:.1f}，{1}。'.format(bmi，alertinfo))
```

三、循环结构

在很多实际问题中都需要重复进行某些操作,这时可以利用循环结构来完成。Python 使用 for 语句和 while 语句来实现循环结构。

(一)for 循环

Python 可以通过 for 语句实现循环遍历,如图 5-4-5 所示。程序会逐一提取遍历结构中的每个元素,并执行一次语句块(即循环体),直到遍历结构结束。很多数据类型如列表、字符串、文件等,都可以作为遍历结构。

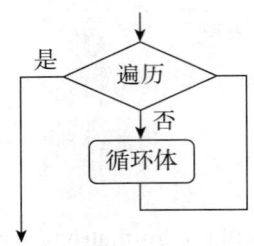

图 5-4-5 for 循环结构流程图

for 循环的基本语法格式为:
for< 循环变量 >in< 遍历结构 >:
　　< 语句块 >

例 5-4-7:循环遍历字符串。

```
str1 = 'hello'
for i in str1：
    print(i)
print(str1)
```

程序运行结果如下所示:
h
e
l
l
o
hello

例 5-4-8:实现 1 到 100 的整数累加运算。

```
add = 0
for i in range(1,101)：
    add = add + i
print(add)
```

程序运行结果如下所示:
5050

请注意，在遍历结构中使用的 range() 函数是 Python 的一个内置函数，主要作用是返回一个给定区间的列表，如 range(1,101) 的返回结果就是区间为 [1,100] 的列表，即 1、2、3……100。有关 range() 函数更详细的介绍，请参看本章第七节。

例 5-4-9：累积的力量。

一张 A4 打印纸的厚度大约是 0.104 mm，如果把它对折 10 次，它的厚度会是多少呢？我们可以通过循环计算并展示每一次对折的变化。通过运算会发现，看似简单的对折会使厚度增加非常多，可见累积的力量是多么强大。

```
thick = 0.104
print(' 对折次数 -------- 厚度（mm） -------- 厚度（dm）')
for i in range(1,11):
    thick = thick * 2
    print('{0:^8}{1: > 14}{2: > 14.3f}'.format(i,thick,thick / 100))
```

程序运行结果如下所示：

```
对折次数 -------- 厚度（mm） -------- 厚度（dm）
   1           0.208         0.002
   2           0.416         0.004
   3           0.832         0.008
   4           1.664         0.017
   5           3.328         0.033
   6           6.656         0.067
   7          13.312         0.133
   8          26.624         0.266
   9          53.248         0.532
  10         106.496         1.065
```

（二）while 循环

当我们在程序执行前无法确定循环执行的次数时，就需要使用 while 循环。while 循环的流程如图 5-4-6 所示。程序首先判断条件是否成立，为真则执行循环体，并返回条件判断处再次判断，直至条件不成立并结束循环为止。

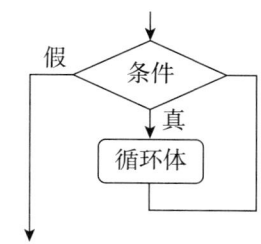

图 5-4-6　while 循环结构流程图

while 循环的语法格式为：

while ＜条件＞：
　　＜语句块＞

例 5-4-10：用 while 循环实现 1 到 100 的整数累加。

```
add = 0
i = 1
while i <= 100:
    add = add + i
    i += 1
print(add)
```

程序运行结果如下所示:
5050

(三) 循环嵌套

与分支结构一样,循环结构也可以进行嵌套,表达更复杂的逻辑关系。

例 5-4-11:计算 $1! + 2! + 3! + \cdots\cdots + 10!$ 。

```
# 将求和结果 s 的初值设为 1
s = 1
# 外层循环变量 i 控制求和
for i in range(2,11):
    # 将阶乘结果 f 的初值设为 1
    f = 1
    # 内层循环变量 j 控制求阶乘
    for j in range(1,i + 1):
        f = f * j
    s = s + f
print(s)
```

程序运行结果如下所示:
4037913

为了显示循环嵌套的效果,例 5-4-11 给出的代码运算次数是比较多的。这个问题其实可以用更加简洁的程序来实现,你能想到几种呢?

例 5-4-12:打印阶梯形式的九九乘法表。

```
for i in range(1,10):
    for j in range(1,i + 1):
        print('{0} × {1}={2:<4}'.format(j, i, i*j), end = '')
    print()
```

程序运行结果如下所示:
```
1×1=1
1×2=2   2×2=4
1×3=3   2×3=6   3×3=9
1×4=4   2×4=8   3×4=12  4×4=16
1×5=5   2×5=10  3×5=15  4×5=20  5×5=25
1×6=6   2×6=12  3×6=18  4×6=24  5×6=30  6×6=36
1×7=7   2×7=14  3×7=21  4×7=28  5×7=35  6×7=42  7×7=49
1×8=8   2×8=16  3×8=24  4×8=32  5×8=40  6×8=48  7×8=56  8×8=64
1×9=9   2×9=18  3×9=27  4×9=36  5×9=45  6×9=54  7×9=63  8×9=72  9×9=81
```

（四）break 和 continue 保留字

循环结构还有 break 和 continue 两个保留字，它们通常和分支语句结合，用于提前退出循环，控制循环结构的执行。

1．break 语句　break 语句用于退出其所在的循环结构，并继续执行该循环之后的代码。

例 5-4-13：循环中 break 语句的使用。

```
for i in 'Python':
    if i == 'o':
        break
    print(i)
print('program')
```

程序运行结果如下所示：

P
y
t
h
program

当遍历进行到字母"o"时就会跳出整个循环，并执行循环之后的打印"program"字符串。

例 5-4-14：学生成绩录入并求平均分。

实现用户输入学生分数，直到输入一个字符 p 则停止，并输出所有学生的平均分。

```
# 将所有学生总分 s 初始化为 0
s = 0
# 将学生人数 n 初始化为 0
n = 0
while True:
    mark = input(' 请输入成绩：')
    if mark == 'p':
        break
    s = eval(mark) + s
    n = n + 1
avg = s / n
print(' 学生平均分为：',round(avg,1))
```

程序运行结果如下所示：

请输入成绩：90
请输入成绩：85
请输入成绩：83
请输入成绩：99
请输入成绩：60
请输入成绩：p
学生平均分为：83.4

例 5-4-15：输入患者住院号，程序打印出患者的住院日期。

这里设定患者住院号由 11 位数字组成，其中前 8 位是入院日期，后 3 位是当天入院的次

序。例如住院号 20190819023 代表的是 2019 年 8 月 19 日入院的第 23 位患者。

```
pid = input(' 请输入您的住院号：')
n = 1
pdate = ''
for s in pid:
    if n == 9:
        break
    pdate = pdate + s
    n = n + 1
print(' 您的住院日期是：',pdate)
```

程序运行结果如下所示：
请输入您的住院号：201309082013
您的住院日期是：20130908

事实上，Python 有很多专门处理字符串和日期时间的函数，读者可以在学习了相关内容后，对本例做进一步优化。

2．continue 语句　　continue 语句的作用也是结束循环，但与 break 语句不同之处在于，它只是结束本次循环，并返回循环的起始位置，继续执行下一次循环。因此，如果将例 5-4-13 中的 break 语句换成 continue 语句，就会变成例 5-4-16 的结果。也就是循环遍历到"o"时，跳出循环，并继续执行下一次遍历，输出"n"，完成循环。

例 5-4-16：循环结构中 continue 语句的使用。

```
for i in 'Python':
    if i == 'o':
        continue
    print(i)
print('program')
```

程序运行结果如下所示：
P
y
t
h
n
program

四、异常处理

与其他程序语言一样，Python 也采用结构化异常处理机制。基本语法格式为：
try：
　　可能发生异常的语句
except ＜异常情况 1 ＞：
　　发生异常情况 1 时执行的语句

```
except <异常情况 2>:
    发生异常情况 2 时执行的语句
……
except:
    发生其他异常时执行的语句
else:
    无异常时执行的语句
finally:
    不管有无异常都要执行的语句
```

其中，<异常情况 1><异常情况 2>等需要填入 Python 固定的异常类名称，常见的有 NameError、SyntaxError、ZeroDivisionError 等，具体可参看附录表 2。

例 5-4-17：Python 异常处理方法。

假如有一个程序功能是接收用户输入的两个数，并求两个数的商。在这个过程中，有可能引发多种异常。例如，用户输入的数据不是数，则无法做算术运算；输入的第二个数为 0，不能求商等。本例展示的是加入了异常处理结构的效果。

```
num1 = input(' 请输入被除数：')
num2 = input(' 请输入除数：')
try:
    num1 = float(num1)
    num2 = float(num2)
    result = num1 / num2
# 输入的不是数值，无法用 float() 函数转换为浮点值
except ValueError:
    print(' 您输入的不是数值，无法运算！')
# 如果除数是 0，无法完成除法运算
except ZeroDivisionError:
    print(' 除数不能是 0！')
# 无异常则完成运算
else:
    print('{0} / {1} = {2:.2f}'.format(num1, num2, result))
# 不论有无异常都要执行的代码
finally:
    print(' 谢谢您的使用！')
```

（林加论　李晓玲）

第五节 字符串

学习目标

1. 知识
（1）熟悉并掌握字符串数据类型。
（2）掌握字符串的常用操作。
2. 能力
（1）培养学生计算机编程能力。
（2）培养学生使用合适的字符串方法解决医学问题的能力。
3. 素养
（1）培养学生的计算思维。
（2）培养学生科学严谨的工匠精神。

一、字符串的使用

在 Python 中字符串是一种重要的序列类型，其表示方式是使用引号将字符串括起来。如果字符串本身包含单引号或者双引号，如 He said "Yes"!、it's 等，可以用单引号和双引号组合的方式表示，也可以用转义字符（\' 或 \"）来表示，如例 5-5-1。

例 5-5-1：字符串的表示。

```
# 如果字符串本身含双引号，则用单引号来表示字符串
str1 = 'He said："Yes"! '
# 如果字符串本身含单引号，则用双引号来表示字符串
str2 = "It's a cat. "
print(str1)
print(str2)
```

程序运行结果如下所示：
He said:"Yes"!
It's a cat.

```
# 转义字符 \' 就表示单引号
str3 = 'doesn\'t'
print(str3)
```

程序运行结果如下所示：
doesn't

如果想表达一些不可打印的含义，则可以使用转义符和字母的组合来进行表达，具体含义如表 5-5-1 所示。

表 5-5-1　转义字符说明

转义字符	说明
\n	换行符，将光标位置移到下一行开头
\r	回车符，将光标位置移到本行开头
\t	水平制表符，也即 Tab 键，一般相当于四个空格
\b	退格（Backspace），将光标位置移到前一列
\\	反斜线
\'	单引号
\"	双引号
\	在字符串行尾的续行符，即一行未完，转到下一行继续写

对于多行字符串，可以用三个单引号或三个双引号表示，也可以用转义字符（\n，换行）来表示，如例 5-5-2，str1 和 str2 的打印结果相同。

例 5-5-2：输出转义字符。

```
str1 = '''Twinkle twinkle little star
    How I wonder where you are'''
str2 = "Twinkle twinkle little star\n How I wonder where you are"
print(str1)
print(str2)
```

程序运行结果如下所示：
Twinkle twinkle little star
How I wonder where you are
Twinkle twinkle little star
How I wonder where you are

可以使用操作符"＋"或"＊"来组成字符串。符号"＋"表示将两个或多个字符串拼接在一起。符号"＊"表示复制字符串，如例 5-5-3 和例 5-5-4 所示。

例 5-5-3：字符串的拼接。

```
string1 = "hello"
string2 = "world"
string_merge = string1 + ' ' + string2
print（string_merge）
```

程序运行结果如下所示：
hello world

例 5-5-4：复制 n 次字符串。

```
string = "hello "
n = 3
string_n = string*n
print(string_n)
```

程序运行结果如下所示：
hello hello hello

二、字符串的索引和切片

通过索引和切片的方式可以访问字符串中的一个或多个字符。字符串中的每个字符都对应一个索引号，索引号分为正索引号和负索引号。正索引号是设置字符串第一个字符的索引为 0，从左到右依次递增。负索引号是设置字符串的最后一个字符索引为 -1，从右到左依次递减。假设创建了一个字符串 words 为"HELLO，WORLD"，则索引号的具体设置如图 5-5-1 所示。

正索引号	0	1	2	3	4	5	6	7	8	9	10
words	H	E	L	L	O	,	W	O	R	L	D
负索引号	-11	-10	-9	-8	-7	-6	-5	-4	-3	-2	-1

图 5-5-1　索引号的设置

获取单个字符，下标如果超出范围则会报错，其基本语法格式为：

字符串名［下标］

获取字符串的基本语法格式为：

字符串名［起始下标：结束下标：步长］

其中：

获取的字符串中包含"起始下标"对应的字符，但不包括"结束下标"对应的字符。如果起始下标省略，则默认从字符串的串头开始获取字符；如果结束下标省略，则默认获取到字符串的串尾。可以设置获取不同步长的字符，如果步长值省略，则其默认值为 1。

例 5-5-5：字符串的索引和切片。

```
words="The role of the doctor is not just to treat illness，but to promote health and prevent disease."
# 读取下标为 0 的单个字符
print(words[0])
# 获取从下标 0 到下标 7 的字符串
print(words[0:8])
# 获取从下标 53 开始到结束的字符串
print(words[53:])
# 获取从下标 53 开始到结束的字符串
print(words[53:-1])
```

程序运行结果如下所示：

T
The role
but to promote health and prevent disease.
but to promote health and prevent disease

三、字符串的操作

Python 中包含很多处理字符串的方法，以便于进行字符串的操作，实现字符串的处理功能以及字符串和列表数据类型的相互转换。

（一）求字符串的长度

例 5-5-6：判断输入的整数是否为自整除数。注：对一个整数 n（$n < 1000$），如果其各个位数的数字相加得到的数 m 能被 n 整除，则称 n 为自整除数。

```
# 输入一个整数，其数据类型默认为字符串
num = input(" 请输入一个整数 ")
# 使用 len() 函数求字符串长度，即该整数的位数
length = len(num)
# 使用变量 num_sum 来保存输入整数的所有位数之和，初始值为 0
num_sum = 0
for i in num：
    num_sum+ = int(i)
if int（num）% num_sum == 0：
    print('% s 是自整除数 '% num)
else：
    print('% s 不是自整除数 '% num)
```

（二）字符串的修改

Python 中的字符串不可以直接修改，若直接修改则程序会报错，程序代码如下：

```
s='world'
s[0]='B'
```

程序运行结果如下所示：
TypeError: 'str' object does not support item assignment

如果想改变一个字符串，则需要使用旧的字符串片段生成一个新的字符串。程序代码如下：

```
s='world'
s = 'B' + s[1:]
print（s）
```

程序运行结果如下所示：
'Borld'

（三）字符串的搜索和替换

1. 字符串的搜索 在字符串中搜索指定字符串的索引，常用的方法包含 index() 和 find()。

（1）index() 方法：在字符串中查找子串第一次出现的位置，若找到则返回子串开始的索引值，否则程序报告异常。其基本语法格式为：

$$\text{str.index(substring, beg=0, end=len(string))}$$

其中：

substring 指定检索的字符串；

beg 指定开始索引，默认为 0；

end 指定结束索引，默认为字符串的长度。

（2）find() 方法：其参数含义与 index() 方法相同，只是如果该字符串不包含指定的子串，则程序不报错，只返回 −1。其基本语法格式为：

str.find(substring, beg=0, end=len(string))

2．字符串的替换　　改变字符串中的相关字符，主要的替换操作函数如表 5-5-2 所示。

表 5-5-2　字符串替换函数

函数	描述
str.capitalize()	将字符串的第一个字母转成大写，其他字母转成小写
str.upper()	将字符串中所有字母转成大写
str.lower()	将字符串中所有字母转成小写
str.count(substring)	返回子串 substring 在字符串中出现的次数
str.endswith(substring)	判断字符串中是否以子串 substring 结尾

例 5-5-7：将字符串中首字母大写。

```
string="hello world!"
print(string.capitalize())
```

程序运行结果如下所示：

Hello world!

3．判断字符串的组成　　主要的字符串操作函数如表 5-5-3 所示。

表 5-5-3　字符串操作函数

函数	描述
str.isalpha()	字符串是否均由字符构成
str.isdigit()	字符串是否均由数字构成
str.isalnum()	字符串是否均由数字和字符构成
str.islower	字符串是否均小写
str.isupper	字符串是否均大写
str.istitle	字符串首字母是否大写

（四）列表和字符串之间的转化

为了方便操作，经常会将字符串数据类型与列表数据类型相互转换。使用 join() 函数可以将列表转换为字符串，使用 list() 可以将字符串转换为列表。具体转化方法如下。

1．join() 函数　　使用连接符将列表中的元素进行连接。

例 5-5-8：分别使用空字符、空格字符、"+"进行连接，将列表转换为字符串。

```
#op1 为空字符，使用一对单引号（'）表示
op1=''
list_str = ['H', 'e', 'l', 'l', 'o', ' ', 'W', 'o', 'r', 'l', 'd']
print(op1.join(list_str))
op2= ' '
print(op2.join(list_str))
op3= ' + '
print(op3.join(list_str))
```

程序运行结果如下所示：
Hello World
H e l l o   W o r l d
H + e + l + l + o +   + W + o + r + l + d

2．list() 函数

例 5-5-9：将字符串转化为列表。

```
word = "hello world!"
strlist = list(word)
print(strlist)
```

程序运行结果如下所示：
['h', 'e', 'l', 'l', 'o', ' ', 'w', 'o', 'r', 'l', 'd', '!']

（五）字符串的分割

字符串的分割函数可以将字符串按照其中包含的指定字符进行分割。例如，按照空格将整个字符串按单词进行分割，生成单词列表。

1．split() 函数　含义为从左向右寻找分隔符（默认为空格），将字符串按照分隔符进行分割，生成列表，并删除分隔符。

例 5-5-10：使用 split() 函数进行字符串的分割。

```
# 将字符串按空格进行分割
sentence = 'What a compassionate doctor she is!'
words = sentence.split()
print(words)
```

程序运行结果如下所示：
['What', 'a', 'compassionate', 'doctor', 'she', 'is!']

```
# 将字符串按分隔符 "+" 进行分割
eque = 'What + a + compassionate + doctor + she + is!'
num=eque.split(' + ')
print(num)
```

程序运行结果如下所示：
['What', 'a', 'compassionate', 'doctor', 'she', 'is!']

2．rsplit() 函数　含义为从右向左寻找分隔符（默认为空格），将字符串按照分隔符进行分割，并丢弃分隔符。

3．splitlines() 函数　含义为从左向右寻找换行符（\n），并按其对字符串进行分割。
例 5-5-11：使用 splitlines() 函数进行字符串的分割。

words='Hello Jack!\nHello Alice !\n'
print(words.splitlines())

程序运行结果如下所示：
['Hello Jack!', 'Hello Alice! ']

4．string. partition(sep) 函数　含义为在字符串中搜索 sep，返回（head，sep，tail）。
例 5-5-12：使用 partition() 函数进行字符串的分割。

words = 'Hello, everyone!'
print(words.partition('，'))

程序运行结果如下所示：
('Hello', ',', 'everyone!')

（王路漫）

第六节　常用组合数据类型

1．知识
（1）掌握常用组合数据类型（列表、元组、字典）的创建。
（2）熟悉组合数据类型的常用操作。
2．能力
（1）理解不同数据类型的区别和联系。
（2）培养运用组合数据类型的能力。
3．素养
（1）面对具体实际问题，培养能够选择合适的数据类型进行算法实现的素养。
（2）培养逻辑思维及数据处理思维。

在 Python 中，组合数据类型是指由多个基本数据类型组成的数据类型。常见的组合数据类型包括：序列类型、集合类型、字典类型。其中序列类型又包括：列表、元组和字符串。序列是一块可存放多个值的连续内存空间，这些值是按一定顺序排列的，通过每个值对应的索引（即保存值的位置编号）来进行访问。下面我们依次来进行介绍。

一、列表

列表是 Python 中最常用的数据类型，列表中的元素可以具有不同的数据类型，列表的长度没有限制，是一种动态的序列，列表创建后可以被修改。

（一）创建列表

创建列表时，只需使用逗号分隔不同的数据项，并用方括号将其括起来即可。其基本语法格式为：

列表名 = [元素1，元素2，…]

1．创建一维列表 通过直接赋值创建列表，创建过程如下：

medicine = ['Aspirin', 'Ibuprofen', 'Penicillin']
print(medicine)

程序运行结果如下所示：
['Aspirin', 'Ibuprofen', 'Penicillin']

2．创建二维列表 我们可以将列表的元素也设置为列表，这样就可以创建二维列表形式，具体创建方式如下：

Jack=['001', 'Jack', 'M', 68]
Alice = ['002', 'Alice', 'F', 57]
Tom =['003', 'Tom', 'M', 89]
patient = [Jack, Alice, Tom]
print(patient)

程序运行结果如下所示：
[['001', 'Jack', 'M', 68], ['002', 'Alice', 'F', 57], ['003', 'Tom', 'M', 89]]

（二）列表的索引和切片

列表的索引与字符串索引一样，可以采用正索引或者负索引的方式进行设置。具体设置如图 5-6-1 所示。通过索引和切片的方式可以访问列表中的元素。

正索引号	0	1	2	3	4	5	6	7	8
list	91	80	86	79	56	68	84	65	78
负索引号	−9	−8	−7	−6	−5	−4	−3	−2	−1

图 5-6-1 索引号的设置

1．列表索引 获取列表中单个元素的基本语法格式如下，如果索引号超出范围则会报错。

字符串名 [索引号]

例 5-6-1：读取列表中单个元素。

medicine = ['Aspirin', 'Ibuprofen', 'Penicillin']
print(medicine[0])
print(medicine[-1])

程序运行结果如下所示：
Aspirin
Penicillin

2. 列表切片　列表切片是指使用列表序列截取其中一部分而得到新的列表，其设置方式与字符串相同，其基本语法格式为：

列表名称 [起始下标：结束下标：步长]

例 5-6-2：列表的切片。

```
medicine = ['Aspirin', 'Ibuprofen', 'Penicillin', 'Tylenol', 'Omeprazole']
print(medicine[0:2])
print(medicine[2:])
```

程序运行结果如下所示：
['Aspirin', 'Ibuprofen']
['Penicillin', 'Tylenol', 'Omeprazole']

注意：
获取的列表元素中包含"起始下标"对应的元素，但不包括"结束下标"对应的元素。如果起始下标省略，则下标默认从 0 即列表的第一个元素开始获取；如果结束下标省略，则默认获取到列表最后一个元素。可以设置获取不同步长的列表元素，如果步长值省略，则其默认值为 1。

例 5-6-3：对于不同步长列表的切片操作。

```
medicine = ['Aspirin', 'Ibuprofen', 'Penicillin', 'Tylenol', 'Omeprazole']
print(medicine[0:4:2])
```

程序运行结果如下所示：
['Aspirin', 'Penicillin']

访问二维列表的基本语法格式为：

列表名称 [下标] [下标]

例 5-6-4：多维列表的索引。

```
patient=[['001', 'Jack', 'M', 68], ['002', 'Alice', 'F', 57], ['003', 'Tom', 'M', 89], ['004', 'Harry', 'M', 56]]
print(patient[0][1])
```

程序运行结果如下所示：
Jack

例 5-6-5：多维列表的切片操作。

```
patient=[['001', 'Jack', 'M', 68], ['002', 'Alice', 'F', 57], ['003', 'Tom', 'M', 89], ['004', 'Harry', 'M', 56]]
print(patient[0:3:2])
print(patient[1:])
```

程序运行结果如下所示：
[['001', 'Jack', 'M', 68], ['003', 'Tom', 'M', 89]]
[['002', 'Alice', 'F', 57], ['003', 'Tom', 'M', 89], ['004', 'Harry', 'M', 56]]

（三）基本操作

1．对列表元素赋值

例 **5-6-6**：对单个元素赋值。

```
patient=['001', 'Jack', 'M', 68]
patient[3] = '1954-10-1'
print(patient)
```

程序运行结果如下所示：
['001', 'Jack', 'M', '1954-10-1']

例 **5-6-7**：对多个元素同时赋值。

```
patient = ['002']
patient[1:]=['Alice', 'F', 57]
print(patient)
```

程序运行结果如下所示：
['002', 'Alice', 'F', 57]

2．对列表追加元素

```
patient=['002', 'Alice', 'F', 57]
patient[4:] =['140/90mmHg']
print(patient)
```

程序运行结果如下所示：
['002', 'Alice', 'F', 57, '140/90mmHg']
由于列表是动态的，其长度是可以改变的。

3．插入元素的操作

```
patient=['002', 'Alice', 'F', 57]
patient[3:3]=['fever', '140/90mmHg']
print(patient)
```

程序运行结果如下所示：
['002', 'Alice', 'F', 'fever', '140/90mmHg', 57]

4．删除元素的操作
可以通过设置列表某一片段为空集来删除列表中的元素。

```
patient=['002', 'Alice', 'F', 'fever', '140/90mmHg', 57]
patient[2:4]=[]
print(patient)
```

程序运行结果如下所示：
['002', 'Alice', '140/90mmHg', 57]

（四）列表的常用函数

可以对列表中的元素进行计算，常用的函数有：计算列表元素个数 len (list)、计算列表中最大值 max (list)、计算列表中最小值 min (list)、计算列表中元素的和 sum (list) 等。下面举例

展示如何使用这些函数。

例 5-6-8：求出成绩列表 score 中的成绩个数、最好成绩、最低成绩及总分。

```
score = [90, 78, 67, 56, 84, 75]
num_score=len(score)
max_score=max(score)
min_score=min(score)
sum_score=sum(score)
print(" 列表 score 中的成绩个数为%d 个，最好成绩为%d 分，最低成绩为%d 分，总分为%d 分 "%(num_score，max_score，min_score，sum_score))
```

程序运行结果如下所示：
列表 score 中的成绩个数为 6 个，最好成绩为 90 分，最低成绩为 56 分，总分为 450 分

（五）列表的常用方法

列表中的常用方法及其具体功能如下，我们通过具体案例来说明如何使用这些方法。

1．append() 添加新元素

```
patient = ['002', 'Alice', 'F', 'fever', '140/90mmHg', 57]
# 在列表表尾增加一个项 '38.5'
patient.append ('38.5')
print(patient)
```

程序运行结果如下所示：
['002', 'Alice', 'F', 'fever', '140/90mmHg', 57, '38.5']

```
# 添加的新元素为列表，将其看作一个元素添加到列表结尾
patient=['002', 'Alice', 'F', 57]
patient.append(['fever', '140/90mmHg', '38.5'])
print(patient)
```

程序运行结果如下所示：
['002', 'Alice', 'F', 57, ['fever', '140/90mmHg', '38.5']]

2．insert() 插入新元素

```
patient = ['002', 'Alice', 'fever', 57]
# 将元素 '140/90mmHg' 插入索引号 4 对应的位置
patient.insert(4, '140/90mmHg')
print(patient)
```

程序运行结果如下所示：
['002', 'Alice', 'F', 'fever', '140/90mmHg', 57]

3．extent() 合并列表

```
patient = ['002', 'Alice', 'F', 'fever', 57]
# 列表的项逐次添加
patient.extend(["Ibuprofen", "2022-06-30"])
print(patient)
```

程序运行结果如下所示：
['002', 'Alice', 'F', 'fever', 57, 'Ibuprofen', '2022-06-30']

4．pop() 删除列表中最后一个元素

patient = ['002', 'Alice', 'F', 'fever', 57, 'Ibuprofen', '2022-06-30']
patient_pop = patient.pop()
print(patient)
print(patient_pop)

程序运行结果如下所示：
['002', 'Alice', 'F', 'fever', 57, 'Ibuprofen']
2022-06-30

对于方法'append'和'pop'可用栈的操作，即它们分别对应入栈和出栈。

5．remove() 删除列表中匹配值的第一匹配项

medicine = ['Aspirin', 'Ibuprofen', 'Aspirin', 'Tylenol', 'Omeprazole', 'Aspirin']
medicine.remove('Aspirin')
print(medicine)

程序运行结果如下所示：
['Ibuprofen', 'Aspirin', 'Tylenol', 'Omeprazole', 'Aspirin']

6．index() 找出列表中某值第一次出现的下标位置

medicine = ['Aspirin', 'Ibuprofen', 'Aspirin', 'Tylenol', 'Omeprazole', 'Aspirin']
print(medicine.index('Ibuprofen'))

程序运行结果如下所示：
1

print(medicine.index('Penicillin'))

程序运行结果如下所示：
ValueError: 'Penicillin' is not in list

7．count() 统计某元素出现次数

medicine = ['Aspirin', 'Ibuprofen', 'Aspirin', 'Tylenol', 'Omeprazole', 'Aspirin']
number=medicine.count('Aspirin')
print(number)

程序运行结果如下所示：
3

8．sort() 排序列表元素

sort() 方法改变了原有列表的值，该方法不产生新表，因此更高效。
score = [78, 95, 84, 60, 100]
score.sort()
print(score)

程序运行结果如下所示：

[60, 78, 84, 95, 100]

9．reverse() 将列表元素反向存放

medicine = ['Aspirin', 'Ibuprofen', 'Penicillin', 'Tylenol', 'Omeprazole']
\# 反转字符串
medicine.reverse()
print(medicine)

程序运行结果如下所示：
['Omeprazole', 'Tylenol', 'Penicillin', 'Ibuprofen', 'Aspirin']
reverse() 方法改变了原有列表的值。如果希望保留原有值，则可以复制原有列表，将所做的改变保存到新的列表中，具体代码如下所示。

medicine = ['Aspirin', 'Ibuprofen', 'Penicillin', 'Tylenol', 'Omeprazole']
\# 首先生成新表
medicine_back=medicine[:]
\# 反转这份拷贝
medicine_back.reverse()
print(medicine_back)
print(medicine)

程序运行结果如下所示：
['Omeprazole', 'Tylenol', 'Penicillin', 'Ibuprofen', 'Aspirin']
['Aspirin', 'Ibuprofen', 'Penicillin', 'Tylenol', 'Omeprazole']

10．复制列表
（1）直接赋值：即赋值拷贝。将要拷贝的列表直接进行复制。
score_copy=score
（2）函数拷贝：使用 copy() 方法。

score = [78, 95, 84, 60, 100]
score_copy2=score.copy()
print(score_copy2)

程序运行结果如下所示：
[78, 95, 84, 60, 100]

例 5-6-9：通过键盘输入构建自己喜欢的水果篮，将喜欢的水果名字存放在列表中，输出列表，并将列表中的每个元素都单独输出为一句话，即 I love+ 水果名字。例如：对于列表中第一个元素 "apple"，输出 I love apple。

fruit_basket = []
fruit = input(' 请输入喜欢的水果，结束请按 Enter 键 ')
while fruit:
    fruit_basket.append(fruit)
    fruit = input(' 请输入喜欢的水果，结束请按 Enter 键 ')
print(' 您喜欢的水果有：', fruit_basket)
for fruit_my in fruit_basket:

```
        print('I love %s'%fruit_my)
```
假设输入信息如下：
请输入喜欢的水果，结束请按 Enter 键 apple
请输入喜欢的水果，结束请按 Enter 键 banana
请输入喜欢的水果，结束请按 Enter 键 mango
请输入喜欢的水果，结束请按 Enter 键
程序运行结果如下所示：
您喜欢的水果有：['apple', 'banana', 'mango']
I love apple
I love banana
I love mango

例 5-6-10：统计血液样本中白细胞数量。

假设已经得到一个用列表表示的二值化血液样本图像（4 × 4），其中 0 代表正常细胞，1 代表白细胞，我们可以利用程序求出样本中白细胞的个数。

```
img = [[1, 0, 1, 1], [0, 1, 1, 1], [1, 0, 0, 0], [0, 1, 1, 1]]
countn = 0
# 外层循环变量 i 遍历图像矩阵的每一行
for i in img:
# 内层循环变量 j 遍历图像矩阵每一行中的每个元素
    for j in i:
        if j==1:
            countn += 1
print(' 白细胞数量为 : ', countn)
```

程序运行结果如下所示：
白细胞数量为：10

本例中给出的循环遍历程序并不是计数运算的唯一方法，有兴趣的读者可以学习诸如 NumPy、pandas 等第三方库中更简便高效的方法。

二、元组

元组也是序列的一种，但与列表不同，元组一旦创建，就不能被修改。

（一）创建元组

元组的创建方式与列表类似，不同的是元组使用的是小括号，列表使用方括号。元组数据类型经常会用于函数的返回值。元组的创建方式是在小括号中添加元素，并使用逗号将其隔开。其基本语法格式为：

元组名 = (元素 1, 元素 2, …)

1．创建一维元组　通过直接赋值创建元组，创建过程如下：

```
diagnosis_1 = ("2022-11-01", "Flu", "Dr. Smith", "Take aspirin and rest")
diagnosis_2 = ("2022-12-15", "Stomachache", "Dr. Johnson", "Take antacid and avoid spicy food")
print(diagnosis_1[1])
print(diagnosis_2[2])
```

程序运行结果如下所示：

Flu

Dr. Johnson

2．创建二维元组　我们可以将元组的元素数据类型也设置为元组，这样就可以创建二维元组形式，具体创建方式与列表类似。

```
patient = ('002', 'Alice', 'F', 57)
diagnosis = ("2022-11-01", "Flu", "Dr. Smith", "Take aspirin and rest")
patient_diagnosis = (patient, diagnosis)
print(patient_diagnosis)
```

程序运行结果如下所示：

(('002', 'Alice', 'F', 57), ('2022-11-01', 'Flu', 'Dr. Smith', 'Take aspirin and rest'))

（二）元组的基本操作

1．元组的索引和切片　元组的索引方式与列表一样，因此我们可以使用相同的正索引或者负索引方式访问元组中的元素。

例 5-6-11：元组的切片。

```
diagnosis = ("2022-11-01", "Flu", "Dr. Smith", "Take aspirin and rest")
print(diagnosis[3])
print(diagnosis[0:2])
```

程序运行结果如下所示：

Take aspirin and rest

('2022-11-01', 'Flu')

2．常用的操作　元组也具有和列表相同的通用操作函数，由于元组创建以后不能修改，因此它的操作函数比较少。例如：计算元素个数 len()、计算最大值 max()、计算最小值 min()、计算元素的和 sum() 等，还有元组的方法如：tuple.index(item)、tuple.count(item) 等。

3．zip() 压缩函数　zip() 压缩函数可以将对象中对应的元素打包成一个个元组，然后返回由这些元组组成的对象，这样做的好处是节约内存空间。

例 5-6-12：压缩函数 zip() 的使用。

```
# 构建两个列表 patient_name 和 patient_age
patient_name = ['Tom', 'Jack', 'Smith', 'Harry']
patient_age = [12, 14, 10, 9]
# 使用 zip 将两个列表进行打包，返回一个对象
patient= zip(patient_name, patient_age)
print(list(patient))
```

程序运行结果如下所示：

[('Tom', 12), ('Jack', 14), ('Smith', 10), ('Harry', 9)]

例 5-6-13：使用解压缩函数 zip（*）对例 5-6-12 中的对象 patient 解压缩。与 zip() 相反，zip（*）可以理解为解压缩，该函数返回二维元组。

```
# 构建两个列表 patient_name 和 patient_age
patient_name = ['Tom', 'Jack', 'Smith', 'Harry']
patient_age = [12,14,10,9]
# 使用 zip 将两个列表进行打包，返回一个对象
patient= zip(patient_name, patient_age)
# 解压缩
patient_name_unzip,patient_age_unzip=zip(*patient)
print(patient_name_unzip,patient_age_unzip)
```

程序运行结果如下所示：
('Tom', 'Jack', 'Smith', 'Harry')(12, 14, 10, 9)

三、字典

字典中每个元素能够以键值对的形式存储数据值，字典是键值对的集合，它代表了关键字（key）与值（value）之间的映射关系。键值对之间是无序的，字典中关键字是唯一的，不允许同一个关键字重复出现，如果同一个关键字对应的值被赋值两次，后一个会覆盖前一个值。字典的关键字是不能改变的，只能使用数字、字符串或元组类型，不能使用列表类型。

（一）创建字典

字典的键与值是一一对应的，其基本语法格式为：

字典名称 ={ 键 1: 值 1, 键 2: 值 2, 键 3: 值 3,…}

创建字典的代码实例为：

patient_A = {"name": "John Smith", "age": 35, "gender": "Male", "medical record number": "12345"}

定义空字典的基本语法格式有以下两种方式：

字典名 ={}
字典名 =dict()

（二）字典的访问与修改

字典是通过关键字（key）来进行值的访问与修改。其基本语法格式为：

访问字典中的元素：字典名 [key]
修改字典中的元素：字典名 [key] = 新值
删除字典中某个元素：del 字典名 [key]

例 5-6-14：字典的访问。

```
patient_A = {"name": "John Smith", "age": 35, "gender": "M", "record_number": "12345"}
patient_B = {"name": "Jane Doe", "age": 28, "gender": "F", "record_number": "67890"}
print(patient_A["name"])
print(patient_B["age"])
```

程序运行结果如下所示：
John Smith
28

也可以使用 get 方法获取键对应的值，如果该字典中没有该键值，则返回 None。其基本语法格式为：

$$\text{dict.get(key)}$$

例 5-6-15：利用 get 方法访问字典。

```
patient_A = {"name": "John Smith", "age": 35, "gender": "M", "record_number": "12345"}
print(patient_A.get("name"))
```

程序运行结果如下所示：
John Smith

例 5-6-16：更改字典中的元素值。

```
patient_A = {"name": "John Smith", "age": 35, "gender": "M"}
# 在字典中添加元素
patient_A["record_number"]="12345"
print(patient_A)
```

程序运行结果如下所示：
{'name': 'John Smith', 'age': 35, 'gender': 'M', 'record_number': '12345'}

```
# 更改字典中的元素
patient_A["record_number"]="67890"
print(patient_A)
```

程序运行结果如下所示：
{'name': 'John Smith', 'age': 35, 'gender': 'M', 'record_number': '67890'}

例 5-6-17：删除字典中的元素。

```
patient_A = {"name": "John Smith", "age": 35, "gender": "M", "record_number": "12345"}
del patient_A['record_number']
print(patient_A)
```

程序运行结果如下所示：
{'name': 'John Smith', 'age': 35, 'gender': 'M'}

（三）字典的常用方法

1. 读取字典中的元素　基本语法格式为：

返回字典中所有的键信息：**dict.keys()**
返回字典中所有的值信息：**dict.values()**
返回字典中所有的键值对信息：**dict.items()**

例 5-6-18：访问字典中的元素。

```
patients= {1: 'Tom', 2: 'Jack', 3: 'Anna', 4: 'Leo'}
print(patients.keys())
```

```
print(patients.values())
print(patients.items())
```

程序运行结果如下所示：
dict_keys([1, 2, 3, 4])
dict_values(['Tom', 'Jack', 'Anna', 'Leo'])
dict_items([(1, 'Tom'), (2, 'Jack'), (3, 'Anna'), (4, 'Leo')])

2．将字典中的 keys 转换成列表

```
patients= {1: 'Tom', 2: 'Jack', 3: 'Anna', 4: 'Leo'}
print(list(patients.keys()))
```

程序运行结果如下所示：
[1, 2, 3, 4]

3．按字典关键字排序　　按字典中的关键字排序，并输出排序的关键字列表

```
patients= {'Jack': 4098, 'Sape': 4139, 'Tom': 1408}
print(sorted(patients))
```

程序运行结果如下所示：
['Jack', 'Sape', 'Tom']

字典的其他常用方法包括：计算字典中元素的长度 len(dict)、删除字典中的所有元素 dict.clear()、复制字典 dict.copy()、删除字典中的关键字并返回其值 dict.pop()、将两个字典合并 dict1.update(dict2) 等。

例 5-6-19：字典的综合案例。从键盘输入姓名和电话号码，构建电话簿。屏幕显示以下文字，并实现相应的功能：

功能选择：
显示全部电话请输入 1
查询某人电话请输入 2
插入新联系人请输入 3
删除联系人请输入 4
退出系统请输入 5

程序代码如下：

```
# 构建通讯录
print(' 提示：输入姓名时直接按 Enter 键, 可结束电话簿输入。')
name = input(' 请输入姓名：')
book = {}
while name：
    tel = input(' 请输入电话：')
    book[name] = tel
    name = input(' 请输入姓名：')
while True：
    print(" 功能选择：")
    print(" 显示全部电话请输入 1")
    print(" 查询某人电话请输入 2")
```

```
        print(" 插入新联系人请输入 3")
        print(" 删除联系人请输入 4")
        print(" 退出系统请输入 5")
        choose = input(' 请选择：')
        if choose == '1':
            print(' 电话簿中的联系人有：')
            for k in list(book.keys())：
                print(k, book[k])
        elif choose == '2'：
            name = input(' 请输入要查询的联系人姓名：')
            print('{} 的电话是： {}'.format(name, book[name]))
        elif choose == '3'：
            name = input(' 请输入新建联系人姓名：')
            tel = input(' 请输入新建联系人电话：')
            book[name] = tel
        elif choose == '4'：
            name = input(' 请输入要删除的联系人姓名：')
            book.pop(name)
        else：
            break
    print(' 感谢您的使用，下次再见！')
```

四、集合

集合的数据类型与数学中集合的概念一致，即它是多个元素的无序组合，每个元素都是唯一的，不存在相同的元素，元素不可以修改，也不能是可变数据类型。

（一）创建集合

集合用 { } 表示，元素之间用逗号隔开，其基本语法格式为：

集合名称 ={ 元素 1, 元素 2, …}

```
patient_1_exams = {"blood test", "urine test", "X-ray"}
print(patient_1_exams)
```

程序运行结果如下所示：
{'blood test', 'X-ray', 'urine test'}
也可以使用 set() 建立集合类型，重复元素被自动删除。如果要建立空集合，必须使用 set()，而不是 { }。

```
patient_2_exams = set(["blood test", "CT scan", "MRI", "X-ray", "CT scan"])
print（patient_2_exams）
```

程序运行结果如下所示：
{'blood test', 'CT scan', 'X-ray', 'MRI'}

（二）集合的运算

与数学中集合的运算相同，在 Python 中也可以对集合数据类型进行并（|）、交（&）、差（-）、补（^）的运算。

例 5-6-20：集合的运算。

```
patient_1_exams = {"blood test", "urine test", "X-ray"}
patient_2_exams = set(["blood test", "CT scan", "MRI", "X-ray"])
# 求交集
common_exams = patient_1_exams & patient_2_exams
print(common_exams)
```

程序运行结果如下所示：
{'blood test', 'X-ray'}

在这个例子中，我们使用集合来存储两个患者所做的检查项目，使用集合的交集运算符 & 来求两个患者共同做的检查项目。

（三）集合的成员运算符 in

如果要判断一个集合中是否包含某一元素，则使用成员运算符 in。其基本语法格式为：

元素名称 in 集合名称

如果该集合中包含该元素，则返回 True，否则返回 False。

例 5-6-21：集合成员运算符。

```
patient_1_allergies = {"penicillin", "aspirin"}
patient_2_allergies = {"penicillin", "amoxicillin"}
# 输出：True
print("penicillin" in patient_1_allergies)
# 输出：False
print("aspirin" in patient_2_allergies)
```

程序运行结果如下所示：
True
False

在这个例子中，我们使用集合来存储两个患者对哪些药物过敏，又使用 in 运算符来判断患者是否对某种药物过敏。

（四）集合的常用方法

集合的常用方法如表 5-6-1 所示，其中 item 是集合中的元素，set 为集合的名称。

表 5-6-1 集合的常用方法

操作函数或方法	描述
set.add(item)	如果元素 item 不在集合 set 中，则将该元素添加到集合中
set.discard(item)	移除集合中元素 item，如果元素不在集合中，则不报错
set.remove(item)	移除集合中元素 item，如果元素不在集合中，则程序报错：产生 KeyError 异常
set.clear()	移除集合中所有元素
set.pop()	随机返回集合中的一个元素，更新集合，若集合为空，则程序报错：产生 KeyError 异常
set.copy()	复制集合

五、组合数据类型的比较

表 5-6-2 中总结了组合数据类型的区别和联系。列表、元组、字符串都属于序列类型，它们中的元素都可以通过下标进行访问。列表和元组的区别是元组中的元素不能进行修改，长度固定，而列表中的元素可以修改，列表中的各元素类型可以不同，无长度限制。元组用于元素不改变的应用场景，经常用于固定搭配场景，如函数返回值等。列表使用更加灵活，是最常用的序列类型，其主要作用是对一组有序数据进行操作。字符串是常用的数据类型，它与元组一样都不能修改，同时与列表和元组一样可以通过下标来进行索引和切片。集合与上述几种数据类型的最大不同是其中的元素不能有重复，且所有元素是无序的，不能通过下标来读取集合中的元素。字典包含的元素都是成对出现的，即每个元素是一个键值对，通过键来进行索引，因此键不能有重复。

表 5-6-2 组合数据类型总结

	列表	元组	字符串	集合	字典
英文	list	tuple	string	set	dict
可否读写	读写	只读	只读	读写	读写
可否重复	是	是	是	否	是
存储方式	值	值	值	键（不能重复）	键值对（键不能重复）
是否有序	有序	有序	有序	无序	无序
初始化	[1, 'a']	('a', 1)	'abc' 或 "abc"	set([1, 'a']) 或 {1, 2}	{'a': 1, 'b': 2}
添加	append	只读	只读	add	d ['key'] = 'value'
读元素	res [2:]	t [0]	words [0]	无	d ['a']

（王路漫）

第七节 函数

学习目标

1. 知识
（1）了解函数的基本概念和 Python 的三种函数类型：内置函数、模块函数和自定义函数。
（2）熟悉 Python 内置函数的使用。
（3）掌握 Python 第三方库、导入模块的方法和模块函数的使用。
（4）掌握 Python 自定义函数的方法、参数传递、lambda 函数。

2. 能力
（1）能够理解代码重用的优点，具有模块化编程的理念。
（2）能够在解决实际问题过程中有效运用模块化编程理念简化代码、提高效率。

3. 素养
（1）培养团结、合作、共赢的大局观。
（2）理解"三人行，必有我师"及"尺有所短，寸有所长"的含义。学会互相合作、取长补短，方能获得最佳效果。
（3）培养做事有条理的习惯，懂得统筹管理，提高效率。

在程序编写过程中，有很多命令和功能是完全相同或相似的，只是处理的数据不同而已。如果单纯地将相似代码复制到不同位置执行，无疑将增加代码量和代码的理解难度，而且还为代码调试带来很大困难。解决上述问题的一种常用方式是使用函数，函数是降低编码难度和代码重用的有力武器。

函数是一段有特定功能并可重复使用的代码。定义好的函数可以被多次调用，并根据给定参数的不同得到不同的运算结果。这样一来，就无须重复书写代码，只要在需要的位置调用相同功能的函数即可。

每个函数都包括一个函数名，后面跟一对圆括号，括号中是函数参数，在本章已经使用过很多次的 input()、print() 等都是函数。以 print('Python') 为例，print 就是该函数的名字，而 'Python' 则是其参数。

下面介绍 Python 中常见的三类函数。

一、内置函数

已经内置在 Python 解释器中的函数称为内置函数，该类函数不用事先定义和导入就可以直接调用。本章前面已经出现过的 input()、print()、range() 等都属于内置函数。

Python 共有 71 个内置函数，主要包括数学函数、类型转换函数和一些其他功能函数。我们可以使用 dir(__builtins__) 命令或查阅官方文档了解所有的内置函数。表 5-7-1 列举了其中一些较为常用的函数。

表 5-7-1 部分 Python 内置函数

函数名	主要功能	举例
abs()	求绝对值	abs(-5)，结果为 5
pow()	求幂	pow(2, 6)，结果为 32，即 2 的 6 次方
divmod()	求两个数相除的商和余数	divmod(10, 3)，结果为 (3, 1)，是一个元组
max()	求最大值	max(4, 23, -5, 0, 35)，结果为 35
min()	求最小值	min(4, 23, -5, 0, 35)，结果为 -5
round()	四舍五入保留小数	round(3.1415, 3)，结果为 3.142，即保留 3 位小数 round(3.1415)，结果为 3，即保留 0 位小数
complex()	生成一个复数	complex(3, -5)，结果为 3-5j
int()	将数据转换为整型	int(3.14)，结果为 3
float()	将数据转换为浮点型	float('55')，结果为 55.0
len()	计算数据长度	len('PYTHON')，结果为 6
type()	查看数据类型	type('55')，结果为 str
isinstance()	判断数据是否是某种类型	isinstance('55', int)，结果为 False
help()	查看帮助	help(pow)，结果为系统给出 pow() 函数功能说明

在所有内置函数中，有一个经常被用在 for 循环中控制循环次数的函数 range()，主要功能是生成一个不可变的序列。它的基本结构为：

range(start, stop[, step])

其中：
start 是序列的起始值，默认为 0；
stop 是序列的结束位置，且不包括 stop 值本身；
step 是步长，默认为 1。
需要特别注意的是，range() 函数参数必须为整型。

例 5-7-1：range() 函数示例。需要说明的是，单独调用 range() 函数时，其返回值是一个 range 迭代器。为了能更好地看到生成序列的效果，本例使用 list() 函数将其转换成了列表。

print(list(range(5)))

程序运行结果如下所示：
[0, 1, 2, 3, 4]

print(list(range(3, 10)))

程序运行结果如下所示：
[3, 4, 5, 6, 7, 8, 9]

print(list(range(0, 15, 3)))

程序运行结果如下所示：
[0, 3, 6, 9, 12]

print(list(range(10, 2, -2)))

程序运行结果如下所示：
[10, 8, 6, 4]

二、模块函数

模块函数指的是定义在标准库（如 math 库、random 库等）和第三方库（如 pandas、NumPy 等）里的函数，这个类型的函数都不能直接调用，必须要先将其所在的标准库或第三方模块导入后才能使用。下面介绍几种 Python 中模块的导入方法和模块函数的使用方法。

（一）math 库

math 库是 Python 提供的数学类函数库，其中共有 4 个常数和 44 个函数。44 个函数又分为 4 类，分别是 16 个数值表示函数、8 个幂对数函数、16 个三角对数函数和 4 个高等特殊函数，详见附录表 3。math 库中的内容较多，读者不可能也不需要记住每一个函数的功能和用法，在需要使用时查阅文档即可。

math 库里的函数不能直接使用，需要先执行导入的操作，常用方法如下。

1. 直接使用 import 命令导入　　这种方法导入模块的格式为：

import 模块名

在此方法中调用函数的格式为：

模块名 . 函数名 (< 函数参数 >)

例 5-7-2：直接使用 import 命令导入模块。

```
# 导入 math 库
import math
# 调用其中的 sin() 函数求正弦
print(math.sin(1.5))
```

程序运行结果如下所示：
0.9974949866040544

2. 导入模块时指定别名　　这种方法导入模块的格式为：

import 模块名 as 别名

这种方法是在导入模块的同时给模块起一个别名，在后续的代码中就能够以别名来指代它，这样可以避免每次调用时输入过长的模块名，例如数据分析领域中常见的 NumPy 库、pandas 库和 Matplotlib 库的 pyplot 模块，通常就以 np、pd、plt 作为别名。

在此方法中调用函数的格式为：

别名 . 函数名 (< 函数参数 >)

例 5-7-3：导入模块时指定别名。

```
# 导入 math 库，并以 mt 为别名
import math as mt
# 以别名来调用 sin() 函数求正弦
print(mt.sin(1.5))
```

3．只导入模块中的部分函数　这种方法导入模块的格式为：

from 模块名 import 函数名 1，函数名 2，…，函数名 n

前两种方法都是导入整个模块，也就是将模块中的全部函数导入。如果只是想使用模块中的某个或某几个函数，可以采用第三种方法。用此方法导入的函数可以像内置函数那样直接调用，前面无须再加上模块名或别名。

例 5-7-4：只导入模块中的部分函数。

```
# 只导入 math 库中的 sin() 函数和 cos() 函数
from math import sin, cos
# 直接像内置函数一样调用函数
print(sin(1.5))
print(cos(0))
```

程序运行结果如下所示：
0.9974949866040544
1.0

请注意，在例 5-7-4 中只导入了 math 库中的 sin() 函数和 cos() 函数。因此，当调用 math 库中其他函数时，系统会报错。

另外，我们也可以采用"from 模块名 import *"这种形式来导入库中的所有函数。如果采用这种格式，则库中的函数都可以直接使用函数名来调用。

（二）其他常用库

事实上，多样全面的标准库和第三方库是 Python 受欢迎的一大原因。下面来了解一下除 math 库之外的几个常用库。

1．datetime 库　在实际应用中，常常面临对日期和时间的显示和处理问题。但细心的读者可能会发现，在 Python 的基本数据类型中，并不包括日期和时间类型。Python 把对日期和时间的处理放在了 datetime 标准库里。

datetime 库中包括多种日期和时间处理的类，如 datetime.date、datetime.time、datetime.datetime 等，其中 datetime.datetime 类内容比较丰富。导入该类可以采用"from datetime import datetime"的方式。

datetime 类常见方法主要有以下几种。

（1）获取当前日期和时间

例 5-7-5：利用 now() 方法获取当前日期和时间。

```
from datetime import datetime
dt1 = datetime.now()
print(dt1)
```

程序运行结果如下所示：
2023-01-16 14:48:36.786783

我们发现，now() 方法返回的并不是常见的日期时间形式，而是由 7 个数字组成的 datetime 类型，它们分别代表了年、月、日、时、分、秒和微秒。

（2）创建日期时间：可以利用 datetime() 函数自己构造一个日期时间，其语法格式为：

datetime(year, month, day, hour, minute, second, microsecond)

其中：

year 表示年份，范围是 [1, 9999] 的整数；
month 表示月份，范围是 [1, 12] 的整数；
day 表示日期，范围是 [1, 31] 的整数，上限还要与 month 相对应；
hour 表示时，范围是 [0, 23] 的整数，默认值是 0；
minute 表示分，范围是 [0, 59] 的整数，默认值是 0；
second 表示秒，范围是 [0, 59] 的整数，默认值是 0；
microsecond 表示微秒，范围是 [0, 999999] 的整数，默认值是 0。

例 5-7-6：构造一个 datetime 对象，表示北京奥运会开幕的时间 2008 年 8 月 8 日晚上 8 点。请注意例中构造时省略了分、秒、微秒。

```
from datetime import datetime
BeijingOlympic = datetime(2008, 8, 8, 20)
print(BeijingOlympic)
```

程序运行结果如下所示：
2008-08-08 20:00:00

（3）查看日期时间属性：可以利用不同的属性，查看已有 datetime 对象的具体日期时间信息，常用的属性名称与前面 datetime() 函数中参数名相同，如例 5-7-7 所示。

例 5-7-7：查看日期时间属性。

```
from datetime import datetime
dt1 = datetime(2008, 8, 8, 20)
print(dt1.month)
```

程序运行结果如下所示：
8

```
# 查看当前年份
dt2 = datetime.now()
print(dt2.year)
```

程序运行结果如下所示：
2023

（4）格式化输出 datetime 对象：可以利用 strftime() 方法格式化输出 datetime 对象，基本语法格式是：

datetime 对象 .strftime(format 字符串)

其中：
format 字符串中可用的控制符如表 5-7-2 所示，使用时请注意大小写。

表 5-7-2 strftime 方法格式化控制符

控制符	含义	输出示例
%Y	阿拉伯数字表示的年	1840、2008
%m	阿拉伯数字表示的月	05、12
%B	英文表示的月	December、March
%b	英文缩写表示的月	Dec、Mar

续表

控制符	含义	输出示例
%d	阿拉伯数字表示的日期	05、31、25
%H	24 小时制的小时	03、14、23
%M	分钟	20、45
%S	秒	20、25、37
%x	月/日/年表示的完整日期	08/08/2008
%X	时：分：秒表示的完整时间	19：45：30
%A	英文表示的星期	Wednesday、Monday
%a	英文缩写表示的星期	Mon、Wed

例 5-7-8：使用 strftime() 方法格式化输出 datetime 对象。

```
from datetime import datetime
dt1 = datetime(2022, 9, 8, 15, 30)
print(dt1.strftime('%Y-%m-%d %H: %M: %S'))
print(dt1.strftime('%b-%d-%Y, %A'))
```

程序运行结果如下所示：

2022-09-08 15:30:00

Sep-08-2022, Thursday

2．random 库 随机数在计算机中的应用很广泛，如生成密码、随机现象仿真等。Python 提供了一个内置的 random 库来生成不同分布的伪随机数。random 库中常用的函数有 random()、randint()、uniform() 等。可采用 "import random" 方法导入 random 库。

例 5-7-9：常见 random 库函数的使用。

```
import random
# 生成一个 [1, 10] 之间的随机整数
print(random.randint(1, 10))
# 生成一个 [0, 50) 之间步长为 5 的随机整数
print(random.randrange(0, 50, 5))
# 生成一个 [0.0, 1.0) 之间的随机小数
print(random.random())
# 生成一个 [2.5, 5.0] 之间的随机小数
print(random.uniform(2.5, 5))
```

程序运行结果如下所示：

7

20

0.7255454072265366

3.919826340619286

例 5-7-10：随机生成四位小写字母组成的验证码。

```
import random
code =''
```

```
for i in range(4):
    n = random.randint(97, 122)
    code = code + chr(n)
print(code)
```

程序运行结果如下所示：

uwkx

本例第三行中的 random.randint(97, 122) 可以随机生成一个 [97, 122] 内的整数，也就是小写字母的十进制 ASCII 码；第四行中的 chr() 是一个 Python 内置函数，可以将十进制 ASCII 码转换成对应的字符。另外需要特别指出的是，本例只是一个随机生成验证码的简单模拟，在实际应用中，random 库不适用于加密用途。

有时为了程序测试等目的，希望每次运行生成的随机数是相同的。这时可以用 seed() 函数指定随机数种子，只要随机数种子相同，运行生成的随机数就相同。事实上，每次使用随机数函数时都有一个随机数种子，其默认值是系统当前时间。

例 5-7-11：seed() 函数在随机数生成中的作用。

```
import random
random.seed(30)
print(random.random())
# 使用相同的 seed，得到的随机数和前面相同
random.seed(30)
print(random.random())
# 不指定相同的 seed，得到和之前不同的随机数
print(random.random())
```
程序运行结果如下所示：

0.5390815646058106

0.5390815646058106

0.2891964436397205

得益于 Python 语言开源开放的特点，除了内置的标准库外，Python 还有 9 万多个不同功能的第三方库，覆盖了信息领域所有技术方向，例如用于科学计算的 SciPy，用于数据分析的 NumPy、pandas，用于数据可视化的 Matplotlib、seaborn，用于图像处理的 OpenCV，用于爬虫的 Requests、Beautiful Soap，用于机器学习的 TensorFlow、PyTorch、scikit-learn 等，并形成了庞大的计算生态，本书第六章也是基于 Python 第三方库完成的。感兴趣的读者可以在 Python 官网查阅 PyPI（the Python Package Index）了解所有第三方库的基本信息。

三、自定义函数

由用户自己定义和编写的函数称为自定义函数。下面介绍如何在 Python 中编写自定义函数。

（一）定义和调用函数

Python 使用 def 保留字来定义函数，基本格式为：

def< 函数名 >(< 参数列表 >):
　　< 函数体 >
　　return< 返回值列表 >

其中：

<函数名>可以是任何符合 Python 命名规范的标识符，但应避免使用毫无意义的函数名称；

<参数列表>是指在调用函数时需要传递给函数的一些值，根据函数功能的不同，参数的个数、数据类型也不同；

<函数体>是函数主要完成的功能代码；

如果需要函数有返回值，则可以利用 return 语句设置返回值，否则函数没有返回值。

在函数定义时使用的参数称为形式参数（形参），而在函数调用时使用的参数为实际参数（实参）。实参默认按位置顺序依次传递给形参，如果参数个数不对，将会产生错误。

例 5-7-12：定义一个给出圆半径，求圆面积的函数。

```
import math
# 定义一个求圆面积的函数 mianji ()，参数 r 为圆半径。
def mianji (r)：
    s = math.pi * r ** 2
    return s
# 定义后的函数可以像普通函数一样调用。
print (round(mianji(5)，2))
```

程序运行结果如下所示：

78.54

例 5-7-13：定义一个给出患者检查费 (e_fee)、药费 (p_fee)、检查费折扣 (e_discount)、药费折扣 (p_discount)，求最终花费的函数。

```
def total_fee(e_fee，p_fee，e_discount，p_discount)：
    return   e_fee * e_discount + p_fee * p_discount
print(total_fee(360，725.3，0.8，0.9))
```

程序运行结果如下所示：

940.77

例 5-7-12 中的打印操作也可以直接放在函数体里，变成一个没有返回值的函数，如例 5-7-14。

例 5-7-14：没有返回值的函数示例。

```
import math
def mianji (r)：
    s = math.pi * r ** 2
    # 将打印直接写在函数体
    print(' 半径为 {0} 的圆面积是 {1:.2f}'.format (r, s))
mianji(5)
```

程序运行结果如下所示：

半径为 5 的圆面积是 78.54

（二）函数参数

1．可选参数　在定义函数时，可以给某些参数设置默认值，这种参数称为可选参数。当调用函数时，如果不给出可选参数的值，就采用其默认值，否则就用实际给出的值。将例 5-7-13 中的 e_discount 和 p_discount 设置为可选参数后，可以修改为例 5-7-15。调用时如果不给出权重值，就使用默认的折扣，否则就将 e_discount 或 p_discount 设置为新的值，则函数返回结果会按照新的折扣来计算。

例 5-7-15：可选参数的使用。

```
def total_fee(e_fee, p_fee, e_discount = 0.8, p_discount = 0.8):
    return   e_fee * e_discount + p_fee * p_discount
# 可选参数取默认值
print(total_fee(85, 190))
# 可选参数取实参给的值
print(total_fee(85, 190, 0.85, 0.5))
```

程序运行结果如下所示：

220.0

167.25

另外需要注意的是，在函数定义时必须遵循不可选参数在前，可选参数在后的原则，否则系统会给出 SyntaxError：non-default argument follows default argument 的错误信息。比如，例 5-7-15 中的参数 e_discount 和 p_discount 不能定义在 e_fee 和 p_fee 的前面。

2．可变数量参数　在函数定义阶段，经常会出现参数数量不确定的情况。这时可以利用可变数量参数来定义可传入任意个值的参数，通过在参数名前加星号 (*) 来实现。需要注意的是，可变数量参数必须放在所有参数的最后。

例 5-7-16：可变数量参数的使用。定义求多个数之和的函数 add()，由于求和数值个数是不确定的，在函数定义时就可以使用可变数量参数。

```
def add(*nums):
    result = 0
    for i in nums:
        result = result + i
    return   result
print(add(1, −5, 10, 79))
print(add(25, 0, 3.4))
```

程序运行结果如下所示：

85

28.4

3．值传递和地址传递　Python 无法像 C++、Java 等语言那样在函数定义中指定参数传递的形式，但不同的数据类型在函数调用中也存在类似值传递和参数传递的不同效果。如果实际参数是不可变对象（数字、字符串、元组），则形式参数的改变不会影响实际参数的原始值，相当于值传递；如果实际参数是可变对象（列表、字典、集合），则形式参数的改变会影响实际参数的原始值，相当于地址传递。

例 5-7-17：值传递和地址传递示例。

```
def func1(num):
    num+ = 3
    return num
def func2(val):
    val.extend([35, 23, 100, 20])
    return val
a = 50
list1 = [1, 3, 5, 7, 9]
print(func1(a))
print(a)
print(func2(list1))
print(list1)
```

程序运行结果如下所示：
53
50
[1, 3, 5, 7, 9, 35, 23, 100, 20]
[1, 3, 5, 7, 9, 35, 23, 100, 20]

例 5-7-17 定义了 func1() 和 func2() 两个函数，func1() 的实际参数 a 是一个整数，属于不可变对象，所以虽然在 func1() 函数调用中，形式参数的值发生了改变（从 50 变为 53），但是 a 的原始值仍为 50。func2() 的实际参数 list1 是一个列表，属于可变对象，所以如果函数调用时它的值发生了改变（例如进行了列表的追加操作），list1 的原始值也跟着改变。

（三）递归函数

一般来说，函数都是在外部被其他程序调用。如果一个函数在定义时又被自身调用，就称之为递归函数。在解决某个由很多相同小问题累积的大问题时，使用递归函数可以大大降低程序复杂度。

如例 5-4-8 求 1 到 100 之和的问题，1 + 2 是一个累加，1 + 2 + 3 其实是在 1 + 2 结果上的又一个累加，总结来看，n 个数累加其实就是在 $n-1$ 个数的累加的基础上再加上 n。因此，可以设计一个累加的函数 add()，利用递归函数来解决这个问题。

例 5-7-18：用递归函数求 n 个整数的累加。

```
def add(n):
    if n == 1:
        return 1
    else:
        return add(n-1) + n
num = int(input(" 请输入一个数 :"))
print('1 到 {0} 的和是 {1}。'.format(num, add(num)))
```

程序运行结果如下所示：
请输入一个数：100
1 到 100 的和是 5050。
请注意本例在函数定义的最后一行代码中调用了这个函数本身。在实际运行过程中，假设第一次调用的实参为 5，则在这次调用中会进行第二次调用（实参为 4），在第二次调用中又会进行第三次调用（实参为 3），以此类推，直到实参为 1 为止。

通过这个例子不难发现，递归函数有两个基本组成部分。

（1）终止条件：每个递归函数都要有结束递归的条件，否则递归无法结束，系统会报错。一般来说终止条件是一个确定的结果。例如，上例中的 n == 1 则返回 1 就是这个递归的终止条件，到此递归就不会再进行下去了。

（2）递归步骤：在每个递归函数中必须有把参数值为 n 的函数和参数值为 n-1 的函数关联起来的方法，否则无法形成递归。

（四）lambda 函数

Python 中可以定义一种特殊的函数，一般称为匿名函数或者 lambda 函数，是一种单行的简单函数，其语法格式如下：

函数名 = lambda< 参数列表 >: < 表达式 >

其中，＜表达式＞的部分相当于普通函数中的返回值。

例 5-7-19：lambda 函数的使用。

```
# y 相当于函数名，x 是形参，x + 10 是表达式
y = lambda x: x + 10
print(y(2))
```

程序运行结果如下所示：

12

例 5-7-19 中的 lambda 函数相当于如下普通函数：

```
def y(x):
    return x + 10
```

（林加论　李晓玲）

思 考 题

1. 闰年是历法中的名词，分为普通闰年和世纪闰年。普通闰年是指能被 4 整除但不能被 100 整除的年份；世纪闰年是指能被 400 整除的年份。请编写一个函数，功能是判断一个年份是否为闰年，并将对应结果输出。

2. 求水仙花数。水仙花数是个三位数，其特点是它每位数的三次方之和是这个数本身。请用程序输出所有的水仙花数。

3. 设计四则运算器。用户输入两个数和运算方式，程序输出结果。

4. 依据 2018 版《中国高血压防治指南》，高血压分为 3 级（表 1）。请编写程序实现功能：患者输入收缩压和舒张压，程序给出其高血压等级。

表 1　高血压分级表

高血压级别	收缩压（mmHg）	舒张压（mmHg）
1级（轻度）	140～159	90～99
2级（中度）	160～179	100～109
3级（重度）	>=180	>=110

注：如果收缩压和舒张压属于不同级别，则按较高的级别分类。

5．双链DNA分子中，假设一条链的碱基为：

DNA1 = "ACGGGAGGACGGGAAAATTACTACGGCATTAGC" 根据碱基互补配对原则计算互补链DNA2的碱基结构，并打印输出。

6．统计重复单词

用户从键盘输入一句英文句子，将统计结果存放在字典中，最终打印出每个单词及其重复的次数，例如：

输入：hello java hello python hello C

输出：{'hello': 3, 'java': 1, 'python': 1, 'C': 1}

第六章 智能医学应用

第六章数字资源

随着人工智能的发展,智能医学时代已经到来。人工智能已经应用到医学的各个领域,如智能药物研发、医疗机器人、智能诊疗、智能影像识别、智能健康数据管理等。采用人工智能算法可以基于各种形式的病例数据建立辅助诊断系统,为疾病的诊断和治疗提供科学有效的依据,提高医院的工作效率和诊断疾病准确率,减轻医院人员工作强度,减少医生的主观误差。

本章将介绍人工智能应用于医学诊断时所需的基础知识,并以乳腺疾病诊断为例介绍构建辅助诊断系统的整个流程。

第一节 人工智能医学应用基础

学习目标

1. 知识
(1) 掌握不同类型医学数据的读入。
(2) 熟悉数据的可视化方法。
(3) 了解常用人工智能工具。

2. 能力
(1) 拓宽信息技术的知识,培养计算思维。
(2) 面向医学应用,培养学生发现问题、分析问题、解决问题的能力和创新能力。

3. 素养
(1) 培养学生严谨认真、精益求精的科学态度。
(2) 培养学生科教兴国的思想,加强医德医风建设。

医学数据的智能分析涉及医学数据的存储形式及导入方法、可视化方法及智能分析方法。

一、医学数据的存储

医学数据是构建智能医学应用的基础。医学数据存储形式多种多样,如文本数据、结构化数据、图像数据等。在分析数据前首先要导入数据。

（一）文本数据读取

有些医学数据是以文本文件形式存储的。Python 提供了读取文件函数可以读取文本文件。下面介绍读取文本文件所涉及的几个函数。

1. 创建或打开文件函数——open() 函数　在 Python 中操作文本文件之前，首先要创建或打开文件。创建或打开文件的函数是 open() 函数，其基本语法格式为：

file = open(file_name [, mode='r' [, buffering=-1 [, encoding = None]]])

其中：

file：表示所创建的文件对象；

file_name：表示创建或打开文件的文件名称。如果要打开的文件和当前执行的代码文件位于同一目录，则直接写文件名即可；否则，此参数需要指定打开文件所在的完整路径；

mode：可选参数，用于指定文件的打开模式，省略时，默认以只读 (r) 模式打开文件。常用打开模式如表 6-1-1 所示。

表 6-1-1　文件打开模式

文件打开模式	含义
'r'	为读取文件打开（默认）
'w'	为写入文件打开
'x'	为独占创建而打开文件，如果文件存在，则打开失败
'a'	为写入文件而打开，如果文件存在，则追加到文件末尾
'b'	二进制模式打开
't'	文本模式打开（默认）
'+'	为更新文件打开（读、写）

表中的打开模式可以组合使用，如 'rb + ' 表示以二进制、可读、可更新模式打开文件。

buffering：可选参数，用于指定对文件做读写操作时，是否使用缓冲区。

encoding：手动设定打开文件时所使用的编码格式。常见编码方式如：GBK 编码（字符采用单字节编码，汉字采用双字节编码）、Unicode 编码（字符、汉字统一双字节编码）和 UTF-8 编码（可变长编码）。

例 6-1-1：打开文本文件。

实现一：当文本文件和程序处于同一目录下时文件读取。

程序代码如下所示：

f = open("demo_data1.txt")

实现二：当文本文件和程序文件位于不同目录中时，需要引用文本文件的正确路径名。

程序代码如下所示：

f = open("C:/chapter6_1/textfile_reading/data/demo_data1.txt")

实现三：当打开文件的模式省略时，默认是以可读模式打开文件。也可采用以下两种参数指定方式指定打开文件的模式。更多打开模式见表 6-1-1。

f = open("data/demo_data1.txt", mode="rb + ")

或：

```
f = open("data/demo_data1.txt", "rb + ")
```

以上语句以二进制编码读入文件，文件可以读，也可以更新文件内容。

2．读文件函数——read() 函数　以可读模式（包括 r、r +、rb、rb + ）打开的文件，可以采用 read() 函数读入，该函数将文件的所有内容作为一个字符串读取。如果文本文件中的内容不多，适用于该方法。

read() 函数的基本语法格式如下：

$$file.read([size])$$

其中：

file 表示已打开的文件对象；

size 作为一个可选参数，用于指定一次最多可读取的字符（字节）个数，如果省略，则默认一次性读取所有内容。

例 6-1-2：读取文本文件。

实现语句如下所示：

```
f = open("Symptoms_of_COVID19_eng.txt")
symptoms_covid19 = f.read()
print(symptoms_covid19)
# 关闭文件
f.close()
```

程序运行结果如下所示：

fever
dry cough
weakness
impairment or loss of smell and taste
nasal congestion
runny nose
sore throat
conjunctivitis
myalgia
diarrhea

程序中 read() 函数从文件读取的内容是以字符串形式保存的。

例 6-1-3：读取包含中文的文本文件。

实现方法如下所示：

```
f = open("Symptoms_of_COVID19.txt", encoding = "utf-8")
symptoms_covid19 = f.read()
print(symptoms_covid19)
f.close()
```

程序运行结果如下所示：

发热

干咳
乏力
嗅觉和味觉减退或丧失
鼻塞
流涕
咽痛
结膜炎
肌痛
腹泻

当文本文件中包含中文时，采用默认编码方式打开文件进行读取，程序就会出现编码错误。程序采用 UTF-8 编码方式打开文件后进行读取，就可以正确读取数据。

例 6-1-4：读取文本文件指定长度的内容。

实现方法如下所示：

```
f = open("Symptoms_of_COVID19.txt", encoding = "utf-8")
symptoms_covid19 = f.read(2)
print(symptoms_covid19)
f.close()
```

程序运行结果如下所示：

发热

注意：当 size 的值大于文件中字符个数时，会读取文件中的所有内容。

3．逐行读取文件函数——readline() 函数 readline() 函数用于读取文件中的一行，包含最后的换行符"\n"。

此函数的基本语法格式为：

file.readline([size])

其中：

file 表示已打开的文件对象；

size 作为一个可选参数，用于指定一次最多可读取的字符数，如果省略，则默认一次性读取一行内容。

readline() 函数会读取当前位置到 \n 位置的一行数据，读取完毕记录读取的位置，因此，再次调用会读取下一行数据。

例 6-1-5：读取文本文件一行数据。

实现方法如下所示：

```
# 打开文件
f = open("Symptoms_of_COVID19.txt", encoding = "utf-8")
# 读取文件第一行数据
symptoms_one = f.readline()
# 输出第一行
print("symptoms one:", symptoms_one)
# 读取文件第二行一个数据
symptoms_two = f.readline(1)
# 输出第二行一个数据
```

```
print("symptoms two:", symptoms_two)
# 读取文件第二行剩余数据
symptoms_two_others = f.readline()
# 输出第二行剩余数据
print("symptoms two:", symptoms_two_others)
# 读取文件第三行数据
symptoms_three = f.readline(2)
print("symptoms three:", symptoms_three)
f.close()
```

程序运行结果如下所示：
symptoms one：发热

symptoms two：干
symptoms two：咳

symptoms three：乏力

从上述程序运行结果可以看出，readline() 默认从文件开头读取数据，不指定参数时，从当前位置读取一行数据（包括行尾换行符），当指定读取字符长度时，读取指定长度的字符。读取结束，记录当前位置，下次调用会从该位置后读取。

4．按行读取函数——readlines() 函数　　readlines() 函数用于读取文件中的所有行，返回一个字符串列表，其中列表的每个元素为文件中的一行内容。

readlines() 函数的基本语法格式如下：

file.readlines()

例 6-1-6：按行读取文本文件。

实现程序代码如下所示：

```
f = open("Symptoms_of_COVID19.txt", encoding = "utf-8")
symptoms_covid19 = f.readlines()
print(symptoms_covid19)
f.close()
```

程序运行结果如下所示：
['发热 \n', ' 干咳 \n', ' 乏力 \n', ' 鼻塞 \n', ' 流涕 \n', ' 咽痛 \n', ' 结膜炎 \n', ' 肌痛 \n', ' 腹泻 ']
从程序运行结果可以看出，readlines 函数将文件中每行数据存储为列表中的一个元素，返回一个字符串列表。

5．文件写入函数——write() 函数　　前面的方法可以从文件中读取数据，如果想把数据保存到文件中，可以采用文件写入函数。

Python 中，write() 函数可以向文件中写入指定内容。该函数的语法格式如下：

file.write(string)

其中，file 表示已经打开的文件对象；string 表示要写入文件的字符串。
注意，在使用 write() 向文件中写入数据时，首先需要使用 open() 函数以 r +、w、w +、a

或 a + 的模式打开文件,否则就会出现 io.UnsupportedOperation 错误。

例 6-1-7:将数据写入文本文件。

实现程序代码如下所示:

```
f = open("covid.txt", 'w')
f.write("Prevention and control of COVID-19")
f.close()
```

运行程序后,就会在程序所在目录生成一个文本文件 "covid.txt",其内容为:

Prevention and control of COVID-19

写入文件时应注意以下几点:

(1)该程序段以 'w' 方式打开文件,如果该目录下存在同名文件,则会清除原有文件内容。如果希望向已有文件追加内容,则文件打开方式应改为 'a';

(2)写入文件完成后,一定要调用 close() 函数将打开的文件关闭,否则写入的内容不会保存到文件中。

6. 关闭文件函数——close() 函数 close() 函数是专门用来关闭已打开文件的,其语法格式如下:

$$file.close()$$

其中,file 表示已打开的文件对象。

在进行文件操作时,所有打开的文件都要关闭,否则程序就会出现错误。

(二)结构化数据存储

在医学数据中,很多数据都是以二维表格的形式存储,这类数据能够以不同的文件类型进行存储,如 CSV 文件、Excel 文件、SQL 数据库文件等。

在 Python 中,二维表格数据可以采用 Pandas 模块中的功能进行读取和存储及数据分析。下面介绍 Pandas 中对常用表格文件的读取。

1. CSV 文件的读取 CSV 文件采用逗号分隔数据,能够以纯文本形式存储表格数据。

例 6-1-8:创建 CSV 文件并读取。

首先将一组数据保存为 CSV 格式,数据如下:

Name, Date of hospitalization, temperature, city

John Idle, 08/15/2022, 38.2, Shanghai

Smith Gilliam, 04/07/2022, 37.4, Beijing

Parker Chapman, 02/21/2022, 36.7, Tianjin

Jones Palin, 10/14/2022, 40, NanJing

Terry Gilliam, 07/22/2022, 38.6, Wuhan

Michael Palin, 06/28/2022, 39.4, Haikou

在 Pandas 中,实现 CSV 文件读取的代码如下:

```
import pandas
df = pandas.read_csv('Patient_manage.csv')
print(df)
```

程序运行结果如下所示:

	Name	Date of hospitalization	Temperature	City
0	John Idle	08/15/2022	38.2	Shanghai
1	Smith Gilliam	04/07/2022	37.4	Beijing
2	Parker Chapman	02/21/2022	36.7	Tianjin
3	Jones Palin	10/14/2022	40.0	NanJing
4	Terry Gilliam	07/22/2022	38.6	Wuhan
5	Michael Palin	06/28/2022	39.4	Haikou

2．Excel 文件读取　Pandas 中可以使用 read_excel() 方法读取 Excel 表格中的数据。

例 6-1-9：读取 Excel 文件。

```
import pandas
df = pandas.read_excel ('patient.xlsx')
print（df）
```

程序运行结果如下所示：

	ID	Name	Age	City	Cost
0	1	Jack	28	Beijing	22000
1	2	Lida	32	Shanghai	19000
2	3	John	43	Shenzhen	12000
3	4	Helen	38	Hengshui	3500

（三）图像数据的导入

医学影像数据反映了人体内部解剖结构或功能信息，为医学诊断和治疗提供了非常有价值的信息。

例 6-1-10：读取图像文件。

文件"figure6_1_2.tif"中保存了一幅医学图像，如图 6-1-1 所示。

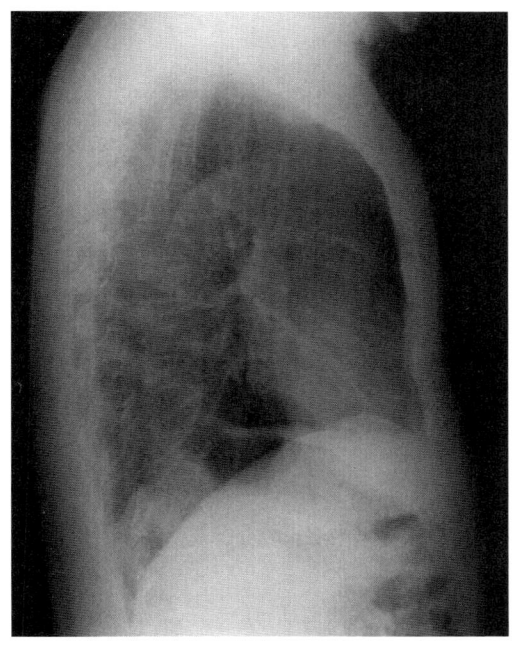

图 6-1-1　医学图像

下面介绍几种图像的导入方式。

1．采用 Matplotlib 导入　图像数据的导入可以通过 Matplotlib 软件包进行读入和处理。
读入该图像的程序如下所示：

import matplotlib.pyplot as plt
plt.gray()
image = plt.imread("figure6_1_1.tif")

2．采用 Pillow 库导入　Pillow 是 Python 图像处理的基础库，提供了非常强大的图像处理功能，能够很轻松地完成一些图像处理任务。
采用 Pillow 库导入图像的方法如下：

from PIL import Image
im = Image.open('figure6_1_1.tif', mode="r")

上述两种方法导入了一幅 TIF 图像，这些方法同样适用于导入 BMP、JPEG、PNG 等类型的图像。存储医学图像的文件格式很多，DICOM 是医学图像和通信标准，大多数医学成像设备都可以导出为 DICOM 文件格式。在 Python 中可以采用 pydicom 读取 DICOM 文件。

3．DICOM 图像的导入

例 6-1-11：读取 DICOM 格式的医学图像。

文件"figure6_1_2.dcm"保存了一幅 DICOM 格式的医学图像，如图 6-1-2 所示。

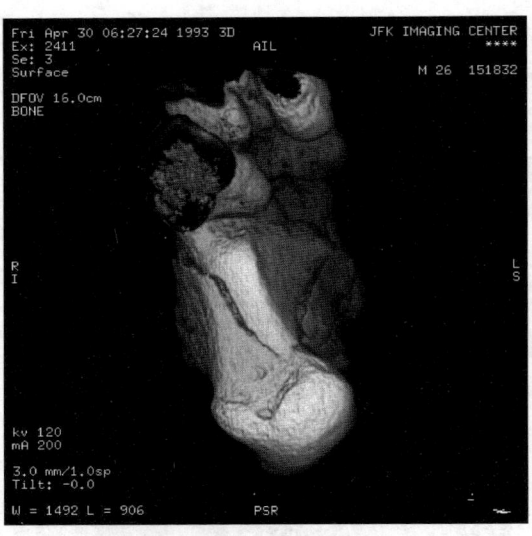

图 6-1-2　DICOM 格式医学图像

读取 DICOM 图像文件程序实现代码如下：

```
import pydicom
dicom = pydicom.dcmread("figure6_1_2.dcm")
```

（四）数据集数据的导入

Sklearn 中有大量优质的数据集，可以借助这些数据集学习采用人工智能处理数据的方法。使用 Sklearn 中的数据集，首先要导入 datasets 模块。导入代码如下：

from sklearn import datasets

下面介绍几种医学相关的数据集及其导入方法。

1．乳腺数据集　乳腺数据集收集了 569 个乳腺癌的数据集，调用方法如下：

```
from sklearn import datasets
datasets.load_breast_cancer()
```

2．糖尿病数据集

```
from sklearn import datasets
datasets.Load_diabetes()
```

3．新生儿文本数据集

```
from sklearn import datasets
datasets.fetch_20newsgroups()
```

二、数据可视化工具

数据可视化是借助图形、图像方式显示数据的一种手段，可以直观地展现数据的关键因素和特征。数据可视化是数据分析中重要的组成部分，有助于人们准确分析数据、深层解读数据、清晰呈现数据。

数据可视化工具有很多，本节介绍采用 Matplotlib 进行数据可视化的方法。Matplotlib 是一款用于数据可视化的 Python 软件包，支持跨平台运行，使用简单，代码清晰易懂。Matplotlib 可轻松实现柱形图、直方图、散点图、饼图、折线图、等高线图等不同形式图表的生成。

在使用 Matplotlib 功能之前，首先要导入画图工具所在的包，导入方法如下：

import matplotlib.pyplot as plt

Matplotlib 中常用的图表生成方法如表 6-1-2 所示。

表 6-1-2　Matplotlib 中常用的图表类型及显示方式

图表类型	实现方法（因篇幅有限，省略参数）
线图（折线图、曲线图）	matplotlib.pyplot.plot()
柱形图	matplotlib.pyplot.bar()
散点图	matplotlib.pyplot.scatter()
饼图	matplotlib.pyplot.pie()
盒图	matplotlib.pyplot.boxplot()

下面围绕几种常见形式的医学信息，介绍一些常用的可视化方法。

（一）一维医学信号的显示

医学信息中有很多一维信号，如心电信号、脑电信号、肌电信号、眼电信号等。对于一维信号的显示可以采用 Matplotlib 中的 plot() 函数进行绘制。

例 6-1-12：读取一维脑电信号。

文件"eeg.xls"中保存了一些脑电信号，显示脑电信号的程序段如下：

```
# 导入所需工具包
import numpy as np
import pandas as ps
```

```
import matplotlib.pyplot as plt
# 从文件读入脑电信号
eeg = np.asarray(ps.read_excel('eeg.xls'))
# 设置显示窗口大小
plt.figure(figsize=(30, 5))
# 显示其中一段脑电信号
plt.plot(eeg[:, 1])
plt.show()
```

程序运行结果如图 6-1-3 所示。

当 plot() 函数的参数为一维脑电信号时，可显示脑电信号随时间的变化情况。

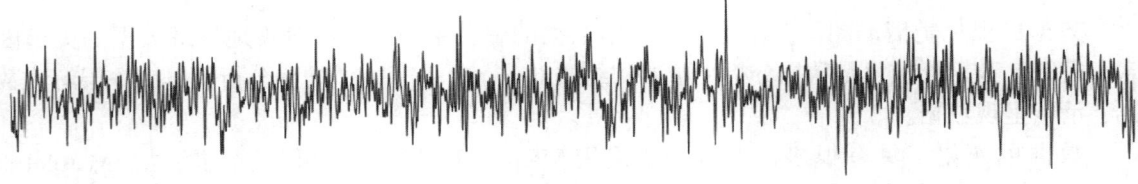

图 6-1-3　一维脑电信号

（二）直方图

直方图可以反映数据的分布情况，间接反映数据的概率密度。

例 6-1-13：显示泰坦尼克号乘客的年龄分布。

实现程序如下：

```
# 导入所需工具包
import matplotlib.pyplot as plt
import pandas as pd
# 读入泰坦尼克号乘客者数据
Titanic = pd.read_csv('titanic_data.csv')
# 显示泰坦尼克号遇难者年龄分布
plt.hist(x = Titanic.Age,        # 指定绘图数据
         bins = 20,              # 指定直方图中条块的个数
         color = 'blue',         # 指定直方图的填充色
         alpha = 0.5,            # 指定直方图的颜色的透明度
         edgecolor = 'pink'      # 指定直方图的边框色
        )
# 设置显示字体
plt.rcParams['font.family'] = ['simhei']
# 设置显示字号
plt.rcParams['font.size'] = 15
# 添加 x 轴和 y 轴标签
plt.xlabel(' 年龄 ')
plt.ylabel(' 频数 ')
```

# 添加标题
plt.title(' 乘客年龄分布 ')
# 显示图形
plt.show()

程序运行结果如图 6-1-4 所示。

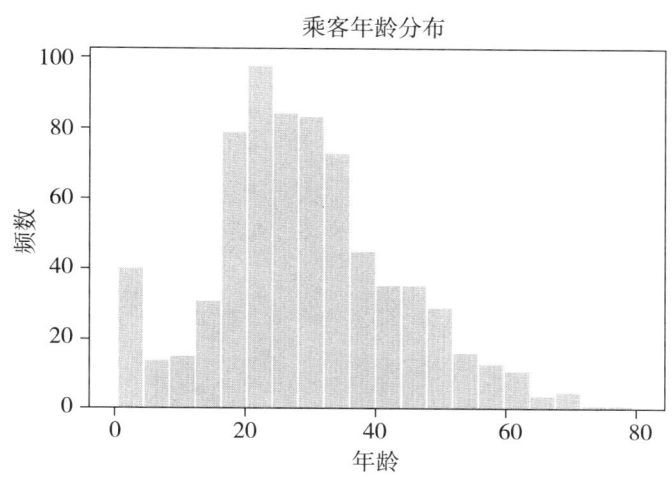

图 6-1-4　泰坦尼克号乘客年龄分布

（三）二维信息的显示

散点图可用于显示二维数据的空间分布特点。

例 6-1-14：显示学生身高体重空间分布。

实现程序如下：

```
# 导入所需工具包
import numpy as np
import matplotlib.pyplot as plt
# 模拟男生和女生身高体重数据
height_men = np.random.normal(174, 5, (1, 100))
height_women = np.random.normal(161, 5, (1, 100))
weight_men = np.random.normal(66, 5, (1, 100))
weight_woman = np.random.normal(60, 5, (1, 100))
# 散点图显示男生身高体重
plt.scatter(height_men, weight_men, label =" 男 ")
# 散点图显示女生身高体重
plt.scatter(height_women, weight_woman, label =" 女 ")
# 设置 x 轴标签
plt.xlabel(" 身高 ")
# 设置 y 轴标签
plt.ylabel(" 体重 ")
# 设置图例
```

```
plt.legend()
# 设置图表标题
plt.title(" 同年龄段学生身高体重 ")
plt.show()
```

程序根据男生和女生的平均身高、体重及方差信息，分别生成100个男生、100个女生的身高及体重数据。采用散点图可以显示男生、女生身高及体重状况。程序运行结果如图6-1-5所示。

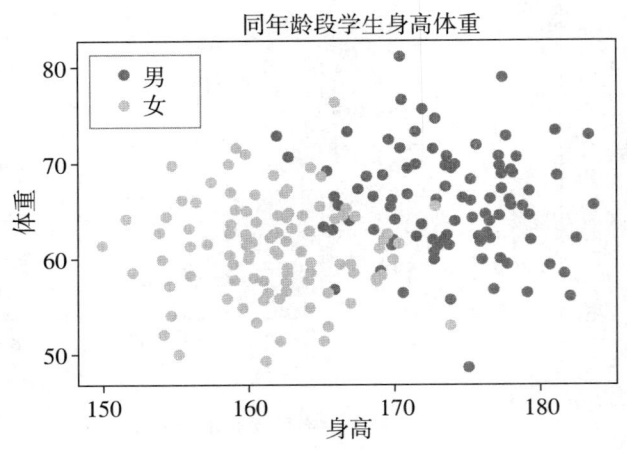

图 6-1-5　男生女生身高体重分布

（四）文本数据可视化

文本类数据也是医学数据的主要的信息类型。词云是一种常用的对文本类数据可视化的方式，它以词语为基本单位，直观地展示文本信息。词云对文本中所有词的词频进行统计，出现频率越高的词，在词云中显示的字体就越大、颜色越明显。

词云显示方式很多，采用Python第三方库wordcloud，通过简单的几行程序代码就可以编辑生成具有个性化的词云。

使用wordcloud，首先需要安装wordcloud库。安装方法是在Anaconda Prompt 中输入如下安装命令进行库的安装：

pip install wordcloud

例 6-1-15：针对一篇有关智能医学的文章进行词云分析。

程序实现代码如下：

```
# 引入词云库
import wordcloud
# 打开需要生成词云的文本文档
article = open("bigdata.txt", "r", encoding='gbk').read()
# 设置词云的大小、背景、文字样式
w = wordcloud.WordCloud(width = 800, height = 600, background_color= "white", min_font_size=8)
# 生成词云
```

w.generate(article)
# 将生成词云保存为图片 "wordcloud.png"
w.to_file("wordcloud.png")

运行程序生成的词云效果如图 6-1-6 所示。从显示结果可以看出，该文件中 "patient" 出现频率最高。

图 6-1-6　词云

（五）图像数据可视化

图像数据可以采用 Matplotlib 中的方法进行显示。

例 6-1-16：图像显示

```
# 导入 matplotlib.pyplot
import matplotlib.pyplot as plt
# 设置图像颜色模式
plt.gray()
# 读入图像
image = plt.imread("im_body.tif")
# 显示图像
plt.imshow(image)
# 关闭坐标轴
plt.axis('off')
plt.draw()
```

程序运行结果如图 6-1-7 所示：

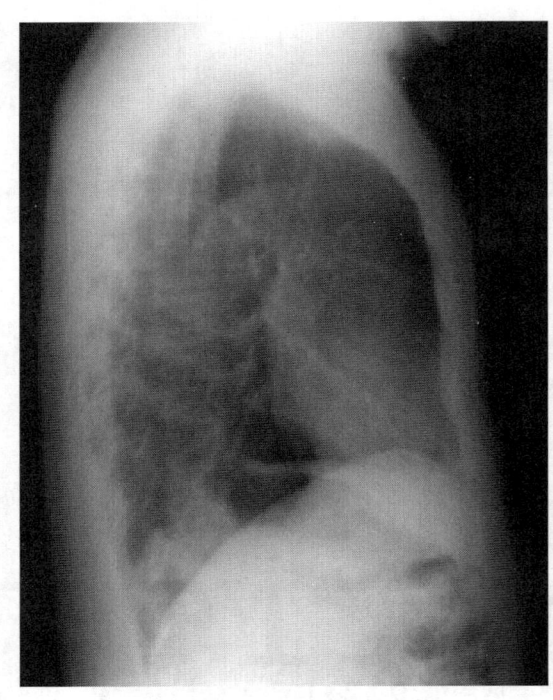

图 6-1-7 图像显示

三、人工智能工具

随着人工智能技术、机器学习算法的不断成熟，国内外出现很多机器学习算法工具。实现人工智能算法的工具有很多，如 Pytorch、TensorFlow 或 Scikit-Learn、PaddlePaddle 等，下面以 TensorFlow 为例介绍机器学习包的功能，下节将通过案例介绍机器学习的使用方法。

Scikit-Learn（简称 Sklearn）是 Python 重要的机器学习算法库（https://scikit-learn.org/stable/）。Sklearn 主要采用 Python 语言开发，基于 NumPy、Scipy 与 Matplotlib 建立，提供了大量机器学习算法接口 API。基于 Sklearn，开发者无须关注数学层面的公式、计算过程，从而有更多的时间与精力专注于业务层面，解决实际的应用问题，极大提高了机器学习的效率。

Sklearn 的安装非常简单，在 Anaconda Prompt 中输入如下安装命令进行库的安装：

pip install scikit-learn

完成安装后，导入即可应用 Sklearn 中的众多工具，导入方法如下：

import sklearn

Sklearn 对常用的机器学习方法进行了封装，基本功能包括分类（classification）、回归（regression）、聚类（clustering）、降维（dimensionality reduction）、模型选择（model selection）和预处理（preprocessing）等方法。

采用机器学习解决问题的一般流程是：获取数据、数据预处理、模型训练、模型评估、预测。

1. Sklearn 数据 Sklearn 中模型使用的数据有两种形式：Numpy 的二维数组（ndarray）和 SciPy 矩阵。Sklearn 封装了一些自带的数据集可供使用，常用数据集如图 6-1-8 所示。在使用数据集前，首先要导入数据集，导入方法如下：

from sklearn import datasets

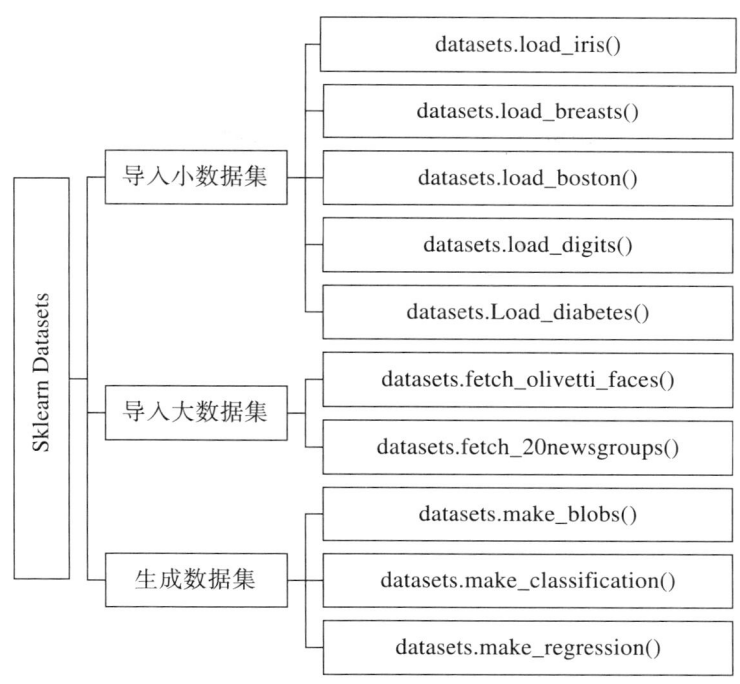

图 6-1-8 Sklearn 常用数据集

2. 数据预处理 数据预处理是机器学习中非常重要的一个环节，Sklearn 中 preprocessing 模块提供了很多常用的函数、类，将原始数据转化为更适合建模的数据形式，提高模型的性能。常用的标准化方法如图 6-1-9 所示，使用预处理方法前，首先要导入预处理模块，导入方法如下：

from sklearn import preprocessing

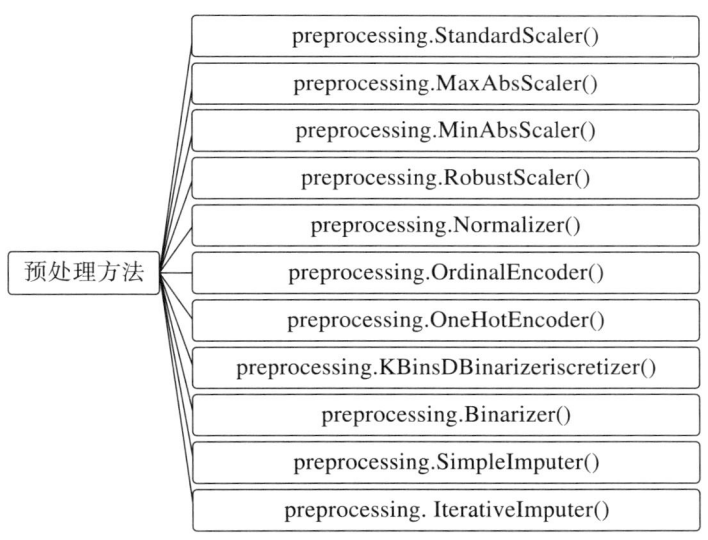

图 6-1-9 Sklearn 常用预处理方法

3. 模型构建、评估和预测 常用的机器学习算法有分类、回归和聚类。分类和回归属于监督学习的方法，两者区别在于：分类算法的输出是离散的，而回归算法的输出是连续数据。聚类算法属于非监督学习算法，非监督学习中，不用提供数据所对应的输出信息，计算机通过学习数据之间的特性，发现背后的数据规律。Sklearn 中常用的模型如图 6-1-10 所示，每类模型中有不同的机器学习方法，可应用于回归、分类的场景中。

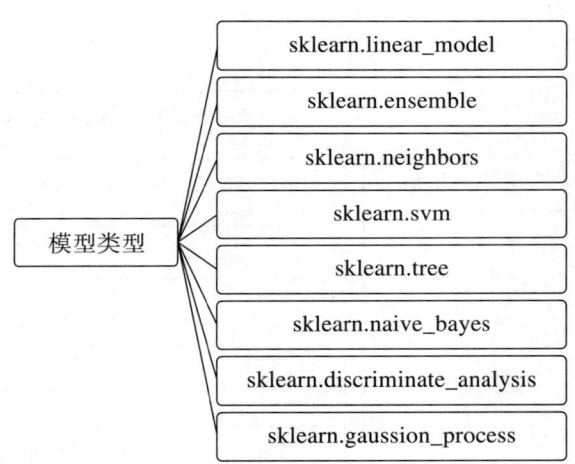

图 6-1-10　Sklearn 常用模型

构建机器学习模型的流程通常包括以下六个步骤：
(1) 导入数据；
(2) 选择合适的模型；
(3) 初始化模型；
(4) 用训练数据训练模型；
(5) 用测试数据测试模型；
(6) 采用模型进行预测。

第二节　乳腺疾病智能辅助诊断案例

学习目标

1. 知识
(1) 了解构建智能诊断系统的流程。
(2) 掌握流程各模块的实现方法。

2. 能力
(1) 拓宽信息技术的知识、培养学生的计算思维。
(2) 面向医学应用，培养学生发现问题、分析问题、解决问题的能力和创新能力。

3. 素养
(1) 培养学生严谨认真、精益求精的科学态度。
(2) 培养学生科教兴国的思想，加强医德医风建设。

本节案例采用威斯康星乳腺肿瘤数据集构建辅助诊断系统，预测患者肿瘤的良、恶性程度。通过案例说明采用机器学习方法解决乳腺肿瘤诊断问题的具体流程及实现方法。

一、乳腺数据导入

威斯康星乳腺肿瘤数据集由南斯拉夫卢布尔雅那大学医疗中心肿瘤研究所提供，是一个常用的标准测试数据集。

例 6-2-1：乳腺数据的导入。

Sklearn 数据集中包含了该数据集，导入方法如下：

```
from sklearn import datasets
breast = datasets.load_breast_cancer()
```

导入数据后可以查看数据的相关信息，数据中包含：'data'、'target'、'target_names'、'feature_names' 和 'DESCR'。

其中：

'data' 是一个 569 行 30 列的数组，存放 569 例乳腺癌患者数据，乳腺癌采用 30 个特征进行描述。

'target' 存放 data 中样本所对应的类别标识，为 569 行 1 列的数组，存储了 data 中 569 例患者的诊断结果代码（0 或 1）。

'target_names' 存放样本的类别名称，即诊断结果：'malignant' 和 'benign'。breast.target 中 0 代表 'malignant'，1 代表 'benign'。

'feature_names' 存放肿瘤特征名称，包括一些描述肿瘤纹理特征和形状特征的 30 个特征。具体如下：'mean radius'、'mean texture'、'mean perimeter'、'mean area'、'mean smoothness'、'mean compactness'、'mean concavity'、'mean concave points'、'mean symmetry'、'mean fractal dimension'、'radius error'、'texture error'、'perimeter error'、'area error'、'smoothness error'、'compactness error'、'concavity error'、'concave points error'、'symmetry error'、'fractal dimension error'、'worst radius'、'worst texture'、'worst perimeter'、'worst area'、'worst smoothness'、'worst compactness'、'worst concavity'、'worst concave points'、'worst symmetry'、'worst fractal dimension'。

'DESCR' 是对数据的一些描述性信息。

二、乳腺数据可视化

了解了数据的基本信息后，可以通过数据可视化获取更直观、更全面的数据特征。

例 6-2-2：可视化乳腺各个特征。

乳腺癌数据有 30 个特征，可以单独显示每个特征，直观了解数据的特点。显示每个特征的实现程序如下所示：

```
# 设置显示窗口大小
plt.figure(figsize=(20, 9))
for i in range(30):
    # 设置子窗口
    plt.subplot(10, 3, i + 1)
    # 显示第 i 个乳腺数据
    plt.plot(breast.data[:, i])
    plt.draw()
```

程序运行结果如图 6-2-1 所示。

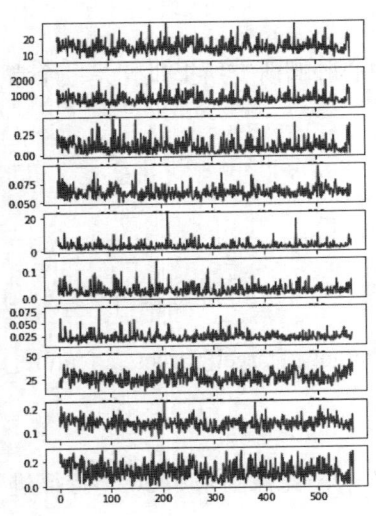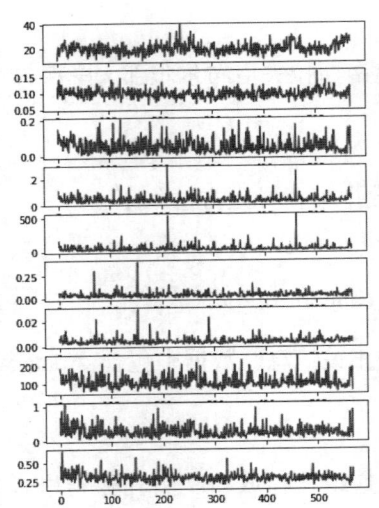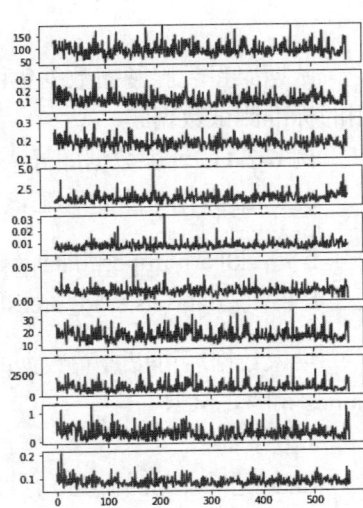

图 6-2-1　乳腺不同特征

从运行结果可以看出，每个特征数据范围差异较大。因此，后期可以考虑采用数据标准化方法对数据进行预处理。

例 6-2-3：可视化乳腺特征数据分布状况。

通过直方图可以了解乳腺癌数据集中不同类别的各个特征分布情况，实现程序代码如下所示：

```
import numpy as np
import matplotlib.pyplot as plt
for x_index in np.arange(x.shape[1]):
    color=['blue', 'red']
    for label, color in zip(range(len(breast.target_names)), color):
        plt.hist(breast.data[breast.target==label, x_index], label=breast.target_names[label], /
        color=color)
    plt.xlabel(breast.feature_names[x_index])
    plt.legend(loc="upper right")
    plt.show()
```

程序运行结果会显示乳腺癌数据集 30 个特征的类直方图，直方图的纵坐标反映了不同特征值在样本中出现的次数，可以一定程度上反应该特征的类概率密度估计。特征的直方图显示如图 6-2-2 所示。

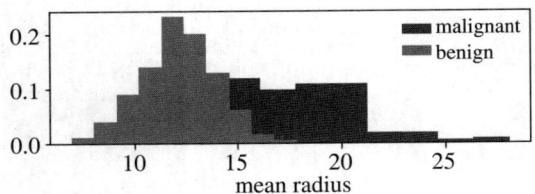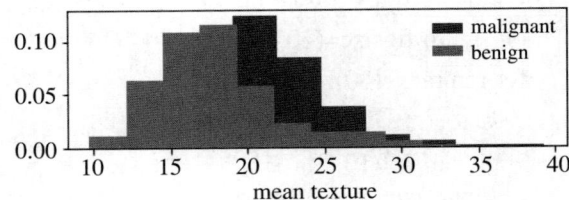

图 6-2-2　乳腺特征直方图

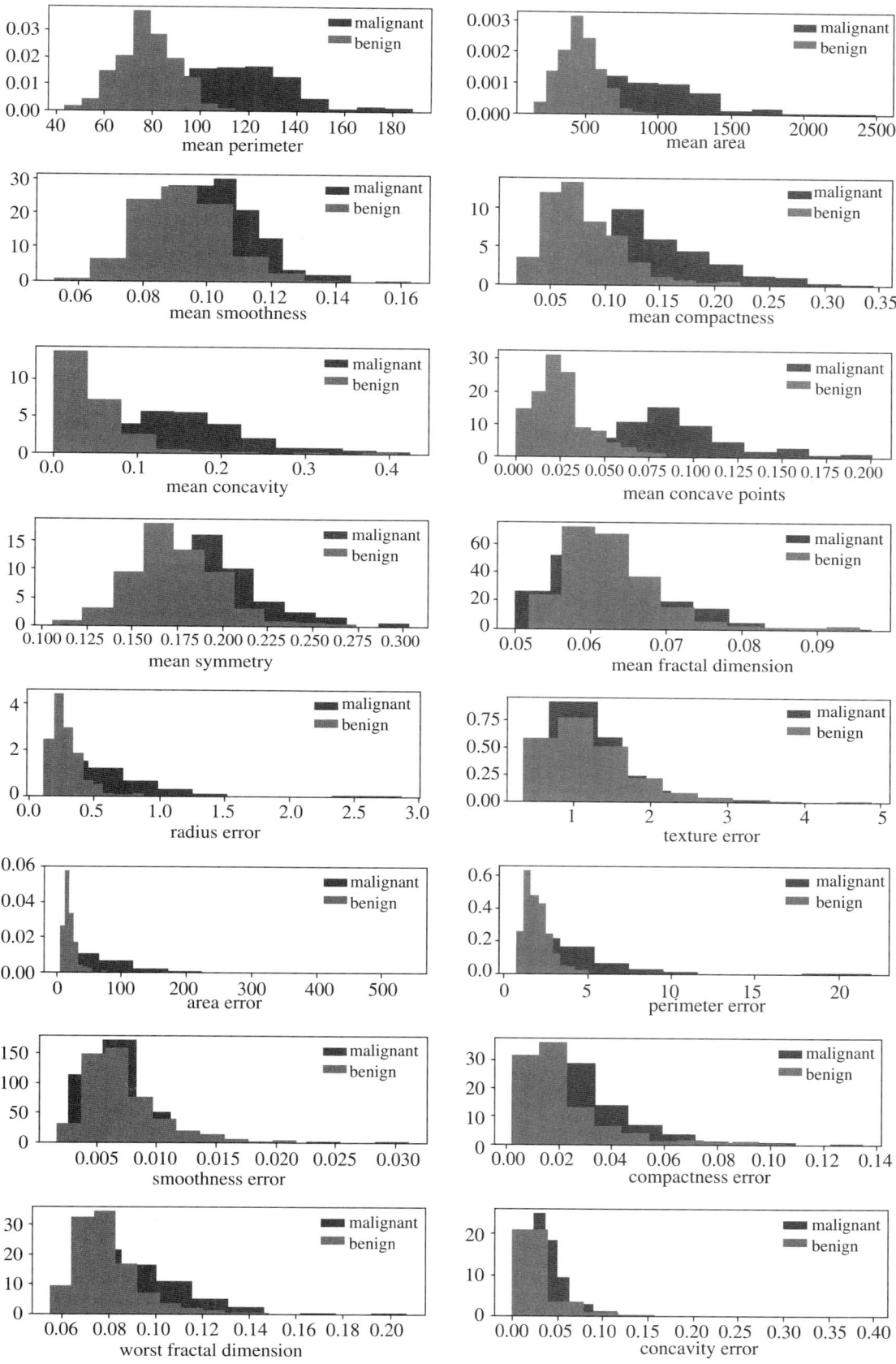

图 6-2-2（续）

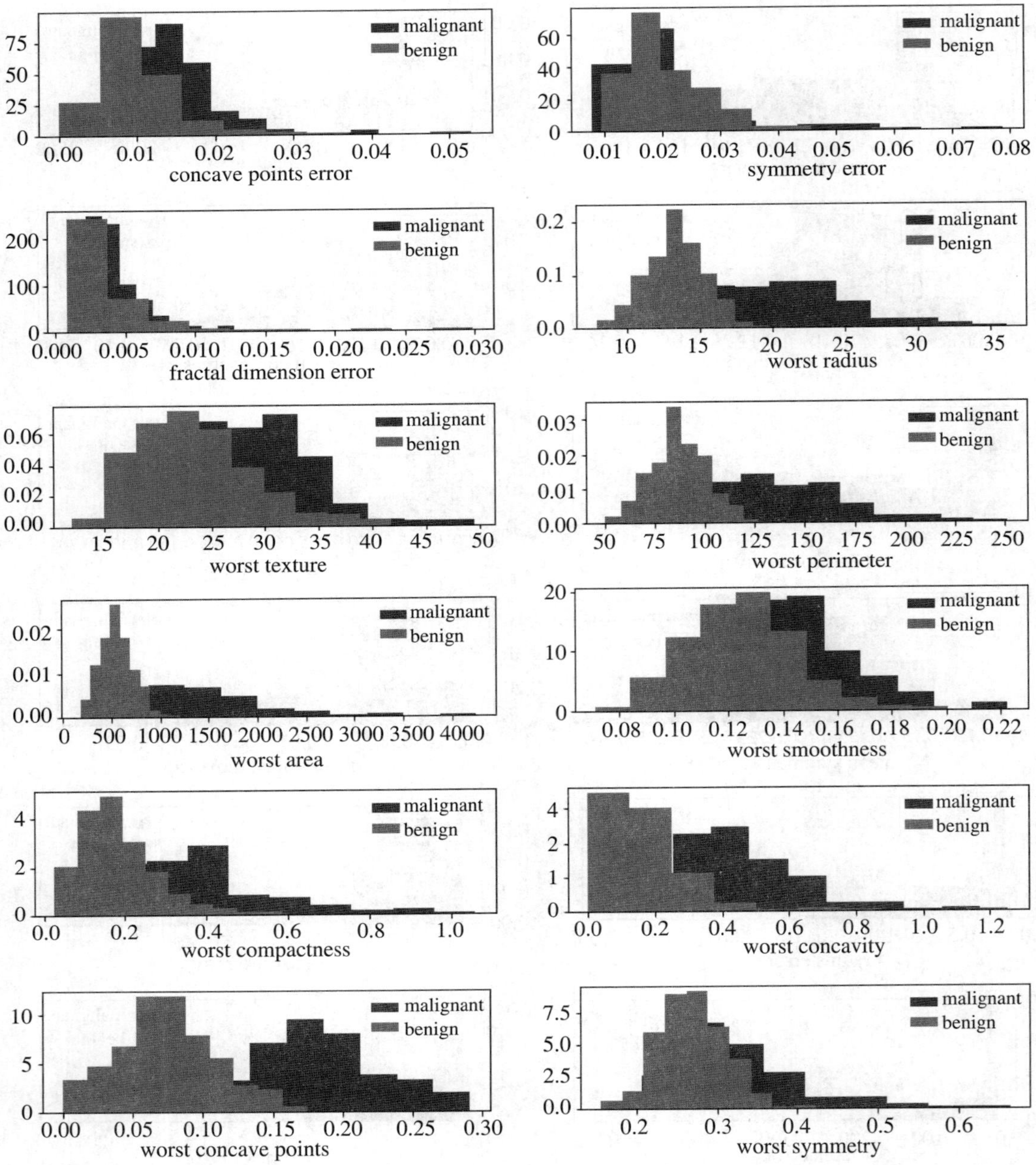

图 6-2-2（续）

根据特征直方图可以辨别出 30 个特征中哪些特征在不同类别之间差别比较大，更适用于区分肿瘤的良性与恶性，对于后期特征选择有一定的指导意义。

例 6-2-4：可视化乳腺两个不同特征组合的空间分布。

可以采用散点图显示两两特征空间分布状况。程序代码如下：

```
for x_index in range(30):
    for y_index in range(30):
        if x_index>= y_index:
            continue
        colors=['blue', 'red']
```

```
for label, color in zip(range(len(breast.target_names)), colors):
    plt.scatter(breast.data[breast.target==label, x_index], /
        breast.data[breast.target==label, y_index], /
        label=breast.target_names[label], /
        c=color)
plt.xlabel(breast.feature_names[x_index])
plt.ylabel(breast.feature_names[y_index])
plt.legend(loc='upper left')
plt.show()
```

运行程序会显示乳腺癌两两特征的空间分布情况，因为两两特征图像比较多，我们选取两幅有代表性的特征分布图像进行显示，显示结果如图6-2-3所示。

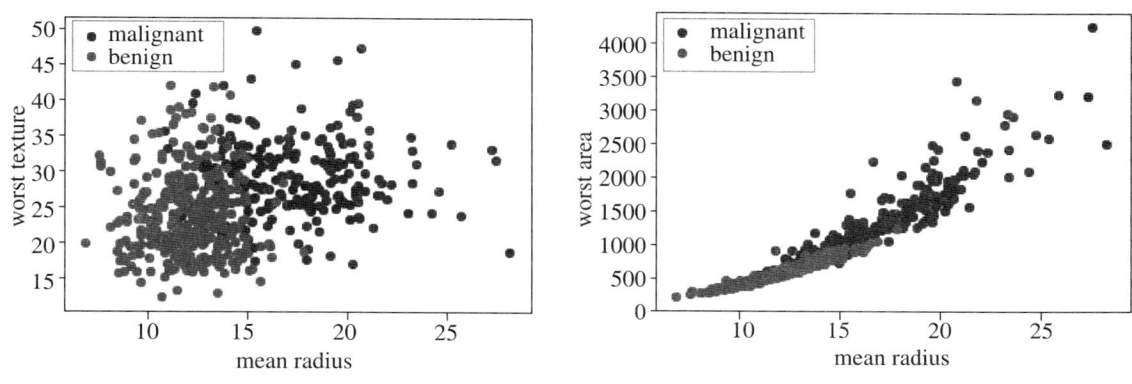

图 6-2-3　乳腺两两特征空间分布

从程序运行结果可以看到，大部分两两特征分布类似图6-2-3左图形式，符合正态分布特点；个别特征之间类似右图形式，这种情况说明这两个特征相关度比较高，信息存在冗余。每个特征的直方图和二维特征的分布情况能够为特征选择和模型的选择提供依据。

三、乳腺数据辅助诊断模型构建

（一）样本划分

在采用机器学习建立分类器之前，首先要将样本划分为训练样本和测试样本。训练样本用于训练机器学习算法，建立模型；而测试样本用于检验模型的性能，测试分类器的可靠性。

例 6-2-5：样本划分。

样本划分程序如下：

```
from sklearn.model_selection import train_test_split
    X_train, X_test, Y_train, Y_test=train_test_split(breast.data, breast.target, test_size = 0.3, random_state = 0)
```

Sklearn 的 model_selection 模块中的 train_test_split() 函数可实现数据集的划分。
train_test_split() 函数指定了以下参数：

(1) breast.data:乳腺癌样本特征数据。
(2) breast.target:乳腺癌样本的类别。
(3) test_size:定义测试样本数,当该参数是整数时,表示测试样本的数目;当该参数是 0～1 的小数时,表示抽取的测试样本占总样本的比例。例如,程序设置为 0.3,表示提取的测试样本数目是 $569 \times 0.3 = 170.7 \approx 171$ 例。其余 569－171=398 个样本作为训练样本。
(4) random_state:设置随机划分的方法。

train_test_split() 函数返回值为样本划分后的结果,函数返回四个参数,分别是训练样本、测试样本、训练样本对应的类别和测试样本所对应的类别。

(二)预处理

从上面数据可视化过程可以看出,乳腺不同特征之间数据差异比较大,因此,有必要对数据进行标准化处理。这里我们采用最大值－最小值的方法,将数据都标准化为 0～1 之间的数据。

例 6-2-6:乳腺数据标准化。

乳腺数据标准化的实现方法如下:

```
# 导入预处理模块
from sklearn import preprocessing
# 初始化预处理模型——最小最大标准化模型
MinMaxScale = preprocessing.MinMaxScaler()
# 采用训练数据训练模型,并标准化训练样本
X_train_minMax = MinMaxScale.fit_transform(X_train)
# 标准化测试样本
X_test_minmax = MinMaxScale.transform(X_test)
```

预处理后的数据都会变换到 0～1 之间。程序运行结果如图 6-2-4 所示。

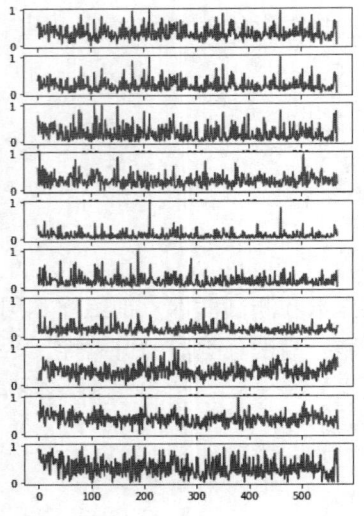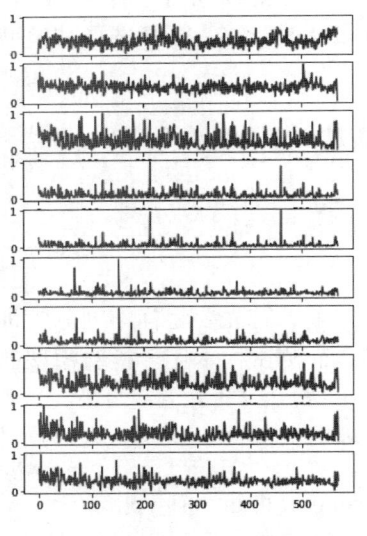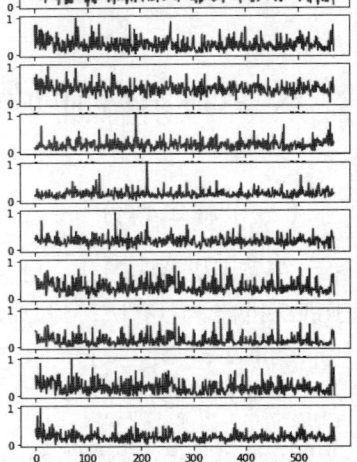

图 6-2-4 标准化后的乳腺特征数据

(三)模型选择

机器学习中有很多算法,如 K 近邻算法、线性分类算法、支持向量机算法、人工神经网

络算法等。

K近邻（K-nearest neighbor，KNN）算法是一种非常简单、有效的监督学习方法，可以应用于分类或回归问题中。算法基于"近朱者赤，近墨者黑"的思想，将待分类的样本划分为距离最近的 K 个样本中大多数样本所属的类别。

线性模型根据不同的"优化准则"采用训练样本训练线性模型，可应用于分类或回归问题。最常用的线性模型如线性回归模型、逻辑回归以及线性判别模型等，主要应用于线性可分的数据。

支持向量机（support vector machine，SVM）算法是一种常见的监督学习模型，可应用于分类及回归分析。在深度学习出现前的十余年中，SVM一直被认为是机器学习表现最好的算法，适用于高维小样本问题。

人工神经网络（artificial neural network，ANN）算法是受生物神经网络启发构建而成的数学模型。当今流行的深度学习（deep learning，DL）算法就是在人工神经网络基础上发展起来的，已经广泛应用于语言识别、图像识别、自动驾驶等各个领域。

机器学习模型众多，面对问题，应如何选择方法建立模型呢？除深入了解各个模型的特点及适用的问题外，通常可以采用交叉检验的方法进行模型选择。

例6-2-7：模型选择。

下面采用交叉检验的方法分别采用K近邻算法、支持向量机、人工神经网络对乳腺数据进行建模，并从正确率和运行时间两个方面比较其性能，从而方便模型选择。

实现程序如下：

```
# 导入交叉检验方法
from sklearn.model_selection import cross_val_score
# 分别导入三个分类算法
from sklearn.neighbors import KNeighborsClassifier
from sklearn import svm
from sklearn.neural_network import MLPClassifier
# 导入时间模块
import time
# 初始化三个模型，并存放到列表中
models = [KNeighborsClassifier(), svm.SVC(), MLPClassifier()]
rightrates = []
time_run = []
# 对三个模型分别采用交叉检验进行建模
for classifier in models:
    # 保持模型训练开始时间
    time_start = time.time()
    # 采用五折交叉检验建模，并保存，交叉检验五次平均正确率
    rightrates.append(cross_val_score(classifier, breast_minMax, breast.target, cv=5).mean())
    # 保持模型训练结束时间
    time_end = time.time()
    # 计算模型训练时间
    time_run.append(time_end-time_start)
# 显示运行结果
```

```
classifier_name_chinese = ["K 近邻分类器 "," 支持向量机 "," 多层人工神经网络 "]
classifier_label = [" KNN", "SVM", "ANN"]
print("%s%s%s%s"%(" 算法 "," 英文缩写 "," 正确率 "," 运行时间 "))
for i in range(len(classifier_label)):
    print("%s%10s%10.2f%%%20f"%(classifier_name_chinese[i], classifier_label[i], /
100*rightrates[i], time_run[i]))
```

程序运行结果如下所示：

算法	英文缩写	正确率	运行时间
K 近邻分类器	KNN	96.66%	0.049999
支持向量机	SVM	97.37%	0.040039
多层人工神经网络	ANN	97.02%	2.428407

从分类结果可以看出，三个分类器采用默认参数的情况下，支持向量机的分类正确率最高、速度也最快，多层神经网络和 K 最近邻算法次之。

四、模型的训练和预测

在确定建模的算法后，我们可以采用训练样本来训练和优化选定的模型。这里我们采用上面正确率和效率最优的 SVM 建立乳腺癌的分类模型。

例 6-2-8：采用训练样本训练 SVM 模型。

建立模型程序如下：

```
from sklearn import svm
# 初始化 SVM 模型
svm_classifier = svm.SVC()
# 采用训练样本训练模型
svm_classifier.fit(X_train_minMax, Y_train)
```

模型建立好后，需要对模型进行评价。评价的参数很多，其中最常用的就是正确率、混淆矩阵和 ROC 曲线（接受者操作特征曲线）。

例 6-2-9：模型评价。

1. 计算模型正确率 正确率可以采用模型的 score() 函数直接计算模型的正确率，实现方法如下：

```
# 评价模型的正确率
rightrate = svm_classifier.score(X_test_minmax, Y_test)
print("RightRate: %%.2f%%."(100 * %rightrate))
```

程序运行结果如下：
RightRate: 97.66%.
可以看到，采用 SVM 模型对乳腺癌进行分类，可取得 97.66% 的正确率。

2. 混淆矩阵　　Sklearn 的 metrix 中有多种评价模型性能的方法，其中可以计算和显示混淆矩阵。

实现计算和显示混淆矩阵的程序如下所示：

```
from sklearn import metrics
# 预测训练样本的类别
y_pred = svm_classifier.predict(X_test_minmax)
labels = labels = list(set(Y_test))
# 显示混淆矩阵
metrics.plot_confusion_matrix(svm_classifier, X_test_minmax, Y_test)
```

程序运行结果如图 6-2-5 所示。

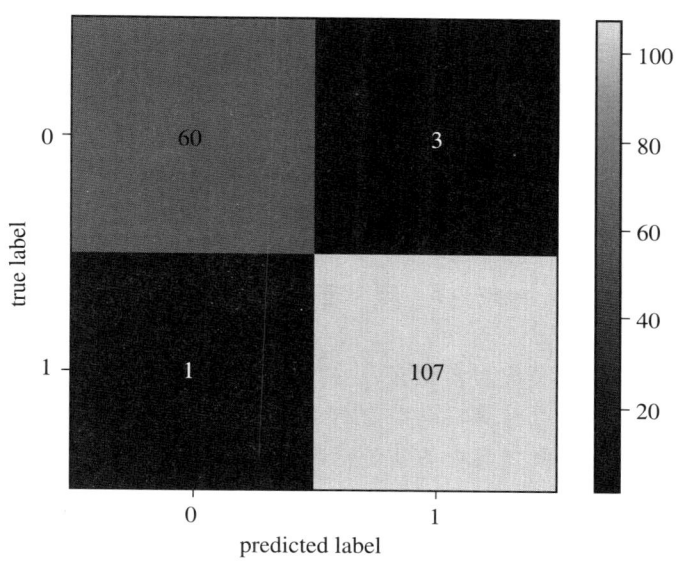

图 6-2-5　乳腺诊断模型混淆矩阵

混淆矩阵显示了对测试样本的预测状况，横坐标表示预测标签（predicted label），纵轴表示乳腺癌真正标签（true label），从前面我们可以知道 0 代表恶性，1 代表良性。从混淆矩阵可以看出，本来是恶性的 63 例乳腺癌样本中，有 60 例被模型正确预测为恶性，3 例被错误预测为良性；而在 108 例良性病例中，被错误预测为恶性的有 1 例，107 例被正确预测为良性肿瘤。

3. ROC 曲线　　实现显示 ROC 曲线的程序代码如下：

```
metrics.RocCurveDisplay.from_estimator(svm_classifier, X_test_minmax, Y_test)
```

程序运行结果如图 6-2-6 所示：

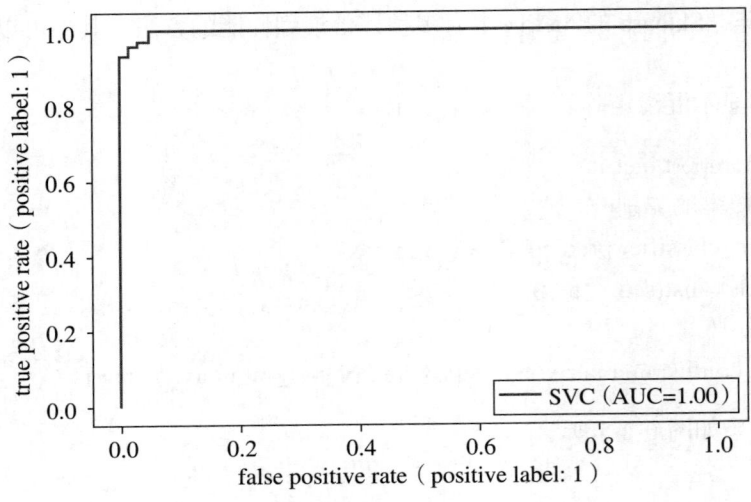

图 6-2-6　乳腺诊断模型 ROC 曲线

ROC 曲线反映了模型的特异性和敏感性，ROC 曲线下面积 AUC 越大，说明模型性能越好。

（王　静）

思 考 题

1. 建立计算机辅助诊断系统的步骤有哪些？
2. 基于监督学习算法建立计算机辅助诊断系统，需要收集什么样的数据？
3. 请参考乳腺分类方法数据集中的鸢尾花数据进行分类。

附 录

表1　Python 保留字

Python 保留字							
False	None	True	and	as	assert	async	
await	break	class	continue	def	del	elif	
else	except	finally	for	from	global	if	
import	in	is	lambda	nonlocal	not	or	
pass	raise	return	try	while	with	yield	

用户也可以利用 keyword 模块的 kwlist 属性来查看 Python 的所有保留字，代码如下：

import keyword

keyword.kwlist

表2　常见的 Python 异常类

异常类名称	中文解释	可能的原因
NameError	名称错误	变量未定义、模块未导入
SyntaxError	语法错误	有中文标点、没有按照语法规范书写
IndentationError	缩进错误	没有正确缩进
TypeError	类型错误	操作不支持某个数据类型、类型不匹配
IndexError	索引错误	序列类型数据的索引超出边界、超出维度
AttributeError	属性错误	对象没有这个属性
FileNotFoundError	文件未找到错误	错误的文件名或路径

表3　math 库常用函数

函数名	主要功能	举例
fabs()	求绝对值	fabs(-5)，结果为 5.0
fmod()	求余数	fmod(10, 3)，结果为 1.0
fsum()	浮点数精确求和	fsum([0.5, 0.55, 0.37])，结果为 1.42
factorial()	求阶乘	factorial(5)，结果为 120
pow()	求幂	pow(2, 4)，结果为 16.0

续表

函数名	主要功能	举例
exp()	求 e 的幂	exp(3)，结果为 20.085536923187668
sqrt()	求平方根	sqrt(81)，结果为 9.0
log10()	求 10 为底的对数	log10(35)，结果为 1.5440680443502757
log2()	求 2 为底的对数	log2(256)，结果为 8.0
ceil()	求不小于参数的最小整数	ceil(4.25)，结果为 5；ceil(-4.25)，结果为 -4
floor()	求不大于参数的最大整数	floor(4.25)，结果为 4；floor(-4.25)，结果为 -5
sin()	求正弦（参数是弧度）	sin(0.8)，结果为 0.7173560908995228
cos()	求余弦（参数是弧度）	cos(0.8)，结果为 0.6967067093471654
tan()	求正切（参数是弧度）	tan(0.5)，结果为 0.5463024898437905
degrees()	弧度转角度	degrees(0.5)，结果为 28.64788975654116
radians()	角度转弧度	radians(30)，结果为 0.5235987755982988

主要参考文献

[1] 齐惠颖，周珂．医学大数据分析［M］．北京：高等教育出版社，2022.

[2] Chang A．Intelligence-based medicine: artificial intelligence and human cognition in clinical medicine and healthcare［M］．Pittsburgh: Academic Press，2020.

[3] 丁宝芬．实用医学信息学［M］．南京：东南大学出版社，2003.

[4] 左万利，王英．计算机操作系统教程［M］．北京：高等教育出版社，2019.

[5] 杨富华，陈澜祯．数字化医院信息系统教程［M］．北京：科学出版社，2021.

[6] 袁同山，阳小华．医学计算机应用［M］．北京：人民卫生出版社，2018.

[7] 斯俏俏．糖尿病健康教育的重要性［J］．世界最新医学信息文摘，2017，17（75）：249-252.

[8] 钱荣立．关于糖尿病的新诊断标准与分型［J］．中国糖尿病杂志，2000，8（1）：2.

[9] 杨文英．中国糖尿病的流行特点及变化趋势［J］．中国科学：生命科学，2018，48（8）：812-819.

[10] 郭青龙，李卫东．人体解剖生理学［M］．北京：中国医药科技出版社，2006：110-112.

[11] 在 PowerPoint 中使用平滑切换［EB/OL］．［2023-01-18］．https://support.microsoft.com/zh-cn/office/%E5%9C%A8-powerpoint-%E4%B8%AD%E4%BD%BF%E7%94%A8%E5%B9%B3%E6%BB%91%E5%88%87%E6%8D%A2-8dd1c7b2-b935-44f5-a74c-741d8d9244ea

[12] 郭永青．计算机应用基础［M］．7 版．北京：北京大学医学出版社，2018.

[13] 修建新．大学计算机应用基础［M］．北京：人民邮电出版社，2021.

[14] 斯坦纳．算法帝国［M］．李筱莹，译．北京：人民邮电出版社，2014.

[15] 鹰瞳 Airdoc．人工智能可以取代医生吗［EB/OL］．［2016-08-29］．https://www.cn-healthcare.com/articlewm/20160829/content-1005606.html?appfrom=jkj

[16] 奔波的梦想．推荐算法有哪些?［EB/OL］．［2015-08-07］．https://www.zhihu.com/question/20326697/answer/58148605

[17] 深科技（DeepTech）．全民戴口罩，人脸识别算法抓瞎：多种算法出错，最高错误率达 50%［EB/OL］．［2020-08-02］．https://baijiahao.baidu.com/s?id=1673877267683258970&wfr=spider&for=pc

[18] 王莹．算法侵害类型化研究与法律应对——以《个人信息保护法》为基点的算法规制扩展构想［J］．法制与社会发展，2021，27（6）：133-153.

[19] Lutz M．Python 学习手册：第 5 版［M］．秦鹤，林明，译．北京：机械工业出版社，2018.

[20] Mckinney W．利用 Python 进行数据分析：第 2 版［M］．徐敬一，译．北京：机械工业出版社，2018.

[21] 嵩天,礼欣,黄天羽. Python 语言程序设计基础 [M]. 2 版. 北京:高等教育出版社,2017.

[22] 朝乐门. Python 编程:从数据分析到数据科学 [M]. 北京:电子工业出版社,2019.

[23] 江红,余青松. Python 编程从入门到实践 [M]. 北京:清华大学出版社,2021.

[24] 王静,齐惠颖. 基于 Python 的人工智能基础 [M]. 北京:北京邮电大学出版社,2021.

常用链接

1. https://www.python.org/
2. https://scikit-learn.org/stable/
3. https://pandas.pydata.org/
4. https://matplotlib.org/

中英文专业词汇索引

K 近邻（K-nearest neighbor，KNN） 299

B

补充表意语言平面（supplementary ideographic plane） 14
补充多语言平面（supplementary multilingual plane） 14
补充私有使用区平面（supplementary private use area plane） 14
补充特殊用途平面（supplementary special-purpose plane） 14

C

参照完整性（referential integrity） 180
操作系统（operating system，OS） 8
超文本传输协议（hyper text transfer protocol，HTTP） 28
城域网（metropolitan area network，MAN） 24
传输控制协议/互联网协议（transmission control protocol/internet protocol，TCP/IP） 28
传输速率（transmission rate） 7
存储器（memory） 5

D

地址解析协议（address resolution protocol，ARP） 28
第三表意语言平面（tertiary ideographic plane） 14
第四代移动通信技术（4th generation mobile communication technology，4G） 31
第五代移动通信技术（5th generation mobile communication technology，5G） 31
点到点协议（point-to-point protocol，PPP） 28
电子计算机（electronic computer） 1
电子数字积分计算器（electronic numerical integrator and calculator，ENIAC） 2
电子延迟存储自动计算机（electronic delay storage automatic computer，EDSAC） 3
动态主机配置协议（dynamic host configuration protocol，DHCP） 28

E

二进制（binary system） 10

F

分布式数据库系统（distributed database system，DDBS） 163

G

谷歌流感趋势（Google Flu Trends，GFT） 35
固态硬盘（solid state disk，SSD） 7
光盘（optical disk） 8
光学字符识别（optical character recognition，OCR） 16
广域网（wide area network，WAN） 24
国际疾病分类（international classification of diseases，ICD） 17

H

互联网控制报文协议（internet control message protocol，ICMP） 28
缓存（cache memory） 7
混合式硬盘（hybrid hard disk，HHD） 8

J

机器人流程自动化（robotic process automation，RPA） 36
机械硬盘（hard disk drive，HDD） 7
基本输入输出系统（basic input/output system，BIOS） 7
基础多语言平面（basic multilingual plane） 14
集成开发环境（integrated development environment，IDE） 213
简单邮件传送协议（simple mail transfer protocol，SMTP） 28
健康保险携带和责任法案（Health Insurance Portability and Accountability Act，HIPAA） 40
结构化查询语言（structure query language，SQL） 190

局域网（local area network，LAN） 24

K

开放系统互连参考模型（open systems interconnection reference model，OSI-RM，OSI） 27
可扩展标记语言（extensible markup language，XML） 59
控制电路（control circuit） 5
控制器（controller） 5

M

码位（code point） 14
美国信息交换标准码（American Standard Code for Information Interchange，ASCII） 13

Q

区块链（block chain） 38

R

人工神经网络（artificial neural network，ANN） 299
人工智能（artificial intelligence，AI） 36
软件（software） 5

S

闪存（flash memory） 8
深度学习（deep learning，DL） 299
十进制（decimal system） 10
十六进制（hexadecimal system） 10
实体-联系图（entity-relationship diagram，E-R 图） 166
实验室信息系统（laboratory information system，LIS） 62
输出设备（output device） 6
输入设备（input device） 6
数据（data） 165
数据操纵语言（data manipulation language，DML） 165
数据定义语言（data definition language，DDL） 165
数据技术（data technology，DT） 40
数据库（database，DB） 165
数据库管理系统（database management system，DBMS） 8，165
数据库系统（data base system，DBS） 165
数据模型（data model） 165
算术逻辑部件（arithmetic and logic unit，ALU） 5

随机存取存储器（random access memory，RAM） 7

T

通用数据保护条例（General Data Protection Regulation，GDPR） 40
统一码（Unicode） 14
图像存储与传输系统（picture archiving and communication system，PACS） 59

W

网络适配器（network adapter） 25
位（bit） 6
文件传输协议（file transfer protocol，FTP） 28
文件分配表（file allocation table，FAT） 48
物联网（internet of things，IoT） 33

X

新技术文件系统（new technology file system，NTFS） 48
信息技术（information technology，IT） 40
虚拟现实（virtual reality，VR） 1，39

Y

医疗信息系统集成（integrating the healthcare enterprise，IHE） 59
医学数字成像和通信（Digital Imaging and Communications in Medicine，DICOM） 21
医院信息系统（hospital information system，HIS） 58
硬件（hardware） 5
用户数据报协议（user datagram protocol，UDP） 28
邮局协议第 3 版（post office protocol version 3，POP3） 28
语言处理系统（language processing system） 8
域名系统（domain name system，DNS） 28，30
元宇宙（metaverse） 39
云计算（cloud computing） 34
运算器（calculator） 5

Z

增强现实（augmented reality，AR） 1，39
支持向量机（support vector machine，SVM） 299
只读存储器（read only memory，ROM） 7
中央处理器（central processing unit，CPU） 5
转速（rotational speed） 7
字节（byte） 6